普通高等教育“十二五”规划教材　计算机系列

中国科学院教材建设专家委员会“十二五”规划教材

Visual FoxPro 数据库基础与应用学习及实验指导

（第二版）

丛秋实　赵燕飞　主编

荆　霞　孙　卫　张　艳　副主编

科学出版社

北　京

内 容 简 介

本书内容覆盖 Visual FoxPro 程序设计课程教学大纲，是与《Visual FoxPro 数据库基础与应用教程（第二版）》配套的辅助教材。全书共分 3 篇：第 1 篇为学习指导，根据主教材各章节内容编写了典型题目的例题解析，配有一定数量的复习自测题。第 2 篇为实验指导，详细介绍了每一个实验的目的、实验内容及实验步骤。第 3 篇为综合练习，提供了 3 套理论和 2 套上机练习题，以及 2 个数据库应用系统开发案例。

本书注重基础、突出应用、可操作性强。本书适合作为高等院校各专业本科生、高职高专学生学习 Visual FoxPro 程序设计的配套教材，也可作为计算机等级考试二级 Visual FoxPro 和全国计算机三级数据库技术考试的参考资料。

图书在版编目(CIP)数据

Visual FoxPro 数据库基础与应用学习及实验指导/丛秋实，赵燕飞主编. —2 版. —北京：科学出版社，2014

ISBN 978-7-03-039541-2

I. ①V… II. ①丛… ②赵… III. ①关系数据库系统-高等学校-教学参考资料 IV.①TP311.138

中国版本图书馆 CIP 数据核字（2014）第 004328 号

责任编辑：赵丽欣　郭丽娜 / 责任校对：马英菊

责任印制：吕春珉 / 封面设计：东方人华平面设计部

科学出版社 出版

北京东黄城根北街 16 号

邮政编码：100717

http://www.sciencep.com

百善印刷厂 印刷

科学出版社发行　各地新华书店经销

*

2014 年 1 月第 一 版　开本：787×1092 1/16

2017 年 2 月第八次印刷　印张：20

字数：473 000

定价：37.00 元

（如有印装质量问题，我社负责调换〈百善〉）

销售部电话 010-62142126　编辑部电话 010-62134021

前　言

数据库技术已经成为当前发展非常迅速的领域之一，各种信息处理系统都离不开数据库技术。数据库技术是各层面、各类专业人员必须掌握的技术，因此全国多数高校开设了数据库程序设计类课程，作为本科生、专科生的必修课程。

众所周知，Visual FoxPro 数据库管理系统具有功能强大、界面友好、使用方便等特点。全国的计算机等级考试和各省的计算机二级等级考试，都把 Visual FoxPro 数据库程序设计作为应试科目之一。

本书与《Visual FoxPro 数据库基础与应用教程（第二版）》同步出版，可配套使用。按照数据库程序设计课程的教学要求和计算机二级等级考试的要求，结合编者多年的教学和等级考试辅导经验编写了此书。

本书编写过程中注重由浅入深、循序渐进。全书共分三篇：学习指导篇、实验指导篇和综合练习篇。学习指导篇配有典型习题的解析和一定量的有针对性的复习自测题，可以帮助学生更好地理解教材内容。实验指导篇除了设计有验证性实验，还有一部分设计和综合性实验，具有可操作性的特点，所有实验都经过验证，以提高学生的动手能力。综合练习篇提供了几套有针对性的模拟试题，方便学生自测；成绩管理系统和图书管理系统两个综合案例实训，帮助学生加深对 Visual FoxPro 系统的理解，提高应用能力。

本书由丛秋实、赵燕飞、荆霞、孙卫、张艳编写。赵燕飞编写了第 1 篇第 1、2 章和第 2 篇单元 1、单元 2；张艳编写了第 1 篇第 3 章和第 2 篇单元 3；丛秋实编写了第 1 篇第 4、5 章，第 2 篇单元 4、单元 5 和第 3 篇综合练习 1；荆霞编写了第 1 篇第 6～10 章，第 3 篇综合练习 2～综合练习 4；孙卫编写了第 2 篇单元 6～单元 9。全书由丛秋实统稿。

在编写过程中，得到了庄玉良、蔡则祥等同志的大力支持，唐伟、李希、蔡淑珍、周萱、刘莹、陈大峰、李娅、吴令云、张熠、吴国兵、王素云、江效尧、崔应留、韩冰青、王瑜、包勇、陈海勇等提供了很多帮助，在此一并表示衷心的感谢。

由于编者水平有限，书中错误和缺点在所难免，敬请广大师生指正。

目　　录

第1篇　学 习 指 导

第 2 篇 实验指导

第 3 篇　综 合 练 习

第1篇

学习指导

第1章 数据库系统基础知识

1.1 学习目标

- 了解数据处理的步骤以及数据管理技术的发展。
- 掌握数据库的概念和数据库系统的组成。
- 了解信息的三个领域。
- 熟悉E-R模型中的几个基本概念：实体、联系、属性。
- 掌握关系模型、关系运算。
- 了解数据库设计的一般步骤。
- 了解主流的DBMS产品。

1.2 例题解析

一、选择题

1. 计算机数据管理技术的发展可以划分为三个阶段。在______阶段，采用数据模型表示数据结构，具有较高的数据独立性，统一管理和控制数据，为用户提供了方便的用户接口。

A．人工管理阶段　　　　B．文件管理阶段

C．数据库管理阶段　　　　D．信息管理系统阶段

【答案】C

【解析】本题考查的是数据库管理技术发展的三个阶段的特点。三个阶段分别为人工管理阶段、文件系统阶段和数据库管理阶段。

2. 数据库系统一般由数据库、______组成。

A．DBMS、计算机支持系统、应用程序和有关人员

B．DBMS 和 DBS

C．DBMS、应用程序和 DBA

D．DBMS、应用程序、支持数据库运行的软件环境和 DBA

【答案】A

【解析】本题考查数据库系统的组成。从狭义上讲，数据库系统由数据库（DB）、数据库管理员（DBA）和有关软件组成，这些软件包括数据库管理系统（DBMS）、宿主语言、开发工具和应用程序等。从广义上讲，数据库系统一般由数据库、数据库管理系统、计算机支持系统、应用程序和有关人员（如 DBA 等）组成。

3. 在数据库的三级体系结构中，数据的逻辑独立性是通过______来实现的。

A．外部视图　　B．内部视图

C．概念层与内部层之间的映射　　D．外部层与概念层之间的映射

【答案】D

【解析】本题考查的是数据独立性的实现。在三级体系结构中，概念视图发生变化，可以改变外部层与概念层之间的映射，使外部视图保持不变，从而使应用程序保持不变，这称为数据的逻辑独立性。

4. 数据模型是在数据库领域中定义数据及其操作的一种抽象表示。用树形结构表示各类实体及其之间联系的数据模型称为______。

A．层次模型　　B．关系模型　　C．网状模型　　D．面向对象模型

【答案】A

【解析】本题考查数据模型的种类。层次模型采用树形结构表示实体及其之间的联系，网状模型采用网状结构表示实体及其之间的联系，关系模型采用二维表结构表示实体及其之间的联系。在关系数据库中，每一个关系就是一个二维表。

5. 设有班级和学生两个实体，每个学生只能属于一个班级，一个班级可以有多名学生，则班级和学生之间的联系类型是______。

A．1:1 联系　　B．1:m 联系　　C．m:1 联系　　D．m:n 联系

【答案】B

【解析】本题考查实体之间的联系类型。一个班级可以有多名学生，每个学生只能属于一个班级，所以班级和学生之间是 1:m 联系。选项 C 表示“多对一”联系，E-R 模型中，不存在此种联系类型。

6. 在关系数据模型中，利用关系运算对两个关系进行操作，得到的结果是______。

A．属性　　B．关系　　C．元组　　D．记录

【答案】B

【解析】本题考查的是关系运算。关系运算的对象是关系，其结果也是关系。

7. 下列的______运算属于专门的关系运算。

A．并　　B．差　　C．投影　　D．交

【答案】C

【解析】本题考查的是关系运算的种类。传统的集合运算包括并、交、差三种运算；专门的关系运算包括选择、投影和联接三种。

8. 根据关系模型的有关理论，下列说法中不正确的是______。

A．二维表中的每一列不可以再分解

B．二维表中不允许出现完全相同的两行，不允许出现相同的属性名

C．二维表中行的顺序，列的顺序可以任意交换

D．二维表中行的顺序，列的顺序不可以任意交换

【答案】D

【解析】本题考查的是关系的特点。关系中每一列称为属性（字段），在一个关系中字段名不允许重复，关系中的每一个元组必须能够区分，所以不允许有完全相同的两行，关系的行与行、列与列交换位置不影响关系表示的含义。

9. 负责数据库中查询操作的数据库语言是______。

A．数据定义语言　　B．数据管理语言

C．数据操纵语言　　D．数据控制语言

【答案】C

【解析】数据操纵语言（DML）包括查询、增加、删除和修改等操作。数据定义语言（DDL）负责数据的模式定义与数据的物理存取构建。数据控制语言（DCL）负责数据完整性、安全性的定义与检查以及并发控制、故障恢复等功能。

10. 目前数据库管理系统（DBMS）有许多不同的产品。在下列 DBMS 产品中，不属于（Microsoft）公司开发的是__________。

A．Visual FoxPro　　B．Access　　C．SQL Server　　D．Oracle

【答案】D

【解析】Visual FoxPro 是微软公司在 1992 年收购 Fox 软件公司后，推出的关系型数据库管理系统，Access 是微软公司开发的桌面数据库管理系统，SQL Server 是微软公司开发的中型数据库管理系统，而 Oracle 是 Oracle 公司推出的大型关系数据库管理系统。

二、填空题

1. 数据库系统的核心是___________。

【答案】数据库管理系统（DBMS）

【解析】数据库管理系统可以对数据库的建立、使用和维护进行管理，是数据库系统的核心。

2. 二维表中能够唯一确定记录的一个字段或几个字段的组合称为“超关键字”，若一个超关键字去掉其中任何一列后不再能唯一确定记录，则称其为___________。

【答案】候选关键字

【解析】本题主要掌握关键字的概念。超关键字中去掉其中任何一个字段后不再能唯一确定记录，则称其为“候选关键字”。

3. 从一个关系模式中指定若干个属性组成新的关系的运算称为___________。

【答案】投影

【解析】选择是从关系中找出满足指定条件元组的操作；投影是从一个关系中指定若干个属性组成新的关系；联接是两个关系的横向结合，拼成一个新的关系模式。

4. 关系模型以关系代数理论为基础，并形成了一整套的关系数据库理论，即规范化理论。关系规范的条件可以分为多级，每一级称为一个范式，记作 nNF（n 表示范式的级别）。在实际应用的过程中（设计关系模式时），一般要求满足___________。

【答案】3NF

【解析】在关系规范化的过程中一般要求满足 3NF。3NF 要求关系模式中的每个属性

值是不可分解的值，任一非主属性都是完全函数依赖于候选关键字且不传递依赖于候选关键字。

5. 自然联接是指去掉重复属性的______。

【答案】等值联接

【解析】在联接运算中，按照字段值对应相等为条件进行的联接操作称为等值联接，自然联接是指去掉重复属性的等值联接。

1.3 复习自测题

一、选择题

1. 数据管理技术的发展可以划分为3个阶段，其中不包括______。

A. 人工管理阶段　　B. 计算机管理阶段

C. 文件系统阶段　　D. 数据库系统管理阶段

2. 在下面关于文件系统管理数据的说法中，不正确的是______。

A. 数据可以以文件形式长期存在于外部存储器中

B. 数据文件的组织具有多样化，包括索引文件、链接文件、直接存取文件等

C. 数据冗余应完全消失

D. 程序与数据之间具有相对的独立性

3. 数据库（DB）、数据库管理系统（DBMS）和数据库系统（DBS）是三个密切相关的概念，三者之间存在的关系是______。

A. DBMS 包括 DB　　B. DB 包括 DBMS

C. DBS 包括 DB 和 DBMS　　D. DB 就是 DBS

4. 在数据库的三级体系结构中，数据库的外模式对应于数据库的______。

A. 概念视图　　B. 内部视图　　C. 存储视图　　D. 外部视图

5. E-R 模型的图形表示法是表示概念模型的有力工具。在 E-R 图中，不包括______图形符号。

A. 矩形框　　B. 圆形框　　C. 菱形框　　D. 椭圆形框

6. 一个学生可选修多门课程，一门课程可由多个学生选择。则实体学生和课程间的联系是______。

A. 1:1 联系　　B. 1:m 联系　　C. m:1 联系　　D. m:n 联系

7. 在关系模型中，关系的首行称为“属性”，在数据库中，对应的名称是______。

A. 文件　　B. 数据库　　C. 字段　　D. 记录

8. 关键字是关系模型中的重要概念。当一个二维表（A 表）的主关键字被包含到另一个二维表（B 表）中时，它就称为 B 表的______。

A. 主关键字　　B. 候选关键字　　C. 外部关键字　　D. 超关键字

9. 设有关系 R 与关系 S，它们具有不同的模式结构，则不可以进行______运算。

A. 并　　B. 投影　　C. 选择　　D. 联接

10. 关系的基本运算有并、差、交、选择、投影、联接（连接）等。这些关系运算中，运算对象必须为两个关系且关系不必有相同关系模式的是______。

A. 并　　B. 交　　C. 投影　　D. 联接

11．设有关系表如下：

R

A	B	C
12	34	56
6	7	8

S

A	B	C
12	34	56

T

A	B	C
6	7	8

则这三个关系之间的运算为：______。

A．R∩S=T　　B．R∪S=T　　C．T∪R=S　　D．R-S=T

12．设有关系 R 和关系 S，它们有相同的模式结构，且其对应的属性取自同一个域，则 R∩S={t|t∈R∧t∈S} 表述的是关系的______操作。

A．交　　B．差　　C．投影　　D．联接

13．在关系模型中，同一个关系中的不同的行，其内容______。

A．可以相同　　B．不能相同

C．可以相同，但数据类型不同　　D．必须相同

14．在下列叙述中，错误的是______。

A．关系型数据库中的每一个关系都是一个二维表

B．在关系模型中，运算的对象和运算的结果都是二维表

C．二维表中不允许出现任何数据冗余

D．Visual FoxPro 是一种关系型数据库管理系统产品

15．数据库系统与文件系统的最主要区别是______。

A．数据库系统复杂，而文件系统简单

B．文件系统只能管理程序文件，而数据库系统能够管理各种类型的文件

C．文件系统管理的数据量较小，而数据库系统可以管理庞大的数据量

D．文件系统不能解决数据冗余和数据独立性问题，而数据库系统可以解决

16．Visual FoxPro 是一个______软件。

A．应用　　B．操作系统　　C．DBMS　　D．数据库

二、填空题

1．数据管理技术发展经过人工管理阶段、文件系统和数据库系统三个阶段，其中数据独立性最高的阶段是__________阶段。

2．数据库中的数据按一定的__________组织、描述和存储，具有较小的冗余度，较高的独立性和__________，并可以供多个用户和多类应用程序所共享。

3．数据库通常包括两部分，一是按一定的数据模型组织并实际存储的所有应用需要的数据，二是有关数据库定义的数据，用于描述数据的结构、类型、完整性约束等，这些描述信息是有关数据的“数据”，称为“__________”，这些数据的集合称为__________。

4．数据的独立性是指数据和__________之间不存在相互依赖关系。

5．为了实现数据的独立性，便于数据库的设计和实现，一般把数据库系统的结构定义为三级模式结构，即分为外部层、__________和内部层。

6．在数据库技术的发展过程中，出现的数据模型主要有层次模型、网状模型、__________和面向对象数据模型。

7. 如果是用两个或两个以上的列组成关键字，则称为___________。

8. 关系模型中，___________是最精简的超关键字，能唯一确定记录，且字段是最少的。

9. SQL 语言提供___________语句进行数据库查询。

10. SQL 是一种基于关系代数和关系演算的语言，是___________的缩写。

11. E-R 图是 E-R 模型的图形表示法，它是表示概念数据模型的有力工具。在 E-R 模型中有 3 个基本的概念，即实体、联系和属性，在 E-R 图中，实体之间的联系有三种，分别是___________、___________和___________。

三、简答题

1. 什么是数据的独立性？
2. 关系的性质有哪些？
3. 主流的 DBMS 产品有哪些？

第 2 章 Visual FoxPro 数据库管理系统概述

2.1 学 习 目 标

- 熟悉 VFP 的操作环境。
- 掌握项目管理器的使用。
- 掌握 VFP 支持的数据类型。
- 掌握常量、变量和数组的使用。
- 掌握常用系统函数的使用。
- 掌握各种数据类型的运算符、表达式的使用。
- 了解 NULL 值的使用。

2.2 例 题 解 析

一、选择题

1. 下列 VFP 的命令叙述中，不正确的是______。

   A. 在“命令”窗口中输入并执行命令 DIR，显示当前目录中所有的表文件的目录

   B. RENAME 命令可以完成文件的移动功能

   C. ?和??命令的功能不同

   D. *和&&都能进行程序的注释，因此功能一样

【答案】D

【解析】DIR 命令默认路径和文件说明时，显示当前目录下的表文件目录。RENAME 命令的功能对文件进行改名，如果命令前后说明的文件不位于同一磁盘或文件夹，则在改名的同时进行文件的移动操作。?和??命令虽然都是在屏幕显示表达式的值，但?命令是换行显示，而??命令是接着上一次的内容显示，所以功能不同。*将整个命令行定义为注释内容，且*必须为命令行的第一个字符，而&&用于在命令的后面引导一个注释内容，所以功能不同。

2. 利用“SET DATE”命令可以设置日期的显示格式。如果要将日期显示为“2010 年 01 月 01 日”的形式，可以利用命令______。

   A. SET DATE TO MDY　　B. SET DATE TO ANSI

   C. SET DATE TO YMD　　D. SET DATE TO LONG

【答案】D

【解析】本题考查的是 SET DATE TO 命令的参数。这里应使用 LONG 参数。MDY 表示

月日年，YMD 表示年月日，ANSI 表示英语格式，显示为“10.01.01”。

3．文件扩展名为.pjx 的文件是______。

A．项目文件　　B．表单文件　　C．菜单文件　　D．备注文件

【答案】A

【解析】本题考查 VFP 中主要的文件类型。项目文件的扩展名 .pjx，表单文件的扩展名是 .scx，菜单文件的扩展名是 .mnx，不同类型的文件的备注文件扩展名不同。

4．用户对 VFP 的操作环境进行设置可以使用命令，也可以使用“工具”菜单中的“选项”对话框，如果要使得利用界面操作方式，即“选项”对话框对系统的设置在“命令”窗口以命令的形式显示出来，下列______方法可以实现。

A．在“选项”对话框中设置后，直接单击“确定”按钮

B．在“选项”对话框中设置后，直接单击“设置为默认值”按钮

C．在“选项”对话框中设置后，按住 Shift 键的同时单击“确定”按钮

D．按住 Shift 键的同时在“选项”对话框中设置

【答案】C

【解析】VFP 中规定，在“选项”对话框中设置后，按住 Shift 键的同时单击“确定”按钮，则当前设置在“命令”窗口以命令的形式显示出来。

5．在 Visual FoxPro 系统中，数据类型中的逻辑型、通用型、备注型、日期型数据的宽度由系统指定，具有固定宽度，分别为______。

A．1、4、4、8　　B．4、4、4、8

C．1、4、4、4　　D．2、4、4、8

【答案】A

【解析】本题考查数据类型所占的字节数。逻辑型占 1 个字节，通用型与备注型占 4 个字节，这两种类型仅用于表，日期型占 8 个字节。

6．在 Visual FoxPro 系统中，下列命名中不能作为变量名的是______。

A．姓名　　B．1234 姓名　　C．姓名 XYZ　　D．JS12345

【答案】B

【解析】本题考查变量的命名规则。名称中只能包含字母、下划线“_”、数字符号和汉字符号；名称的开头只能是字母、汉字或下划线，不能是数字；除了自由表的字段名、表的索引标识名至多只能有 10 个字符外，其余可以是 1～128 个字符；应避免使用系统保留字。

7．执行下列程序段之后，A(1,1)和 A(1,2)的值分别为______。

```
DIMENSION A(2,3)
A(1,1)=1
A(1,2)=2
A=100
```

A．1 , 2　　B．100 , 100　　C．1 , .F.　　D．.F.，.F.

【答案】B

【解析】VFP 最多可声明二维数组，下标从 1 开始。数组被声明后，赋予默认值.F.，用“=”号给数组名赋值，则每个元素的值相等。

8．在 Visual FoxPro 系统中，下列返回值是字符型的函数是______。

A．VAL()　　B．DATETIME()　　C．STR()　　D．MESSAGEBOX()

【答案】C

【解析】本题考查的是函数返回值的类型。VAL()函数的功能是把字符型转换为数值型，返回值是数值型；DATETIME()函数的功能是返回系统当前的日期时间，返回值是日期时间型；STR()函数的功能是返回由数字符号构成的字符串，返回值是字符型；MESSAGEBOX()函数的功能是显示一个用户自定义对话框，返回值是一个数值。

9．设变量 x 的值为“abc□”（其长度为 4，末尾为一个空格字符），变量 y 的值为“□abc”（其长度为 4，第一个字符为空格），则表达式 LEN(x+y)和 LEN(x−y)的返回值分别为______。

A．6，6　　B．7，7　　C．8，8　　D．8，7

【答案】C

【解析】本题目考查函数 LEN()，字符相连运算符+、−的用法，运算符“+”相当于字符相连，运算符“−”的作用是删除左侧字符串的尾部空格后，将两个字符串连接起来，删除的尾部空格添加在新结果的末尾。“x+y”的值是“abc□□abc”，中间 2 个空格，所以，LEN(x+y)的长度为 8，“x−y”的值是“abc□abc□”，所以，LEN(x−y)的长度为 8。

10．.NULL. AND .F.、.NULL. OR .T.、NOT .NULL.的值分别为______。

A．.NULL.、.F.、.NULL.　　B．.F.、.T.、.NULL.

C．.F.、.NULL.、.NULL.　　D．.NULL.、.T.、.NULL.

【答案】B

【解析】本题考查.NULL.值在逻辑表达式中的行为。.NULL. AND .F.= .F.，.NULL. OR .T.=.T.，NOT .NULL.= .NULL.。

二、填空题

1．目前用户通常是在操作系统环境下（如在“我的电脑”或“资源管理器”窗口中）创建和删除文件夹。在 VFP 中，也可以使用 MD 命令和__________命令来创建新文件夹和删除已建文件夹。

【答案】RD

【解析】本题考查文件目录命令。MD 命令的功能是创建文件夹，RD 命令的功能是删除文件夹，CD 命令的功能是改变当前工作目录。

2．在 VFP 中，用户可以利用命令来修改系统的操作环境（如默认工作目录等），也可以通过菜单命令打开__________对话框进行设置。

【答案】选项

【解析】在“工具”菜单中选择“选项”命令，打开“选项”对话框，在“文件位置”选项卡中可以设置默认路径。

3．内存变量是在内存中设置的临时存储单元，当退出 Visual FoxPro 时其数据自动丢失，若要保存内存变量以便以后使用，可使用 SAVE TO 命令将其保存到文件中。在 Visual FoxPro 中，默认的内存变量文件的文件扩展名为__________。

【答案】.mem

【解析】本题考查内存变量的保存。默认的内存变量文件的文件扩展名为.mem。

4．函数 LEN(STR(123456789012))的返回值为__________。

【答案】10

【解析】本题考查的是函数 STR()的用法。STR()函数的功能是把数值型数据转换为字符型数据，默认长度为 10 个字符。

5．函数 LEN(DTOC(DATE(),1))的返回值为___________。

【答案】8

【解析】本题考查的是函数 LEN()、DTOC()的用法。DTOC()把日期型转化为字符型，参数“1”指定以年月日格式显示日期且无分隔符“/”，所以 DTOC(DATE(),1)转换得到的字符共有 8 个。

6．“USE xx”命令的功能是打开表名为 xx 的表文件。执行下列命令后，被打开的表文件是___________。

```
x="XS.DBF/CJ.DBF/JS.DBF"
n=AT("/",x)+1
f=SUBSTR(x,n,2)
USE &f
```

【答案】CJ

【解析】本题考查宏替换与字符函数的使用。n 的值为 8，f 的值为“CJ”，所以，USE &f 等价于 USE CJ。

2.3　复习自测题

一、选择题

1．下列关于 DIR 命令的叙述中，正确的是______。

A．DIR 命令的功能是在 VFP 的主窗口中显示文件的目录

B．默认状态 DIR 命令表示显示当前目录中的全部文件

C．DIR 命令具有移动的功能

D．DIR 命令具有赋值文件的功能

2．设置默认路径的命令是______。

A．SET DEFAULT TO　　　B．SET DATE TO

C．SET TALK ON|OFF　　　D．SET ESCAPE ON|OFF

3．在 VFP 的项目管理器中不包括的选项卡是______。

A．数据　　B．文档　　C．类　　D．表单

4．下面关于项目的描述，不正确的是______。

A．项目文件的扩展名为.pjx

B．一个文件不可以同时属于多个不同的项目

C．利用项目管理器可以方便地为文件重命名

D．一个项目是一个系统中文件、数据、文档等对象的集合

5．下列关于数据操作的说法中，正确的是______。

A．货币型数据不能参加算术运算

B．两个日期型数据可以进行加法运算

C．字符型数据能比较大小，日期型则不能

D．一个日期型数据可以加或减一个整数

6．在 Visual FoxPro 系统中，下列表示中不属于常量的是______。

A．.N.　　B．[FOX]　　C．“VFP”　　D．T

7．如果内存变量 xb 与当前数据库表中的一个字段“xb”同名，则执行命令“?xb”后显示的结果是______。

A．字段 xb 的值　B．内存变量 xb 的值　C．随机显示　D．错误信息

8．下列表达式中，合法的是______。

A．YEAR(DATE())-{^2010/08/02}　　B．DATE()- (2010/08/02)

C．DATE()+{^2010/08/02}　　D．A、B、C 均对

9．下列关于数组的描述中，正确的是______。

A．VFP 中可以定义三维数组

B．数组的下标从 0 开始

C．数组中每一个元素的初始值默认为.F.

D．给数组名赋值等价于给数组中第一个元素赋值

10．在下列各项中，运算级别最高的运算符是______。

A．算术运算符　B．逻辑运算符　C．关系运算符　D．圆括号

11．下列各项中，数据类型一致的是______。

A．CTOD("2011/09/08")，DATE()+10，DATE()

B．ALLTRIM("VFP5.0")，ASC("A")，ISNULL(0)

C．DATE(),EMPTY(0)，YEAR（）

D．STR(3.14,3,1)，VAL("3.14")，SUBSTR("ABCD",3,1)

12．以下函数返回值不是数值型的是______。

A．LEN("Visual FoxPro")　　B．AT("This","ThisForm")

C．YEAR(DATE())　　D．LEFT ("ThisForm",4)

13．在“命令”窗口输入、执行以下命令后，主窗口显示的输出结果为______。

```
SET EXACT ON
?"ABCD"="AB","ABC"=="ABC","ABC"="ABCD"
```

A．.F.　.T.　.F.　　B．.F.　.F.　.F.

C．.F.　.T.　.T.　　D．.T.　.T.　.F.

14．有如下赋值语句，结果为“大家好”的表达式是______。

```
a="你好"
b="大家"
```

A．b+AT(a,1)　　B．b+RIGHT(a,1)

C．b+LEFT(a,3,4)　　D．b+RIGHT(a,2)

15．下列函数中，函数值为字符型的是_______。

A．DATE()　B．TIME()　C．YEAR()　D．DATETIME()

16．在下面的 Visual FoxPro 表达式中，运算结果为逻辑真的是_______。

A．EMPTY(.NULL.)　　B．LIKE('xy?','xyz')

C．AT('xy','abcxyz')　　D．ISNULL(SPACE(0))

17．设 x="123"，y=123，k="y"，表达式 x+&k 的值是_______。

A．123123　B．246　C．123y　D．数据类型不匹配

18．下列关于 NULL 的叙述中，正确的是______。

A．NULL 值等价于空字符串　　B．NULL 值等价于数值 0

C．NULL 值排序优先于其他数据　　D．VFP 不支持 NULL

二、填空题

1．__________命令的功能是关闭所有的文件，并结束当前 Visual FoxPro 系统的运行。

2. 在 VFP 中，除了自由表的字段名、表的索引标识名至多只能有__________个字符外，其余名称的长度可以是 1～128 个字符。

3．在 VFP 中，日期常量“2011 年 8 月 30 日”的表示应该为__________。

4．将第 2～4 个字符为“cun”的所有内存变量保存 mVar 内存变量文件中，可以使用命令：SAVE TO mVar ALL __________?cun*。

5．数值表达式 MOD(25.5,5.0)+ROUND(34.19,-1)的运算结果为__________。

6．函数 STR(314.15,2)的返回值为__________。

7．表达式 STR(YEAR(DATE()+10))的返回值的数据类型为__________。

8．表达式{^2000/09/18}-{^2000/09/20}的值是__________。

9．表达式 INT(6.26*2) % ROUND（3.14,0）的值是__________。

10．表达式 3^2+2=MOD(12,7)+LEN("FoxPro")的结果为__________。

11．设 n=134，m=432，k="m-n"，表达式 1+&k 的值是__________。

12．依次执行下列两条命令，则屏幕上显示的结果是__________。

```
DIMENSION x(2)
? TYPE("x(1)")
```

13．在 Visual FoxPro 中，要想将日期型或日期时间型数据中的年份用 4 位数字显示，应当使用设置命令__________。

14．表达式 BETWEEN(2,1,.NULL.)OR IIF(5>3,.T.,.F.)的返回值是__________。

15．执行命令 ?LEN(ALLTRIM("□□□□计算机□□等级考试□□"))的结果是__________。（注意：□表示空格。）

第 3 章　数据库与表的操作

3.1　学 习 目 标

- 掌握数据库的创建、打开与关闭。
- 掌握数据库的组成。
- 掌握表结构的创建与修改。
- 掌握表的使用、表记录的操作。
- 掌握表的索引的创建与使用。
- 掌握表之间永久关系的概念、作用与创建方法。
- 了解表之间临时性关系的概念、作用与创建方法。
- 掌握数据库表字段扩展属性、表属性的设置。
- 掌握参照完整性的概念、作用与设置方法。
- 掌握数据库相关函数的使用。

3.2　例 题 解 析

一．选择题

1．教师表（js.dbf）中有字段：xm（姓名，字符型）、gzrq（工作日期，日期型）、nl（年龄，数值型）等。要建立基于姓名、年龄、工作日期字段的组合索引，其索引表达式是______。

A．xm+nl+gzrq　　B．"xm"+"nl"+"gzrq"

C．xm+STR(nl)+STR(gzrq)　　D．xm+STR(nl)+DTOC(gzrq,1)

【答案】D

【解析】不同数据类型的字段构成一个索引表达式时，必须转换成同一种数据类型（通常转换为字符型）。A 选项由于字段数据类型不同的原因不是合法表达式。B 选项是一个常量表达式，这对数据的索引操作无任何意义。C 选项中 STR(gzrq)表达式错误，STR 函数是将数值型数据转换成字符型数据，DTOC 函数才可以把日期型数据转换成字符型数据，参数 1 用于指定以年月日且无分隔符的形式显示数据。

2．将当前数据库表中某字段的值全部清除，但仍保留该字段，其他各字段内容保持不变，应当使用命令______。

A．MODIFY　STRUCTURE　　B．DELETE

C．REPLACE　　D．ZAP

【答案】C

【解析】将当前数据库表中某字段的值全部清除，但仍保留该字段，其他各字段内容不变，可以使用命令“REPLACE ALL　字段名　WITH ""”，即将所有记录中某字段的值用空字符串替换。若用 MODIFY STRUCTURE 命令可打开表设计器，将字段删除，该字段将不再保留。DELETE 命令是逻辑删除指定记录。ZAP 命令是物理删除当前表中的所有记录，所有字段的内容都被清空。

3. 某数据库表有字符型、数值型和逻辑型 3 个字段，其中字符型字段宽度为 6，数值型字段宽度为 5，小数位数为 2。表文件中共有 10 条记录，则全部记录需要占用的存储字节数目是______。

A．110　　B．120　　C．130　　D．140

【答案】C

【解析】3 个字段的总宽度应该为 12，Visual FoxPro 又为每一条记录多准备一个字节用于存储删除标记，所以本题中数据库表的每一条记录实际占用 13 个字节，10 条记录则占用 130 字节。

4．当数据库表移出数据库成为自由表之后，仍然有效的是______。

A．字段的默认值　　B．表的记录的有效性规则

C．结构复合索引　　D．表的触发器

【答案】C

【解析】当数据库表移出数据库成为自由表后，字段的扩展属性和数据库表的表属性都消失，因为这些信息是数据库表所特有的，如字段的标题、格式、字段有效性规则、默认值等以及表的长表名、记录的有效性规则、触发器等都消失，只有结构复合索引还保留着，结构复合索引文件中的主索引则变成候选索引。

5. 假设在当前工作区已经打开了一个数据库表，在下列命令中，不能将该数据库表关闭的命令是______。

A．CLOSE ALL　　B．CLOSE DATABASES ALL

C．USE IN 0　　D．CLOSE TABLES ALL

【答案】C

【解析】CLOSE ALL 命令的作用是关闭所有打开的数据库、表和索引；CLOSE DATABASES ALL 命令的作用是关闭所有打开的数据库，关闭数据库的同时属于该数据库的数据库表也被关闭；CLOSE TABLES ALL 命令的作用是关闭所有的表文件；USE IN 0 命令则是关闭当前未被使用编号最小的工作区中的表。

6. 假设有两个项目文件 j1 和 j2，两个数据库文件 s1 和 s2，一个自由表文件 abc。以下说法中不正确的是______。

A．j1 和 j2 可以共享 s1.dbc 文件

B．自由表 abc 添加到 s1 数据库中成为数据库表后，就不能再添加到 s2 数据库中

C．打开项目 j1 后，利用系统菜单命令“文件”→“新建”创建的文件都属于 j1 项目

D．从 j2 项目中移去某个数据库时，可以同时删除该数据库

【答案】C

【解析】数据库可以被多个项目共享，可以包含在多个项目中；数据库表不能同时从属于多个的数据库；利用系统菜单命令“文件”→“新建”创建的文件不会自动地包含在项目中；在项目管理器中移去对象时会出现一个对话框询问是“移去”还是“删除”。

7．学生表（xs.dbf）的表结构为：xh(C，8)，xm(C，8)，xb(C，2)，用 INSERT 命令向

xs 表添加一条记录，记录内容如表 1-3-1 所示。

表 1-3-1　添加的记录

xh	xm	xb
10101111	张寒涵	女

则下列命令中正确的是______。

A．INSERT INTO xs VALUES("10101111"，"张寒涵"，"女")

B．INSERT TO xs VALUES("10101111"，"张寒涵"，"女")

C．INSERT INTO xs(xh，xm，xb)VALUES(10101111，张寒涵，女)

D．INSERT TO xs(xh，xm，xb)VALUES("10101111"，"张寒涵"，"女")

【答案】A

【解析】使用 INSERT-SQL 命令可以向表中添加记录，该命令的格式如下：

INSERT INTO 表名(字段 1，字段 2，…);

VALUES(字段 1 值的表达式，字段 2 值的表达式，…)

当给一个记录的所有字段都赋值时，字段名可以省略。

字符型常量必须加定界符""、''或[ ]。

8．在 Visual FoxPro 中，使用 SQL 命令将学生表 student.dbf 中的学生年龄 age 字段的值增加 1 岁，应该使用命令______。

A．REPLACE age WITH age+1　　B．UPDATE student age WITH age+1

C．UPDATE SET age WITH age+1　　D．UPDATE student SET age=age+1

【答案】D

【解析】用 REPLACE 命令修改字段值，如果省略范围和条件，默认修改当前记录，所以 A 选项不正确。用 UPDATE 命令修改表中某字段值的语法格式如下：

UPDATE 表文件名 SET 字段名=值 WHERE 逻辑条件表达式

所以只有 D 选项是正确的。

9．用户在创建某个表的结构时，使用了通用型字段且为表创建了结构复合索引，则在保存该表结构后，系统会在磁盘上生成______个文件。

A．1　　B．2　　C．3　　D．4

【答案】C

【解析】创建表文件一定会生成一个扩展名为.dbf 的文件，如果表中有通用字段或备注字段将会产生一个主文件名与表名相同且扩展名为.fpt 的备注文件，在创建表结构时创建了结构复合索引，所以还会产生一个主文件名与表名相同且扩展名为.cdx 的结构复合索引文件。

10．下列______操作不会损坏相关表之间数据的一致性。

A．删除了子表中的记录而没有删除主表中的相关记录

B．删除了主表中的记录而没有删除子表中的相关记录

C．在子表中插入记录的外部关键字的值是主表的主关键字中没有的

D．在主表中修改了主关键字的值而没有同时修改子表中相关记录的外部关键字的值

【答案】A

【解析】相关表之间数据的一致性指的是相关表之间的主关键字和外部关键字之间数据的一致性。B、C、D 选项的操作都会引起两张表的主关键字的值和外部关键字的值不一致。

11．依次执行下列命令后，浏览窗口中显示的表的别名及当前工作区区号分别是______。

```
CLOSE TABLES ALL
USE ts
USE ts AGAIN IN 5
SELECT 0
USE ts AGAIN
BROWSE
```

A．B、2　　B．TS、2　　C．B、5　　D．E、2

【答案】A

【解析】该段命令的功能是：首先关闭所有的表，此时没有工作区被使用。USE ts 是在当前工作区打开 ts 表，此时 1 号工作区为当前工作区，别名为表文件名 ts。USE ts AGAIN IN 5 是在 5 号工作区再次打开 ts 表，但是 5 号工作区未作为当前工作区。SELECT 0 选择未被使用的编号最小的工作区，即 2 号工作区作为当前工作区，USE ts AGAIN 是在当前工作区再次打开 ts 表，如果一张表在多个工作区被打开而未指定别名，则第一次打开的工作区中表的别名与表名同，其他工作区用 A~J 及 W11~W32767 表示，因此，此时 ts 表的别名为 B。

12．已知 ts 表中有 dj 字段（单价，数值型），如果 dj 不低于 100，则设置 bz 字段（备注，备注型）内容为“高档图书”，则下面命令中不能完成该功能的是______。

A．USE ts
　　REPLACE bz WITH "高档图书" FOR dj>=100

B．UPDATE ts SET bz="高档图书" WHERE dj>=100

C．UPDATE ts SET bz="高档图书" FOR dj>=100

D．UPDATE ts SET bz=IIF(dj>=100，"高档图书"，"")

【答案】C

【解析】本题主要考查 UPDATE 命令和 REPLACE 命令。

UPDATE 命令的语法格式为：

　　UPDATE 表文件名 SET 字段名=值 WHERE 逻辑条件表达式

REPLACE 命令的语法格式为：

　　REPLACE 字段名 WITH 值 FOR 逻辑条件表达式

REPLACE 命令要求表必须事先打开，而且是当前工作区的表。

13．下列有关项目、数据库、数据库表和自由表的叙述中错误的是______。

A．在项目中选择某一对象后利用“移去”按钮进行删除操作，可以删除该对象所有关联文件

B．一个数据库表只能从属于一个数据库

C．使用 DELETE FILE 命令删除某数据库后，该数据库中的数据库表自动转换为自由表

D．一个项目中可以有多个数据库，一个数据库可以从属于多个项目

【答案】C

【解析】利用项目管理器的“移去”按钮删除对象可以删除与该对象关联的所有文件，如果删除的是数据库对象，则会自动解除该数据库与数据库表的双向链接，数据库表会自动转换为自由表。利用 DELETE FILE 命令或用 Windows 资源管理器删除文件则没有这些功能。

14．图书表 ts.dbf 中有备注型字段 bz，使用______命令直接浏览或输出所有记录的 bz 字段的具体内容（即备注中的信息）。

A．USE ts
LIST OFF bz

B．SELECT bz FROM ts

C．USE ts
BROWSE FIELD bz

D．USE ts
?bz

【答案】A

【解析】B 选项的含义是查找出 ts 表中的 bz 字段，没有直接显示内容；C 选项的含义是浏览 ts 表中 bz 字段，也没有直接显示内容；D 选项仅仅显示的是第一条记录的 bz 字段的内容而不是所有的。

15．已知读者表 dz.dbf 的结构为：读者编号(dzbh，C(8))、姓名(xm，C(8))等，并且按照 dzbh 设置了结构复合索引，索引标识为 dzbh，如果 dz 表不是当前工作区的表，则下列______命令不能实现查找读者编号为“11010101”的记录。

A．SELECT dz
LOCATE FOR dzbh="11010101"

B．SEEK "11010101" ORDER dzbh IN dz

C．SELECT dz
SET FILTER TO dzbh="11010101"

D．SELECT dz
SEEK "11010101"

【答案】D

【解析】LOCATE FOR 命令是条件定位，根据给定的条件将记录指针定位到指定的记录。SET FILTER TO 命令是记录的筛选，用于在当前工作区的表中筛选出满足条件的记录。SEEK 命令可以实现查找的功能，但是必须要设置主控索引。

16．已知表中已经建立了多个索引，则无论是否设置主控索引，都定位到同一条记录的命令是______。

A．GO TOP　　B．GO BOTTOM　　C．GO 5　　D．SKIP -1

【答案】C

【解析】GO TOP、GO BOTTOM、SKIP 命令都是相对定位命令，它们受记录的逻辑顺序的影响。而 GO 5 指的是跳转到 5 号记录，无论是否设置主控索引，记录的记录号是不会改变的。

17．下列关于记录的删除的叙述，不正确的是______。

A．DELETE 命令和 DELETE-SQL 命令都要求表以独占方式打开

B．PACK 命令和 ZAP 命令要求表必须以独占方式打开

C．PACK 命令和 ZAP 命令可以实现彻底删除表中带有删除标记的记录的功能

D．RECCOUNT()函数的返回值不受 SET DELETED ON|OFF 命令的影响

【答案】A

【解析】DELETE 命令要求表必须事先打开，而 DELETE-SQL 命令则不必，且无论表是以独占方式还是共享方式打开，都不影响删除标记的设置。PACK 和 ZAP 命令要求表必须以独占方式打开，PACK 命令彻底删除带有删除标记的记录，ZAP 命令删除表中所有记录，仅保留表结构。RECCOUNT()返回表中的记录数，不受删除标记的影响。

18．首先执行了 CLOSE TABLES ALL 命令，然后执行______命令，可以实现逻辑删除 dz 表（读者表）中年龄超过 25 岁的所有记录（注：dz 表中含有 csrq 字段，日期型，含义为出生日期）。

A．DELETE FOR YEAR(DATE())-YEAR(csrq)>25

B．DELETE FROM dz WHERE YEAR(DATE())-YEAR(csrq)>25

C．DELETE FROM dz FOR YEAR(DATE())-YEAR(csrq)>25

D．DELETE FROM dz WHILE YEAR(DATE())-YEAR(csrq)>25

【答案】B

【解析】A 选项能够实现逻辑删除，但是 dz 表必须事先打开且为当前工作区的表。C、D 选项都是语法错误。

19．下列关于 VFP 中表的索引的叙述中，错误的是______。

A．表的唯一索引不能控制数据输入时的重复

B．通过创建表的索引，不仅可以对表中的记录数据进行排序，而且可以实现记录的筛选

C．在打开表的时候，系统会自动将默认的第一个索引设置为主控索引

D．一张数据库表最多只能创建一个主索引

【答案】C

【解析】主控索引需要进行设置才起作用，可以在打开表的 USE 命令中使用 ORDER 子句设置主控索引；或者在表打开之后用 SET ORDER TO 命令设置主控索引。

20．如果需要给当前表增加一个字段，应使用的命令是______。

A．APPEND　　B．ALTER TABLE　　C．INSERT　　D．EDIT

【答案】B

【解析】ALTER TABLE 命令的 ADD COLUMN 子句可以给当前表添加字段。EDIT、APPEND 及 INSERT 命令均用于对表中记录的处理。

二、填空题

1．在设计和创建表结构的过程中，有些数据类型的字段宽度是固定的，不需要用户设定。例如，逻辑型字段的宽度为 1、日期型字段的宽度为 8、日期时间型字段的宽度为__________。

【答案】8

【解析】字段宽度是固定的数据类型有：逻辑型（字段宽度为 1）；日期型、日期时间型、双精度型（字段宽度为 8）；整型、备注型、通用型（字段宽度为 4）。

2．用户可以在表设计器中修改表结构，也可以使用命令直接修改表结构。例如，删除 xs 表的记录有效性规则可以使用命令：ALTER TABLE xs __________CHECK。

【答案】DROP

【解析】ALTER TABLE-SQL 命令中，DROP CHECK 子句用于删除有效性规则。

3．数据库表可以创建主索引、候选索引、普通索引和唯一索引。如果要控制表中某一字段的值不允许重复出现，则可以以该字段为索引表达式创建主索引或__________。

【答案】候选索引

【解析】主索引或候选索引的索引表达式的值不允许有重复，普通索引和唯一索引的索引表达式的值可以有重复。

4．在进行多表操作时，用户在打开一个表之前，一般需要先选择工作区。选择当前未被使用的最小号工作区，可以使用命令__________。

【答案】SELECT 0

【解析】选择当前工作区的命令是 SELECT 工作区号|表别名，若工作区号为 0，则表示选择未被使用编号最小的工作区作为当前工作区。

5．在删除表记录时，一般先使用 DELETE 命令给记录加删除标记（即逻辑删除），然后使用 PACK 命令清理带删除标记的记录（即物理删除）。如果要彻底删除表中所有记录，可以使用效率更高的命令＿＿＿＿＿＿。

【答案】ZAP

【解析】PACK 命令只能将已经加了删除标记的记录删除，ZAP 命令直接将表中所有记录清空，无论是否带有删除标记。

6．已知图书分类表（tsfl.dbf）中有 22 条记录，执行下列程序段后，m、n 的值分别为＿＿＿＿＿＿、＿＿＿＿＿＿。

```
USE tsfl
DELETE NEXT 4
SET DELETED ON
m=RECCOUNT()
COUNT TO n
?m,n
```

【答案】22、18

【解析】打开 tsfl 表，记录指针指向第一条记录，执行 DELETE NEXT 4 命令，第一条到第四条记录做了删除标记。SET DELETED ON 命令指忽略带有删除标记的记录，该命令对 RECCOUNT( )函数不起作用，但是对 COUNT 命令有效果，因此 m 为 22，n 为 18。

7．已知 ts 表属于数据库 tsk，如果不小心删除了 tsk 的相关文件，则要将 ts 表添加到其他数据库中，必须释放＿＿＿＿＿＿，释放的命令是＿＿＿＿＿＿。

【答案】后链、FREE TABLE ts

【解析】数据库表和数据库之间通过双向链接相关联。一张数据库表只能属于一个数据库，如果意外损害了数据库文件，则必须释放后链才能添加到其他数据库中。

8．已知成绩表（cj.dbf）的结构如表 1-3-2 所示，请完善下列各项命令。

表 1-3-2　成绩表的结构

字段名	类型	宽度	字段含义
xh	C	6	学号
kcdm	C	2	课程代码
cj	N	3，0	成绩

（1）创建 cj 表结构。

```
______ cj(xh C(6), kcdm C(2), cj N(3, 0))
```

（2）给 cj 表添加一个备注型字段 bz。

```
______ cj ADD COLUMN ______
```

（3）将 bz 字段的字段名改为 cjbz。

```
ALTER TABLE cj ______bz TO cjbz
```

（4）为 cj 表添加一条记录：11010101，02 ，60。

```
______ cj(xh, kcdm, cj) VALUES("11010101", "02", 60)
```

（5）将 cj 表中所有不及格的记录的 cjbz 字段内容设置为“需要补考”。

```
UPDATE cj ______WHERE cj<60
```

（6）根据 kcdm 字段升序排序，当 kcdm 相同时按照 cj 升序排序，索引标识名为 kccj，创建一个普通索引。

```
INDEX ON ________________ TAG kccj
```

（7）将成绩表中所有 06 级的考生的考试记录做删除标记（xh 的前两位表示年级）。

```
DELETE FROM cj WHERE ___________
```

【答案】

（1）CREATE TABLE

（2）ALTER TABLE、bz M

（3）RENAME COLUMN

（4）INSERT INTO

（5）SET cjbz="需要补考"

（6）kcdm+STR(cj，3)

（7）LEFT(xh，2)="06"

【解析】本题要求掌握表的一些相关命令，因此要熟悉每一种命令的功能以及命令格式。

9．已知期末成绩表（qm.dbf）中的记录如表 1-3-3 所示。

表 1-3-3 期末成绩表

xh（学号，字符型）	yw（语文成绩，数值型）	sx（数学成绩，数值型）
11010101	76	67
11010102	66	87
11010105	69	78
11010104	86	92
11010103	66	78

qm 表创建了两个索引，如表 1-3-4 所示。

表 1-3-4 qm 表的索引

索引顺序	索引标识	索引表达式
降序	qma	yw+sx
升序	qmb	STR（yw）+STR（sx）

如果在“命令”窗口中执行如下命令：

```
USE qm ORDER TAG qma
BROWSE
```

则在浏览窗口中，学号为“11010103”的记录显示在第__________行。如果在“命令”窗口中再执行如下命令：

```
SET ORDER TO qmb
BROWSE
```

则浏览窗口中学号为______的记录显示在第一行。

【答案】4、“11010103”

【解析】本题主要考查主控索引的概念以及数值型索引表达式和字符型索引表达式的含义。第一段命令表示设置索引 qma 为主控索引，这时 qma 索引起作用，表中记录按照索引表达式 yw+sx 排序，yw 和 sx 都是数值型，两个数值型值相加，索引按照和的结果排序。第二段命令表示设置索引 qmb 为主控索引，这时 qmb 索引起作用，表中记录按照索引表达式

STR(yw)+STR(sx)排序，表示先按照 yw 的值排序，在 yw 值相同的情况下再按照 sx 排序。

10．数据库表之间的一对多联系通过主表的________索引和子表的________索引实现。

【答案】主索引或候选、普通

【解析】数据库表中的联系有一对一联系、一对多联系和多对多联系。一对一联系是指两个表中的记录只存在一一对应的关系，所以两个表都只能建主索引或候选索引；一对多联系就是指主表中的一条记录在子表中有多条记录与之对应，而子表中的每条记录在主表中只能有一条记录与之对应，所以主表中建主索引或候选索引，子表中建普通索引；多对多联系不能直接实现，只能通过建立纽带表将多对多联系转换成多个一对多联系。

11．已知 ts 表和 jy 表的结构分别如表 1-3-5 和表 1-3-6 所示。

表 1-3-5　ts 表结构

字段名	类型	宽度	含义
sh	C	20	书号
sm	C	50	书名
zz	C	40	作者
dj	N	5，1	单价

表 1-3-6　jy 表结构

字段名	类型	宽度	含义
dzbh	C	8	读者编号
sh	C	20	书号
jsrq	D	8	借书日期
hsrq	D	8	还书日期

ts 表的记录如表 1-3-7 所示。

表 1-3-7　ts 表

记录号	书号	书名	作者	单价
1	I247.5/8888P	女奴：天命之择	林政	48
2	I247.5/8880P	支离破碎	石康	43.6
3	C912.1-49/129P	卡耐基经典小故事全集	（美）戴尔·卡耐基	39.8
4	K891.26-49/2P	礼仪是一种资本：日常礼仪的 300 个细节	李洁	39.8
5	H1/104P	中国语文	杜纯梓	98
6	F239.22/14P	中国审计体系研究	《中国审计体系研究》课题组	48

jy 表的记录如表 1-3-8 所示。

表 1-3-8　jy 表

记录号	读者编号	书号	借书日期	还书日期
1	05030815	I247.5/8888P	2008-05-01	2008-05-23
2	05030815	I247.5/8880P	2008-06-12	2008-06-17
3	06030828	I247.5/8888P	2008-12-11	2009-01-24

续表

记录号	读者编号	书号	借书日期	还书日期
4	06030828	C912.1-49/129P	2008-11-01	2008-11-21
5	06030828	I247.5/8880P	2008-08-01	2008-09-01
6	A030013	I247.5/8888P	2008-11-08	2008-12-01
7	A030013	C912.1-49/129P	2008-05-12	2008-05-19
8	A030013	K891.26-49/2P	2009-05-01	2009-05-11
9	A030013	I247.5/8880P	2008-09-11	2008-09-21

ts 表的主关键字是__________，jy 表的候选关键字是__________。若 jy 表中所有的 sh 值都来自 ts 表，则两张表之间是__________关系，其中主表是__________，子表是__________。如果在两张表之间建立永久关系，则必须设置主表 ts 表中以 sh 字段为索引关键字建立主索引或候选索引，在子表中以__________字段建立普通索引。

两张表的记录如上表所示，如果两张表之间创建了参照完整性：更新级联、删除限制和插入限制。就两张表的已知数据而言，如果把 ts 表的第 3 号记录的书号改为"C912.1-49/110P"，则 jy 表中有__________条记录被更改，如果把 jy 表中的第 8 号记录的书号改为"F252/265P"，则 ts 表中有__________条记录被更改。如果要删除 ts 表中的第 5 号记录，可以吗？__________。

如果要求只有登记入库的书才能被借阅，则设置 ts 表和 jy 表之间的参照完整性规则为__________。

【答案】sh、dzbh+sh、一对多、ts 表、jy 表、sh、2、0、可以、插入限制

【解析】本题要求掌握数据库表之间的关系，以及永久关系的建立和参照完整性的设置。

12．在 VFP 中，最多同时允许打开__________个数据库表和自由表。

【答案】32767

【解析】VFP 中共有 32767 个工作区，每个工作区允许最多同时打开一个表，所以最多同时允许打开 32767 个表。

13．已知学生档案表文件 xsda.dbf 有 5 条记录，如表 1-3-9 所示。

表 1-3-9 学生档案表

记录号	姓名	年龄	性别
1	刘红	23	男
2	赵焕	24	女
3	张敏	22	女
4	王欣	24	男
5	周云	23	女

执行下列命令：

```
USE xsda
INDEX ON 年龄 TAG nl
SET ORDER TO nl
SEEK 24
?姓名，年龄
SKIP
?姓名，年龄
```

最后一条?命令显示内容为___________。

【答案】王欣　　24

【解析】“INDEX ON 年龄 TAG nl”命令是基于年龄字段建立索引，SET ORDER TO nl 命令是将索引 nl 设置为主控索引，这时表中的记录按 nl 索引的顺序即按年龄排序，“SEEK 24”命令是将记录指针定位在年龄为 24 的第一条记录，本题是定位在“赵焕”这条记录上，SKIP 命令将记录指针下移一条记录，这时记录已经按年龄索引，即各条记录的逻辑顺序已经改变，按记录号排序为 3、1、5、2、4，所以 SKIP 执行后记录指针指向记录号为 4 的记录。

14．有考生表 student.dbf 和不合格考生表 bhg.dbf，两个表的表结构相同，首先将 student.dbf 中的笔试成绩和上机成绩都不及格（小于 60 分）的学生的记录中的“合格否”字段值修改为逻辑假，然后将不合格的记录追加到不合格库 bhg.dbf 中。请将下列命令填写完整。

```
USE student
REPLACE ___________FOR ___________
USE bhg
APPEND FROM student FOR ___________
```

【答案】合格否 WITH .F.、笔试成绩<60 AND 上机成绩<60、NOT　合格否（或笔试成绩<60 AND 上机成绩<60）

【解析】REPLACE 命令是修改字段值的命令，题目要求修改 student 表中的“合格否”字段，所以修改值应填“合格否 WITH .F.”，题目要求只修改笔试成绩和上机成绩都不及格的“合格否”字段，所以在 REPLACE 命令的 FOR 条件中应填“笔试成绩<60 AND 上机成绩<60”；APEEND 命令是在当前表末尾追加记录，即执行题目要求的将不合格的学生记录追加到 bhg 表中，判断不合格学生记录可以通过“合格否”字段来判断，也可以通过笔试成绩和上机成绩均不合格来判断，所以可填“NOT　合格否”或“笔试成绩<60 AND 上机成绩<60”。

3.3　复习自测题

一、选择题

1．下列有关数据库表和自由表的叙述中，错误的是______。

A．数据库表和自由表都可以利用表设计器来创建

B．数据库表和自由表都可以创建主索引和普通索引

C．自由表可以添加到数据库中成为数据库表

D．自由表与数据库表、自由表与自由表之间不可创建永久关系

2．利用“USE ab”命令打开表 ab（无记录的空表）后，执行命令“?RECNO(), BOF(),EOF()”，屏幕上显示______。

A．0、.T.和.T.　　　　B．0、.T.和.F.

C．1、.T.和.T.　　　　D．1、.T.和.F.

3．下列有关数据库及表的叙述中，错误的是______。

A．在打开数据库表时，相关的数据库不会自动地被打开，也不需要被打开

B．使用 CLOSE DATABASE ALL 命令关闭数据库时，将关闭所有的已打开的表

C．一个表可以在多个工作区中被打开

D．利用项目管理器中的"移去"操作删除数据库时，数据库中的所有表均转换成自由表

4．对于自由表来说，不可以创建的索引类型是______。

A．主索引　B．候选索引　C．唯一索引　D．普通索引

5．下列有关数据库及表的叙述中，错误的是______。

A．一个项目中可以包含多个数据库文件，且一个数据库文件也可以包含在多个项目中

B．一个表可以属于两个或两个以上的数据库

C．创建一个数据库后，通常在外部存储器中生成三个文件

D．表与表之间的永久性关系只能基于索引来创建

6．在 Visual FoxPro 系统中，数据库表的字段有效性规则保存在______中。

A．项目文件　B．数据库表文件

C．数据库文件　D．数据库备注文件

7．在 Visual FoxPro 中，每个表最多可以有______个字段。

A．253　B．254　C．255　D．256

8．在一个 Visual FoxPro 表文件中有 2 个通用字段和 3 个备注字段，该表的备注文件数目是______。

A．1　B．2　C．3　D．5

9．在多工作区操作中，如果先后选择了 1、3、5 号工作区并打开相应的数据表，在命令窗口执行命令 SELECT 0，其结果是选择______号工作区为当前工作区。

A．0　B．1　C．2　D．4

10．在表的浏览窗口中，给一个允许 NULL 值的字段输入 NULL 值的方法是______。

A．直接输入"NULL"各个字母　B．按组合键 Ctrl+0

C．按组合键 Ctrl+N　D．按组合键 Ctrl+L

11．如果一个数据库表的删除触发器的表达式设置为.F.，则不允许对该表进行______操作。

A．修改记录　B．添加记录　C．删除记录　D．浏览记录

12．数据库表的参照完整性规则包括更新规则、删除规则和插入规则，其中插入规则可以设置为______。

A．级联、限制或忽略　B．级联或忽略　C．级联或限制　D．限制或忽略

13．在设计数据库的时候，可以使用纽带表来处理表之间的______。

A．多对多关系　B．永久关系　C．继承关系　D．参照关系

14．在定义表结构时，下列______数据类型的宽度都是固定的。

A．字符型、数值型和逻辑型　B．逻辑型、日期型和备注型

C．通用型、日期时间型和字符型　D．整型、数值型和逻辑型

15．不能基于______字段建立索引。

A．整型　B．字符型　C．备注型　D．日期型

16．设某数据库中的图书表（TS.dbf）已经在 3 号工作区打开，且当前工作区为 5 号工作区，则下列命令中不能将 TS 表关闭的是______。

A．CLOSE TABLES ALL　B．CLOSE TABLE

C. USE IN 3　　D. USE

17. 在 VFP 系统中，使用 DELETE-SQL 命令给表中记录做删除标记时，如果没有 WHERE 条件子句，则默认将______记录做了删除标记。

A. 第一条　　B. 当前记录

C. 全部记录　　D. 当前记录后的所有记录

18. 在 VFP 系统中，使用 DELETE 命令给表中记录做删除标记时，如果没有 FOR 条件子句，则默认将______记录做了删除标记。

A. 第一条　　B. 当前记录

C. 全部记录　　D. 当前记录后的所有记录

19. 下列说法中，错误的是______。

A. 一个数据库表只能创建一个主索引

B. 一个表可以有多个外部关键字

C. 在数据库中，可以借助纽带表将两个具有多对多关系的表连接起来

D. 建立了数据库中两张表之间的永久关系，则子表的记录指针跟着主表记录指针的移动而移动

20. 如果要打开一个数据库，可以执行______命令。

A. OPEN DATABASE　　B. USE　　C. LOCATE　　D. SELECT

21. 假设 TSK 数据库中包含 TS 表，如果不允许删除 kczs（库存总数）大于 0 的记录，应该设置______，表达式为 kczs<=0。

A. TS 表的记录的有效性规则　　B. TS 表的删除触发器

C. TSK 的有效性规则　　D. TS 表的字段的有效性规则

22. 随着表的打开而自动打开的索引文件是______。

A. 独立索引文件　　B. 结构复合索引文件

C. 非结构复合索引文件　　D. 复合索引文件

23. 将当前工作区中表文件内容复制到 ABC.DBF 中的命令是______。

A. COPY TO ABC　　B. COPY FILE TO ABC

C. COPY STRU TO ABC　　D. COPY FILE TO STRU ABC

24. 下列______命令可以实现浏览当前工作区表中带有删除标记的记录。

A. BROWSE ALL FIELDS FOR DELETED()

B. BROWSE ALL WHERE DELETED()=.T.

C. BROWSE FOR DELETED()

D. BROWSE WHERE DELETED()

25. 对于数据库表的 INSERT 触发器，______触发该规则。

A. 在表中删除记录时　　B. 在表中增加记录时

C. 在表中浏览记录时　　D. 在表中修改记录时

26. 学生表和成绩表之间已按照学号建立了永久关系，在删除学生表的学生信息时，若成绩表中存在该生的考试记录，则不允许删除，那么参照完整性规则应设置______。

A. 删除限制　　B. 删除级联

C. 更新级联　　D. 忽略

27. 下列关于数据库的操作，说法正确的是______。

A．当不小心删除磁盘上的一个数据库文件时，它当中包含的表文件也自动删除

B．打开一个数据库的同时将关闭先前打开的数据库

C．当关闭了数据库后，该数据库包含的表将不能被打开

D．用 USE 命令打开数据库中的表，将自动打开该表所属的数据库

28．表是 VFP 中存储数据的容器，下列关于表的叙述中，错误的是______。

A．每张表最多包含 256 个字段

B．新建一张表后，一般会生成 1～3 个文件

C．自由表添加到数据库后成为数据库表，而数据库表移出数据库则成为自由表

D．自由表的字段名最多 10 个字符

29．要查找第 2 个性别为“女”的记录，应使用命令______。

A．LOCATE FOR 性别="女"
CONTINUE

B．LOCATE FOR 性别="女"
NEXT 2

C．LOCATE FOR 性别="女"

D．LIST FOR 性别="女"
NEXT 2

30．在 Visual FoxPro 中，“唯一索引”的唯一性是指______。

A．建立索引的字段值的唯一性

B．表中只能有一个唯一索引

C．索引名称的唯一性

D．重复的索引字段值只有一个出现在索引项中

二、填空题

1．用户可以在表设计器中修改表结构，也可以用命令直接修改表结构。例如，删除 xs 表的更新触发器可以使用命令：

```
DELETE ____________ON xs FOR UPDATE
```

2．某表中有数值型的 nl 字段（字段宽度为 3，无小数位）和字符型的 mz 字段。如果要为该表创建一个普通索引，要求先根据 nl 字段排序，nl 字段值相同时再根据 mz 字段排序，则索引表达式为___________ +mz。

3．一个工作区中仅能打开一个表，但同一个表可以在多个工作区中同时打开。例如 xs 表已经在 1 号工作区打开，则在 3 号工作区再次打开该表，可以使用命令：

```
USE xs IN 3___________
```

4．在 VFP 中使用 Microsoft Excel 文件中的数据有两种方法：一是执行“文件”菜单中的“导入”菜单命令（采用这种方式将会创建一个新表）；二是利用命令___________将.xls 文件中的数据追加到当前工作区的表中。

5．APPEND FROM 命令可以用来将其他文件中的数据导入当前工作区的表中，如果命令中包含关键字 DELIMITED，说明数据来自___________文件；如果命令中包含关键字 XLS，则说明数据来自___________文件。

6．存储过程是存储在数据库文件中的程序代码，并且在数据库打开时被加载到内存中。存储过程通常由一系列用户自定义函数，或在创建表与表之间___________时系统自动创建的函数组成。

7．利用 VALIDATE DATABASE 命令可以检查数据库的有效性和更新数据库与表之间的

链接。例如，打开数据库后，可以使用命令 VALIDATE DATABASE__________来检查数据库的有效性并更新链接（注：如没有填写的关键字，则仅检查数据库的有效性）。

8．与自由表相比，数据库表可以设置许多字段属性和表属性，以扩展表的功能。例如，某字符型字段的__________属性设置为__________，则在输入和显示时其前导空格自动地被删除，且所有字母转换为大写字母。

9．所谓工作区，是指用以标识一个打开的表所在的内存工作区域。每个工作区有一个编号（称为工作区号），其编号范围为 1～32767。执行下列一组命令后，kc 表所在的工作区号及当前工作区号分别为__________。

```
CLOSE TABLES ALL
USE xs
SELECT 0
USE js
USE kc IN 0
```

10．在 VFP 中，要彻底地删除表中的记录，通常需要分两个步骤来完成：首先标记要删除的记录（称为逻辑删除），然后彻底删除带有删除标记的记录（称为物理删除）。彻底删除带有删除标记的记录可以使用__________命令。

11．VFP 提供了两种方式将表数据复制到文本文件中：使用 SELECT-SQL 命令和使用 COPY TO 命令。例如，成绩表（表名为 cj）有学号、课程代码、成绩等多个字段（字段名分别为 xh、kcdm、cj 等），且该表已在当前工作区中打开，则使用以下命令可将学号和成绩两个字段的数据复制到文本文件 temp 中。

```
COPY TO temp __________xh, cj SDF
```

12．一个远程数据源通常是一个远程数据库服务器或文件，并且已为它在本地安装了 ODBC 驱动程序，并设置了 ODBC 数据源名称。在 VFP 中，建立远程数据连接的主要目的是创建__________。

13．如果用户移动了数据库文件或与数据库关联的表文件，则这些文件的相对路径会改变，从而可能会破坏用于关联数据库和表的双向链接。使用命令 OPEN DATABASE tsgl __________打开数据库 tsgl 时，系统将检查数据库的有效性。

14．与自由表相比，数据库表可以设置许多字段属性和表属性。其中，表属性主要有表名（即长表名）、表注释、记录有效性和__________。

15．如果一个表同时在多个工作区中打开且均未指定别名，则在第一次打开的工作区中，别名与表名相同，其他工作区中用__________以及 W11～W32767 中的一个表示。

16．利用 UPDATE-SQL 命令可以批量地修改记录的字段值。例如，ts 表中有一个数值型字段（字段名为 sl），则可以使用以下命令将所有 sl 小于 200 的记录的 sl 值加 1。

```
UPDATE ts __________sl=sl+1 WHERE sl<200
```

17．利用 COPY TO 命令可以将当前工作区中表的全部或部分数据复制到其他表文件或其他类型的文件中。例如，使用 COPY TO temp FOR RECNO（ ）<21__________命令，可以将当前工作区中表的前 20 条记录数据复制到 temp 文件中，且 temp 文件为 Microsoft Excel 格式文件。

18．以下命令用于创建 xs 表，表中有字段 jl（备注型，允许空值）。完善命令：

```
CREATE TABLE xs(xh C(8),xm C(8),xb C(2),csrq D,jl M __________)
```

19．在“命令”窗口或程序中，可以使用 USE 命令打开一个表。在该命令中，

__________子句用于定义表的别名。

20．利用 DBGETPROP()函数可以返回当前数据库的属性，或者返回当前数据库中表、表的字段或视图属性。例如，DBGETPROP（"xs.xh"，"__________"，"DefaultValue"）可以返回 xs 表中 xh 字段的默认值属性。

21．一个表可以有一个或多个索引，在需要使用某个索引时必须显式地指定，即将某个索引设置为“主控索引”。在 USE 命令中使用__________子句，可以在打开表的同时设置主控索引。

22．使用 SET__________ON|OFF 命令，可以指定 Visual FoxPro 系统是否处理已做了删除标记的表记录。

23．设有如下命令段：

```
SET EXCLUSIVE OFF
USE ts
USE dz EXCLUSIVE
```

当执行完这段命令后，ts 表的打开方式为__________，dz 表的打开方式为__________。

24．在两个数据库表之间创建永久性关系后，就可以创建它们之间的参照完整性规则。在 VFP 中，参照完整性规则分为更新规则、__________规则和插入规则。

25．如果数据库表的插入触发器设置为.F.，则当向该表中插入一条空记录时，系统会弹出对话框，提示__________。

26．下列程序段的后三条命令可以用一条功能等价的命令来实现，该命令为__________。

```
CLOSE TABLES ALL
USE xs
SELECT 0
USE cj
SELECT xs
```

27．已知为 ts 表创建了索引 abcd，如果要在打开 ts 表之后设置 abcd 为主控索引，则命令为__________。

28．与表操作相关的函数很多，如 EOF()、BOF()、USED()等，用于统计当前工作区中表的字段个数函数是__________。

29. 已知 ts 表中含有 zz 字段（作者，C），如果要在 ts 表中所有图书的作者后面加上“等”字，使用 UPDATE-SQL 命令：

```
UPTATE ts SET zz=__________
```

30．数据库是一个数据容器，从“项目管理器”窗口看，数据库可以包含的子项目有：表、__________、远程视图、连接和存储过程。

31．VFP 系统支持 3 种不同的索引文件，即__________索引文件、非结构复合索引文件和独立索引文件。

32．假设 dz 表中有两个日期型字段：csrq（出生日期）和 rxrq（入学日期），规定必须年满 18 周岁才能入学，则必须设置__________有效性规则，规则表达式为__________。

33．不允许子表增加记录后出现“孤立记录”，则参照完整性的__________规则应设置为__________。

34. 触发器是绑定在表上的__________表达式，当对表进行记录的插入、修改和删除操作时，将自动触发相应的触发器，计算逻辑表达式的值，如果返回__________，将不执行相应的操作。

35. 数据库中的 dz 表含有 csrq（出生日期）、xb（性别）等字段，已为表中所有的男读者记录设置了删除标记，如果要恢复 1986 年以前出生的读者记录，则应该使用命令：___________。

36. 在 VFP 中，每张表最多有___________个字段，但当表中有一个或多个字段支持空值时，该表最多可以有___________个字段。

37. 已知 dz 表中含有 xm（姓名，字符型，宽度为 8）等字段，并且该表中已经有若干条记录，在输入信息时，dz 表中的 xm 字段含有空格（如张　三等），完善下面的命令，使得记录中 xm 字段值中的空格删除。（提示：系统函数 strtran(cc，c1，c2)可以将 cc 中的所有 c1 字符串替换为 c2 字符串）

```
UPDATE dz SET xm=___________
```

38. 数据库 tsk 包含数据库表 ts 表，ts 表的 cbrq（出版日期）字段允许 NULL 值，如果要设置 ts 表的删除触发器，当 cbrq 为 NULL 时允许删除，否则不允许删除，则删除触发器的表达式应该设置为___________。

39. 打开一张空表，函数 BOF()的值为___________，函数 EOF()的值为___________，函数 RECNO()的值为___________。如果打开的表中有 1 条记录，在不移动记录指针的情况下，函数 BOF()的值为___________，函数 EOF()的值为___________，函数 RECNO()的值为___________。

40. 银行存款表 ck.dbf 的表结构如表 1-3-10 所示，请将下面各项命令补充完整。

表 1-3-10　银行存款表的结构

字段名	字段含义	字段类型	字段宽度	其他
zh	账号	字符型	15	允许空值
crrq	存入日期	日期型	8	
cq	存期（月）	数值型	2，0	
je	金额	货币型	8	

（1）写出创建 ck 表结构的 SQL 命令。

```
CREATE TABLE ___________________________________________
```

（2）为 ck 表增加一条记录：zh 为 10789337，存入日期为 2008 年 1 月 11 日，存期为 2 年，金额为 20000 元。

```
INSERT INTO ck ___________
```

（3）为 ck 表增加一个备注型字段 ckbz。

```
___________ ck ADD COLUMN ___________
```

（4）将所有到期的存款记录做删除标记（假设每个月均为 30 天计算）。

```
___________ ck WHERE ___________
```

（5）假设要彻底删除这些记录，要使用___________命令，使用该命令要求 ck 表必须以___________方式打开。

（6）设置所有存款金额超过 10 万元的记录的 ckbz 内容为：大额资金存款。

```
UPDATE ___________SET ___________WHERE ___________
```

（7）为 CK 表建立普通索引 abcd，先按照存入日期排序，在存入日期相同的时候按照存期排序。

```
INDEX ON ___________TAG ABCD
```

三、简答题

1．如何打开多个数据库？如何设置当前数据库？如何关闭当前数据库？如何关闭所有打开的数据库？

2．数据库中除了包含数据库表外，还包含哪些内容？

3．数据库创建后，将生成哪些文件？其扩展名分别是什么？

4．自由表与数据库表如何相互转换？当数据库表变为自由表时，将会产生哪些后果？

5．如果移动了库表文件，当打开数据库时，找不到其成员表，该怎么办？

6．如果不慎丢失了数据库文件，则原来库中的表文件能否直接添加到另外的数据库中？如果要重用该表，该如何处置？

7．在如下的字段属性中，哪些是数据库表的字段所特有的？

字段名、标题、类型、宽度、小数位数、NULL 允许、注释、默认值、字段的有效性规则

8．数据库表可以设置哪几种触发器？它们的作用分别是什么？

9．VFP 系统提供的参照完整性规则有哪几种？分别有何作用？每一种参照完整性规则中又有哪几个级别？

第 4 章　查询与视图

4.1　学 习 目 标

- 掌握查询和视图的区别与联系。
- 掌握用查询设计器创建查询的方法。
- 掌握创建多表查询的方法。
- 了解视图的创建方法及视图的使用。
- 掌握 SELECT-SQL 语句的使用。

4.2　例 题 解 析

一、选择题

1．查询文件中保存的是______。

A．查询的命令　　B．查询的结果

C．查询的条件　　D．与查询有关的表

【答案】A

【解析】查询与视图的本质都是定义一条 SELECT-SQL 语句。由于查询的数据源随时可以变化，检索结果是动态的数据集合，因此查询文件中保存查询结果的意义不大。

2．有关查询与视图的说法中，不正确的是______。

A．查询是只读型数据，而视图可以更新数据源

B．查询可以更新数据源，视图也有此功能

C．视图具有许多数据库表的属性，利用视图可以创建查询和视图

D．视图可以更新源表中的数据，存储于数据库中

【答案】B

【解析】查询与视图的区别主要有三点：一是视图是可以更新的，并且可以把更新发送回原表；二是视图是虚表，可以与自由表和数据库表一样作为查询和视图的数据源；三是查询文件的扩展名是.qpr，而视图作为数据库的一部分，保存在数据库文件中。

3．在Visual FoxPro中，建立查询可以______方法。

A．使用查询向导　　B．使用查询设计器

C．直接使用 SELECT-SQL 命令　　D．以上方法均可

【答案】D

【解析】VFP 中创建查询可以使用查询向导、使用查询设计器、使用 SELECT-SQL 命令。但无论是利用查询设计器还是查询向导创建的查询，其实质都是生成对应的 SELECT-SQL 语句。因此，一般情况下，可以任意使用一种方法创建查询。不同的是，使用查询设计器或查

询向导创建的查询，其对应的 SELECT-SQL 语句保存为.qpr 的查询文件；另外使用三种方法创建查询，在功能上略有不同，比如不能使用查询设计器和查询向导创建组合查询，而必须使用 SELECT-SQL 语句。

4．如果要求显示左表的全部记录及右表中满足条件的记录，应选择______类型。

A．内联接　　B．左联接　　C．右联接　　D．完全联接

【答案】B

【解析】当基于 2 张或 2 张以上的表进行查询时，常常需要设置表之间的联接。VFP 支持四种类型的联接，分别是内联接、左联接、右联接和完全联接，内联接是最普通的联接。

5．SELECT-SQL 语句中的 WHERE 子句，对应关系代数中的______。

A．选择　　B．投影　　C．联接　　D．选择+投影

【答案】A

【解析】SELECT 语句能够表达所有的关系代数表达式。其中 SELECT 子句完成投影运算，WHERE 子句完成选择运算，FROM 子句完成联接运算等。

6．有关查询设计器，正确的描述是______。

A．“联接”选项卡与 SQL 语句的 GROUP BY 短语对应

B．“筛选”选项卡与 SQL 语句的 HAVING 短语对应

C．“排序依据”选项卡与 SQL 语句的 ORDER BY 短语对应

D．“分组依据”选项卡与 SQL 语句的 JOIN ON 短语对应

【答案】C

【解析】查询设计器各选项卡对应的 SQL 语句分别为：字段—SELECT、联接—LEFT/INNER/RIGHT/OUTER JOIN ON、筛选—WHERE、排序—ORDER BY、分组—GROUP BY（其中的“满足条件”按钮—HAVING）等。

7．读者表（DZ）中记录如表 1-4-1 所示。

表 1-4-1　DZ 表

dzbh	xm	lx	xb	jg	csrq
06030815	王淼	学生	女	江苏南京	1989/09/28
06030828	赵晗	学生	女	江苏南京	1990/08/20
06030934	陈颋君	学生	男	江苏扬州	1991/12/30
C9508101	王韬	教师	男	江苏扬州	1980/06/06
07030945	徐超	学生	男	上海	1990/03/15
B8907011	王洋	教师	女	山东青岛	1978/09/02
A8005011	赵娜	教师	女	上海	1969/01/09

（1）查询男女读者的人数。

```
SELECT xb,________ FROM dz ________
```

A．COUNT(*) AS 人数、GROUP BY 1

B．SUM(*) AS 人数、GROUP BY xb

C．COUNT(*) AS 人数、ORDER BY 1

D．SUM(*) AS 人数、ORDER BY xb

【答案】A

【解析】本题主要是区别 COUNT()和 SUM()函数的不同，一个是计数，就像我们在队列里报数一样，另一个是求和，只能对数值型、货币型等类型数据求和。另外，COUNT()函数的参数“*”号，表示任意字段，就本例而言，使用 COUNT(dzbh)、COUNT（xm）等也可以，即统计 dzbh、xm 的个数（重复数据多次计数）。

（2）以下查询的查询结果有______条记录。

```
SELECT jg,lx,COUNT(*) AS 人数 FROM dz GROUP BY jg,lx ORDER BY jg,lx
```

A．2　　B．4　　C．6　　D．8

【答案】C

【解析】本例按 jg 和 lx 的不同将 dz 表中的记录进行分组，共有 4 种不同的 jg，2 种不同的 lx，按理应分成 8 组，对应 8 条记录，但没有 jg 为“山东青岛”的学生读者，没有 jg 为“江苏南京”的教师读者，所以查询结果记录数为 6 条。

（3）不能完成“查询所有江苏籍读者”的选项是______。

A．SELECT * FROM dz WHERE jg="江苏"

B．SELECT * FROM dz WHERE LEFT(jg,4)="江苏"

C．SELECT * FROM dz WHERE jg LIKE "江苏*"

D．SELECT * FROM dz HAVING LEFT(jg,4)= "江苏"

【答案】C

【解析】本题筛选条件可以用 WHERE 实现，也可以用 HAVING 实现，因此 A、B、D 都对，C 错误是因为筛选条件写法有问题，应该是 jg LIKE "江苏%"。

（4）查询年纪最大的读者。

A．SELECT xm,MAX(csrq)　FROM dz

B．SELECT xm,MIN(csrq) FROM dz

C．SELECT TOP 1 xm,csrq FROM dz ORDER BY 2

D．SELECT TOP 1 xm,csrq FROM dz ORDER BY 2 DESC

【答案】C

【解析】选项 A、B 分别求出最小、最大年龄，但由于它们分别把整张表压缩成 1 条记录，所以显示出的 XM 并不一定是最小、最大年龄者。选项 D，按 csrq 降序排列的话，排在第一的是最后出生的，即年龄最小的读者。所以应选 C。

（5）查询所有读者的籍贯，去掉重复记录。

A．SELECT DISTINCT(jg) FROM dz

B．SELECT DISTINCT jg FROM dz

C．SELECT jg FROM dz ORDER BY 1

D．SELECT jg FROM dz ORDER BY 1 DESC

【答案】B

【解析】本查询的查询结果为 1 列“jg”，四条记录，分别为“江苏南京、江苏扬州、上海、山东青岛”，是在 SELECT jg FROM dz（查询结果为 1 列“jg”，七条记录为“江苏南京、江苏南京、江苏扬州、江苏扬州、上海、山东青岛、上海”）的查询结果基础上去掉了重复记录。进一步思考：SELECT　DISTINCT　LEFT（jg,4）　FROM dz 的查询结果？

（6）查询命令“SELECT jg,COUNT(*) AS 人数 FROM dz GROUP BY 1 ORDER BY 2”的结果集中包含______条记录，第一条记录的jg是______。

A．3，山东青岛　　　　B．4，山东青岛

C．3，江苏南京　　　　D．4，江苏南京

【答案】B

【解析】本题是按jg分组统计读者人数，并按人数升序排列输出。共有江苏南京、江苏扬州、上海、山东青岛4组，对应4条记录，由于山东青岛只有1人，其他组都为2人，所以第一条记录的jg为山东青岛。

（7）与“SELECT lx，COUNT(*)　AS 人数　FROM　dz WHERE xb="男" GROUP　BY 1”查询等价的命令是：

```
SELECT lx,COUNT(*)  AS 人数  FROM  dz ______ lx,xb ______ xb="男"
```

A．GROUP BY、HAVING　　　　B．ORDER BY、WHERE

C．GROUP BY、WHERE　　　　D．ORDER BY、HAVING

【答案】A

【解析】本例是查询读者中男学生和男教师的人数。可以先筛选出（WHERE）所有的男读者，然后再按lx分成学生和教师2组，统计每组的人数；也可以先按lx和xb把读者分成4组，并统计每组的人数，然后筛选出（HAVING）男读者所在的组。

（8）查询所有青年（年龄小于35周岁）读者的信息，查询结果保存为younger.txt文件。

```
SELECT * FROM dz WHERE (DATE()-csrq)/365<=35 ________
```

A．TO FILE younger　　　　B．TO TXT　younger

C．INTO FILE younger　　　　D．INTO younger.txt

【答案】A

【解析】在SELECT-SQL中用INTO/TO子句指明查询结果保存/输出到何处。INTO ARRAY a、INTO CURSOR aa、INTO DBF|TABLE aaa三个子句分别将查询结果保存到数组a、临时表aa、表aaa中；TO FILE b、TO PRINTER、TO SCREEN三个子句分别将查询结果输出到文本文件b、打印机、VFP主窗口。

（9）执行SELECT * FROM dz WHERE jg IN (SELECT jg FROM dz WHERE xm="赵娜")的查询结果有______条记录。

A．4　　　　B．3　　　　C．2　　　　D．1

【答案】C

【解析】本例是查询与赵娜同jg的读者信息，也包括赵娜本人，所以结果有2条记录。如果要去掉赵娜的记录，应在筛选条件后面加上：AND xm<>"赵娜"。

（10）查询年龄比“王洋”小的所有读者信息：SELECT * FROM dz WHERE______。

A．csrq> SELECT csrq FROM dz WHERE xm="王洋"

B．csrq>(SELECT csrq FROM dz WHERE xm="王洋")

C．csrq> SELECT csrq WHERE xm="王洋"

D．csrq> (SELECT csrq　WHERE xm="王洋")

【答案】B

【解析】本例为比较运算符子查询，首先SQL语句SELECT csrq FROM dz WHERE xm=

"王洋"查询到“王洋”的出生日期，然后此查询结果构成主查询的筛选条件。需要注意的是：子查询必须是一个完整的查询语句，子查询必须放在一对圆括号内，比较运算符子查询只能有一列输出。

（11）查询“教师”和“学生”读者占读者总数的比例。

A．SELECT SUM(IIF(lx="教师",1,0))/COUNT(*) AS 教师比例,;
SUM(IIF(lx="学生",1,0))/COUNT(*) AS 学生比例 FROM dz

B．SELECT COUNT(IIF(lx="教师",1,0))/COUNT(*) AS 教师比例,;
COUNT(IIF(lx="学生",1,0))/COUNT(*) AS 学生比例 FROM dz

C．SELECT lx,COUNT(*) /(SELECT COUNT(*) FROM dz) AS 比例;
FROM dz GROUP BY 1

D．SELECT SUM(IIF(lx="教师",1,0))/COUNT(*) AS 教师比例,;
SUM(IIF(lx="学生",1,0))/COUNT(*) AS 学生比例 FROM dz GROUP BY lx

【答案】A

【解析】表达式 SUM(IIF(lx="教师",1,0))的作用是首先判断表中的每一条记录 lx 字段是否为“教师”，如果是教师返回值为 1，否则返回值为 0，然后求和，得到教师的数量。而表达式 COUNT(IIF(lx="教师",1,0)) 的作用是判断表中的每一条记录 lx 字段是否为“教师”，如果是教师返回值为 1，否则返回值为 0，然后计数，不管返回值为 1 还是 0 都要算一个，这样得不到教师的数量，得到的是记录的总数，所以 B 选项错。至于 C 选项使用了子查询，但 VFP 不支持表达式子查询。D 选项加上了分组依据 lx，这样先按 lx 分成 2 组，一组教师、一组学生，对应查询结果应有 2 条记录，对于教师组记录，因为都是教师，表达式 SUM(IIF(lx="教师",1,0))/COUNT(*)的返回值为 1，而表达式 SUM(IIF(lx="学生",1,0))/COUNT(*)的返回值为 0；同样对于学生组，因为都是学生，表达式 SUM(IIF(lx="教师",1,0))/COUNT(*)的返回值为 0，表达式 SUM(IIF(lx="学生",1,0))/COUNT(*)的返回值为 1，D 选项的查询结果如图 1-4-1 所示，所以应选 A。

教师比例	学生比例
1.0000	0.0000
0.0000	1.0000

图 1-4-1　D 选项的查询结果

8．已知某数据库中有以下三张表。

学生表（student）：学号 C(6)，姓名 C(8)，性别 C(2)，出生日期 D，院系 C(20)

课程表（course）：课程号 C(4)，课程名 C(20)，学时 N(3)

成绩表（score）：学号 C(6)，课程号 C(4)，成绩 N(3)

（1）查询所修课程成绩都大于等于 75 分的学生，正确的命令是______。（选做）

A．SELECT 学号,姓名 FROM student s,score c;
WHERE s.学号=c.学号 AND 成绩>=75

B．SELECT 学号,姓名 FROM student s,score c;
WHERE s.学号=c.学号 AND ALL 成绩>=75

C．SELECT DISTINCT s.学号,姓名;
FROM student s JOIN score s1 ON s.学号=s1.学号;
WHERE NOT EXISTS;

(SELECT * FROM score c WHERE s.学号=c.学号 AND 成绩<75)

D．SELECT DISTINCT s.学号,姓名;
FROM student s JOIN score s1 ON s.学号=s1.学号;
WHERE EXISTS;
(SELECT * FROM score c WHERE s.学号=c.学号 AND 成绩>=75)

【答案】C

【解析】A 选项是查询有任意一门课的成绩在 75 分以上的学生的学号和姓名，当然如果某些学生有多门课的成绩在 75 分以上，则查询结果中这些记录会多次出现；B 选项的筛选条件中在成绩前面加了量词 ALL，这是有语法错误的；C、D 选项都是一个 EXISTS 子查询，但 D 选项与 A 选项的功能实际上是一样的，即查询有一门课程成绩在 75 分以上的学生的学号和姓名。

（2）统计共有多少学生选修了课程，选修多门的只计算一次。不能完成此查询的是______。

A．SELECT COUNT(*) AS 选课人数 FROM score

B．SELECT COUNT(DISTINCT 学号) AS 选课人数 FROM score

C．SELECT DISTINCT 学号 FROM score INTO TABLE xx
? "选课人数: ",RECCOUNT()

D．SELECT DISTINCT 学号 FROM score INTO TABLE xx
SELECT COUNT(*) AS 选课人数 FROM xx

【答案】A

【解析】A 选项实际上是统计 score 表中有多少条记录，不能做到把同一学生选修多门课程的只计算一次；B 选项是统计 score 表中有多少不同的学号，也就是统计共有多少学生选课；C 选项是先查询 score 表中所有的学号，去掉重复记录，输出到表 xx 中，然后输出表 xx 中的记录数；而 D 选项与 C 选项类似，也是先查询 score 表中所有的学号，去掉重复记录，输出到表 xx 中，然后再查询表 xx 中的记录数，所以 C、D 选项也能完成查询要求。

（3）查询既选修了课程号为 K1 又选修了课程号为 K2 的学生的学号，正确的命令是______。

A．SELECT 学号 FROM score WHERE 课程号='K1' AND 课程号='K2'

B．SELECT 学号 FROM score WHERE 课程号='K1' OR 课程号='K2'

C．SELECT 学号 FROM score WHERE 课程号='K1' AND 学号=;
(SELECT 学号 FROM score WHERE 课程号='K2')

D．SELECT 学号 FROM score WHERE 课程号='K1' AND 学号 IN;
(SELECT 学号 FROM score WHERE 课程号='K2')

【答案】D

【解析】没有记录满足 A 选项的查询结果，因为 score 表中没有一条记录的课程号同时为 K1 和 K2；而 B 选项查询的是选修了 K1、K2 课程的学生学号，是选修了课程 K1 的学生集合和选修了课程 K2 的学生集合的并集，而非交集，这与题目要求不符；选项 C 的比较运算符子查询的内层查询的输出结果是一个集合，而不是单个值，因此不能用“=”符号。

（4）假设数据库中还有 scoreb 表，该表与 score 表是分别由两名工作人员录入的成绩表，现要检查两个人输入的成绩不一致的记录。不能完成此查询的是______。

A．SELECT x.xh,x.kcdh,x.cj,y.cj ;
　　FROM score x,scoreb y;
　　WHERE x.xh=y.xh AND x.kcdh=y.kcdh AND x.cj<>y.cj

B．SELECT x.xh,x.kcdh,x.cj,y.cj;
　　FROM score x JOIN scoreb y ON x.xh=y.xh;
　　WHERE x.kcdh=y.kcdh AND x.cj<>y.cj

C．SELECT x.xh,x.kcdh,x.cj,y.cj;
　　FROM score x JOIN scoreb y ON x.xh=y.xh AND x.kcdh=y.kcdh;
　　WHERE x.cj<>y.cj

D．SELECT x.xh,x.kcdh,x.cj,y.cj;
　　FROM score x JOIN scoreb y ON x.xh=y.xh ON x.kcdh=y.kcdh;
　　WHERE x.cj<>y.cj

【答案】D

【解析】D 选项错在只有 2 张表进行联接，不能有 2 个 ON 子句。

二、填空题

1．利用查询设计器创建的查询，其查询结果输出去向的默认类型是___________，如果要求查询结果为屏幕，可以点击查询工具栏的___________按钮，在“查询去向”对话框中完成。

【答案】浏览窗口、查询去向

【解析】在没有选择查询结果的输出类型时，系统默认将查询结果输出到浏览窗口中。也可以根据需要，将查询结果输出到不同的目的地：独立的表文件、临时表、屏幕、报表等。

2．运行查询文件 Query1 的命令是___________。

【答案】DO Query1.qpr

【解析】在 VFP 中，DO 命令的功能很多，已经学过的有运行程序，对应的命令是 DO 程序文件名，所以运行查询时要加查询文件的扩展名（.qpr），以区分运行程序。后面我们还会学到运行表单、菜单等，要注意区分不同。

3．___________是数据库的一个组成部分，是一种以用户模式观察数据库中数据的重要机制。

【答案】视图

【解析】视图可由基本表或其他视图导出，它与基本表不同，视图只是一个虚表，在数据字典中保留其逻辑定义，而不作为一个表实际存储数据。

4．已知 cj 表结构及记录如下：

xh (C(5))	kcdh ((2))	cj ((3))
00001	01	67
00001	02	78
00002	01	56

00002	03	96
00003	02	45

以下查询全部在查询设计器中完成，请填空。

（1）查询成绩（cj）不及格（低于 60 分）和成绩在 90 分以上的学生的学号和课程代号。

此查询选定表为 cj，选定字段为 xh 和 kcdh，同时必须设置________条件，应用的表达式为________。

【答案】筛选、cj<60 OR cj>90

【解析】通过设置筛选条件，可以对数据源中的记录进行筛选，即定义记录子集。本例中筛选条件的逻辑关系是 OR 而不是 AND，因为结果集中任一记录的成绩，或者小于 60 或者大于 90，不是既小于 60 又大于 90。

（2）如果查询的筛选条件为：kcdh="01" AND cj>=60，满足条件的记录有________条；如果查询的筛选条件为：kcdh="01" OR cj>=60，满足条件的记录有________条。

【答案】1、4

【解析】前一筛选条件，要求结果集中的记录同时满足 kcdh 为“01”并且成绩大于等于 60，因此满足条件的记录只有 1 条。后一筛选条件，要求结果集中的记录或者满足 kcdh 为“01”或者满足成绩大于等于 60，满足条件的记录有 4 条。

（3）查询每门课的选课情况，要求先按课程代号（kcdh）排序，同一课程再按学号（xh）排序（升序）输出。

对于此查询，在“排序依据”选项卡中，应按先后次序依次添加________和________字段，查询结果有________条记录。

【答案】kcdh、xh、5

【解析】排序对查询结果没有影响，只是决定了查询结果中记录的次序。本查询的结果是：

xh	kcdh	cj
00001	01	67
00002	01	56
00001	02	78
00003	02	45
00002	03	96

（4）查询每个学生的总分。

此查询的选定字段为 xh 和________，其分组依据为________，其查询结果有________条记录。

【答案】SUM(cj) AS 总分、xh、3

【解析】分组依据是为了实现“分组查询”，即根据一个字段或多个字段对数据源中的记录进行分组，每组记录进行统计计算。这里说的“一个字段或多个字段”就是分组依据，分组后，一组记录对应查询结果的一条记录。本例按 xh 对 cj 表的 5 条记录进行分组，一共分成 3 组，因此查询结果有 3 条记录。查询结果如下，即 xh 为“00001”的 2 条记录对应查询结果的第一条记录，xh 为“00002”的 2 条记录对应查询结果的第二条记录，xh 为“00003”的 1 条记录对应查询结果的第三条记录。

xh	总分
00001	145
00002	152
00003	45

（5）查询总分在 140 以上的学生学号和总分。

此查询的筛选条件“总分在 140 以上”应在____________选项卡中完成，其查询结果有____________条记录。

【答案】分组依据、2

【解析】查询设计器中能实现筛选功能的选项卡有“筛选”和“分组依据”（其中的“满足条件”按钮），区别为：前者是对原始记录进行筛选，后者是对查询结果进行筛选。本例可理解为查询每个学生的总分，并输出总分在 140 以上学生的学号和总分，每个学生总分的查询结果如上题，得到这个查询结果后，再进行筛选：总分大于 140。因此，此筛选条件应在“分组依据”选项卡的“满足条件”中完成，最后的查询结果中包含 2 条记录，即 xh 和 cj 为“00001、145”和“00002、152”两条记录。

（6）查询每个学生的学号和总分，要求：如果某门课程的成绩不及格，则该门课程成绩以 0 分计（即不计入总分），并且只输出总分在 140 以上的学生。

此查询中要求“如果某门课程的成绩不及格，则该门课程成绩以 0 分计（即不计入总分）”应在____________选项卡中完成，其查询结果有____________条记录。

【答案】筛选、1

【解析】上面已经分析过“总分在 140 以上”是一筛选条件，应在“分组依据”选项卡的“满足条件”中完成。而某门课程的成绩不及格，则该门课程成绩以 0 分计，这项要求也应是一筛选条件，应该是将成绩不及格的记录筛选掉，然后按 xh 分组，求出每组的总分，得到如下查询结果（中间）：

xh	总分
00001	145
00002	96
00003	45

对查询结果再进行筛选“总分在 140 以上”，得到最终的查询结果（即 xh 和 cj 为“00001、145”的记录）。所以本例中要求应在“筛选”选项卡中完成，查询结果只有 1 条记录。

（7）查询 cj 表中的课程代号，要求去掉重复记录。

完成此查询中的要求“去掉重复记录”，应该在____________选项卡中的“去掉重复值”复选框中打钩（√），其查询结果有____________条记录。

【答案】杂项、3

【解析】“杂项”选项卡可以完成“去掉重复值”和排在前面的 N 条记录、排在前面的 N%条记录等功能。本例查询结果包含 kcdh 为 01、02、03 三条记录。

5. 设某图书资料室的“图书管理”数据库中有 3 张表：ts.dbf（图书表）、dz.dbf 与 jy.dbf（借阅表），表结构如表 1-4-2 所示。

（1）查询读者“王洋”的借书情况。

```
SELECT jy.* FROM ________ ON dz.借书证号=jy.借书证号 WHERE 姓名="王洋"
```

或者

```
SELECT jy.* FROM ________ ;
  WHERE dz.借书证号=jy.借书证号 ________ 姓名="王洋"
```

表 1-4-2　数据库表

ts.dbf 结构		dz.dbf 结构		jy.dbf 结构	
字段名	字段类型	字段名	字段类型	字段名	字段类型
编号	C(10)	借书证号	C(6)	借书证号	C(6)
分类号	C(10)	单位	C(18)	编号	C(10)
书名	C(28)	姓名	C(8)	借书日期	D(8)
出版单位	C(20)	性别	C(2)	还书日期	D(8)
作者	C(8)	类型	C(10)		
单价	N(7,2)	系名	C(20)		
藏书册数	N(4)				

【答案】dz　INNER JOIN jy、dz.jy　、AND

【解析】本例是内联接的两种写法，即联接条件分别用 ON 或 WHERE 给出，注意如果采用后一种方式的写法，如果查询本身还有筛选条件，则联接条件和筛选条件之间应采用“交”运算（AND），就像本例。

（2）查询读者“王洋”所借图书的编号、书名和借书日期。

```
SELECT __________,书名,借书日期 ;
  FROM dz __________ ON __________ ON __________ WHERE 姓名="王洋"
```

【答案】ts.编号、INNER JOIN jy INNER JOIN ts、ts.编号=jy.编号、dz. 借书证号=jy. 借书证号

【解析】本例是 3 张表进行联接，要注意纽带表（jy）要写在中间，写联接条件时要采用逆序，即先写后 2 张表（ts、jy）的联接条件，再写前 2 张表（dz、jy）的联接条件。另外，在写 2 张表都有的公共字段时，表名前缀不能省略，当然对于内联接，用哪一个表的表名做前缀都是一样的。

（3）查询从未借阅图书的读者的借书证号、姓名、类别和系名。

```
SELECT dz.借书证号,姓名,类别,系名;
  FROM dz __________jy ON __________HAVING __________
```

或者用子查询完成：

```
SELECT 借书证号,姓名,类别,系名 FROM dz WHERE __________
```

【答案】LEFT JOIN、dz.借书证号=jy.借书证号、jy.借书证号 is null、借书证号 NOT IN (SELECT 借书证号 FROM jy)或者：借书证号 NOT IN (SELECT DISTINCT 借书证号 FROM jy)

【解析】本例可以用左联接，也可以用子查询完成。用左联接完成的过程是这样的：首先将 dz 表和 jy 表左联接，得到包括借阅过图书的读者记录和未借阅过图书的读者记录，然后筛选出所有未借阅过图书的读者记录，所以用 HAVING 筛选而不用 WHERE 筛选。

（4）查询哪些图书是在借书证号为 B1 的读者所借的全部图书之前借阅的。（选做）

```
SELECT 借书证号,编号,借书日期 FROM jy;
  WHERE 借书日期<__________(SELECT 借书日期 FROM jy WHERE 借书证号='B1')
```

此查询也可以写成：

```
SELECT 借书证号,编号,借书日期 FROM jy;
  WHERE 借书日期<(SELECT __________FROM jy WHERE 借书证号='B1')
```

【答案】ALL、MIN(借书日期)

【解析】本题主要是考查的是量词的用法。量词 ALL 表示全部，本题就是表示借书证号为 B1 的读者所借全部图书的借书日期；而在全部图书的借书日期之前，也就是在最早借阅的图书的借书日期之前，因此第二空填 MIN(借书日期)。

（5）下列 SQL 命令用来统计教师、学生借书过期罚款人次和罚款金额。其中罚款金额的算法如下：

对于学生类读者，借阅期限为 30 天，每超过一天，罚款金额以每本书每天 0.05 元计算；

对于教师类读者，借阅期限为 60 天，每超过一天，罚款金额以每本书每天 0.05 元计算。

```
SELECT 类型，COUNT（*） AS 罚款人次，______ AS 罚款金额;
   FROM jy INNER JOIN dz ON jy.借书证号=dz.借书证号;
   WHERE dz.类型="教师" AND 还书日期-借书日期>60;
   _______;
SELECT 类型,COUNT(*) AS 罚款人次，_______AS 罚款金额;
   FROM jy INNER JOIN dz ON jy.借书证号=dz.借书证号;
   WHERE dz.类型="学生" AND  还书日期-借书日期>30
```

【答案】SUM(0.05*(还书日期-借书日期-60)、UNION、SUM(0.05*(还书日期-借书日期-30))

【解析】这是一个组合查询，分别查询教师、学生借书过期罚款人次和罚款金额。要注意的是计算罚款金额时的表达式不需要写成 SUM(IIF(还书日期-借书日期)>60，0.05*(还书日期-借书日期-60),0))和 SUM（IIF(还书日期-借书日期)>60，0.05*(还书日期-借书日期-30),0)），因为已经有筛选条件“还书日期-借书日期>60”和“还书日期-借书日期>30”了。

（6）在 ts 表中把 2011 年 9 月 30 日所借图书的藏书册数减 1。（选做）

```
UPDATE ts SET 藏书册数=藏书册数-1 WHERE______________________________
```

【答案】编号 IN (SELECT 编号 FROM jy WHERE 借书日期={^2011-09-30})

【解析】子查询除可以嵌套在 SELECT 语句中，也可以嵌套在 UPDATE、DELETE 等语句中。

6．已知 kc 表如表 1-4-3 所示。

表 1-4-3　kc 表

kch（课程号）	kcm（课程名）	xxkh（先修课号）
01	计算机基础	
02	数据库技术及应用	01
03	Web 数据库	02
04	C 语言程序设计	01

查询每门课的先修课名称。

```
SELECT k1.kch AS 课程 ID , k1.kcm AS 课程名, k2.kcm AS 先修课名称;
   FROM kc k1,kc k2 WHERE____________________________
```

【答案】k1.xxkh=k2.kch

【解析】此查询就是要知道每个先修课号的课程名，因为 kc 表本身就可以通过 kch 知道课程名，所以采用自身联接就可以，联接条件为 k1.xxkh=k2.kch，如表 1-4-4 所示。

表 1-4-4 联接结果

k1.kch	k1.kcm	k1.xxkh	k2.kch	k2.kcm
01	计算机基础			
02	数据库技术及应用	01	01	计算机基础
03	Web 数据库	02	02	数据库技术及应用
04	C 语言程序设计	01	01	计算机基础

4.3 复习自测题

一、选择题

1．SQL 是英文单词______的缩写。

A．Standard Query Language　　B．Structured Query Language

C．Select Query Language　　D．以上都不是

2．查询的数据源可以是______。

A．自由表　　B．数据库表　　C．视图　　D．以上均可

3．视图是一个______。

A．虚拟的表　　B．真实的表

C．不依赖于数据库的表　　D．不能修改的表

4．查询的输出设置不可以是______。

A．表　　B．临时表　　C．文本文件　　D．Word 文档

5．在 Visual FoxPro 中______语句能够实现投影、选择和联接三种专门的关系运算。

A．INSERT-SQL　　B．SELECT-SQL　　C．UPDATE-SQL　　D．DELETE-SQL

6．利用 Union 子句实现组合查询，Union 子句对应关系运算中的____运算。

A. 选择　　B. 投影　　C. 并　　D. 交

7．使用菜单操作方法运行一个当前目录下的查询文件 zgjk.qpr 后，在命令窗口生成的命令是______。

A．OPEN QUERY zgjk.qpr　　B．MODIEY QUERY zgjk.qpr

C．DO zgjk.qpr　　D．CREATE QUERY zgjk.qpr

8．在 Visual FoxPro 的查询设计器中，“筛选”选项卡对应的 SQL 短语是______。

A．WHERE　　B．JOIN　　C．SET　　D．FOR

9．如果要对分组的结果进行筛选，对应的 SQL 短语是______。

A．WHERE　　B．HAVING　　C．FOR　　D．SET

10．在 SELECT 语句中，如果想去除查询结果中的重复记录，应包含______子句。

A．INTO　　B．WHERE　　C．GROUP　　D．DISTINCT

11．如果在一条 SQL 查询语句中包括两个 SELECT 子句，并且两个 SELECT 子句都不在圆括号中，则此查询可能是______查询。

A．子查询　　B．基于多表的查询

C．组合查询　　D．基于两张表的查询

12．视图设计器与查询设计器相比多了______选项卡。

A．字段属性　　B．更新条件　　C．杂项　　D．组合条件

13．对视图的更新是否反映在基表里，取决于在建立视图时是否在“更新条件”选项卡中选择了______。

A．关键字段　　B．SQL UPDATE　　C．发送SQL更新　　D．同步更新

14．表 w 有 a、b、c 三个字段，都为字符型，且表中有多条记录。下列 SELECT-SQL 命令中语法错误的是______。

A．SELECT 1,2 FROM w ORDER BY 2

B．SELECT a,COUNT(b) FROM w GROUP BY b

C．SELECT a,SUM(b) FROM w GROUP BY a

D．SELECT a+b+c,a-b-c FROM w TO SCREEN

15．本题使用的数据库表 stock.dbf，其记录如下：

股票代码	股票名称	单价	交易所
600600	青岛啤酒	7.48	上海
600601	方正科技	15.20	上海
600602	广电电子	10.40	上海
600603	兴业房产	12.76	上海
600604	二纺机	9.96	上海
600605	轻工机械	14.59	上海
000001	深发展	7.48	深圳
000002	深万科	12.50	深圳

（1）有如下 SQL 语句：

```
SELECT * FROM stock WHERE 交易所="深圳"
```

执行该语句后，查询到的记录数是______。

A．1　　B．2　　C．3　　D．4

（2）执行如下 SQL 语句后______。

```
SELECT * FROM stock INTO DBF stock ORDER BY 单价
```

A．系统将会提示出错信息

B．会生成一个按“单价”升序排列的表文件，将原来的 stock.dbf 文件覆盖

C．会生成一个按“单价”降序排列的表文件，将原来的 stock.dbf 文件覆盖

D．不会生成排序文件，只能在屏幕上显示一个按“单价”排序的结果

（3）执行下列程序以后，内存变量 a 的内容是______。

```
CLOSE DATABASE
a=0
USE stock
DO WHILE .NOT.EOF()
    IF 单价>10
        a=a+1
    ENDIF
    SKIP
```

```
ENDDO
```

A．1　　B．3　　C．5　　D．7

与以上程序功能等价的 SQL 语句是______。

A．SELECT　COUNT(*) FROM stock WHERE 单价>10

B．SELECT　SUM(单价) FROM stock WHERE 单价>10

C．SELECT 单价 FROM stock WHERE 单价>10

D．SELECT a FROM stock WHERE 单价>10

（4）有如下 SQL SELECT 语句：

```
SELECT * FROM stock WHERE 单价 BETWEEN 7.48 AND 12.76 ORDER BY 单价
```

执行该查询，则浏览窗口中的第 2 条记录的股票名称是______。

A．青岛啤酒　　B．深发展　　C．广电电子　　D．方正科技

（5）有如下 SQL 语句：

```
SELECT MAX(单价) INTO ARRAY a  FROM stock
```

执行该语句后______。

A．a[1]的内容为 15.20　　B．a[1]的内容为 6

C．a[0]的内容为 15.20　　D．a[0]的内容为 6

（6）有如下 SQL 语句：

```
SELECT 交易所,AVG(单价) AS 均价 FROM stock GROUP BY 交易所 INTO DBF temp
```

执行该语句后 temp 表中第二条记录的“均价”字段的内容是______。

A．7.48　　B．9.99　　C．11.73　　D．15.20

（7）求哪个交易所的平均单价高于 10 元的 SQL 语句是______。

A．SELECT 交易所,AVG(单价) AS 平均单价 FROM stock ;
　　WHERE 平均单价>10 GROUP BY 交易所

B．SELECT 交易所,AVG(单价) AS 平均单价 FROM stock;
　　WHERE 单价>10 GROUP BY 交易所

C．SELECT 交易所,AVG(单价) AS 平均单价 FROM stock;
　　GROUP BY 交易所 HAVING 平均单价>10

D．SELECT 交易所,AVG(单价) AS 平均单价 FROM stock;
　　GROUP BY 交易所 HAVING 单价>10

（8）使用 CREATE VIEW view_name AS SELECT-SQL 语句可以创建视图，执行下面语句后产生的视图含有的字段名是______。

```
CREATE VIEW view_stock AS SELECT 股票名称 AS 名称、单价 FROM stock
```

A．股票名称、单价　　B．名称、单价

C．单价　　D．股票名称、名称、单价

（9）查询单价高于平均单价的股票信息：SELECT * FROM stock WHERE______。

A．单价>AVG(单价)

B．单价>(SELECT AVG(单价) FROM stock)

C．单价>(SELECT 单价 FROM stock)

D．单价>(SELECT 股票名称,AVG(单价) FROM stock)

（10）以下查询不能查询到所有股票信息的是______。

A．SELECT * FROM stock

B．SELECT * FROM stock ORDER BY 单价

C．SELECT * FROM stock GROUP BY 交易所

D．SELECT * FROM stock WHERE 交易所="上海" UNION;
SELECT * FROM stock WHERE 交易所="深圳"

二、填空题

1．VFP 系统中，查询设计器的实质是生成对应的__________。

2．视图兼具__________和__________的特点。

3．使用__________命令关闭视图。

4．在 SELECT-SQL 语句中，表示条件表达式用 WHERE 子句，分组用__________子句，排序用__________子句。

5．在 SELECT 中用于计算检索的函数有 COUNT，__________，__________，MAX 和 MIN。

6．如果要求显示左表的全部记录及右表中满足条件的记录，应选择__________联接。

7．查询的默认输出设置是__________。

8．查询输出到 VFP 主窗口对应的 SQL 子句是__________。

9．比较运算符子查询规定：子查询结果必须返回单个值，除非使用 ANY、__________、ALL 等量词。（选做）

10．谓词__________用于判断一个子查询的结果集合是否存在元素，如果有，运算结果为真，否则为假。（选做）

11．ODBC 的中文含义是__________。

12．在数据库中可以建立两种视图，分别是本地视图和__________。其中，__________是通过 ODBC 基于远程数据源建立的视图。

13．有如下 SQL 语句：

```
SELECT 读者.姓名,读者.职称,图书.书名,借阅.借书日期;
    FROM 图书管理!读者,图书管理!借阅,图书管理!图书;
    WHERE 借阅.借书证号=读者.借书证号 AND 图书.图书编号=借阅.图书编号
```

其中 WHERE 子句中的“借阅.借书证号=读者.借书证号”对应的关系操作是__________。

14．教师表（js）中记录如表 1-4-5 所示。

表 1-4-5　js 表

工号	姓名	性别	系名	工龄
04001	陈子亮	男	管理工程系	15
04002	赵东萍	女	管理工程系	9
01003	王一平	女	计算机系	10
05008	金丹	女	中文系	8
05004	陈志敏	男	中文系	21
04010	李立	男	管理工程系	10

（1）以下查询的结果集中包含＿＿＿＿＿＿条记录。

```
SELECT 系名,COUNT(*) AS 人数 FROM js GROUP BY 1
```

（2）以下查询的结果集中包含＿＿＿＿＿＿条记录。

```
SELECT 系名,COUNT(*) AS 人数 FROM js GROUP BY 1 HAVING 人数>1
```

（3）以下查询的结果集中包含＿＿＿＿＿＿条记录。

```
SELECT 系名,COUNT(*) AS 人数 FROM js WHERE 性别="男"GROUP BY 1
```

（4）以下查询的结果集中包含＿＿＿＿＿＿条记录。

```
SELECT 系名,COUNT(*) AS 人数 FROM js;
  WHERE 性别="男"GROUP BY 1 HAVING 人数>1
```

15．js 表见上题，请完善如下命令。

（1）查询 js 表中工龄最长的 3 名教师的工号、姓名和工龄，结果输出到表 glzc 中。

```
SELECT__________工号,姓名,工龄 FROM js;
   ORDER BY__________;
   INTO __________glzc
```

（2）查询工龄比“李立”长的教师。

```
SELECT 姓名,工龄 FROM js WHERE __________
```

（3）下面程序段统计 js 表中共有几个系。

```
SELECT __________FROM js INTO CURS bb
SELECT COUNT(*) FROM __________
```

（4）查询任意两教师工龄最多相差几年。

```
SELECT "最多相差"+ __________ +"年" FROM js
```

（5）下面程序段统计 js 表中管理工程系与中文系教师相差几人。

```
SELECT count(*) FROM js WHERE 系名="管理工程系" OR 系名="中文系";
   __________ INTO ARRAY a
?__________
```

16．某网吧的计算机上，都有一自动记录用户上网时间的软件。其中表 XX 包含有：上网时间和下网时间 2 个字段，均为日期时间型，记录用户连接上网的时间和断开下网的时间。下列 SELECT-SQL 命令可以统计该计算机 2011 年每月上网的次数和总时间（单位为分钟），并按上网次数排序输出。请完善如下代码。

```
SELECT __________ AS 月份,COUNT(*) AS 上网次数,__________ AS 总时间;
   FROM xx;
   WHERE __________;
   __________ 1;
   ORDER BY __________
```

17．顾客表 gkb.dbf、购物表 gwb.dbf 和商品表 spb.dbf 结构如表 1-4-6～表 1-4-8 所示。请完善如下命令。

表 1-4-6　顾客表

字段名	类型	含义
Gkbh	C(6)	顾客编号
Xm	C(8)	姓名
Xb	C(2)	性别
Csrq	D	出生日期

表 1-4-7　购物表

字段名	类型	含义
gkbh	C(6)	顾客编号
spbh	C(6)	商品编号
sl	I	购物数量
rq	T	购物时间

表 1-4-8　商品表

字段名	类型	含义
spbh	C(6)	商品编号
mc	C(20)	商品名称
dj	N(8,2)	商品单价
sccj	c,20	生产厂家

（1）查询“绿草公司”所生产的全部商品的信息。

```
SELECT ________ FROM spb _________ sccj="绿草公司"
```

（2）查询十种最贵的商品名称和单价。

```
SELECT ________ mc,dj FROM spb ORDER BY dj DESC
```

（3）查询所有的生产厂家（去掉重复记录），查询结果保存为“生产厂家.txt”文件中。

```
SELECT ________ FROM spb ________ 生产厂家
```

（4）统计每位顾客购物的总金额。

```
SELECT gkbh, ________ as 总金额;
FROM  gwb INNER JOIN spb ON gwb.spbh=spb.spbh;
__________
```

（5）查询所有的商品信息，按生产厂家升序排序，如果生产厂家相同再按商品单价降序排序。

```
SELECT spbh,mc,dj,sccj FROM spb ORDER BY________
```

（6）查询未销售过的商品名称。

```
SELECT spbh,mc FROM spb ;
   WHERE _________ (SELECT DISTINCT spbh FROM gwb)
```

或者

```
SELECT spbh,mc FROM spb a;
   WHERE _________ (SELECT * FROM gwb b WHERE a.spbh=b.spbh)
```

（7）查询顾客“王一”所购商品的商品名称、商品单价和生产厂家。

```
SELECT spb.* FROM __________ WHERE xm="王一"
```

（8）查询销售量大于 100 的商品名称和销售量。

```
SELECT mc,sum(sl) as 销售量;
   FROM gwb INNER JOIN spb ON gwb.spbh=spb.spbh;
   GROUP BY gwb.spbh _________销售量>100
```

（9）查询某些男顾客的信息，要求这些男顾客的年龄不能低于所有女顾客的年龄。

```
SELECT * FROM gkb ;
  WHERE xb="男" and csrq<________ (SELECT csrq FROM gkb WHERE xb="女")
```

（10）查询哪些顾客在 2008 年 7 月没有购物记录。

```
SELECT a.* FROM ________ ON a.gkbh=b.gkbh;
  WHERE between(rq,{^2008/07/01},{^2008/07/31}) HAVING b.gkbh ________
```

（11）查询男顾客占顾客总数的百分比,要求百分比显示如 35.15%的形式。

```
SELECT  ________+"%" AS 男顾客百分比 FROM gkb
```

（12）查询男女顾客人数，以及顾客总数。

```
SELECT xb+________ AS 性别,COUNT(*) AS 人数 FROM gkb GROUP BY 1 ________;
   SELECT "顾客总数" as 性别,COUNT(*) AS 人数 FROM gkb;
   ORDER BY 2
```

18. 已知 kc 表如表 1-4-9 所示。（选做）

表 1-4-9　kc 表

kch（课程号）	kcm（课程名）	xxkh（先修课号）
01	计算机基础	
02	数据库技术及应用	01

续表

kch（课程号）	kcm（课程名）	xxkh（先修课号）
03	Web 数据库	02
04	C 语言程序设计	01

查询每门课的间接先修课号。所谓间接先修课就像“Web 数据库”，它的先修课号是“02”，而“02”的先修课是“01”，则“Web 数据库”的间接先修课号就是“01”。请将下列命令完善。

```
SELECT k1.kch AS 课程ID , k1.kcm AS 课程名, k2.xxkh AS 间接先修课ID;
   FROM kc k1,kc k2 WHERE________
```

三、写出满足下列要求的 SQL 语句

学生成绩管理数据库中三张表学生（xs）、课程（kc）、成绩（cj）结构分别如表 1-4-10～表 1-4-12 所示。

表 1-4-10　xs 表结构

字段名	字段类型
学号	C(6)
姓名	C(8)
性别	C(2)
系名	C(20)
出生日期	D

表 1-4-11　kc 表结构

字段名	字段类型
课程号	C(3)
课程名	C(18)
课时数	N(1)
学分	N(1)
必修课	L(.T.：必修课 .F.：选修课)

表 1-4-12　cj 表结构

字段名	字段类型
学号	C(6)
课程号	C(3)
成绩	N(3)

1．查询中文系、法律系、外语系的所有男生的学号、姓名和系名。

2．查询课程代号为“02”考试成绩为优秀（成绩>=90）和不及格（成绩<60）学生的学号、课程号和成绩。

3．查询法律系学生的成绩，要求输出系名、课程号、学号、姓名和成绩，查询结果先按课程号升序排序，如果同一课程再按成绩降序排序。

4．查询每门课程的平均成绩和选修人数，要求输出课程号、平均成绩和选修人数。

5．查询每个系男女生的人数，输出系名、性别和人数，查询结果按系名升序排序，如果系名相同再按性别升序输出。

6．查询法律系学生“英语”课考试成绩最低的 5 个学生，输出课程名、课程号、姓名和成绩。

7．查询所有的系，输出系名，并去掉重复记录，查询结果保存到临时表 AA 中。

8．查询比平均年龄小的学生学号、姓名、年龄。

9．查询必修课（必修课=.T.）和选修课(必修课=.F.)的比例。

10．查询各系学生人数以及学生总数，按人数排序输出。（组合查询）

11．查询“王伟”各门课程的成绩，以及其平均成绩，输出姓名、课程名、成绩三列。

12．查询“王伟”各门课程的成绩等级，输出姓名、课程号、课程名、成绩和等级几列，按课程号排序。90 分以上（含 90 分）为“优秀”，60～90 分（含 60，不含 90）为合格，60

分以下为不合格。

13．若成绩大于等于 60 分，则学生可以取得对应课程的学分，总学分大于或等于 120 的学生可以毕业，统计所有不能毕业的学生名单。

14．评比学习标兵，学习标兵的名额为 10 人，条件是不能有课程成绩低于 60 分，总分高者优先。

15．查询哪些学生没有注册（学生表中无记录）却参加了考试，输出其学号，去掉重复记录（分别使用左联接和 IN 子查询、EXISTS 子查询完成）。（选做）

16．逻辑删除学生表中总成绩低于 480 分的记录。（选做）

第 5 章　程序设计基础

5.1　学 习 目 标

- 掌握创建、修改和运行程序的方法。
- 掌握分支语句 IF…ELSE…ENDIF 和 DO CASE…ENDCASE 的用法。
- 掌握循环语句 FOR…ENDFOR、DO WHILE…ENDDO 和 SCAN…ENDSCAN 的用法。
- 掌握 EXIT 和 LOOP 在循环结构中的作用。
- 掌握过程和用户自定义函数的创建和使用。
- 了解参数传递的两种方式。
- 了解变量的作用域。

5.2　例 题 解 析

一、选择题

1．以______为扩展名的文件与程序无关。

A．.prg　　B．.bak　　C．.fxp　　D．.qpr

【答案】D

【解析】程序文件的后缀是 .prg，修改后在磁盘上产生.bak 文件（保存的是修改前的程序文件内容）。VFP 环境下运行程序文件，系统会自动地对.prg 文件进行编译，生成“伪编译”程序文件（.fxp）。而.qpr 是查询文件的扩展名，与程序无关。

2．以下命令中，与输入无关的命令是______。

A．READ　　B．INPUT　　C．ACCEPT　　D．WAIT

【答案】A

【解析】INPUT、ACCEPT 命令，等待用户从键盘输入数据，并以回车键表示结束输入，INPUT 命令可以输入各种类型的数据，而 ACCEPT 命令只可以输入字符型数据。WAIT 命令只能接收单个字符，可以在用户输入一个字符后自动结束该命令。

3．在下述的操作中，不能够执行Visual FoxPro程序文件的是______。

A．若程序包含在一个项目中，则在“项目管理器”中选定它并单击“运行”按钮

B．在“程序”菜单中选择“运行”命令，在弹出的对话框中选择要运行的程序名

C．在“命令”窗口中，输入 DO 命令及要运行的程序文件名

D．在“资源管理器”中单击要运行的程序文件（prg）

【答案】D

【解析】运行程序文件除了有 A、B 和 C 三个选项中描述的方法，还可以在程序文件处

于编辑窗口时，单击“常用”工具栏上的“！”按钮运行程序。而在“资源管理器”中单击要运行的程序文件，只能启动 Visual FoxPro。

4．下列语句中，不能使程序跳出循环的是______。

A．QUIT　　B．RETURN　　C．LOOP　　D．EXIT

【答案】C

【解析】LOOP 与 EXIT 都用于循环体中，结束当前的循环，但两者有着根本区别。语句 EXIT 结束循环，跳到直接包含它的循环体语句外，控制程序执行 ENDDO、ENDFOR 或 ENDSCAN 的后续语句。语句 LOOP 结束当前的循环，即忽略此后的循环体语句，根据循环测试条件决定是否继续循环。语句 QUIT 的功能是退出 Visual FoxPro。语句 RETURN 是程序结束的标志，所以如果在循环体中出现 QUIT 或 RETURN 语句，当然可以使程序跳出循环。

5．要交换 x、y 的值，以下程序片段中______不能实现此功能。

A．	B．	C．	D．
x=y	t=x-y	t=x	t=y
y=x	x=x-t	x=y	y=x
	y=y+t	y=t	x=t

【答案】A

【解析】假定 x、y 的值分别为 1 和 2，对于程序片段 A，先将 y 的值赋给 x，则 x 值为 2，再将 x 值赋给 y，而这时 x 值为 2 而不是 1，所以 y 值为 2，没有达到 x、y 值交换的目的。对于程序片段 B、C、D 大家可以执行一下，看是否能交换 x 和 y 的值。

6．下面程序的运行结果是______。

```
SET EXACT ON
s="ni"+SPACE(2)
IF s="ni"
  IF s="ni"
    ? "one"
  ELSE
    ? "two"
  ENDIF
ELSE
  IF s="ni"
    ? "three"
  ELSE
    ? "four"
  ENDIF
ENDIF
```

A．one　　B．two　　C．three　　D．four

【答案】A

【解析】本题考查了两个知识点。第一就是 IF 语句的使用，本题在最外层的 IF 语句的 IF 和 ELSE 分支各嵌套一个 IF 语句，所以读嵌套的 IF 语句时，主要要清楚哪个 IF 和哪个 ELSE、ENDIF 语句配对，搞清嵌套关系。第二个知识点就是“SET EXACT ON”的设置，其含义是通过在字符串后面加空格的方法使两个字符串的长度相等，然后进行比较。所以本题变量 s 的值满足最外层 IF 语句的 IF 分支，在该分支中嵌套一个 IF 语句，又满足这个嵌套的 IF 语句中的 IF 分支，故输出“one”。

7．如果a的值分别为100、50、40和10，执行以下程序后，b的值分别为______。

```
DO CASE
  CASE a<100
    b=1
  CASE a<50
    b=2
  CASE a<20
    b=3
  OTHERWISE
    b=4
ENDCASE
```

A．1、2、3、4　　B．4、3、2、1

C．4、1、2、3　　D．4、1、1、1

【答案】D

【解析】本题主要考查DO CASE语句的执行流程。该语句执行时，首先从第一个CASE开始，判断其后的表达式的值是否为.T.，不管有几个CASE条件同时成立，只有最先成立的那个CASE条件对应的命令序列被执行。如果所有的CASE条件都不成立，执行OTHERWISE后的语句组。本题中，当a值为100，则所有的CASE条件都不成立，执行OTHERWISE后的语句组，所以b值为4；而当a值为50、40和10的话，都满足第一个CASE的条件A<100，所以b值为1。

8．下列程序段执行以后，内存变量y的值是______。

```
CLEAR
x=12345
y=0
DO WHILE x>0
   y=y*10+x%10
   x=INT(x/10)
ENDDO
?y
```

A．12345　　B．54321　　C．15　　D．51

【答案】B

【解析】本程序段的功能是把一个数值按各位数字倒过来组合成一个新数。处理过程是首先提取原数（x）的个位数字与新数（y）组合（y=y*10+x%10），然后将原数的个位数去掉(INT(x/10))，重复上述过程，直到原数不大于0。

9．在某个程序模块中使用命令：PRIVATE x，定义一个内存变量，则变量x______。

A．可以在该程序的所有模块中使用

B．只能在定义该变量的模块中使用

C．只能在定义该变量的模块及其上层模块中使用

D．只能在定义该变量的模块及其下属模块中使用

【答案】D

【解析】使用PUBLIC、PRIVATE和LOCAL关键字可以指定变量的作用域。PUBLIC指定全局变量，在当前工作期中，任何运行的程序都能使用和修改全局变量和全局数组；PRIVATE指定私有变量，VFP默认程序中定义的变量是私有变量，私有变量仅在定义它的模块及其下

层模块中有效，而在定义它的模块运行结束时自动清除；LOCAL指定本地变量，只能在建立它的模块中使用，该模块运行结束时本地变量就自动释放。

10．下列关于接收参数和发送参数的说法，正确的是______。

A．接收参数语句 PARAMTERS 可以写在程序中的任意位置

B．通常发送参数语句 DO… WITH 和接收参数语句 PARAMTERS 不必搭配成对，可以单独使用

C．发送参数和接收参数排列顺序和数据类型必须一一对应

D．发送参数和接收参数的名字必须相同

【答案】C

【解析】在 PROCEDURE 或 FUNCTION 命令后面的第一个可执行语句必须是 PARAMETERS 语句。PARAMETERS 语句中的参数依次与调用命令 WITH 子句中的参数相对应，故两者都不可以单独使用。在调用时，发送参数的数目一般应与 PARAMETERS 语句中的接收参数数目相等，也可少于 PARAMETERS 语句中的接收参数数目，在这种情况下，剩余的参数就被初始化为.F。若多于 PARAMETERS 语句中的接收参数，则 VFP 将产生“错误的参数数目”的错误信息。

二、填空题

1．所谓__________结构，是指程序在运行过程中，根据条件执行不同的操作。

【答案】分支

【解析】程序的基本结构主要有顺序、分支和循环。所谓顺序结构是指程序运行时按照语句排列的先后顺序，一条接一条地依次执行；循环结构就是使得一组语句重复执行多次。而分支结构是指程序在运行过程中，根据条件执行不同的操作。

2．以下程序的输出结果为__________。

```
x=26
y=0
IF INT(x/2)=x/2
  y=MOD(x,3)
  x=x+4
ENDIF
IF INT(x/3)=x/3
  y=MOD(x,-4)
ENDIF
? x,y
```

【答案】30、−2

【解析】本程序运行时，按两个 IF 语句的先后顺序执行。首先变量 x 的值满足第一个 IF 语句的判断条件：INT(x/2)=x/2（判定 x 为偶数），所以变量 y、x 的值变为 2 和 30；然后执行第二个 IF 语句，因为 x 值为 30，满足条件：INT(x/3)=x/3，所以变量 y 的值为 x（其值为 30）与−4 的模“−2”。

3．完善下列程序，其功能是计算 s=1+1/2+1/3+1/4+…+1/i+…，使 s 的值最接近于 2.0 且不大于 2.0，输出项数及 s 的值。

```
CLEAR
s=0
```

```
n=0
DO WHILE 1=1
   n=n+1
   s=s+1/n
   IF s>2.0
     s=s-__________
     n=n-1
     __________
   ENDIF
ENDDO
WAIT WINDOW STR(n,2)+"项之和="+STR(s,6,2)
```

【答案】1/n、EXIT

【解析】本题是在 DO 循环语句中嵌套一个 IF 语句。因为循环体中是先将项数加 1（n=n+1），并且将 1/n 加入 s 中（s=s+1/n），再使用 IF 语句判定 s 的值是否大于 2.0，所以如果 s 的值大于 2.0，则要将项数减 1（n=n−1），从 s 中减去 1/n（s=s−1/n），并且跳出循环（EXIT）。注意本题的循环条件是 1=1，即循环条件永远满足，所以如果循环体中不包括 EXIT 语句的话，循环就会成为死循环。

4．以下程序的输出结果为__________。

```
DIMENSION a(6)
FOR k=1 TO 6
   a(k)=20-2*k
ENDFOR
k=5
DO WHILE k>=1
   a(k)=a(k)-a(k+1)
   k=k-1
ENDDO
?a(1),a(3),a(5)
```

【答案】6,4,2

【解析】本题先通过 FOR 循环为数组元素 a(1)~a(6)元素赋值，分别为 18、16、14、12、10 和 8；然后利用 DO 循环从数组元素 a(5)开始逆序（k=k−1）逐个改变其大小，a(5)~a(1)的值分别为 2，10，4，12，6。

5．以下程序的功能是__________。

```
CLEAR
ACCEPT "请输入一个数字字符串：" TO cStr
STORE 0 TO n0,n1,n2,n3,n4,n5,n6,n7,n8,n9
DO WHILE LEN(cStr)>0
   c=LEFt(cStr,1)
   n&c= n&c +1
   cStr=SUBSTR(cStr,2)
ENDDO
? n0,n1,n2,n3,n4,n5,n6,n7,n8,n9
```

【答案】统计 cStr 字符串中数字 0、1、2、3、4、5、6、7、8、9 出现的次数

【解析】本题主要注意宏的使用，在许多命令和函数中需要用户提供操作对象的名称，虽然这些名称不能直接用变量或数组元素表示，但可以使用宏替换。本题使用宏替换的方法用内存变量当做名称使用，即当 c 分别为“0”、“1”、“2”、…、“9”时，n&c 分别表示 n0、 n1、n2、…、n9。

6．如果在命令窗口同时执行命令“?VARTYPE(spbh),VARTYPE(dj)”和“LIST spbh,dj”后，在主窗口中显示：

C N

记录号	spbh	dj
1	A001	25
2	A002	35
3	B002	18
4	A002	20
5	B003	22

则以下程序的运行结果是__________。

```
s=0
GO TOP
SCAN
  IF LEFT(spbh,1)<>"A"
    LOOP
  ENDIF
  s=s+dj
  SKIP
ENDSCAN
?s
```

【答案】45

【解析】SCAN 循环主要用于表文件的循环。执行时在范围中依次寻找满足条件的记录，并对满足条件的记录执行语句系列，每次遇到 ENDSCAN 记录指针自动加 1。另外本题要注意的是，如果不满足 IF 语句的判定条件，还会执行 SKIP 语句，即记录指针下移一条记录。所以本题 s 的值实际上是第一、第四条记录的 dj 和。

7．在某数据库的存储过程中定义了自定义函数 date_rule()，完成如下要求。

（1）完善该函数，使其具有以下功能：如果参数 x 的值在当前系统日期之前，此时函数返回值为.T.，否则函数返回值为.F.。

```
FUNCTION date_rule
   PARAMETERS x
   IF x<=date()
     ______________
   ELSE
     ______________
   ENDIF
ENDFUNC
```

（2）该数据库中有表 xs.dbf，表中的 csrq 字段值必须满足在当前系统日期之前，利用自定义函数 date_rule()，将 csrq 字段的有效性规则设置为__________。

【答案】（1）RETURN .T.、RETURN .F.（2）date_rule(csrq)

【解析】自定义函数除了定义在程序中，还可定义在数据库的存储过程中，供字段级规则和记录级规则使用。存储过程是存储在数据库文件中的 VFP 程序代码，是专门操作数据库中数据的代码过程。存储过程可以提高数据库的性能，因为在打开一个数据库时，它们便加载到了内存中。显然，当前 csrq 字段的有效性规则只需调用 date_rule()函数，函数的参数为 csrq 字段。

8．已知：

$$y=\frac{x^1}{1!}+\frac{x^5}{5!}+\frac{x^9}{9!}+\cdots+\frac{x^{4n+1}}{(4n+1)}$$

以下程序的功能是求 y 的值，x 和 n 的值由键盘输入。程序中有 2 处错误，错误所在的行是___________。

```
INPUT "请输入 X 的值："  TO x
INPUT "请输入 N 的值："  TO n
STORE 0 TO s,i
a=x
t=x
DO WHILE i<=n
    s=s+t
    i=i+1
    a=a*x^4
    t=a/fact(i)
ENDDO
?s
FUNCTION  fact
  PARAMETERS m
    fa=1
    FOR j=1 TO m
      fa=fa*j
    NEXT j
   RETURN fa
ENDF
```

【答案】6,10 行

【解析】第 6 行的循环条件应改为“DO WHILE i<n”，因为变量 i 的初值是 0（STORE 0 TO s,i）而不是 1，所以循环条件中的“=”号要去掉；第 10 行语句“t=a/fact(i)”中的自定义函数中的参数错误，因为当 i=1 时，变量 a=a*x^4，a 已经等于 x^5，而对应的分母还是 1!，正确的应为 5!，同样当 i=2 时，变量 a=a*x^4，a 已经等于 x^9，而对应的分母还是 2!，正确的应为 9! …，故应将这一行改为“t=a/fact(i*4+1)”。

9．以下四段程序的运行结果分别是_________、_________、_________和_________。（选做）

1）
```
x1=20
x2=30
DO test WITH x1,x2
?x1,x2
PROC test
    PARA a,b
    x=a
    a=b
    b=x
    RETURN
```

2）
```
x1=20
x2=30
test(x1,x2)
?x1,x2
PROC test
    PARA a,b
    x=a
    a=b
    b=x
    RETURN
```

3）
```
x1=20
x2=30
SET UDFPARMS TO VALUE
DO test WITH x1,x2
?x1,x2
PROC test
    PARA a,b
    x=a
    a=b
    b=x
    RETURN
```

4）
```
x1=20
x2=30
SET UDFPARMS TO REFERENCE
test(x1,x2)
?x1,x2
PROC test
    PARA a,b
    x=a
    a=b
    b=x
    RETURN
```

【答案】30,20、20,30、30,20 和 30,20

【解析】Visual FoxPro中，过程与用户自定义函数除了定义方式上的差别，在可以实现的功能和调用方法上没有区别。调用方法有使用DO命令和函数的调用方式两种，相应的，参数的传递有传址和传值两种方式。默认情况下，当使用DO命令调用，用WITH子句传递参数时，变量以引用方式（传址）传递；当使用函数的调用方式时，变量以传值方式传递。所以程序段1（传址）、程序段2（传值）的运行结果分别是30,20和20,30。

也可以使用SET UDFPARMS TO命令来改变参数传递的方式，若要按值方式传递参数，在调用语句之前，先执行命令：SET UDFPARMS TO VALUE，同样若要按引用方式传递参数，在调用语句之前，先执行命令：SET UDFPARMS TO REFERENCE。当使用DO命令调用时，它不受SET UDFPARMS TO命令的影响。所以程序段3（传址）、程序段4（传址）的运行结果都是30,20。

10．执行下列主程序后，输出结果为＿＿＿＿＿＿＿＿。

```
CLEAR
x="红"
y="黄"
z="蓝"
DO sub
?x+y+z
PROCEDURE sub
   LOCAL x
   PRIVATE y
   x="黑"
   y="白"
   z=x+y+z
ENDPROC
```

【答案】“红黄黑白蓝”

【解析】在主程序中的变量x 、y和z均为私有变量，可以在主程序和过程sub中使用。但在过程sub中又定义了本地变量x、私有变量y（主程序中的变量x、y暂时被屏蔽），并且分别赋值“黑”和“白”，变量z赋值“黑白蓝”（z=x+y+z），过程执行结束（释放本地变量x、私有变量y）。回到主程序，恢复变量x、y（其值分别为“红”和“黄”），输出x+y+z的值（“红黄黑白蓝”）。

5.3　复习自测题

一、选择题

1．执行下列程序段后，A 的值为______。

```
ACCEPT TO B
IF B=[12]
   A=1
ELSE
   A=2
ENDIF
A=3
```

A．1　　B．2　　C．3　　D．由 B 的值决定

2．执行以下四段程序后，变量s值相同的为______。

1）

```
s=0
FOR i=1 TO 100 step 2
     s=s+i
ENDF
```

2）

```
s=0
FOR i=100 TO 1 step -2
     s=s+i
ENDF
```

3）

```
s=0
i=1
DO WHILE i<=100
     i=i+2
     s=s+i
ENDDO
```

4）

```
s=0
i=1
DO WHILE i<=100
     s=s+i
     i=i+2
ENDDO
```

A．1）和2）　　B．3）和4）　　C．1）和4）　　D．2）和3）

3．执行如下程序，如果输入x的值为5，则显示s的值为______。

```
s=0
i=1
INPUT "X=" TO x
DO WHILE s<=x
   s=s+i
   i=i+1
ENDDO
?s
```

A．1　　B．3　　C．5　　D．6

4．下列程序的输出结果为______。

```
DECLARE x(8)
x(1)=0
x(2)=1
FOR i=3 TO 8
  x(i)=x(i-2)+x(i-1)
```

```
NEXT
?x(6)+x(7)
```

A. 5　　B. 8　　C. 13　　D. 21

5. 完善下列程序，计算 3+333+33333+…前六项之和。

```
CLEAR
m=3
n=m
s=m
FOR i=2 TO 6
    n=______
    s=s+n
ENDFOR
```

A. 111*m　　B. m*100+n*10+m　　C. n*100+10*m+m　　D. n*100+n*10+m

6. 有一个表文件BHSL.DBF，其内容如下：

记录号	编号	数量
1	A1	65
2	A0	85
3	B2	60
4	A2	77

各程序段的运行结果分别为______、______、______、______。

1）
```
USE BHSL
sl=0
SCAN
  sl=sl+数量
ENDSCAN
?sl
```

2）
```
USE BHSL
sl=0
SCAN
  sl=sl+数量
SKIP
ENDSCAN
?sl
```

3）
```
USE BHSL
sl=0
SCAN FOR 'A'$ 编号
  sl=sl+数量
ENDSCAN
?sl
```

4）
```
USE BHSL
sl=0
SCAN WHILE 'A'$ 编号
  sl=sl+数量
ENDSCAN
?sl
```

A. 125　　B.150　　C. 227　　D. 287

7. 执行下列程序后，输出到屏幕的结果为______。

```
CLEAR
cString="VisualFoxPro"
nResult=0
m=LEN(cString)
FOR n=1 to m
   c=SUBSTR(cString,n,1)
   IF !BETWEEN(ASC(c),ASC("A"),ASC("Z"))
     nResult=nResult+1
```

```
   ENDIF
   n=n+1
ENDFOR
?nResult
```

A. 4　　B. 6　　C. 9　　D. 12

8. 下列自定义函数 nSum 的功能是计算一个整数的各位数字之和。

```
FUNCTION nSum
  parameter x
  s=0
  DO WHILE x>0
   s=s+_______
   x=INT(x/10)
  ENDDO
  RETURN s
ENDFUNC
```

在上述函数定义中，空格处不能填写的语句是______。

A. x-INT(x/10)　　B. MOD(x,10)

C. x%10　　D. x-INT(x/10)*10

9. 执行下列程序：

```
CLEAR
STORE 5 TO ml,m2
STORE 1 TO m3,m4
=aa(ml,m2,m3,m4)
?m4
PROCEDURE aa
   PARAMETER a,b,c,d
   d=b^2-4*a*c
   DO CASE
       CASE  d<0
             d=100
       CASE  d=0
             d=200
       OTHERWISE
             d=300
    ENDCASE
    RETURN
```

（1）输出到屏幕的结果为______；

（2）如果将语句“=aa(ml,m2,m3,m4)”修改为“DO aa WITH ml,m2,m3,m4”，输出到屏幕的结果为______。（选做）

A. 1　　B. 5　　C. 100　　D. 300

10. 如果一个函数不包含 RETURN 语句，或者 RETURN 语句中没有指定表达式，那么该函数______。

A. 没有返回值　　B. 返回 0　　C. 返回.T.　　D. 返回.F.

11. 在程序中，将变量 x 定义为全局变量，可以使用命令______x。

A. PUBLIC　　B. PRIVATE　　C. LOCAL　　D. DECLARE

12．执行下列程序后，输出结果为______。

```
STORE 50 TO a,b
DO first
?a,b
PROCEDURE  first
  PRIVATE  a
  a=20
  b=48
  DO second
ENDPROC
PROCEDURE second
  PRIVATE b
  a=1
  b=2
ENDPROC
```

A．50,50　　B．50,48　　C．1,48　　D．1,2

二、填空题

1．循环就是使得一组语句重复执行多次，在 Visual FoxPro 中实现循环结构的语句有三种分别是___________、___________和___________。

2．在运行程序时，系统会自动地对程序文件进行“伪编译”，包括对程序的词法和语法检查等。系统生成的“伪编译”程序的文件扩展名为___________，运行程序 a 的命令是___________。

3．在 FOR…ENDFOR 循环结构中，可以使用 LOOP 和 EXIT 语句，___________语句将控制传递给 ENDFOR 后的第一条语句，即跳出循环；___________语句将控制直接返回给 FOR 语句。

4．如果 a 的值为 10，执行以下程序段后，b 的值分别为___________；如果 a 的值为 30，执行以下程序段后，b 的值又分别为___________。

1）
```
DO CASE
    CASE a<20
        b=1
    CASE a<50
        b=2
    OTHERWISE
        b=3
ENDCASE
```

2）
```
DO CASE
    CASE a<50
        b=1
    CASE a<20
        b=2
    OTHERWISE
        b=3
ENDCASE
```

5．完善程序段 2，使两个程序的功能相同。

1）
```
CLEAR
s=0
FOR i=1 TO 20
  s=s+(-1)**(i+1)/(i*(i+1))
ENDFOR
?s
```

2）
```
CLEAR
s=0
FOR i=l TO 19 STEP 2
  s=s+______
ENDFOR
?s
```

6. 执行以下程序后，s 的值为__________，n 的值为__________。如果去掉“n=n+1”这一语句行，程序会出现__________现象，可通过按__________键中止程序的执行。

```
s=1
n=1
DO WHILE n<=6
   s=s*n
   n=n+1
ENDDO
```

7. 完善下列程序，使其产生 10 个随机的英文字母。

```
CLEAR
i=___
DO WHILE .T.
  k=INT(RAND()*122)+1
  IF k>=65 AND k<=90 OR  k>=97 AND k<=122
    ?_____
    i=i+1
  ENDIF
  IF i=10
    _____
  ENDIF
ENDDO
```

8. 完善下列程序段，其功能是将字符串中的中文字符输出。

```
CLEAR
p="面向对象 Visual C++ 编程指南"
DO WHILE !EMPTY(p)
  i=IIF(ASC(LEFT(p,1))>127,2,1)
  IF __________
      ?LEFT(p,i)
  ENDIF
  p=SUBSTR(p,__________)
ENDDO
```

9. 下列程序的输出结果为__________。

```
m=SPACE(0)
c="Flower"
FOR  i=1 TO LEN(c)
    nc=ASC(SUBSTR(c,i,1))
    IF BETWEEN(nc,97,122)
       IF nc<119
         m=m+CHR(nc+4)
       ELSE
         m=m+CHR(nc-22)
       ENDIF
    ELSE
      m=m+CHR(nc)
    ENDIF
ENDFOR
?m
```

10．下列程序的功能是求出 100~200 之间所有的素数，素数是指只能被 1 和自身整除的自然数。请完善程序。

```
CLEAR
FOR i=100 TO 200
   __________
   FOR j=2 TO SQRT(i)
      IF MOD(i,j)=0
         flag=.F.
      ENDIF
   ENDFOR
   IF flag
      ??i
   ENDIF
NEXT
```

11．运行下列程序后，显示的运行结果为__________。

```
CLEAR
FOR i=1 TO 2
  j=i
  DO WHILE j<4
    m=i*j
    IF MOD(m,2)=0
      ??m
    ENDIF
    j=j+1
  ENDDO
ENDFOR
```

12．完善下列自定义函数 ff()，其功能为将一个字符串反序，例如：ff("FOR 语句")的返回值为“句语 ROF”。

```
FUNCTION ff
  PARAMETERS c
  p=SPACE(0)
  DO WHILE LEN(c)>0
    x=ASC(________)
    IF x>127
      p=LEFT(c,2)+p
      c=SUBSTR(c,3)
    ELSE
      p=LEFT(c,1)+p
      c=SUBSTR(________)
    ENDIF
  ENDDO
  _______
ENDFUNC
```

13．在数据库系统中有一个 RSDA.DBF 表，该表的结构如表 1-5-1 所示。

表 1-5-1　RSDA 表结构

字段名	类型	长度	小数位	含义
gh	C	6		工号
xm	C	8		姓名

续表

字段名	类型	长度	小数位	含义
csrq	D	8		出生日期
nl	N	2	0	年龄
zc	C	10		职称
jbgz	N	7	2	工资

下列程序的功能是____________。

```
USE RSDA
STORE 0 TO zgz,rs
DO WHILE .NOT. EOF()
  zgz=zgz+jbgz
  rs=rs+1
  SKIP
ENDDO
pjgz=zgz/rs
GO TOP
SCAN
  IF jbgz>pjgz
     ?gh,xm
  ENDIF
ENDSCAN
USE
```

14. 下列程序的功能是将十进制数字字符串转换为八进制数字字符串，其基本算法是“除以 8 取余法”。请完善程序。

```
cDec="1167"    &&十进制字符串
cOct=SPACE(0)    &&八进制字符串
nDec=VAL(cDec)
IF cDec="0"
  cOct="0"
ELSE
 DO WHILE nDec>0
    n=MOD(nDec,8)
    nDec=INT(nDec/8)
    cOct= ____________
 ENDDO
ENDIF
WAIT WINDOW "十进制数"+cDec+"的八进制表示为："+ cOct
```

15. 已知 Fibomacci 数列的第一项是 1，第二项是 1，以后各项都是前两项的和，下列程序实现求前 n 项的和，运行结果如图 1-5-1 所示。

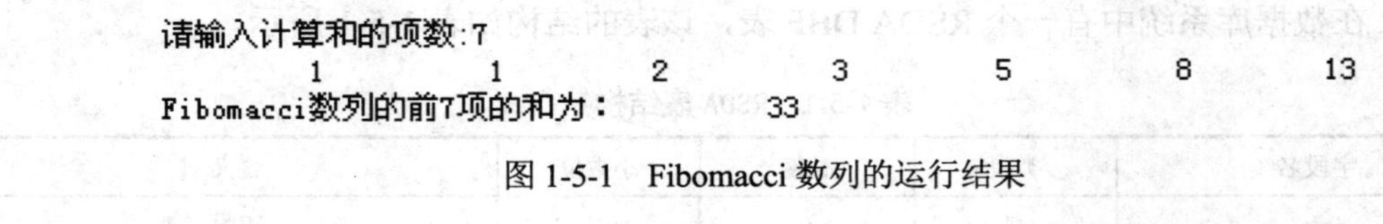

图 1-5-1 Fibomacci 数列的运行结果

```
CLEAR
INPUT "请输入计算和的项数:" TO n
```

```
f1=1
f2=1
s=0
FOR i=1 to INT(n/2)
  ??f1,f2
  s=____________
  f1=f1+f2
  f2=f2+f1
NEXT
IF n%2=1
  ??f1
  s=___________
ENDIF
?"Fibomacci 数列的前"+ALLT(STR(n))+"项的和为：",s
```

16. 下列程序实现打印出 1～1000 之内的守形数。所谓守形数就是能使 $a^2 = x \times a$ 成立，则称 a 为守形数，如：5^2=25，25^2=625，则 5 和 25 都是守形数。如图 1-5-2 所示为运行后的显示结果。

1的平方为	1	1是一个守形数
5的平方为	25	5是一个守形数
6的平方为	36	6是一个守形数
25的平方为	625	25是一个守形数
76的平方为	5776	76是一个守形数
376的平方为	141376	376是一个守形数
625的平方为	390625	625是一个守形数

图 1-5-2　守形数

```
CLEAR
FOR i=1 TO 1000
  IF____________
    sx=.T.
  ELSE
    sx=.F.
  ENDIF
  IF sx=.T.
    ?str(i)+"的平方为",i*i,str(i)+"是一个守形数"
  ENDIF
ENDFOR
```

17. 执行以下程序后，屏幕显示____________。

```
c='大学生暑期社会实践活动'
DO sub1
? left(&x,6)+right(t,6)
PROC sub1
   PUBLIC x,t
   x='c'
   t='NBA 篮球赛'
   RETURN
```

18. 在绝大多数情况下，数组必须预先声明再使用。数组声明的方式有四种，即使用____________命令、____________命令、PUBLIC 命令和 LOCAL 命令，其中前两种方式声明的为____________数组。

19. 传值方式中形参变量值的改变不会影响实参变量的取值，__________方式则刚好相反。（选做）

20. 有如下程序：（选做）

```
x=3
y=5
DO plus WITH x,y
?x,y
PROC plus
   PARA a,b
   a=a+b
   b=a+b
   RETURN
```

（1）程序的输出结果是__________。

（2）如果将语句“DO plus WITH x,y”改写为“plus (x,y)”，该程序的输出结果为__________。

（3）如果将语句“DO plus WITH x,y”改写为“DO plus WITH (x),y”，该程序的输出结果为__________。

（4）如果将语句“DO plus WITH x,y”改写为“plus ((x),y)”，该程序的输出结果为__________。

第 6 章　表单的创建与使用

6.1　学 习 目 标

- 掌握类和对象的概念、类的特点和分类。
- 掌握对象的属性、事件和方法的概念。
- 掌握基类的概念、最小事件集和最小属性集。
- 掌握对象的引用、设置对象属性和调用对象的方法。
- 了解对象对事件的响应、容器层次与类层次中的事件发生情况以及事件激发顺序。
- 了解事件驱动和事件循环的概念。
- 掌握表单和表单集的概念。
- 掌握使用表单设计器创建和修改表单的方法。
- 掌握在表单和在容器控件中添加、删除对象的方法。
- 了解为表单新建属性和方法程序的方法。
- 掌握在表单设计器中设置表单属性及表单中对象属性的方法。
- 掌握在表单设计器中编辑表单及表单中对象的事件处理程序代码和方法程序代码的方法。
- 掌握表单运行的方法。
- 掌握子表单、浮动表单和顶层表单的概念及设置方法。

6.2　例 题 解 析

一、选择题

1．下列关于属性、事件和方法的叙述中，错误的是______。

A．属性用于描述对象的状态，方法用于表示对象的行为

B．基于同一个类产生的两个对象，其 BaseClass 属性值可以不同

C．事件可以有与之相关的事件代码，事件代码也可以像方法一样被显式调用

D．VFP 基类的最小属性集有 Class、BaseClass、ClassLibrary、ParentClass，最小事件集有 Init、Destroy、Error

【答案】B

【解析】命令按钮对象的 BaseClass 属性值一定为 CommandButton。事件可以有与之相关的事件代码，事件代码也可以像方法一样被显式调用，如表单上放置两个按钮 Command1 和 Command2，它们的 Click 事件代码分别如下。

Command2 的 Click 代码为：MessageBox("执行了命令按钮 2 的事件代码！")

Command1 的 Click 代码为：THISFORM.Command2.Click

则单击 Command1 时，弹出如图 1-6-1 所示的对话框。

图 1-6-1　事件代码可以像方法一样被显式调用

2．有关类、对象、事件，下列说法中不正确的是______。

A．对象只能用本身包含的代码来实现操作

B．对象是类的特例

C．类刻画了一组具有相同结构、操作并遵守相同规则的对象

D．事件是一种预先定义好的特定动作，由用户或系统激活

【答案】A

【解析】对象实现的操作既可以是通过本身包含的代码来实现，也可以通过继承父类或基类中的代码来实现。

3．下面关于面向对象程序设计的论述中，不正确的是______。

A．面向对象程序设计方法的特点是自底向上的功能综合

B．Form、Column、CommandGroup、PageFrame 是容器类

C．PageFrame、Timer、FormSet、Header 是非可视类

D．面向对象的程序设计是通过对类和对象的设计来体现的

【答案】C

【解析】结构化程序设计特点是"自顶向下功能分解"，面向对象程序设计特点是"自底向上功能综合"。按照基类是否能包含其他类，分成容器类和控件类。根据是否可见（即基于其所创建的对象在运行时是否可见），基类又分成可视类与非可视类，Header 列标头属可视类。

4．下面是 VFP 中关于对象及其相关事件的叙述，其中不正确的叙述是______。

A．VFP 容器对象事件相应次序一般是只响应最里层的事件。但是 CommandGroup、OptionGroup 则在里层无 Click 事件代码时，执行外层的 Click 事件代码

B．与焦点有关的事件包括 GotFocus、LostFocus、When 和 Valid，它们发生的顺序是 When、GotFocus、Valid、LostFocus

C．表单 Form1 中有一个文本框 Text1，为了表单加载后对文本框做初始化工作：Text1.Value="初始值"，可在表单的 Load 事件代码中输入命令 THISFORM.Text1.Value="初始值"

D．表单 Form1 中有一个标签 Label1，则在该表单的 Destroy 事件代码中输入命令 THISFORM.Label1.Caption="标签将释放"，实现改变标签的标题内容

【答案】C

【解析】Init 事件是在创建对象时发生，表单的 Load 事件发生在表单中对象 Text1 的 Init 事件之前，故不能识别文本框 Text1，所以选项 C 错。容器对象的 Init 事件自内向外发生，即容器中对象的 Init 事件在容器对象的 Init 事件之前发生，若在表单的 Init 事件代码中输入命令 THISFORM.Text1.Value="初始值"，则正确。Destroy 事件是在对象释放时发生，容器对象的 Destroy 事件自外向内发生，即容器中对象的 Destroy 事件在容器对象的 Destroy 事件之后发生，所以选项 D 正确。

5．子类或对象具有沿用父类的属性、方法和事件代码的能力，称为______。

A．继承性　　B．多态性　　C．封装性　　D．抽象性

【答案】A

【解析】在面向对象的程序设计中，通过类可以简化应用程序的设计，因为类具有继承性、多态性、封装性、抽象性等特点。父类（ParentClass）指定派生类或子类的父类，父类可以是一个 Visual FoxPro 基类(例如 Form 类)，也可是用户自定义的类或子类。子类(Subclass)从父类那里获得所有的属性和方法，并且可修改。继承特性使得同类型对象共享数据与程序代码，提高程序的复用性。

6．某表单 FrmA 上有一个命令按钮组 CommandGroup1，命令按钮组中有四个命令按钮，它们的 Name 属性分别是 CmdTop、CmdPrior、CmdNext、CmdLast。要求单击 CmdLast 时，将按钮 CmdNext 的 Enabled 属性置为.F.，则在按钮 CmdLast 的 Click 事件中应加入______命令。

A．THIS.Enabled=.F.　　B．THIS.Parent.CmdNext.Enabled=.F.

C．THIS.CmdNext.Enabled=.F.　　D．THISFORM.CmdNext.Enabled=.F.

【答案】B

【解析】该例中，控件的包含关系是这样：表单 FrmA 包含了一个命令按钮组 CommandGroup1，该命令按钮组包含了四个命令按钮 CmdTop、CmdPrior、CmdNext、CmdLast。当单击 CmdLast 时，即当前访问的对象是 CmdLast，在它的 Click 事件中需访问 CmdNext 的属性，则可采用绝对引用和相对引用两种方法去访问 CmdNext。本题答案是采用相对引用方法。还可以用这样的访问方法：THISFORM.CommandGroup1. CmdNext.Enabled=.F.。

7．从 CommandButton 基类创建子类 cmdA 和 cmdB，再由 cmdA 类创建 cmdAA 子类，则 cmdA、cmdB 和 cmdAA 必具有相同的______。

A．Caption 属性　　B．Name 属性

C．BaseClass 属性　　D．ParentClass 属性

【答案】C

【解析】用户不仅可以基于 VFP 基类创建自定义子类，也可以基于已创建的自定义子类再创建子类，这一过程可以继续下去。在类的各个层次中，每个层次中的类的 ParentClass（返回派生当前子类的父类的类名）是不同的，但它们必定来自同一个 BaseClass（返回派生当前子类的基类的类名)，本例中 cmdA、cmdB 和 cmdAA 的 BaseClass 属性值均为 CommandButton 基类。

8．下列关于表单和表单集的叙述中，正确的是______。

A．表单依赖于表单集，要创建表单必须首先创建表单集

B．利用表单设计器只能创建表单，不能创建表单集

C．如果一个表单集中包含了两个表单，可以通过修改表单集的 FormCount 属性来添加或移除表单

D．表单集中包含两个表单，当保存的时候保存为一个文件，文件的扩展名为.scx

【答案】D

【解析】创建表单集是在表单设计器中通过“表单”菜单下的“创建表单集”菜单命令创建，创建了表单集后也可以通过“表单”菜单下的“移除表单集”命令来删除表单集。创建了表单集后，可以通过“表单”菜单下的“添加新表单”菜单命令来添加多张表单，而表单集的 FormCount 属性是只读的，不能通过更改此属性来改变表单集中表单的数目。保存时，无论表单集中有几个表单都保存为一个文件，因此表单集的优点就是可以将多张表单作为一组进行操作。

9．表单运行时所涉及的数据源可以添加到表单的数据环境中，下列关于数据环境的叙述

中，错误的是______。

A．表单或表单集的数据环境中可以包含与表单交互作用的表和视图，以及表之间的关系，而查询则不能添加到表单的数据环境中

B．与表单产生交互作用的表和视图必须添加到表单的数据环境中，否则表单运行时无法使用

C．数据环境是与表单相关联的对象，不能单独添加到表单上

D．添加到数据环境中的表或视图会按照添加的先后顺序自动命名为 cursor1，cousor2，以此类推的对象名

【答案】B

【解析】表单的数据环境中可以添加跟表单交互的表和视图，但不是必须添加，在数据环境中添加的好处是：打开或运行表单的时候，表单数据环境中的表和视图自动被打开，当关闭或释放表单时，将自动关闭表和视图。另外，可以将表单上绑定型控件的 ControlSource 属性设置与数据环境中的字段相连。查询不能添加到数据环境中，数据环境虽然是与表单相关联的对象，但不被表单所包容，所以不能作为对象添加到表单上。

10．关于创建表单的方法中，说法有误的是______。

A．利用表单向导只能创建基于单表或基于一对多关系的两张表的表单

B．利用表单设计器可以创建基于多张表的表单，还可以创建快速表单

C．创建表单的方法只能是表单向导或表单设计器，且无法利用生成器来创建表单

D．利用表单向导创建的表单，相关表或视图将自动添加到表单的数据环境中

【答案】C

【解析】创建表单的方法有表单向导、表单设计器，还可以利用编程的方法创建表单。表单向导只能创建单表或一对多关系的两张表的表单，但是在表单设计器数据环境中可以添加两张以上的表，而且这些表之间可以没有相关关系。另外在表单设计器打开状态下还可以利用表单生成器来快速建立表单。

11．若从表单的数据环境中，将 ts 表中的 bz 字段（字段名：bz，数据类型：备注型）拖放到表单中，则在表单中添加的控件个数和控件类型分别是______。

A．2 个，标签与编辑框　　B．2 个，标签与文本框

C．1 个，编辑框　　D．2 个，标签与 OLE 绑定型控件

【答案】A

【解析】向表单中添加控件的方法有两种，一是直接使用“表单控件”工具栏，二是直接从数据环境中将字段、表或视图拖放到表单上产生新的控件。将 bz 字段（备注型）拖放到表单中，会产生 2 个控件，一个标签与一个编辑框。

12．表单的 Name 属性是用于______。

A．保存表单时的文件名　　B．引用表单对象

C．显示在表单标题栏中　　D．作为运行表单程序时的程序名

【答案】B

【解析】表单保存后系统会产生两个文件，一是表单文件，其扩展名为.scx；二是表单备注文件，其扩展名为.sct，运行表单的命令为“DO FORM 表单文件名”；表单标题栏中显示的内容是由表单的 Caption 属性决定的。

13．下面______容器的集合属性和计数属性是一致的。

A．表单、表单集　　B．命令按钮组、选项按钮组

C．页框、页面　　D．表格、列

【答案】B

【解析】VFP 的所有容器对象都具有与之相关的集合属性和计数属性，集合属性是一个数组，用以引用每个包含在其中的对象。计数属性是一个数值属性，它表明了所包含对象的数目。容器对象的集合属性和计数属性如表 1-6-1 所示。

表 1-6-1　VFP 中的容器型控件的集合属性和计数属性

容器	集合属性	计数属性	容器	集合属性	计数属性
_SCREEN	Forms	FormCount	表单集	Forms	FormCount
表单	Controls	ControlCount	页框	Pages	PageCount
页面	Controls	ControlCount	表格	Columns	ColumnCount
命令按钮组	Buttons	ButtonCount	选项按钮组	Buttons	ButtonCount
列	Controls	ControlCount	容器	Controls	ControlCount

二、填空题

1．要使表单成为可见的，应调用表单的__________方法；在表单中要使控件成为可见的，应设置控件的__________属性。

【答案】Show、Visible

【解析】表单的 Show 方法是显示表单，Hide 方法是隐藏表单。在表单设计中，要使表单控件成为可见的，应将控件的 Visible 属性值设置为真（.T.）。

2．表单的 Load、Init 和 Activate 这三个事件中，__________事件代码中不能引用表单中的对象，__________事件最后一个触发。

【答案】Load，Activate

【解析】Load 事件是当表单加载到内存时发生，此时表单对象还没有建立，所以无法引用表单对象。Init 事件是初始化表单时发生，此时先创建表单对象再创建表单，因此先引发表单上控件的 Init 事件然后触发表单的 Init 事件，所以在表单的 Init 事件中可以引用表单上的控件对象。Activate 事件激活表单时发生，在 Load 和 Init 事件之后。

3．在 VFP 命令窗口中输入并执行命令__________.FontSize=24，可以使 VFP 主窗口中输出文本的字号设置为 24。

【答案】_SCREEN

【解析】_SCREEN 是一个对象类型的系统内存变量，_SCREEN 允许把 VFP 主窗口作为一个对象来处理。通过它可指定 VFP 主窗口的属性，其设置属性的方式与 VFP 中的其他对象相同。

4．对于同一个表单，下列四个事件：Init、Load、Activate 和 Destroy 发生的顺序为__________。

【答案】Load、Init、Activate、Destroy

【解析】对于表单，Init 事件是初始化对象事件，在创建表单时发生；Load 事件是装载表单事件，在将表单装入内存时发生，即在创建表单前发生；Activate 事件是激活表单事件，

当激活表单时发生；Destroy 是释放对象事件，在关闭表单时发生。

5．要使得表单在运行的时候可以传递参数，必须在表单的________事件中用 PARAMETERS 来定义参数。

【答案】Init

【解析】运行表单时向表单传递参数的方法如下。

（1）在表单的 Init 事件代码中包含 PARAMETERS 语句。例如为表单 myform 的 Init 事件定义如下代码：

```
PARAMETERS a,b
THIS.Caption=a
THIS.BackColor=b
```

（2）运行表单时，在 DO FORM 命令中包含 WITH 子句。例如：

DO FORM myform WITH "图书管理系统",RGB(0,0,255)

则表单运行时，WITH 子句后的“图书管理系统”传递给 a，从而表单的标题显示为“图书管理系统”；WITH 子句后的 RGB(0,0,255)传递给 b，从而表单的背景色为蓝色。

6.3　复习自测题

一、选择题

1．下列类的属性中，______体现并扩充了面向对象程序设计方法的共享机制。

A．抽象性　　B．多态性　　C．继承性　　D．封装性

2．假设一个表单里有一个文本框 Text1 和一个命令按钮组 CommandGroup1，命令按钮组中包含 Command1 和 Command2 两个命令按钮。如果要在 Command1 命令按钮的某个事件代码中访问文本框的 Value 属性值，下面______是正确的。

A．THIS.THISFORM.Text1.Value

B．THIS.Parent.Parent.Text1.Value

C．Parent.Parent.Text1.Value

D．THIS.Parent.Text1.Value

3．下面关于事件的说法中，不正确的是______。

A．事件代码不能由用户创建，是唯一的

B．事件既可以由系统激发，也可以由用户激发

C．事件代码既能在事件引发时执行，也能够像方法一样被显式调用

D．在容器对象的嵌套层次里，事件的处理遵循独立性原则，即每个对象识别并处理属于自己的事件

4．假定表单中包含一个命令按钮，那么在运行表单时，下面有关事件引发次序的说法中，正确的是______。

A．先命令按钮的 Init 事件，然后表单的 Init 事件，最后表单的 Load 事件

B．先表单的 Load 事件，然后表单的 Init 事件，最后命令按钮的 Init 事件

C．先表单的 Init 事件，然后命令按钮的 Init 事件，最后表单的 Load 事件

D．先表单的 Load 事件，然后命令按钮的 Init 事件，最后表单的 Init 事件

5．对象 A 的 ParentClass 属性为 P，BassClass 属性为 B。则下列论述中正确的是______。

A．对象 A 具有类 P 和 B 的所有属性和方法

B．对象 A 具有类 P 的部分属性，但必定具有类 B 的所有属性

C．对象 A 具有类 B 的部分属性，但必定具有类 P 的所有属性

D．对象 A 具有类 P 和 B 的部分属性和方法

6．设页框 PageFrame1 是页面 Page1 的直接容器（又称父对象），Page 是的 Page1 父类，在 Page1 的某事件代码中有引用“THIS.Parent”，则该引用指______。

A．页面 Page1 的父类　　B．页框 PageFrame1 的父类

C．页面 Page1 所在的表单　　D．页框 PageFrame1

7．下列有关表单设计器和表单（集）的叙述中，错误的是______。

A．利用表单设计器可以创建和设计表单集

B．表单的最大设计区（即表单的大小，或者说分辨率）由系统决定，用户不可对其调整

C．利用“ActiveX 控件（OleControl）”可以向表单中添加视频和声音对象

D．在默认情况下，表单的 AutoCenter 属性值为.F.

8．对于表单来说，用户可以设置其 ShowWindows 属性，该属性的取值可以为______。

A．在屏幕中或在顶层表单中或作为顶层表单

B．普通或最大化或最小化

C．无模式或模式

D．平面或三维

9．下面关于表单若干常用事件的描述中，正确的是______。

A．释放表单时，UNLOAD 事件在 DESTROY 事件之前引发

B．运行表单时，INIT 事件在 LOAD 事件之前引发

C．单击表单的标题栏，将不引发表单的 CLICK 事件

D．上面的说法都不对

10．数据环境泛指定义表单、表单集或报表使用的数据源，数据环境中只能包括______。

A．表、视图和关系　　B．表

C．表和关系　　D．表和视图

11．将数据库表或视图从表单的数据环境中移去时，______。

A．与这个表或视图有关的所有关系仍然被保留在表单的数据环境中

B．这个表或视图也随之从磁盘上删除

C．这个表或视图及其对应的永久关系仍然被保留在数据库中

D．数据库中存在的与这个表或视图有关的所有关系均被删除

12．下列有关表单（集）及其控件的叙述中，错误的是______。

A．可以在表单设计器中创建表单集，也可以移除表单集

B．可以向表单的数据环境中添加表和视图，但不可向数据环境中添加查询

C．利用表单设计器设计表单时，可以利用生成器设置文本框、命令按钮等控件的部分属性

D．表单运行时，如果用户调整表单的大小，则其包含的控件将不跟着改变大小

13．若想选中表单中的多个控件对象，可按住______的同时再单击欲选中的控件对象。

A. Ctrl　　B. Shift　　C. Alt　　D. Tab

14. 数据环境中表的别名设置通过______属性来完成。

A. Name　　B. Alias　　C. LongName　　D. RowSource

15. 包含在其他表单中（称为父表单）、不能移出父表单的表单，称为______。

A. 主表单　　B. 顶层表单　　C. 子表单　　D. 浮动表单

16. 描述表单集中包含的表单数目的属性是______。

A. Count　　B. FormSetCount　　C. PageCount　　D. FormCount

17. 下列______属性，容器对象不一定具有。

A. 计数属性　　B. 集合属性　　C. Name 属性　　D. Caption 属性

18. 在用“表单的设计器”设计表单阶段，不能运行表单的方法是______。

A. “!”按钮　　B. “表单”菜单中的“运行表单”命令

C. Do Form 命令　　D. Run Form 命令

19. 在 VFP 中，对象的某些属性、事件和方法是只读的，这些只读的属性、事件和方法在属性窗口中以______显示。

A. 加粗　　B. 斜体　　C. 加下划线　　D. 红色

20. 下列表单最小化时，会出现在任务栏中的是______。

A. 主表单　　B. 子表单　　C. 顶层表单　　D. 浮动表单

二、填空题

1. 英文缩写 OOP 的中文含义是__________。

2. VFP 系统中，终止事件循环的命令是__________。

3. 子类延用父类特征的能力是类的__________性；允许相关的对象对同一消息做出不同反应是类的__________性；说明包含和隐藏对象信息（如内部数据结构和代码）的能力，使操作对象的内部复杂性与应用程序的其他部分隔离开来，是类的__________性。

4. 当引用对象层次较深时，如：

```
THISFORM.PpageFrame1.Page1.Container1.Object1.Caption="This"
THISFORM.PageFrame1.Page1.Container1.Object1.Left=10
THISFORM.PageFrame1.Page1.Container1.Object1.Top=50
```

可以使用 WITH 命令：

```
__________ THISFORM.Pageframe1.Page1.Container1.Object1
    .Caption="This"
    .Left=10
    .Top=50
__________
```

5. 从最顶层对象开始，逐层引用，直到所指定的对象的方式称之为__________。从对象的当前层次开始逐级引用，一直到目标对象为止的方式称之为__________。

6. 在属性窗口中，有些属性的默认值以斜体显示，说明这些属性在设计时是__________。

7. 事件是对象能够识别的一个动作，方法是对象能够执行的一组操作。对于 SetFocus 和 GotFocus，__________是方法，__________是事件。

8. 在 Visual FoxPro 系统中，事件循环由 READ EVENTS 命令建立、CLEAR EVENTS 命令停止。当发出 CLEAR EVENTS 命令时，程序将继续执行紧跟在__________命令后面的那条可执行语句。

9．引用当前表单集的关键字是__________。

10．在设计表单或报表的过程中，打开数据环境设计器后，可以在属性窗口中设置临时表对象的属性。为临时表对象指定主控索引标识的属性以及筛选条件表达式的属性分别是__________和__________。

11．在表单设计器中设计表单时，如果从“数据环境设计器”中将表拖放到表单中，则表单中将会增加一个__________对象；如果从“数据环境设计器”中将某表的逻辑型字段拖放到表单中，则表单中将会增加一个__________对象。

12．Visual FoxPro 主窗口同表单对象一样，可以设置各种属性。要将 VFP 主窗口的标题更改为“图书管理系统”，可以使用命令__________ ="图书管理系统"。

13．表单中所有对象的属性设置和程序代码都保存在与表单同名的__________文件中，该文件能用文本编辑器打开。

14．独立的、无模式的、无父表单的表单称为__________。

15．所有容器对象都有与之相关的计数属性和集合属性，其中__________属性是一个数组，可以用以引用包含在其中的对象。

16．有一个表单文件 frma.scx，则运行该表单的命令是__________，修改该表单的命令是__________。

17．一对多表单中的表格显示的是__________的数据。

18．决定表单边框样式的属性是__________，决定表单显示时界面大小的属性是 Height 和__________，决定表单显示时位置的属性是 Top 和__________。

19．如果要让运行的表单第一次显示时自动位于主窗口中央，则应该将表单的__________属性值设置为.T.，决定表单能否最大化的属性是__________，能否最小化的属性是__________。

20．要让表单及其所包含的对象在对属性更改后立即反映出更改，应将表单的 LockScreen 属性设置为__________。

21．VFP 可以创建__________和__________两种类型的应用程序。

22．决定表单能否包含在 VFP 主窗口中的属性是__________，当该属性值为__________时表单包含在 VFP 主窗口中。

23．表单文件的扩展名是__________，表单备注文件的扩展名是__________。在程序代码中通过__________属性来引用表单，而__________属性是设置表单标题栏中的信息。

24．表单的数据环境包括与表单交互作用的表和视图以及__________。DataEnvironment 对象是与 Form 和 FormSet 相关联的对象，但不被它们所包容。DataEnvironment 对象是一种容器对象，添加到数据环境中的表和视图被视为__________对象。

第 7 章 控 件 设 计

7.1 学 习 目 标

- 掌握控件和数据的关系。
- 掌握标签、文本框、编辑框、列表框、组合框、选项按钮组、复选框、微调框、表格、命令按钮、命令按钮组、计时器、线条、形状、页框、ActiveX 控件、容器等常用控件的应用。
- 掌握访问键的设置方法，了解控件的“Tab 键次序”以及工具提示文本的设置方法。
- 掌握启用和停用控件的方法。
- 掌握类的概念和类的设计方法。
- 掌握添加子类的新属性、新方法以及为新方法编写方法程序的方法。
- 掌握将子类对象添加到表单中的方法。
- 理解默认属性、事件和方法程序的默认过程的含义，以及默认属性和默认过程的覆盖的概念。
- 掌握在子类中调用父类方法程序的方法。

7.2 例 题 解 析

一、选择题

1．下列几组控件中，均为数据绑定型控件的是______。

A．表格、文本框、组合框　　B．标签、选项按钮组、命令按钮组

C．图像控件、微调控件、页框　　D．列表框、复选框、命令按钮

【答案】A

【解析】根据控件和数据环境中数据的关系，分为绑定型控件和非绑定型控件。绑定型控件通过将属性 ControlSource 设置为表或视图的某个字段或内存变量来实现数据绑定，但是表格例外，表格通过 RecordSource 属性来实现数据的绑定。

2．将文本框的 PasswordChar 属性值设置为井号（#），那么在文本框中输入“数据库”时，文本框中显示的是______。

A．数据库　　B．###　　C．######　　D．错误设置，无法输入

【答案】C

【解析】PasswordChar 属性指定文本框控件内是显示用户输入的字符还是显示占位符。该属性的默认值是空串，此时没有占位符。当为属性指定一个占位符，文本框中只显示占位符。由于一个汉字占两个字符位，因此在文本框中将显示 6 个“#”。

3．对列表框的内容进行一次新的选择，一定会发生______事件。

A．Click　　B．When　　C．InteractiveChange　　D. GotFocus

【答案】C

【解析】对列表框的内容进行一次新的选择时，其值发生变化，因此必定发生 InteractiveChange 事件。如果该操作是用鼠标实现的，在 InteractiveChange 事件发生之前发生 Click 事件；如果在此操作前，焦点不在该列表框对象上，则会发生 When 事件和 GotFocus 事件。

4．下列控件中，都能够直接添加到表单中的是______。

A．CommandGroup、OptionButton、TextBox

B．Page、PageFrame、Grid

C．CommandButton、Pageframe、EditBox

D．TextBox、Column、Header

【答案】C

【解析】可以将表单作为其直接容器对象的控件主要有标签、文本框、编辑框、列表框、组合框、复选框、选项按钮组、命令按钮组、命令按钮、微调框、表格、线条、形状、计时器、页框、ActiveX 控件、容器等。OptionButton（选项按钮）的直接容器对象是 OptionGroup（选项按钮组），Page（页面）的直接容器对象是 PageFrame（页框），Column（列）的直接容器对象是表格，Header（标头）的直接容器对象是 Column（列）。

5．下列 VFP 基类中，均有 SetAll()方法的是______。

A．Form、CommandGroup、TextBox　　B．FormSet、Column、ListBox

C．Grid、Column、CommandButton　　D．Form、PageFrame、CommandGroup

【答案】D

【解析】SetAll 方法可以为容器对象中的所有控件或某类控件指定一个属性设置，因此只有容器型控件可以使用 SetAll 方法。

6．对于创建新类，VFP 提供的可视化设计工具有______。

A．类设计器和报表设计器　　B．类设计器和查询设计器

C．类设计器和表单设计器　　D．类设计器

【答案】C

【解析】常用的可视化方法有两种：一是利用“类设计器”新建子类方式，这也是最常使用的方法；二是先利用“表单设计器”设计表单，然后执行“文件”菜单中的“另存为类”命令将表单或表单上的控件另存为类。

7．在子类 cmdClose 的 Click 事件代码中要调要父类 cmd 的 RightClick 事件代码，可以使用的命令是______。

A．THIS.ParentClass.RightClick　　B．DODEFAULT()

C．NODEFAULT　　D．cmd::RightClick

【答案】D

【解析】使用 DODEFAULT()函数所调用的父类中的事件或方法必须与当前的事件或方法同名，而使用作用域操作符::则可以调用父类中任何一个事件或方法程序代码。

二、填空题

1．假设表单上包含一个文本框控件，当表单运行时，若要当文本框获得焦点的时候自

动选中该文本框中所有文本，可在文本框的 GotFocus 事件中添加如下代码：

```
Text::GotFocus
THIS.SelStart=__________
THIS.SelLength=LEN(ALLT(THIS.__________))
```

【答案】0、Value

【解析】文本框和编辑框都具有 SelStart 和 SelLength 属性以及 SelText 属性。SelStart 属性指定选定文本的起始点，SelLength 属性指定被选定的字符数（可以设定为 0 到字符的总数）。本小题要求选中所有的文本，因此是从 0 开始到字符总的个数。Value 指的是文本框中显示的内容。

2．表单上有一个表格控件，其列数为 8，如果要使得表格的第 4～8 列的标头（Header）的标题依次为：内容 1、内容 2、内容 3、内容 4、内容 5，则可在表格的 Init 事件代码中添加如下程序：

```
FOR i=4 TO 8
  THIS.__________.Hearder1.Caption="内容"+__________
ENDFOR
```

【答案】Columns(i)、ALLTRIM(STR(i-3))

【解析】表格是一个容器型控件，表格的集合属性 Columns 是一个数组属性，Columns(i) 表示表格中的第 i 列。本题的 FOR 循环中，当 i=4 时，THIS.Columns(4). Header1. Caption 指的是设置第 4 列的标头的标题，应该赋值为“内容 1”，当 i=5 时应该赋值为“内容 2”，以此类推。因此第二个空格应该是 i-3 的字符表示即可。

3．某校考试练习系统的“答卷时间控制界面”表单（如图 1-7-1 所示）上分别有五个标签 Label1～Label5、计时器 Timer1、“暂停计时”命令按钮 Cmd1 和“交卷”命令按钮 Cmd2。运行表单，要求 Label1 能显示两行内容；Label5 显示考试剩余时间，要求计时器启用时每间隔一秒显示一次新的时间；当单击命令按钮 Cmd1 时，标题在“暂停计时”和“开始计时”之间切换，且当标题为“暂停计时”时计时器启用、“开始计时”时计时器停用（即 Label5 的内容不随时间的变化而变化）；单击命令按钮 Cmd2 将表单从内存中释放。根据图中所示的情况，完成如下属性及代码的设置。

图 1-7-1　“答卷时间控制界面”表单的设计与运行界面

（1）根据图示，表单没有标题栏，则__________属性为“0-关闭”。表单运行时为顶层表单，应设置表单的__________属性为“2-作为顶层表单”，表单运行时总是显示在其他表单的上面，则应设置__________属性为.T.。

（2）标签 Label1 的 Caption 属性值为“全国计算机等级考试练习系统（2011 版）”，则 Label1 的 WordWrap 属性值为__________，计时器 Timer1 的 Interval 属性值设置为__________。

（3）命令按钮 cmd1 的 Click 事件代码设置为：

```
THIS.Caption=IIF(THIS.Caption="暂停计时","开始计时","暂停计时")
THISFORM.Timer1.Enabled=__________
```

（4）命令按钮 Cmd2 的 Caption 属性值为__________，其 Click 事件代码为__________。

【答案】（1）TitleBar、ShowWindow、AlwaysOnTop　（2）.T.、1000

（3）!THISFORM.Timer1.Enabled （4）交卷(\<A)、THISFORM.Release

【解析】(1)和(2)由本题题意和图中可看出标签中显示了多行文字，故标签的 WordWrap 为.T.。题目中要求计时器启用时每间隔一秒显示一次新的时间，可知 Interval 属性值为 1000（单位为毫秒）。

（3）计时器的 Enabled 属性指定控件是否可以响应引发的事件（Timer 事件）。计时器的 Enabled 属性值默认为.T.，表示计时器在表单加载时就开始工作；若将 Enabled 属性值设置为.F.，则会挂起计时器的运行。因此，当单击命令按钮 Cmd1 时，除按钮标题在“暂停计时”和“开始计时”之间切换外，计时器的 Enabled 属性值也会发生变化，用“!或 NOT”对原来的逻辑值取反。

（4）控件的访问键是以加下划线的形式显示，访问键可以在控件的 Caption 属性中设置，其设置方法是：在设定访问键的字母前加上一个反斜杠和一个小于号，即“\<”。调用表单的 Release 方法可以从内存中释放表单。

4．某“读者注册”表单如图 1-7-2 所示，该表单中含有 3 个标签、2 个文本框、3 个命令按扭，其中用于输入学号和姓名的文本框控件的名称属性分别为 Text1 和 Text2，表单功能是实现读者信息的注册。

图 1-7-2 “读者注册”表单的运行界面

假设读者注册表（zc.dbf）有两个字符型字段 dzbh 和 xm，并在当前工作区中打开。如果在 zc 表中已存在某读者的记录（读者编号已经存在），说明该读者已注册过；若没有，则可注册并将该读者信息插入到读者注册表。

在进行注册时（即按“确认”按钮时），学号和姓名不能空白。

（1）表单是一个容器型控件，具有集合属性 Controls 和计数属性 ControlCount，其 ControlCount 属性值为__________。

（2）根据表单的功能要求，完善“确认”按钮的 Click 事件代码：

```
Cdzbh=ALLTRIM(THISFORM.Text1.Value)
Cxm=ALLTRIM(THISFORM.Text2.Value)
IF LEN(Cdzbh)=0 OR Len(Cxm)=0
  MessageBox("读者编号或姓名不能为空，必须填写！")
ELSE
  ______________ FOR zc.dzbh=Cdzbh
  IF !EOF()
    MessageBox ("该读者已经注册,请重新输入！")
  ELSE
    INSERT INTO zc(dzbh,xm) VALUES(___________)
  ENDIF
ENDIF
```

（3）“重输”按钮的 Click 事件代码如下，请完善。

```
THISFORM.Text1.Value=""
THISFORM.Text2.Value=""
________________          &&读者编号文本框 Text1 获得焦点
```

【答案】（1）8　（2）LOCATE、Cdzbh,Cxm　（3）THISFORM.Text1.SetFocus

【解析】（1）表单计数属性 ControlCount 表示表单直接包含的控件个数，显然该表单中共有 8 个控件。

（2）内存变量 Cdzbh 与 Cxm 分别保存的是文本框中输入的要注册读者的读者编号与姓名，当它们的值均不为空白时，在 zc.dbf 中按照变量 Cdzbh 的值用 LOCATE 命令进行条件定位。若查找结束记录指针指向文件尾，表示注册表中不存在该读者的读者编号，随即进行注册，将该读者的读者编号与姓名用 INSERT-SQL 命令添加到表中。

（3）文本框 SetFocus 方法设置文本框获得焦点。

5．某表单用来为列表框添加数据项或者移除数据项，如图 1-7-3 所示。当在文本框输入内容并按回车键后，文本框内容如果不在列表框中，则添加到列表框内，同时文本框内容清除；否则弹出提示信息框“该内容已经存在，请重新输入”。当双击列表框中某一项时，从列表框中移除该项。

图 1-7-3　“列表框值设置”表单运行时的界面

（1）文本框的 KeyPress 事件代码如下，请完善。

```
IF nKeyCode=13
  flag=.F.
  FOR n=1 TO THISFORM.List1.ListCount
    IF ____________=THISFORM.Text1.Value
      flag=.T.
      EXIT
    ENDIF
  ENDFOR
  IF flag
    MESSAGEBOX("该字符串已经存在，请重新输入")
  ELSE
    ______________(THISFORM.Text1.Value)
  ENDIF
  THIS.Value=""
ENDIF
```

（2）列表框的 DblClick 事件代码为：THIS.RemoveItem(____________)。

【答案】（1）THISFORM.List1.List(n)、THISFORM.List1.AddItem　（2）THIS.ListIndex

【解析】（1）程序中 FOR 循环的目的是通过使用列表框 List1 的计数属性 ListCount，循环查找列表框显示列表中的条目，然后将查找到的条目与文本框 Text1 中输入的内容依次进行比较。若某列表框条目与文本框 Text1 的值相等，表明文本框中内容已出现在列表框的显示列表中，此时设置 flag 的值为.T.，并用 Exit 语句退出循环（即当前条目后面的其他条目不需再比较）；若所有的列表框条目与文本框 Text1 的值比较均不相等，表明文本框中内容在列表框中不存在，此时 flag 的值仍为.F.。最后根据 flag 的值来执行相应的操作，若 flag 的值为.F.时，使用列表框的 AddItem 方法将文本框的内容添加到列表框中。

（2）列表框的 RemoveItem 方法将选定列表框的内容移除，RemoveItem 方法的参数为数值型，表示列表框的第几项，因此使用列表框的 ListIndex 属性。

6．有一个用来介绍世界杯各参赛球队的表单，如图 1-7-4 所示。该表单用选项按钮组来显示 A~H 组，用表格来显示各个参赛球队。当单击选中选项按钮组中某个组别后，表格即显示该组别的所有球队信息，参照图 1-7-4，完善下列填空。

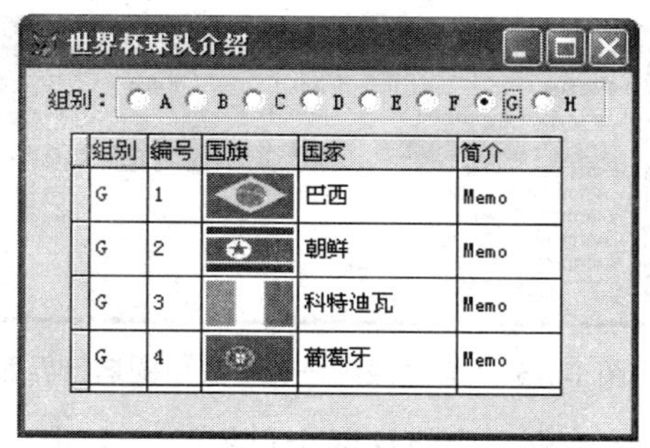

图 1-7-4　"世界杯球队介绍"表单运行界面

（1）当单击选中选项按钮组时，选项按钮组的 Value 属性值为选中按钮数，如选中第二个，则 Value 为 2，默认第一个按钮被选中，Value 为 1。如果要使得每次选中后 Value 显示组别，如选中 B 组则 Value 为 B，则 Value 的默认值应设置为__________。

（2）世界杯的各球队信息存储在自由表 fifa 中，表结构如下：组别（C,1），编号（C,1），国旗（G），国家（C,12）、简介（M），且 fifa 表已添加在表单的数据环境中。表单上的表格控件用来显示 fifa 表的相关信息，则观察图 1-7-4，表格没有删除标记列，应设置__________属性值为.F.，表格的 ScrollBars 属性设置为__________。表格的 RecordSourceType 设置为"1-别名"，则 RecordSource 为__________。表格的第三列显示国旗，为 OLE 绑定型控件，则表格第三列的__________属性应该设置为 Oleboundcontrol1（即 OLE 绑定型控件）。

（3）表单的 Init 事件代码如下：

```
PUBLIC cGroup      &&cGroup 为全局变量
cGroup=THIS.Optiongroup1.Value
SET FILTER TO ____________&&按 cGroup 的值对 fifa 表的组别进行筛选
GO TOP
```

（4）选项按钮组的 InteractiveChange 事件代码如下：

```
____________  &&调用表单的 Init 事件代码
THISFORM.Refresh
```

【答案】（1）A　（2）DeleteMark、0、fifa、CurrentControl　（3）组别=cGroup
（4）THISFORM.Init

【解析】（1）选项按钮组的 Value 值如果设置为数字就表示第几个选项，如果设置为字符，则表示选中选项按钮的 Caption 值。

（2）列的 CurrentControl 属性表示指定列对象中哪个控件用于显示当前活动单元格的值。

（3）、（4）使用"对象名.事件"可以来调用该事件的代码，即使该事件没有发生，也能调用该事件代码。

7. 成绩管理数据库中有学生表和成绩表，表结构如表 1-7-1 所示。

表 1-7-1　学生表和成绩表结构

（a）学生表（xs.dbf）

字段名	字段类型	字段含义
xh	C（10）	学号
xm	C（8）	姓名
xb	C（2）	性别

（b）成绩表（cj.dbf）

字段名	字段类型	字段含义
Xh	C（10）	学号
Kcdh	C（2）	课程代号
Cj	N（3，0）	成绩

根据以上的 xs.dbf 和 cj.dbf 创建"学生成绩统计"表单（如图 1-7-5 所示），该表单上有列表框 List1 和组合框 Combo1。列表框的 RowSourceType 属性已设置为"6-字段"，且列表

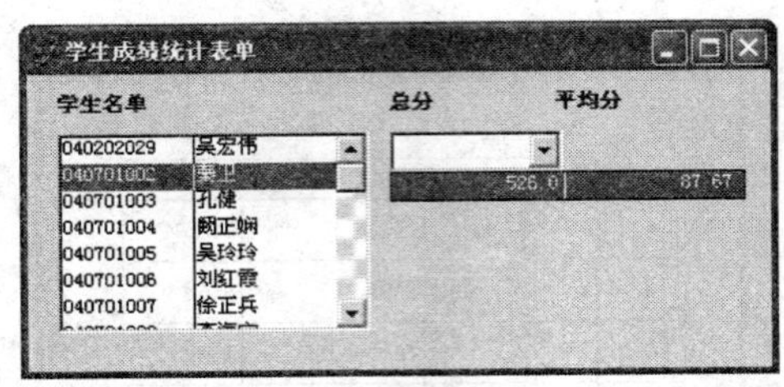

图 1-7-5 “学生成绩统计”表单的运行界面

框的 BoundColumn 属性值已设置为 2。该表单的功能是：在列表框 List1 中显示学生表中的学号和姓名两列数据，当在列表框中选择某个学生时，则在组合框 Combo1 中得到该学生的总分和平均分。根据图中所示的情况，完成如下属性及代码的设置。

（1）为了使列表框 List1 和组合框 Combo1 显示 2 列，则将这两个对象的__________属性值设置为 2；列表框的 RowSource 属性应设置为__________。

（2）列表框 List1 的 InteractiveChange 事件代码设置为：

```
THISFORM.Combo1.RowSourceType=__________
THISFORM.Combo1.RowSource='SELECT SUM(cj),AVG(cj);
    FROM xs ,cj WHERE ;
    xs.xh=cj.xh and __________ INTO CURSOR tempcj' THISFORM.Refresh
```

【答案】（1）ColumnCount、xs.xh,xm　　（2）3、xs.xm=THIS.Value

【解析】（1）列表框、组合框、表格等控件中列的个数是由 ColumnCount 属性指定的。当列表框的 RowSourceType 属性设置为“6-字段”时，则表明列表框相应的数据源来自表中字段。若数据源为多个字段，则 RowSource 属性设置时应注意：只有第 1 个字段按照“表名.字段名”的格式写，其他字段只写字段名。

（2）列表框 List1 的 InteractiveChange 事件用于实现本题所要求的功能。由其代码知，只有当组合框 RowSourceType 的属性值取 3 时，其显示的内容才是 SELECT-SQL 语句所生成的临时表中的记录（这里临时表名为 tempcj），且这些记录必须是从 xs 表与 cj 表中由列表框的值所筛选出来的。由于列表框的 BoundColumn 属性值为 2，即将第 2 列绑定到列表框的 Value 属性上，因此，SELECT-SQL 语句中的 Where 子句应对 xs.xm 字段进行筛选。

8．成绩管理数据库中有三张表：学生表、成绩表和课程表，学生表、成绩表的表结构与第 7 题同，课程表（kc.dbf）的表结构如表 1-7-2 所示。

表 1-7-2　课程表表结构

字段名	字段类型	字段含义	字段名	字段类型	字段含义
kcdh	C（2）	课程代号	Bxk	L	必修课
kcm	C（18）	课程名	Xf	N（2，0）	学分
kss	N（2，0）	性别	Bz	M	备注

根据以上的 xs.dbf、cj.dbf 和 kc.dbf 创建“学生成绩查询”表单（如图 1-7-6 所示），该表单上有下拉列表框 Combo1，文本框 Text1 和表格 Grid1。表单的功能是：在下拉列表框中选择某个学生，在表格中显示该学生所有课程的成绩情况，如果成绩不及格，则该行背景色以暗红色显示。根据图中所示的情况，完成如下属性及代码的设置。

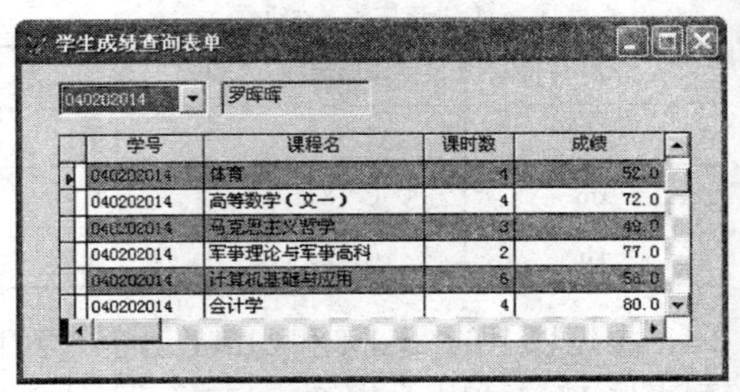

图 1-7-6　“学生成绩查询”表单的运行界面

（1）表单的 Init 事件代码为：

```
THISFORM.Grid1.RecordSourceType=___________
THISFORM.Grid1.RecordSource="SELECT xs.xh AS 学号, kc.kcm AS 课程名 ;
kc.kss  AS 课时数,cj.cj AS 成绩 FROM xs,kc,cj WHERE xs.xh=cj.xh ;
  AND kc.kcdh=cj.kcdh INTO CURSOR tmpcj"
```

（2）下拉列表框 Combo1 的 Style 属性设置为__________，ColumnCount 属性为 2、RowSourceType 属性为“6-字段”，它显示学生表中的学号和姓名两列数据，则 RowSource 属性值为__________，文本框用来显示选中的学生姓名，数据只读，则__________属性应设置为.T.。

（3）在表格的 Init 事件中定义代码，使得成绩不及格的记录行背景色以暗红色显示，代码如下：

```
THIS.__________ ("DynamicBackColor","IIF(tmpcj.成绩<60,RGB(225,125,125),;
    RGB(255,255,255))","___________")
```

（4）在组合框的 InteractiveChange 事件中定义代码，功能是根据组合框所选学号对表格控件中的数据进行筛选，并设置文本框的值为选定学生的姓名。具体代码为：

```
cXH=THISFORM.Combo1.Value
____________=xs.xm
SELECT tmpcj
____________ 学号=cXH
THISFORM.___________
```

【答案】（1）4　（2）2、xs.xh,xm、ReadOnly　（3）SetAll、Column

（4）THISFORM.Text1.Value、SET FILTER TO、Refresh

【解析】（1）表格的 RecordSourceType 属性为 4，则 RecordSource 为 SELECT-SQL 命令。

（2）下拉列表框属于组合框的一种，它只能在下拉列表中选择一个数据，但不可输入数据。与第 7 题列表框的 RowSource 属性分析相同。

（3）SetAll 方法可以为容器对象中的所有控件或某一类控件指定一个属性设置，本题调用表格的 SetAll 方法对表格所有列的 DynamicBackColor 属性进行设置。表格的列控件有一些以“Dynamic”开头的属性，利用这些属性可以实现一些特殊的显示效果，其中 DynamicBackColor 用于指定列控件的背景色。

（4）当表单运行时，将执行 Init 事件中的 SELECT-SQL 语句，生成临时表 tmpcj，该临时表中存放所有学生所学课程的成绩情况。而下拉列表框中的数据是 xs 表的 xh、xm 字段值，此时 xs 表的指针指向选定的学生记录，因此只要将该记录的 xm 赋给文本框即可显示该生的姓名信息了。在下拉列表框的 InteractiveChange 事件代码中，用 SET FILTER TO 命令进行记录的过滤，要筛选出的记录应是临时表中的学号与下拉列表框的当前值相同的那些记录，而内存变量 cXH 存放下拉列表框的当前值。筛选完之后，调用表单的 Refresh 方法刷新表单。

9．表单中包含一个页框 PageFrame1 控件，页框中包含的页面数未知。在运行表单时，页框中每个页面显示的标题为第 n 页（n 为所在页面的页码），并将第三个页面设置为活动页面，可在页框 PageFrame1 的 Init 事件中编写代码实现，请完善如下代码：

```
FOR i=1 TO THIS.___________
    THIS.___________.Caption="第"+ALLTRIM(STR(i))+"页"
    THIS.___________=3
ENDFOR
```

【答案】PageCount、Pages(i)、ActivePage

【解析】页框对象的集合属性和计数属性可以对页框上所有的页面进行属性修改等操作，页框对象的集合属性和计数属性的属性名分别为 Pages 和 PageCount。本题通过 FOR 循环对每一个页面的标题进行设置，循环执行的次数即为页框的页数 PageCount; Pages 是一个数组，通过下标可以引用相应的页，i 的变化范围从 1 到页数 PageCount。通过页框的 ActivePage 属性以激活一个页面，对表单使用 Refresh 方法刷新时，只刷新当前活动的页面。

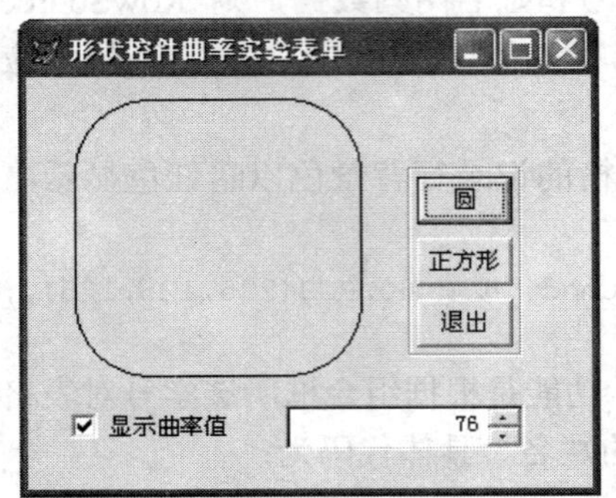

图 1-7-7 “形状控件曲率实验”表单的运行界面

10. 某“形状控件曲率实验”表单（如图 1-7-7 所示）上有一个复选框 Check1、一个微调框 Spinner1、一个形状控件 Shape1 和一个命令按钮组 CommandGroup1。命令按钮组 CommandGroup1 的功能是：当选择第一个按钮时，形状控件显示为圆；当选择第二个按钮时，形状控件显示为正方形；当选择第三个按钮时，从内存中释放当前的表单。复选框控件 Check1 用于控制微调框 Spinner1 的可见性，如果要任意地设置形状控件的曲率参数值，这时选中复选框使微调框显示。利用微调框来调节形状控件的 Curvature 属性，当微调框的值发生变化时形状控件的曲率也随之变化。根据图中所示的情况，完成如下属性及代码的设置。

（1）根据 Curvature 属性的取值范围的限定，微调框 Spinner1 的 SpinnerLowValue 和 SpinnerHighValue 属性值应该分别为 0 和________；通过________和________属性指定使用键盘在微调框控件中输入的最小值和最大值。

（2）当表单运行时，复选框处于选中状态，则设置复选框的________属性值为________。

完善复选框 Check1 的 InteractiveChange 事件代码：

```
THISFORM.Spinner1.Visible=__________
```

（3）完善微调框 Spinner1 的 InteractiveChange 事件代码：

```
THISFORM.Shape1.Curvature=__________
```

（4）完善命令按钮组 CommandGroup1 的 InteractiveChange 事件代码：

```
DO CASE
   CASE THIS.Value=1
     THISFORM.Shape1.Curvature=__________
   CASE THIS.Value=2
     THISFORM.Shape1.Curvature=__________
   CASE THIS.Value=3
     THISFORM.Release
ENDCASE
THISFORM.Spinner1.Value=THISFORM.Shape1.Curvature
```

【答案】（1）99、KeyBoardLowValue、KeyBoardHighValue

（2）value、1、!THISFORM.Spinner1.Visible（或 THIS.value）

（3）THISFORM.Spinner1.Value（或 THIS.Value）

（4）99、0

【解析】（1）Curvature 属性用来指定形状控件的曲率，其取值范围为 0～99。

（2）复选框默认 value 值为 0，没有被选中。当单击复选框 Check1 时，微调框 Spinner1 的 Visible 属性值会发生变化，用“!或 NOT”取反原来的逻辑值。如果填写 THIS.value，这里刚好复选框要么选中，value 为 1，要么未选中，value 为 0，刚好和二进制的真和假对应。

（3）当微调框 Spinner1 的值发生变化时，其 InteractiveChange 事件发生，此时将当前微调框的值作为形状控件 Shape1 的曲率。

（4）Curvature 属性值为 0 表示无曲率，用来创建矩形或正方形（当 Height 属性值和 Width 属性值相同时为正方形）；Curvature 属性值为 1～98 指定圆角，数字越大曲率越大；Curvature 属性值为 99 表示最大曲率，用来创建椭圆或圆（当 Height 属性值和 Width 属性值相同时为圆）。

11．已知有股票名称表（gpname.dbf，含有字段：股票代码，股票简称，汉语拼音）和股票数量表（gpsl.dbf，含有字段：股票代码，买入价，现价，持有数量，并且建立了字段“股票代码”的候选索引，索引名为“gpdm”），如图 1-7-8 所示的表单用来显示股票名称和股票数量信息，当鼠标单击股票名称表格中的某条股票，则股票数量表格显示选中股票的数量信息。

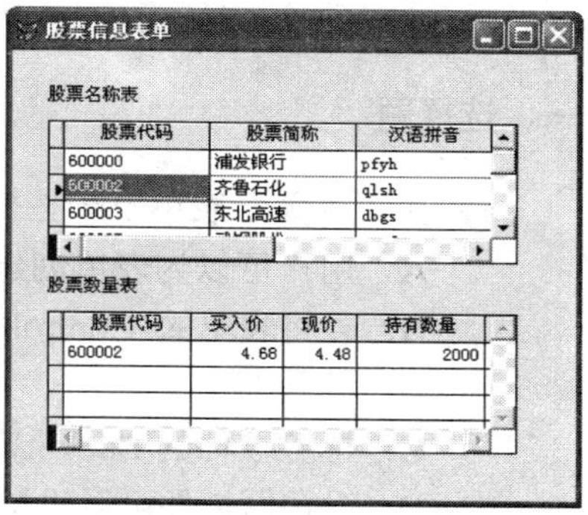

图 1-7-8　“股票信息表单”运行界面

假设表单的数据环境中没有添加任何数据表，且两个表格控件的 RecordSourceType=1，RecordSource 分别为 gpname 和 gpsl。在表单的 Load 事件中有建立两个表临时性关系的代码，请完善。

```
CLOSE TABLES ALL
USE gpname IN 1
USE gpsl IN 2 ____________
SET ____________ TO ____________ INTO 2
```

【答案】order gpdm、RELATION、股票代码

【解析】建立了临时性关系后，当父表中指针移动时，子表的指针自动移动到与父表中关键字相同的第一条记录上。

12．在 VFP 中创建的新类可以被保存在___________文件中，其文件后缀名___________。

【答案】类库、.vcx

【解析】VFP 将定义的子类保存在扩展名为.vcx 的可视类库文件中，一个类库文件可以保存多个自定义子类。

13．在某类库中，基于 CommandButton 基类新建了一个子类 cmd，基于 cmd 类又派生了 cmdClose 子类。若利用 cmdClose 类为一个表单添加控件 cmdCloseA，则 cmdCloseA 的 BaseClass 属性值为___________。

【答案】CommandButton

【解析】表单控件 cmdCloseA 的 class 属性为 cmdClose，ParentClass 属性为 cmd，Baseclass 属性为 CommandButton。

14．已知子类 testclass 中有一新建“公共”属性 p，则该属性的初始值是___________。基于子类 testclass 创建了对象 testclass1，将 testclass1 中的 p 属性值改为 100，然后打开“类设计器”，将子类 testclass 的 p 属性值改为 0，则这时对象 testclass1 的 p 属性值为___________。

【答案】.F.、100

【解析】用户可以为子类添加新的属性，该属性的初始值为.F.。基于子类的对象被添加

到表单后，如果没有对创建对象 testclass1 的 p 属性值做修改，而将子类的 p 属性值改为 0，则表单上的创建对象 testclass1 将继承这一修改，也将 p 属性值改变为 0；如果修改了所创建的对象中未被保护的属性，即用新属性值覆盖了默认的属性设置，则表单运行时对象执行用户修改后的属性设置，即使在“类设计器”中该属性的值被修改，表单中的对象的属性值也不会改变。

7.3 复习自测题

一、选择题

1．在下列关于表单及一些控件的叙述中，错误的是______。

A．用户可以为表单创建新的方法和新的属性，但不能创建新的事件

B．若将表单的 ControlBox 属性设置为.F.，则表单无最大化、最小化按钮，但有关闭按钮

C．标签控件的 BackStyle 属性的默认值为 1，即标签的背景为不透明

D．组合框控件可以设置为下拉组合框或下拉列表框，其区别在于：前者既可以输入数据、也可以在下拉列表中选择数据，而后者只能在下拉列表中选择数据

2．除了表格外，对其他的数据绑定型控件可以设置其______属性与后台数据源相绑定。

A．Control　B．RecordSource　C．RowSourceType　D．ControlSource

3．下列各组控件中，均是数据绑定型控件的是______。

A．EditBox、Grid、Line　B．ListBox、CommandButton、OptionButton

C．ComboBox、Grid、TextBox　D．CheckBox、Label、EditBox

4．在下列几种控件中，无 Value 属性的是______。

A．命令按钮（Command）　B．复选框（CheckBox）

C．选项按钮（OptionButton）　D．编辑框（EditBox）

5．设置标签控件的标题内容可以自动换行的属性是______。

A．Alignment　B．Name　C．WordWrap　D．Caption

6．将表单中的所有文本框 Enabled 属性设置为假，可在表单的 Init 事件处理代码中用 SetAll 方法进行设置。下列表述中，命令正确的是______。

A．THISFORM.SetAll("Enabled",.F.,"Text")

B．THISFORM.SetAll(Enabled,.F.,"Text")

C．THISFORM.SetAll("Enabled",.F.,"TextBox")

D．THISFORM.SetAll("Enabled",.F.)

7．如果文本框的 InputMask 属性值是#9999，允许在文本框中输入的是______。

A．$8848　B．abc12　C．bcdef　D．-2531

8．若一文本框要将它设为只读且不响应任何事件，应设置该控件的______属性。

A．ReadOnly　B．Enabled　C．NoUpdate　D．Visible

9．关于文本框的叙述中，不正确的是______。

A．文本框的 Value 属性指定文本框的当前选定的值

B．文本框可以显示、输入或编辑保存在表中的备注型字段的数据

C．利用 InputMask 和 Format 属性，可以对文本框的输入与显示格式进行控制

D．可以通过 Valid 事件检验文本框值的合法性

10．下面对编辑框（EditBox）控件属性的描述中，正确的是______。

A．SelLength 属性的设置可以小于 0

B．当 ScrollBars 的属性值为 0 时，编辑框内包含水平滚动条

C．可以编辑备注型字段，允许自动换行

D．ReadOnly 属性值为.T.时，用户不能使用编辑框上的滚动条

11．若想让表单上的某个命令按钮运行时不可见，可以设置其______。

A．Caption 属性值为空字符串　　B．Enabled 属性值为.F.

C．Visible 属性值为.F.　　D．Name 属性值为空字符串

12．设表单 Form1 上有一个命令按钮组 CommandGroup1，命令按钮组中有两个命令按钮（分别为 Cmd1 和 Cmd2）。若单击命令按钮 Cmd1，可以将命令按钮 Cmd2 设置为废止状态，则在命令按钮 Cmd1 的 Click 事件中，应包含______命令（或功能与之等价的命令）。

A．THIS.Parent.Cmd2.Enabled=.F.

B．THISFORM.Cmd2.Enabled=.F.

C．THIS.CommandGroup1.Cmd2.Enabled=.F.

D．THIS.Cmd2.Enabled=.F.

13．如果某表单中有一命令按钮组，且已分别为命令按钮组和命令按钮组中的各个命令按钮设置了 Click 事件代码，则在表单的运行过程中单击某命令按钮时，系统执行的代码是______。

A．该命令按钮的 Click 事件代码

B．该命令按钮组的 Click 事件代码

C．先命令按钮组的 Click 事件代码，后该命令按钮的 Click 事件代码

D．先该命令按钮的 Click 事件代码，后命令按钮组的 Click 事件代码

14．在命令按钮组中，通过修改______属性，可把按钮个数设为 5 个。

A．AutoSize　　B．Value　　C．Buttons　　D．ButtonCount

15．如果要在列表框中一次选择多个项（行），必须设置______属性为.T.。

A．MultiSelect　　B．ListItem　　C．ColumnCount　　D．ListCount

16．确定列表框内的某个条目是否被选定应使用的属性是______。

A．Value　　B．ColumnCount　　C．ListCount　　D．Selected

17．学生管理数据库中有二个表：学生表和成绩表，表结构分别如表 1-7-3 和表 1-7-4 所示。

表 1-7-3　学生表（xs.dbf）

学号	xh	C，9
姓名	xm	C，8
性别	xb	C，2
出生日期	csrq	D

表 1-7-4　成绩表（cj.dbf）

学号	xh	C，9
课程号	kch	C，4
课程名	kcm	C，20
成绩	cj	N，3

有一个按班级号查该班每学生总成绩的表单如图 1-7-9 所示。

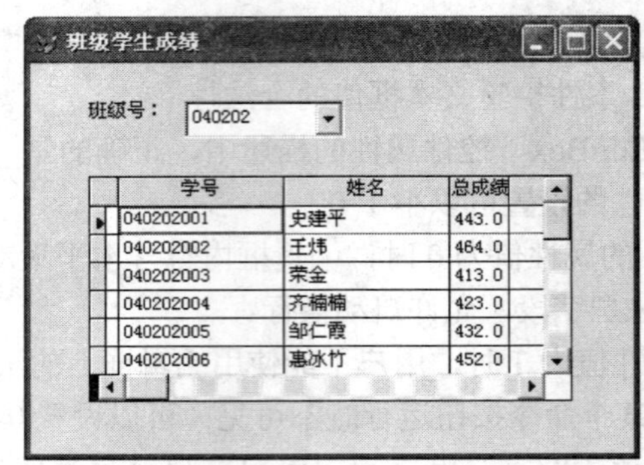

图 1-7-9　表单运行效果图

班级号由学号的前 6 位组成。该表单组合框的 RowSourceType 属性为“3-SQL 语句”，则它的 RowSource 属性为______。

A．SELECT DISTINCT SUBSTR(XH,1,6) FROM xs INTO CURSOR xtmp

B．SELECT SUBSTR(XH,6)FROM xs INTO CURSOR xtmp

C．SELECT DISTINCT xh FROM xs INTO CURSOR xtmp

D．SELECT DISTINCT SUBSTR(XH,1,6)FROM xs INTO xtmp

18．对于复选框，如果表单运行时其显示为灰色，则当前复选框的值为______。

A．.T.　　B．.F.　　C．0　　D．.NULL.

19．对于微调框控件，应通过______属性来设定单击微调按钮的步长。

A．Interval　　B．Increment　　C．InputMask　　D．Value

20. 对于不同的控件，其属性 Value 所表示的含义也有所不同。例如，选项按钮组中 Value 的含义为______。

A．该选项按钮组中单个选项按钮所包含的事件

B．每个选项按钮的标题名称

C．用于指定选项按钮组中哪个选项按钮被选中

D．选项按钮组所包含的整个事件代码

21．Column 可以包含的对象是______。

A．Header　　B．Grid　　C．FormSet　　D．Form

22．为表格控件指定数据源的属性是______。

A．DataSource　　B．RecordSource　　C．RowSource　　D．GridSource

23．关于表格控件，下列说法不正确的是______。

A．表格列中显示数据的子控件只能是文本框控件

B．表格是一个容器对象

C．表格能显示一对多关系中的子表

D．表格的数据源可以是表、视图、查询

24．在下列关于表格控件的叙述中，错误的是______。

A．表格是容器型控件，它包含列对象

B．表格的数据源若是表，则该表必须在表单的数据环境中

C．表格的数据源可以是表、别名、查询文件或 SELECT-SQL 命令

D．表格滚动条可以设置为不同类型

25．在下列有关表单及其控件的叙述中，错误的是______。

A．从容器层次来看，表单是最高层的容器类，它不可能成为其他对象的集成部分

B．命令按钮控件上可同时显示文本和图片

C．页框控件的 PageCount 属性值可以为 0

D．表格控件可以添加到表单中，但不可以添加到工具栏中

26．关于页框的叙述中，不正确的是______。

A．页框可包括多个页面

B．对页面所在的表单使用 Refresh 方法时，可刷新当前所有的页面

C．页框的页面数可通过 PageCount 属性设置

D．如果将控件添加到页面上，只有在页面活动时才可以

27．设有一个含 3 个页面的页框，其中第一个页面的名字为 Page1，上面有两个命令按钮：CmdOk、CmdPrint。如果要在 CmdPrint 的 Click 事件中引用 CmdOk 的 Click 事件代码，则采用______。

A．THIS.Parent.CmdOk.Click()　　B．THISFORM.Page1.CmdOk.Click()

C．THIS.CmdOk.Click()　　D．THISFORM.CmdOk.Click()

28．下列关于计时器的叙述中，不正确的是______。

A．计时器在运行时不可见

B．将计时器 Enabled 属性设置为.F.，会挂起计时器的运行

C．Interval 属性用于指定计时器的 Timer 事件之间的时间间隔，单位为秒

D．调用 Reset 方法可以重置计时器控件，让它从 0 开始

29．某命令按钮设置了访问键 Alt+X，当按下访问键时将激发该命令按钮的______事件。

A．DbClick　　B．Click　　C．RightClick　　D．Init

30．在表单中，一个 OLE 绑定型控件允许利用表中的______字段显示一个 OLE 对象。

A．备注型　　B．二进制备注型　　C．字符型　　D．通用型

31．下列 VFP 类中，不能基于它创建子类（派生类）的是______。

A．标头（Header）　　B．页框（PageFrame）

C．线条（Line）　　D．形状（Shape）

32．子类的新属性 abc 仅在该类的定义过程中可以被使用和修改，在其产生的对象中和其子类的定义过程中，该属性不可见、不可用。因此该属性的可视性是______。

A．公共　　B．保护　　C．只读　　D．隐蔽

33．MyLabel 是派生于标签基类的子类，该子类的 BackColor 属性为红色。在某表单上创建一个基于 MyLabel 类的标签对象 Lb1，该对象的 BackColor 属性为黄色，则当运行该表单时，Lb1 对象的背景颜色是______。

A．灰色　　B．红色

C．黄色　　D．红色与黄色的调配色

34．设 cmd 是一个用户创建的命令按钮子类，并设置了 Click 事件代码。在某表单中基于 cmd 类创建了一个命令按钮，则在该命令按钮的 Click 事件代码编辑窗口中，______。

A．cmd 类的 Click 事件代码可视，但不能被修改

B. cmd 类的 Click 事件代码可视，但能被修改

C. cmd 类的 Click 事件代码不可视，且运行表单并单击按钮时该 Click 事件代码不被执行

D. cmd 类的 Click 事件代码不可视，且运行表单并单击按钮时该 Click 事件代码被执行

35. 你认为何时最需要创建新类？______。

A. 总是可以直接基于基类建立程序，因此不必创建新类

B. 如果基类不具有某功能，而这一功能又不经常使用，这时应创建新类

C. 如果基类不具有某功能，而这一功能又经常使用，这时应创建新类

D. VFP 建立程序时，总是先创建子类，再创建对象

36. 在 VFP 中创建新类时，一定可以对这个新类添加______。

A. 对象　　B. 新的属性和事件

C. 新的事件和方法　　D. 新的属性和方法

37. 在设计器中创建新类时，所谓事件或方法程序的“默认过程”是指______的代码。

A. 基类　　B. 父类　　C. 子类　　D. 本身

38. 通过表单设计器创建新类，若当前表单在一个表单集中，应在 VFP 主菜单的“文件”菜单中选择“另存为类”命令，打开“另存为类”对话框，其中的“保存”区域可供选择的范围是______。

A. 选定控件　　B. 当前表单　　C. 整个表单集　　D. A、B、C 均可

39. 要更改一个类库中某个子类的类名，可以______。

A. 在“类设计器”中修改 Name 属性

B. 在“表单设计器”中修改 Name 属性

C. 在“项目管理器”中或“类浏览器”中进行更改

D. 在“类设计器”中或“类浏览器”中进行更改

40. 若要给字段指定默认类，该字段应是______中的字段。

A. 自由表　　B. 数据库表　　C. 自由表或数据库表　　D. 项目

二、填空题

1. 文本框一般用于__________行文字的输入，而编辑框一般用于__________行文字的输入。

2. 按照控件和数据源的关系，控件分为__________和__________。

3. 如果想在运行表单时，向文本框 Text2 中输入字符，回显字符显示的是“*”，则可以在表单 Form1 的 Init 事件中加入语句：

```
THISFORM.Text2.____________="*"
```

4. 当列表框的 RowSourceType 属性设置为 3 或 4 时，可使用__________方法重新运行查询以更新列表框中的条目。

5. __________属性和__________属性用来指定组合框中列表的数据源。为了在列表中包含多列，通过__________属性设置列数，通过__________属性指定绑定的列号。

6. 某表单 FRM1 上有一个命令按钮组 CMG，其中有两个命令按钮（分别为 Cmd1 和 Cmd2），要在 Cmd1 的 Click 事件代码中设置 Cmd2 标题为“确定”，其代码为：

```
THIS.____________.Cmd2.____________="确定"
```

7．若活动表单上有四个命令按钮，如果指定按下 ENTER 键时，第二个命令按钮做出响应，则该命令按钮的__________属性值应设置为.T.。若想设置第三个命令按钮为“取消”按钮，即当用户按下 ESC 键后执行该命令按钮的 Click 事件代码，则该命令按钮的__________属性值应设置为.T.。

8．命令按钮组及其所包含的各命令按钮分别设置了 Click 事件代码，若用户单击命令按钮组区域内、命令按钮区域之外的地方，__________的 Click 事件将被触发；而单击命令按钮组内某一命令按钮，则__________的 Click 事件被触发。

9．设某命令按钮的标题为“确定 OK”（该按钮访问键为“Alt+O”），则其 Caption 属性值应设置为__________。

10．如图 1-7-10 所示的表单中有一个选项按钮组。如果选项按钮组的 Value 属性的默认值为 1，则当选择第 2 个选项按钮时，选项按钮组的 Value 属性值为__________；如果将选项按钮组的 Value 属性的默认值设置为 A，则当选择第 2 个选项按钮时，选项按钮组的 Value 属性值为__________。

11．如图 1-7-11 所示的直角三角形，是由三个线条围成。已知 AB 线的 Top 属性值为 36、Left 属性值为 24；BC 线的 Top 属性值为 120、Width 属性值为 120。则 AC 线的 Top 属性为__________，三角形的面积为__________。

图 1-7-10 “选项按钮组应用”表单的运行界面

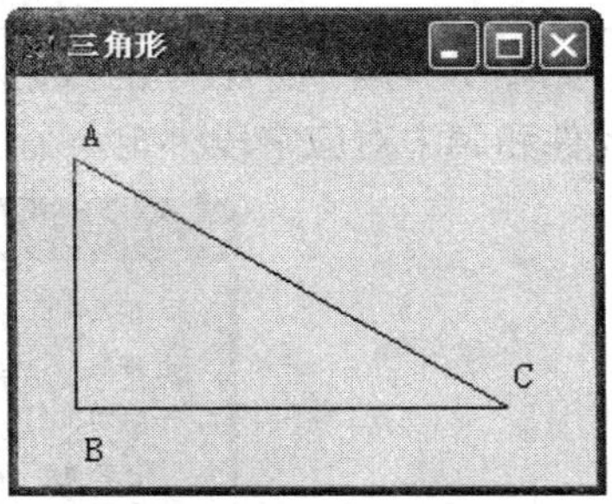

图 1-7-11 “三角形”表单的运行界面

12．若要在表格控件中不显示记录的删除标记列，则应设置表格控件的__________属性值为.F.；若要在表格控件中不显示记录选择器列，则应设置表格控件的__________属性值为.F.。

13．在对某表单上一页框控件进行刷新时，只有页框的__________属性中指定的活动页面会被刷新，而其他页面上的内容则不会被刷新。

14．计时器是在应用程序中用来处理复发事件的控件，其典型应用是检查系统时钟，决定是否到了某个程序或应用程序运行的时间。其 Interval 属性用于指定计时器控件的__________事件之间的时间间隔。

15．要使表单中各个控件的 ToolTipText 属性的值在表单运行中起作用，必须设置表单的__________属性的值为.T.。

16．如图 1-7-12 所示的表单至上而下有 L1、L2、L3、L4 标签控件，标签控件 L1 的 AutoSize 属性值为__________，WordWrap 属性值为__________。若要将表单上所有标签控件的字体大小设为 12 号字，在表单的 Init 事件中完成下列命令：

```
THISFORM.____________("FontSize",12,"____________")
```

17．如图 1-7-13 所示表单的功能为模拟列竖式加法计算器，已知“加数 1”、“加数 2”及“和”文本框的名称分别为 Text1、Text2 及 Text3，三个文本框 Value 属性的初始值均设置为 0。

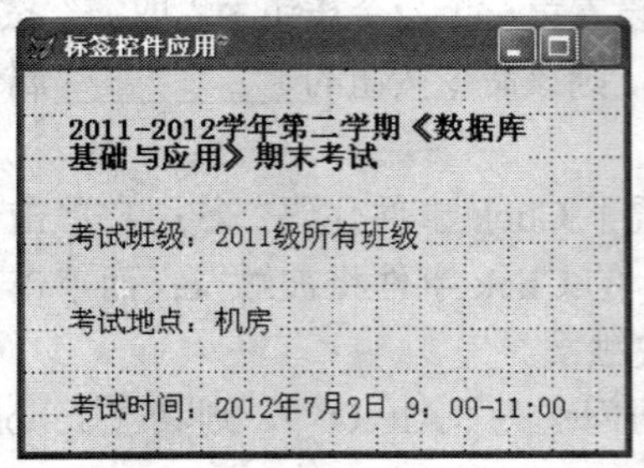

图 1-7-12 “标签控件应用”表单的设计界面

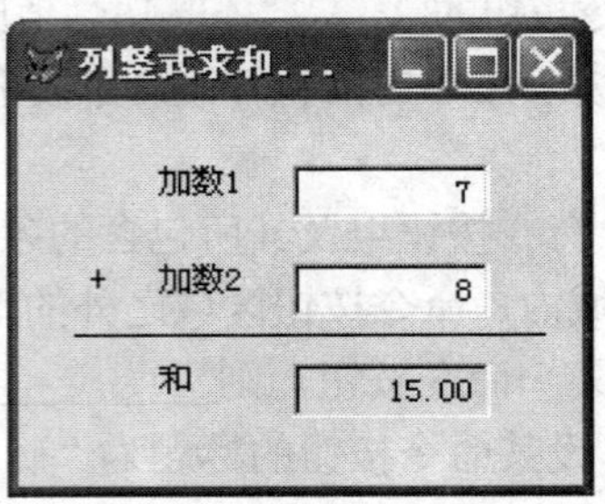

图 1-7-13 “列竖式加法计算器”表单的运行界面

（1）若其中“和”的值为只读，则对应文本框 Text3 的属性__________应设为.T.。

（2）要求在“加数 1”、“加数 2”的文本框中输入数字时，“和”文本框能及时跟着变化，则应分别在 Text1、Text2 文本框的__________事件代码中设置一条语句：

____

（3）若要求输入焦点移动到“加数 2”文本框上时，该文本框的内容自动清零，则应在文本框 Text2 的__________事件代码中设置一条语句：

____

18．如图 1-7-14 所示表单的数据环境中有一个 dz（读者）表，该表有 50 条记录。表单上相应控件和表中对应字段绑定，另有一个文本框 Text1 用来显示物理记录号。

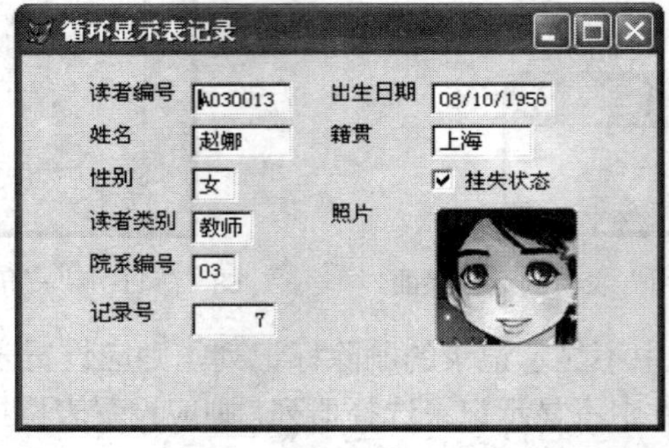

图 1-7-14 “循环显示表记录”表单的运行界面

表单上有一个计时器控件，用来控制表中记录的循环显示，其 Timer 事件代码如下：

```
IF EOF()
   GOTO TOP
ELSE
   SKIP
ENDIF
THISFORM.Text1.Value=RECNO()
THISFORM.Refresh
```

（1）若记录的显示时间间隔为 10 秒，则 Interval 属性值为__________。

（2）根据图 1-7-14 所示，挂失状态对应的字段的数据类型为__________，“赵娜”读者的挂失状态对应的字段的值为__________。

（3）若文本框 Textl 不能响应用户引发的事件，则其__________属性值为.F.；当 dz 表的记录指针位于记录结束标记处（即 EOF()为.T.）时，文本框 Textl 的 Value 属性值是__________。

19. 已知学生表和成绩表的表结构分别如表 1-7-5 和表 1-7-6 所示。

表 1-7-5　学生表（xs.dbf）

字段名	字段类型	字段含义
xh	C（8）	学号
xm	C（8）	姓名
xb	C（2）	性别
ximing	C（12）	院系名
csrq	D	出生日期

表 1-7-6　成绩（cj.dbf）

字段名	字段类型	字段含义
xh	C（8）	学号
kcdh	C（2）	课程代号
cj	N（3,0）	成绩

表单如图 1-7-15 所示，其功能是通过记录指针移动浏览学生表中的信息。

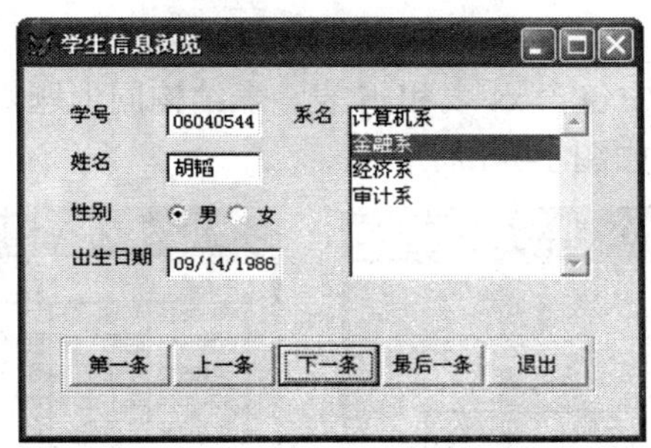

图 1-7-15　“借书证浏览”表单的运行界面

（1）显示性别字段使用的是选项按钮组控件，应分别设置选项按钮组的两个选项按钮的__________属性为“男”和“女”，并设置选项按钮组的__________属性绑定到 xs.xb。

（2）表单中命令按钮组有五个命令按钮，则该命令按钮组的__________属性为 5。

（3）命令按钮组的功能是实现记录指针的移动并刷新表单。请完善该命令按钮组的 Click 事件代码。

```
DO CASE
   CASE THIS.Value=1
      GO TOP
   CASE THIS.Value=2
      IF NOT BOF()
         Skip -1
      ENDIF
   CASE THIS.Value=3
      IF NOT EOF()
         __________
      ENDIF
   CASE THIS.Value=4
      __________
   CASE THIS.Value=5
      __________
ENDCASE
THISFORM.Refresh
```

20. 图 1-7-16 所示为“学生成绩浏览”表单，数据环境中已添加学生表（xs.dbf）与成绩表（cj.dbf），表结构同上题。其功能是通过组合框中的学号，查询该学生的考试信息。

（1）组合框显示不重复的学号，该组合框的 RowSourceType 属性值为 6（字段），则 RowSource 属性为__________。

（2）当从组合框中选择某个学号，表格 Grid1 中显示该学生的成绩信息，则在该组合框的 InteractiveChange 事件中，编写如下代码，请完善。

```
PUBLIC varxh
varxh=THIS.Value
THISFORM.Grid1.RecordSourceType=4
THISFORM.Grid1.RecordSource="SELECT * FROM cj WHERE __________ INTO;
CURSOR temp"
THISFORM.Refresh
```

（3）如果要将该表格控件中所有列对象的 BackColor 属性设置为红色，可以使用下列命令：

```
THISFORM.Grid1.__________("BackColor",RGB(255,0,0),"__________")
```

21. 某表单的数据环境中包含 xs 表和 cj 表，表结构同上题，且 xs 表和 cj 表之间已建好临时关系。当表单运行时，如图 1-7-17 所示。

图 1-7-16 “学生成绩浏览”表单的运行界面

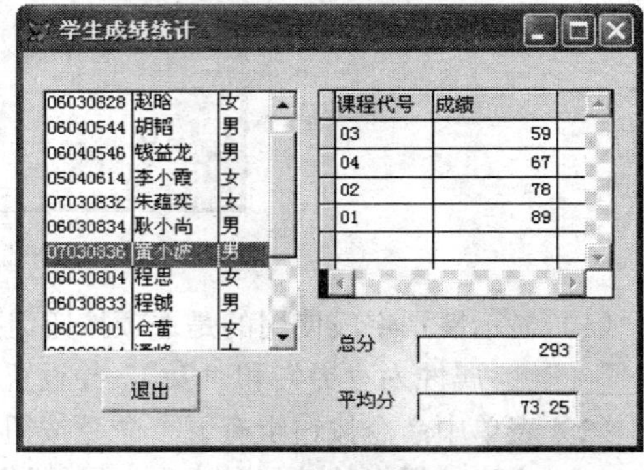

图 1-7-17 “学生成绩统计”表单的运行界面

（1）列表框的 BoundColumn 为 1，要求显示 xs 表的学号、姓名和性别字段，则列表框的 RowSourceType 属性值为“6（字段）”，RowSource 属性值为__________。

（2）若在列表框中选中某位学生时，表格中显示该学生的所有课程的成绩，且在文本框 Text1 和 text2 中显示该同学的总分和平均分，则列表框的 InteractiveChange 事件代码中应含有如下代码：

```
SELECT    SUM(cj.cj),AVG(cj.cj)
FROM cj WHERE cj.xh=__________ ;
INTO ARRAY x
THIS.__________.Value=x(1)
THIS.__________.Value=x(2)
```

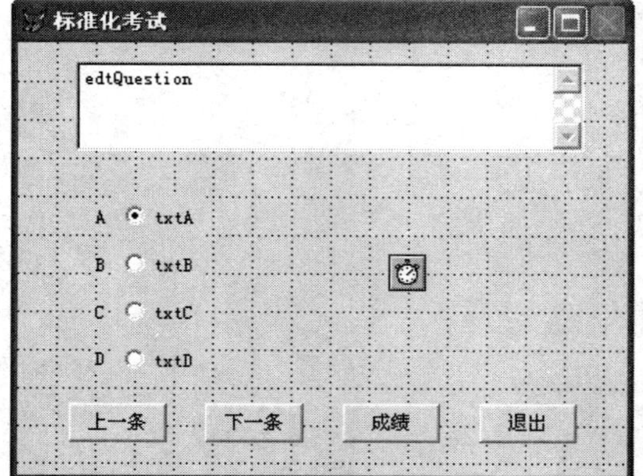

图 1-7-18 “标准化考试”表单的设计界面

22. 如图 1-7-18 所示表单用于标准化考试的练习。其中编辑框控件 edtQuestion 用于显示选择题的问题内容，选项按钮组 OptionGroup1 供用户选择结果，文本框 txtA、txtB、txtC、txtD

分别显示 A、B、C、D 选项的具体内容，命令按钮 Command3 的标题为“成绩”，它可以统计考生答题的正确率，计时器 Timer1 用于考试计时，当考生答题时间到达 20 分钟时，则将表单从内存中释放。在数据环境中已添加了自由表 examine，用于进行标准化考试，该表的一条记录对应一道选择题。考试表 examine.dbf 结构如表 1-7-7 所示。

表 1-7-7　examine 表结构

字段名	字段类型	字段含义	字段名	字段类型	字段含义
Question	M	问题内容	D	C（50）	答案 D 内容
A	C（50）	答案 A 内容	Answer	C（1）	正确答案
B	C（50）	答案 B 内容	User_Ans	C（1）	用户答案
C	C（50）	答案 C 内容			

（1）选项按钮组的 ButtonCount 属性设置为__________，ControlSource 属性设置为__________。

（2）计时器 Timer1 的 Interval 属性设置为__________，计时器的 Timer 事件代码为__________。

（3）“成绩”命令按钮 Command3 的 Click 事件代码如下，请完善该事件代码。

```
x1=0
n=RECNO()
SCAN
  IF User_ans=____________
     x1=x1+1
  ENDIF
ENDSCAN
COUNT TO x2
correct=STR(_____________*100,6,2)+"%"
MessageBox("正确率为"+correct)
GOTO n
```

23．设有用于“显示日期或时间”的表单如图 1-7-19 所示。表单有一个计时器控件（Timerl）、一个文本框控件（Textl）和选项按钮组控件（OptionGroup1）。表单左上角的图标默认是 VFP 系统图标（“狐狸头”），如果要更改该图标，应设置表单的__________属性；表单上的文本框用于显示当前日期或当前时间（是显示日期还是显示时间，由选项按钮组决定）；计时器控件根据选项按钮组和当前系统日期/时间，每秒更新文本框内容一次，则计时器控件的__________事件代码可设置为：

```
IF THISFORM.OptionGroup1.Value=1
  THIS.___________.Text1.Value=DATE()    &&对象引用采用相对引用
```

图 1-7-19　“显示日期或时间”表单设计和运行界面

```
ELSE
 THISFORM.Text1.Value=TIME()
ENDIF
THISFORM.Text1.Refresh
```

24. 某“抽奖”表单上有 2 个标签、1 个文本框、1 个计时器、2 个命令按钮和 1 个列表控件，其数据环境中有一自由表 ab，该表有两个字段：TEL（C（11），用于存储参与者的手机号码）和 YN（逻辑型，其值为.T.时表示该参与者被抽中）。在表单设计器中设计表单时，表单如图 1-7-20 所示。表单运行后单击“开始”命令按钮，命令按钮标题改为“停止”，且启用计时器控件使得文本框中循环显示 ab 表中的手机号码，单击“停止”命令按钮时当前文本框手机号添加至获奖列表框，命令按钮再次变为“开始”，表单显示如图 1-7-21 所示（计时器控件废止）。

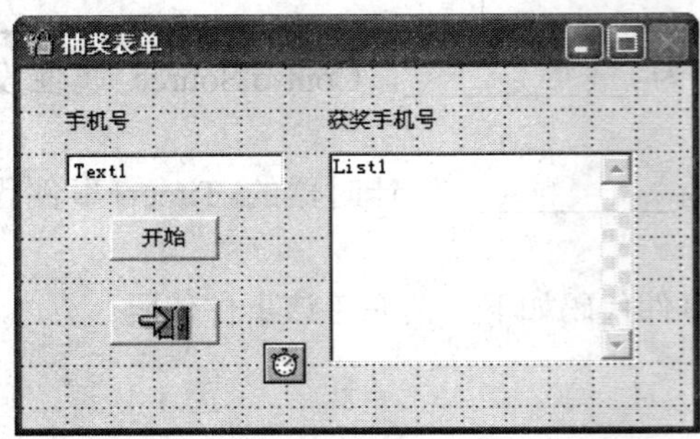

图 1-7-20　表单设计时

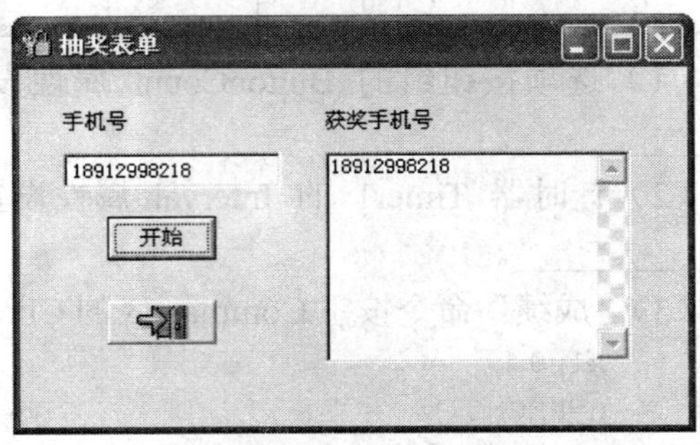

图 1-7-21　第一次抽奖后

（1）根据图 1-7-20 和图 1-7-21 所示，“开始”命令按钮的标题为“华文行楷”字体，则其__________属性值应设置为“华文行楷”；另一个命令按钮（即“退出”命令按钮）显示的图片由 EXIT.ICO 文件提供，应将其 Caption 属性设置为空、__________属性值为 EXIT.ICO；计时器的初始状态为不启用，其__________属性值应设置为.F.；若计时器启用时激发 Timer 事件的时间间隔为 0.3 秒，其 Interval 属性值应设置为__________。

（2）根据图 1-7-20 和图 1-7-21 所示的表单，表单及各控件的事件代码设置如下。

表单的 Init 事件代码为：

```
THISFORM.Text1.ControlSource=__________
REPLACE ALL yn WITH.F.
GOTO TOP
```

“开始”命令按钮 Click 事件代码为：

```
IF THIS.Caption='开始'
  LOCATE FOR !yn
  THISFORM.Timer1.Enabled=.T.
  THIS.Caption='停止'
ELSE
  THISFORM.Timer1.Enabled=.F.
  THIS.Caption='开始'
  THISFORM.List1. __________ (THISFORM.Text1.Value)
  REPLACE yn WITH .T.
ENDIF
THISFORM.Refresh
```

计时器的 Timer 事件代码为：

```
CONTINUE
```

```
IF ____________
  LOCATE FOR !yn
ENDIF
THISFORM.Refresh
```

“退出”命令按钮（标题为图片）的功能是将获奖名单复制到 Excel 文件中，然后关闭表单。其 Click 事件代码为：

```
COPY TO 获奖名单 XLS FOR ____________
THISFORM.Release
```

25．一个“圆面积计算”表单（如图 1-7-22 所示）含有 2 个标签对象、2 个文本框对象（Text1、Text2）、1 个形状对象（Shape1）和 1 个命令按钮。其中，文本框 Text1 用来输入圆半径数据，文本框 Text2 用于显示圆面积，形状对象用于显示圆的图形，命令按钮的标题属性为“计算”。单击命令按钮时，应完成功能：当圆半径的值介于 10～100 之间时（含 10 和 100），形状对象显示圆的图形、计算圆面积并显示该圆；当圆半径的值介于 10～100 范围之外时（不含 10 和 100），显示提示窗口。根据图中所示的情况，完善下列命令按钮的 Click 事件代码。

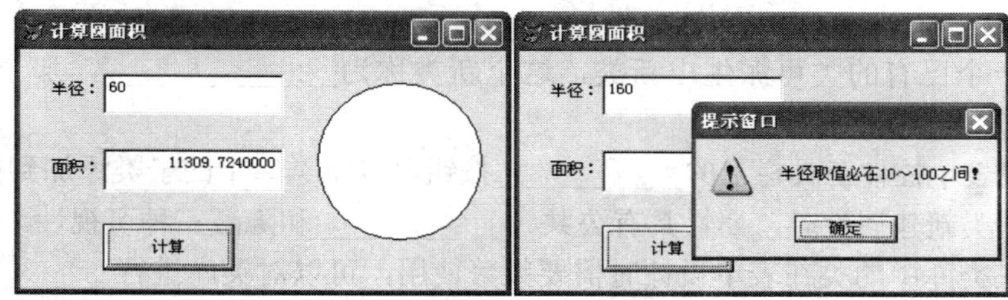

图 1-7-22　“计算圆面积”表单的运行界面

```
LOCAL x
x=Val(THISFORM.Text1.Value)
IF ____________
    THISFORM.Shape1.Visible=.F.
    THISFORM.Text2.Value=""
    MessageBox("半径取值必在 10～100 之间！",48,"提示窗口")
ELSE
    THISFORM.Shape1.Height=x*2
    THISFORM.Shape1.Width=x*2
    THISFORM.Shape1.Visible=.T.
    THISFORM.Text2.Value=____________
ENDIF
```

26．已知 jxsj 数据库中有三张表：教师表（js.dbf）、任课表（rk.dbf）、课程表（kc.dbf）。“未满工作量的教师查询”表单如图 1-7-23 所示，有一个选项按钮组（OptionGroup1）和表格（Grid1）。完善选项按钮组的 InteractiveChange 事件代码以实现以下功能：在选项按钮组中选择性别，表格中将显示出对应性别的所有本学期未满工作量的教师的工号、姓名、性别、总任课时数（一学期按 16 周计算，满 100 学时即算满工作量）。

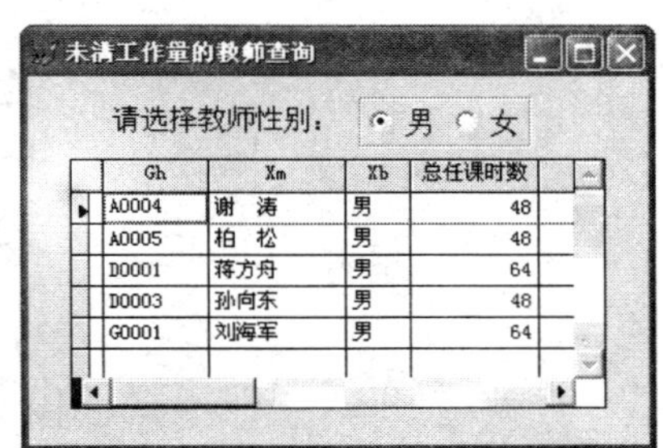

图 1-7-23　“未满工作量的教师查询”表单的运行界面

```
DO CASE
   CASE THIS.Value=1
     cCondition=__________
   CASE THIS.Value=2
     cCondition="js.xb='女'"
ENDCASE
SQL1="SELECT js.gh,js.xm,js.xb,SUM(kc.kss*16) as 总任课时数"
SQL2=" FROM sjk!js INNER JOIN sjk!rk"
SQL3=" INNER JOIN sjk!kc"
SQL4=" ON rk.kcdh=kc.kcdh"
SQL5=" ON js.gh=rk.gh"
SQL6=_________
SQL7=" GROUP BY js.gh"
SQL8=" HAVING 总任课时数<=100"
SQL9=" INTO CURSOR temp"
SQLStatement=SQL1+SQL2+SQL3+SQL4+SQL5+SQL6+SQL7+SQL8+SQL9
THISFORM.Grid1.RecordSourceType=4
THISFORM.Grid1.RecordSource=SQLStatement
```

27．由一个已有的类可派生出新类，这个新类称为____________，那个已有的类称为__________。

28．通过表单控件工具栏上的__________按钮可以将类库中的子类添加到控件工具栏。

29．在为类新建属性时，属性具有公共、__________和隐蔽三种可视性。

30．如果类库中的类在表单设计时需要频繁使用，可以对类库进行__________，使用的方法之一：在“__________”菜单中选择“选项”命令，在出现的“选项”对话框中选择“__________”选项卡，在该页面中选择类库文件进行添加。

31．子类 myclass 设置了属性 Test 的值为 a，当该子类对象被添加到表单后，若修改子类 myclass 的 Test 属性值为 b，则表单上该子类对象的 Test 属性有效值为__________。

32．已知某表单子类 cfrmA 含有一个命令按钮，且命令按钮的 Click 事件代码为：THISFORM.BackColor=RGB(255，255，0)。基于该子类创建并运行表单 frmA，则单击表单上的命令按钮后，表单的背景颜色为__________。如果在表单 frmA 中重新为命令按钮设置了 Click 事件代码：THISFORM.BackColor=RGB(0,255,255)，则运行该表单后单击命令按钮，表单的背景颜色为__________。[注：RGB（255，255，0）为黄色，RGB（0，255，255）为青绿色。]

第 8 章　报表与标签

8.1　学 习 目 标

- 掌握报表的概念、类型和扩展名。
- 掌握用“报表向导”创建报表的方法。
- 掌握用“报表设计器”创建和修改报表的方法。
- 掌握报表带区的类型及作用。
- 掌握报表数据环境的使用方法。
- 掌握报表表达式的使用方法。
- 掌握报表的预览命令。
- 了解标签的概念。

8.2　例 题 解 析

一、选择题

1．在下列有关报表设置的叙述中，错误的是______。

A．报表的数据源和报表的布局是定义报表的两个要素

B．报表的数据源可以是表和视图，但不能是查询

C．报表布局的常规类型有列报表、行报表、一对多报表和多栏报表等

D．标签实质上是一种多列布局的特殊报表

【答案】B

【解析】报表有两个要素：报表的数据源与报表的布局。报表的数据源定义了报表中数据的来源，通常是表、视图、查询、临时表等；报表的布局定义了报表的打印格式。报表布局的常规类型有列报表、行报表、一对多报表、多栏报表等。标签实质上是一种多列布局的特殊报表，具有匹配特定标签纸（如邮件标签纸）的特殊设置，标签的定义存储在扩展名为.lbx的标签文件中，相关的标签备注文件的扩展名为.lbt。

2．下列有关报表的叙述中，错误的是______。

A．快速报表不同于报表向导创建的报表，需要打开报表设计器进行快速报表创建

B．在报表中若设置数据分组，可设置每组数据从新的一页开始打印

C．在报表中若设置数据分组，最多可以设置一个分组依据

D．报表可以不设定数据环境，即报表内容可以不与任何表和视图相关

【答案】C

【解析】打开表设计器后，利用“报表”菜单下的“快速报表”命令可以创建快速报表。一个报表中可以设置一个或多个数据分组，每组数据可以从新的一页开始打印。另外，报表

的数据环境可以添加表、视图等数据源，也可以没有数据内容。

二、填空题

1．在报表设计器中，报表默认包含____________个基本带区。报表最多可以分为__________种不同类型的带区，对于报表的带区来说，__________带区和总结带区在每个报表中仅打印一次。

【答案】3、9、标题

【解析】报表上最多有 9 种不同类型的带区：标题带区、页标头带区、列标头带区、组标头带区、细节带区、组注脚带区、列注脚带区、页注脚带区和总结带区，带区的类型决定了报表上的数据将被打印在什么位置以及什么时候打印。在默认情况下，“报表设计器”显示 3 个带区：页标头带区、细节带区和页注脚带区。标题带区和总结带区在每个报表中仅打印一次；页标头带区和页注脚带区每个页面打印一次；列标头带区和列注脚带区每列打印一次；组标头带区和组注脚带区每组打印一次；细节带区每条记录打印一次。

2．在 VFP 中要预览文件名为 js.frx 的报表，使用的命令为___________。

【答案】REPORT FORM js PREVIEW

【解析】利用 REPORT 命令可预览或打印报表，PREVIEW 选项以页面预览模式显示报表，而不把报表直接送到打印机打印。要打印报表，可以在 REPORT 命令中使用 TO PRINTER 选项，或在预览时单击“预览”工具栏上的“打印”按钮。

8.3　复习自测题

一、选择题

1．定义一个报表后，会产生的文件有______。

A．报表文件（.frx）

B．报表备注文件（.frt）

C．报表文件（.frx）和报表备注文件（.frt）

D．看情况而定

2．下列有关列报表和行报表的叙述中，正确的是______。

A．列报表是指报表中每行打印一条记录；行报表是指每行打印多条记录

B．列报表是指报表中每行打印多条记录；行报表是指每行打印一条记录

C．列报表是指报表中每行打印一条记录；行报表是指多行打印一条记录

D．列报表是指报表中每行打印多条记录；行报表是指多行打印一条记录

3．要想在报表中每行打印多条记录的数据，则可采用______。

A．列报表　　B．行报表　　C．一对多报表　　D．多栏报表

4．如果想在报表中的每个记录数据上端都显示该字段标题，则应将这些字段标签设置在______带区中。

A．页标头　　B．组标头　　C．列标头　　D．细节

5．下列说法中不正确的是______。

A．报表包含的三个基本带区是指页标头、细节及总结

B．报表的页标头包含的信息在每页报表中出现一次

C．向报表中放置对象就是在报表设计区中设置需要打印的内容

D．设计报表时，如果需要可以为报表设置数据环境

6．在下列有关 VFP 报表的叙述中，错误的是______。

A．报表文件的扩展名为.frx，报表备注文件的扩展名为.frt

B．列报表的布局是每个字段在报表上占一行，一条记录一般分多行打印

C．标题带区的内容仅在整个报表的开始打印一次，并不是在每页上都打印

D．报表的数据环境中可以不包含任何表和视图

7．在下列有关 REPORT 命令的叙述中，错误的是______。

A．PREVIEW 选项指定以页面预览模式显示报表

B．SUMMARY 选项指定只打印总计和分类总计信息

C．FOR 子句指定打印条件，满足条件的记录被输出

D．命令中必须指定报表的数据源

8．在 VFP 中，运行报表文件 pp.frx 可用命令______。

A．DO pp.frx　　B．DO FORM pp.frx

C．REPORT FORM pp.frx　　D．REPORT pp.frx

二、填空题

1．使用报表打印表中的数据，需在报表设计器中将与表字段相关的控件放在报表的__________带区。

2．报表是最常用的打印文档，设计报表主要是定义报表的数据源和报表的布局。Visual FoxPro 中，报表布局的常规类型有：列报表、行报表、一对多报表以及多栏报表。多栏报表指报表中__________可以打印多条记录的数据。

3．在报表设计器中，可通过__________控件可以把表或视图的字段以及表达式的内容在报表中显示。

4．在数据分组时，数据源应根据分组表达式创建索引，可在报表的数据环境中通过__________属性进行设置。

5．在调整报表带区大小时，不能使带区的高度__________布局中的控件的高度。

6．在 VFP 的报表设计器中，可以通过添加一个域控件来控制打印报表的页码。如果页码由系统自动生成，则在该域控件中填入的表达式必须包含系统变量__________。

第 9 章　菜单与工具栏

9.1　学 习 目 标

- 了解设计菜单系统和工具栏的目的、设计原则。
- 掌握菜单的种类和用菜单/快捷菜单设计器设计一般菜单/快捷菜单的方法。
- 掌握定义主菜单项名称、子菜单项名称，为菜单项指定任务，定义热键、快捷键，以及设置启用和废止菜单项的方法。
- 掌握菜单程序（.mpr）的生成、运行和恢复系统菜单的方法和命令。
- 了解 SDI 菜单的创建方法以及将其附加到顶层表单的方法。
- 了解创建自定义工具栏类的方法，以及将其添加到表单集中的方法。

9.2　例 题 解 析

一、选择题

1．用菜单设计器设计好的菜单保存后，其生成的文件扩展名为______。

A．.mnx 和.mnt　　　　B．.scx 和.sct

C．.frx 和.frt　　　　D．.pjx 和.pjt

【答案】A

【解析】菜单文件创建保存后，默认在磁盘生成两个文件，分别是扩展名为.mnx 的菜单文件和扩展名为.mnt 的备注文件。当利用“菜单”下的“生成”子菜单命令后生成扩展名为.mpr 的菜单程序文件，运行菜单就是执行该文件。

2．下面关于“快捷菜单”的说法，正确的是______。

A．基于 VFP 主菜单，添加用户所需的菜单项

B．运行速度很快的菜单

C．等价于“快速菜单”

D．在选定对象上单击鼠标右键时出现的菜单

【答案】D

【解析】VFP 中的“快捷菜单”和“快速菜单”是两个不同的概念。“快捷菜单”是指当用户在选定对象上单击鼠标右键时出现的菜单。而“快速菜单”是指基于 VFP 主菜单，添加用户所需的菜单项，它可以在菜单设计器中通过“菜单”菜单中的“快速菜单”菜单项快速生成。

二、填空题

1．当运行某菜单时，如果当前工作区中无表打开时，则“系统管理”菜单栏中的“导

出”菜单项不可用，则应设置该菜单项的“跳过”条件为___________。

【答案】ALIAS()==space(0)

【解析】当某菜单项的“跳过”条件的逻辑值为.T.时，则跳过该菜单项，即该菜单项不可用（灰色）；当“跳过”条件的逻辑值为.F.时，则该菜单项可用。ALIAS()函数用于返回当前工作区中表的别名，该函数的语句格式为 ALIAS(nWorkArea)，其中，工作区号默认时表示当前工作区。显然，若当前工作区中无表打开时，ALIAS()函数的结果为空字符串，此时表达式 ALIAS()==space(0)的值为.T.。

2．如果要将一个 SDI 菜单附加到一个表单中，则表单必须是___________表单，并在表单的___________事件中调用菜单程序。

【答案】SDI 或者顶层、Init

【解析】SDI 菜单是指出现在单文档界面（SDI）窗口中的菜单，即出现在表单上的菜单。将 SDI 菜单附加到表单中的方法是：在表单修改的状态下，首先将表单的 ShowWindow 属性值设置为“2—作为顶层表单”，然后为表单的 Init 事件添加如下命令：

```
DO 菜单程序名.mpr WITH THIS,.T.
```

9.3　复习自测题

一、选择题

1．有一菜单文件 mm.mnx，要运行该菜单的方法是______。

A．执行命令 do mm.mnx

B．执行命令 do menu mm.mnx

C．先生成菜单程序文件 mm.mpr，再执行命令 do mm.mpr

D．先生成菜单程序文件 mm.mpr，再执行命令 do menu mm.mpr

2．在某菜单中，有一菜单项显示为“访问 VFP 主页”(字母 V 有下划线，即访问键为 Alt+V)，则在设计此菜单时，在该菜单名称中可输入______。

A．访问 VFP 主页\<V　　B．访问 V\<FP 主页

C．访问\<VFP 主页　　D．访问(\<V)FP 主页

3．有连续的两个菜单项，名称分别为“浏览”和“统计”，要用分隔线在这两个菜单项之间分组，实现这一个功能的方法是______。

A．在“统计”菜单项名称前面加上“\-”，即“\-统计”

B．在“浏览”菜单项名称后面加上“\-”，即“浏览\-”

C．在“浏览”和“统计”两菜单项之间添加一个菜单项，并且在名称栏中输入“-”

D．在“浏览”和“统计”两菜单项之间添加一个菜单项，并且在名称栏中输入“\-”

4．若选中某菜单项，希望系统执行一组命令，则在该菜单项的结果中选用______。

A．子菜单　　B．过程　　C．命令　　D．填充名称

5．在利用 VFP 菜单设计器设计菜单时，下列叙述中错误的是______。

A．利用菜单设计器可以创建一般菜单和快捷菜单

B．用户可以将 VFP 系统菜单添加到自己设计的菜单中

C．在“提示选项”对话框中为菜单项设置快捷键时，只能使用 Ctrl 键与另一个字母

键的组合

D. 用户菜单可以设置为替换 VFP 系统菜单，也可设置为追加在 VFP 系统菜单之后

6. 可以添加到自定义工具栏上的控件______。

A. 只能是命令按纽

B. 只能是命令按纽和分隔符

C. 只能是命令按纽、文本框和分隔符

D. 是除表格以外的所有可以添加到表单上的控件

7. 菜单（menu）和工具栏（toolbar）是 Windows 环境下各种应用程序中最常用的操作对象。在下列有关 VFP 菜单与工具栏的叙述中，错误的是______。

A. VFP 菜单是一个动态的菜单系统，当用户针对不同类型的文件操作时系统自动地调整菜单栏

B. 用户打开/关闭不同的设计器（如数据库设计器、表单设计器、报表设计器等），在默认情况下系统会自动地打开/关闭相应的工具栏

C. 在 VFP 窗口中，可以关闭所有的菜单栏或工具栏

D. 利用菜单命令、工具栏按钮或项目管理器操作创建一个文件，所实现的功能完全相同

二、填空题

1. 用菜单设计器设计的菜单文件取名为 mymenu，实际上 VFP 生成的两个文件是__________和__________，如果要运行该菜单，还须生成相应的菜单程序文件__________，运行该菜单程序的命令是__________。

2. 设 tj 变量是一个逻辑型变量，当运行某菜单时，如果该变量为真，则“统计”菜单项可用，否则不可用（灰色），则应设置“统计”菜单项的__________条件的逻辑值为__________。

3. 恢复 VFP 系统默认菜单的命令是__________。

4. 当选择“统计”菜单项时，能运行查询文件 chaxun.qpr，则应将“统计”菜单项的结果选为__________，并在其后文本框中输入命令__________。

5. 已创建并生成 kjcd.mpr 文件，当用鼠标右键单击表单上某命令按钮时出现该菜单，则应在命令按钮的__________事件中输入代码。

6. 若将 SDI 菜单 Menu1.mpr 附加到某表单中，则必须为此表单的 Init 事件添加代码，该代码为__________。

7. __________控件只能放到工具栏上，而不能放到表单上；除__________以外，所有可以添加到表单上的控件都可以添加到工具栏上。

第10章 应用程序的开发与连编

10.1 学 习 目 标

- 了解基于软件工程思想开发应用程序的步骤。
- 了解应用程序的规划和开发过程。
- 了解应用程序界面的设计方法。
- 掌握在项目中组织（创建、修改、添加和删除）各种文件的方法。
- 掌握设置主程序的方法以及应用程序的连编方法。
- 了解创建应用程序安装系统的方法。

10.2 例 题 解 析

一、选择题

1．下列有关“排除”与“包含”的说法，不正确的是______。

A．在项目连编之后，项目中标记为“包含”的文件在运行过程中为只读

B．若项目中的某文件需要被用户修改，则该文件应被设置为“排除”

C．可根据应用程序的需要包含或排除文件

D．在项目管理器中，要将标记为“排除”的文件设置为“包含”，只需要双击要修改的文件即可

【答案】D

【解析】“排除”与“包含”是相对的。在项目连编之后，标记为“包含”的文件将变为只读文件，而“排除”文件可供用户修改。在项目管理器中，要将标记为“排除”的文件设置为“包含”，只要用鼠标右键单击选定文件，在快捷菜单中选择“包含”命令即可，反之同理。

2．下面关于主程序的说法中，不正确的是______。

A．主程序是一个应用系统运行时的起点

B．通常主程序的任务是初始化环境、显示初始的用户界面、控制事件循环等

C．在VFP中，只要是项目中的文件都可以作为主程序

D．一个项目中只能设置一个主程序

【答案】C

【解析】主程序是整个应用系统的入口点，它的任务是设置初始化环境、显示初始的用户界面、控制事件循环、退出应用程序时恢复原始的开发环境等。一个项目中只能设置一个主程序，设置为主程序的文件名将“加粗”显示。作为主程序的文件类型可以是程序、表单、菜单或查询等，但数据库、表、文本等文件不能设置为主程序。

二、填空题

1．所有主程序中的处理过程都会在遇到__________命令的时候暂停运行，直到遇到__________命令为止。

【答案】READ EVENTS、CLEAR EVENTS

【解析】控制事件循环的方法是执行 READ EVENTS 命令，从执行 READ EVENTS 命令开始，到相应的 CLEAR EVENTS 命令执行期间，主程序中所有的处理过程全部挂起。利用 CLEAR EVENTS 命令将挂起 VFP 的事件处理过程，同时将控制权返回给执行 READ EVENTS 命令并开始事件循环的程序。

2．连编应用程序的结果有两种文件形式：__________和__________。

【答案】.APP 应用程序文件、.EXE 可执行文件

【解析】用户可根据实际需要选择连编类型，连编的结果有两种文件形式：.app 应用程序文件需要在 VFP 中用 DO 命令运行；.exe 可执行文件可直接在 Windows 中运行。连编应用程序必须在项目管理器中先设置好主程序，才可进行连编。

10.3　复习自测题

一、选择题

1．将项目编译成一个应用程序文件（或可执行文件）时，下列叙述中正确的是______。

A．项目中所有的文件将合并在一个应用程序文件（或可执行文件）中

B．项目中所有包含的文件将合并在一个应用程序文件（或可执行文件）中

C．项目中所有排除的文件将合并在一个应用程序文件（或可执行文件）中

D．项目中所有用户选定的文件将合并在一个应用程序文件（或可执行文件）中

2．如果一个表文件被设置为“包含”状态，那么系统连编后，该表文件在应用程序系统运行时，______。

A．该表不能编辑修改　　B．若该表为自由表则自动成为数据库表

C．该表可以编辑修改　　D．若该表为数据库表则自动成为自由表

3．如果在项目管理器中将某个程序文件设置为“排除”状态，那么该程序______。

A．在编译完成后可以删除　　B．不能作为项目的一部分

C．不能作为应用程序的一部分　　D．不能被设置成主文件

4．下列关于主程序所需完成的基本任务，说法不正确的是______。

A．首要任务是对应用程序的环境进行初始化

B．执行 READ EVENTS 命令来建立事件循环

C．在主程序中必须执行 CLEAR EVENTS 命令

D．退出应用程序时恢复原始的开发环境

5．要连编项目，必须通过______。

A．程序编辑器　　B．菜单设计器　　C．项目管理器　　D．应用程序生成器

6．在连编一个项目之前，需要在项目管理器中指定一个主程序。下列类型的文件中，不可以指定为主程序的是______。

A．查询文件　　B．文本文件　　C．表单文件　　D．菜单文件

7．关于运行应用程序的说法，下列叙述正确的是______。

A．.app 应用程序文件只能在 Windows 环境中运行

B．.app 应用程序文件在 VFP 和 Windows 环境中均可运行

C．.exe 可执行文件只能在 Windows 环境中运行

D．.exe 可执行文件在 VFP 和 Windows 环境中均可运行

8．数据库设计中，用 E-R 图来描述信息结构但不涉及信息在计算机中的表示，它属于数据库设计的______阶段。

A．需求分析　　B．逻辑设计　　C．概念设计　　D．物理设计

9．在信息系统的开发过程中大多采用结构化分析方法（简称 SA 方法），在其系统需求分析阶段常用的描述工具有______图和数据字典。

A．DFD　　B．E-R　　C．UML　　D．N-S

二、填空题

1．应用程序的用户界面主要包括__________、__________、报表和工具栏等，它们可以将应用程序的所有功能与界面上中的控件或菜单命令联系起来。

2．当开发一个基于数据库的应用系统时，在规划阶段首先需要考虑__________，从而决定选用什么样的 DBMS。

3．程序__________是指发现程序代码中的错误，程序__________是指从程序中找到每个问题，然后逐一解决。它们是程序开发周期中必不可少的阶段。

4. 如果在主程序和初始过程中没有__________命令，应用程序运行后将返回操作系统，出现应用系统“一闪而过”的现象。

5．要完成应用程序的编译，必须构造一个应用程序的框架。应用程序框架主要包括：一个项目文件、一个用于设置全局和环境的__________文件、一个主菜单以及一个可选的配置文件。

6. 对信息系统进行测试，一般包含以下三种，分别为模块测试、__________和验收测试。

实验指导

单元 1 数据库基础知识

实验 1 Visual FoxPro的操作环境和项目管理器的使用

实验目的与要求

（1）熟悉 VFP 的集成操作环境。
（2）熟练使用项目管理器管理各种文件。

实验准备

启动 Visual FoxPro。

实验内容

（1）在“命令”窗口中输入并执行命令。
① 计算 10/3，保留四位小数。
② 按照“年月日”的顺序显示系统日期。
③ 输出学生的基本信息，包括：学号、姓名（换行）。
④ 输出学生的年龄（不换行）。
⑤ 在 D 盘根目录下创建“TEST”文件夹。
⑥ 将“D:\vfp\实验 1\示例”文件夹下的文件 ex1.doc 复制到 D 盘 TEST 文件夹中。
⑦ 显示 D 盘 TEST 文件夹下所有文件的目录。
⑧ 将 D 盘 TEST 文件夹中的 ex1.doc 移动到 D 盘根目录下，并重命名为 ex.doc。
⑨ 删除 D 盘的 ex.doc 文件。
⑩ 清除 VFP 主窗口中的信息。
（2）命令的编辑与重用。
① 计算 10 以内的整数的和。
② 修改（1）中的命令，计算 10 以内偶数的和。
③ 复制（1）中的命令并修改，计算 10 以内奇数的和。
（3）利用项目管理器管理文件。

① 在“选项”对话框中进行设置：日期格式为“ANSI”，小数位数为 3 位，默认路径为“D:\vfp\实验 1\示例”。

② 利用菜单创建项目管理器 mypro1，利用命令创建项目管理器 mypro2。

③ 将“D:\vfp\实验 1\示例”中的文件 ex2.txt、ex1.doc 添加到项目 mypro1 和 mypro2 中。

④ 从项目管理器 mypro2 中移去文件 ex2.txt，删除文件 ex1.doc。

⑤ 将项目 mypro1 中的 ex2.txt 设置为“排除”，项目管理器的作者设置为自己的姓名。

实验步骤

1. 命令输入

在“命令”窗口中，依次输入以下命令，并在 VFP 主窗口中观察显示结果。

（1）计算 10/3，保留四位小数。

```
SET DECIMALS TO 4                    &&设置小数位数为 4 位
? 10/3                               &&显示结果为：3.3333
```

注 意

*与&&符号后面是注释文字，可以不用输入。

（2）按照“年月日”的顺序显示系统日期。

```
SET DATE TO LONG                     &&设置日期显示格式为长格式
? DATE()                             && DATE()函数的作用是返回系统日期
```

（3）输出学生的基本信息，包括：学号、姓名（换行）。

```
? "js11010203","王三"
```

（4）输出学生的年龄（不换行）

```
?? 18
```

（5）在 D 盘根目录下创建 TEST 文件夹。

```
MD D:\TEST
```

（6）将“D:\vfp\实验 1\示例”文件夹下的文件 ex1.doc 复制到 D 盘 TEST 文件夹中。

```
COPY FILE D:\vfp\实验 1\示例\ex1.doc TO D:\TEST
```

（7）显示 D 盘 TEST 文件夹中所有文件的目录。

```
DIR D:\TEST\*.*
```

（8）将 D 盘 TEST 文件夹中的 ex1.doc 移动到 D 盘根目录下，并重命名为 ex.doc。

```
RENAME D:\TEST\ex1.doc TO D:\ex.doc
```

（9）删除 D 盘中的 ex.doc 文件。

```
DELETE FILE D:\ex.doc
```

（10）清除 VFP 主窗口中的信息。

```
CLEAR
```

2. 命令的编辑与重用

（1）在“命令”窗口中输入：

```
?1+2+3+4+5;
+6+7+8+9+10
```

输入完毕后，按回车键执行命令，显示：55。

注 意

比较长的命令可以分多行进行输入，续行符为分号“;”。

（2）将鼠标光标定位在上面的命令上，直接修改为：?2+4+6+8+10，按回车键执行命令，显示：30。

（3）复制（1）中的命令，粘贴后修改为：?1+3+5+7+9，按回车键执行命令，显示：25。

注 意

多条命令可以同时执行，同时选中命令窗口中的前面执行过的三条命令，按回车键再次执行，观察显示结果。

3. 在“选项”对话框中进行设置：日期格式为“ANSI”，小数位数为 3 位，默认路径为“D:\vfp\实验 1\示例”

（1）执行菜单命令“工具”→“选项”，打开“选项”对话框，选择“区域”选项卡，修改日期格式为“ANSI”，设置小数位数为 3 位，如图 2-1-1 所示。

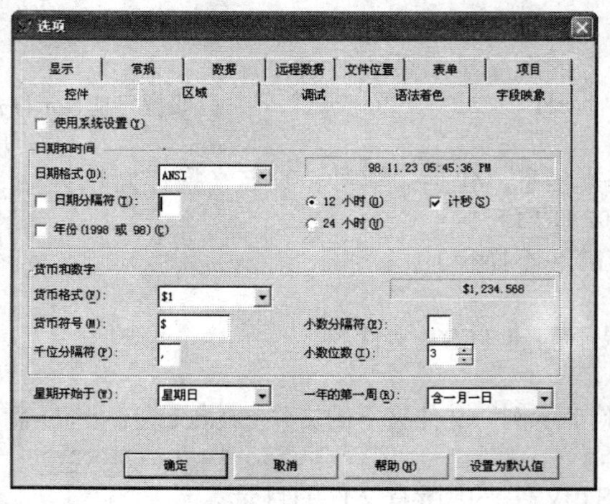

图 2-1-1　“选项”对话框的“区域”选项卡

（2）选择“文件位置”选项卡，如图 2-1-2 所示，选择“默认目录”，单击“修改”按钮，选中“使用默认目录”复选框，单击右侧“…”按钮，选择路径“D:\vfp\实验 1\示例”。

（3）在命令窗口中，输入以下命令，观察显示结果。

```
?DATE()
?7/6
```

注 意

在“选项”对话框中，设置结束后，如果选择了“设置为默认值”按钮，则所有设置在下次启动 VFP 时仍然有效。如果只选择了“确定”按钮，则所有设置只在当前有效，下次启动 VFP 时将不起作用。如果按 Shift 键同时按“确定”按钮，则当前设置会以命令形式显示在命令窗口中。

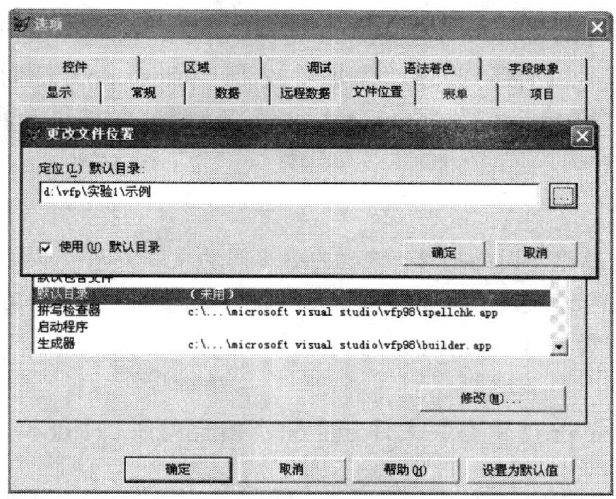

图 2-1-2　“选项”对话框中默认目录的设置

4. 利用菜单创建项目管理器 mypro1，利用命令创建项目管理器 mypro2

（1）执行菜单命令“文件”→“新建”，弹出“新建”对话框，如图 2-1-3 所示，文件类型选择“项目”，单击“新建文件”按钮，出现“创建”对话框，如图 2-1-4 所示，在文件保存位置下拉列表框中，项目 mypro1 的保存路径为前面操作设置的默认目录“D:\vfp\实验 1\示例”。输入文件名 mypro1，单击“保存”按钮。

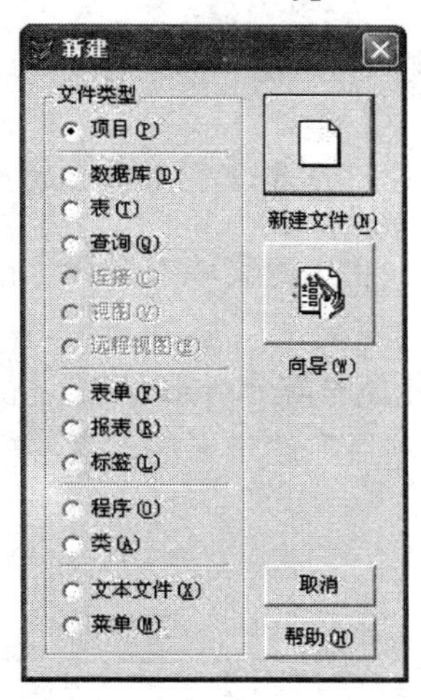

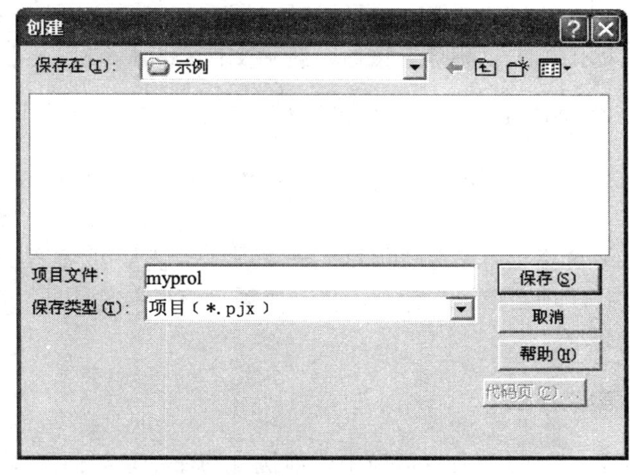

图 2-1-3　“新建”对话框　　图 2-1-4　创建项目 Mypro1 的“创建”对话框

（2）打开资源管理器，观察“D:\vfp\实验 1\示例”中是否存在 mypro1.pjx 与 mypro1.pjt 两个文件，或者在命令窗口中输入并执行命令：

```
DIR mypro1.*
```

（3）在命令窗口中输入如下命令，创建项目 mypro2。

```
CREATE PROJECT mypro2
```

5. 将“D:\vfp\实验 1\示例”中的文件 ex2.txt、ex1.doc 添加到项目 mypro1 和 mypro2 中

（1）在项目管理器 mypro1 的“其他”选项卡中，选择“文本文件”，单击“添加”按钮，

打开“添加”对话框，在对话框中选择 ex2.txt 文件，单击“确定”按钮，将 ex2.txt 文件添加到项目中。再选择“其他文件”，单击“添加”按钮，将 ex1.doc 文件添加。

（2）打开项目管理器 mypro2，将 ex2.txt、ex1.doc 添加到项目 mypro2 中。

同一个文件可以属于不同的项目，这称为项目间的文件共享。如果将 mypro2 项目删除，ex2.txt、ex1.doc 仍然可以使用，这是因为项目和文件之间存在的是引用关系，删除项目，并不会影响项目中所包含的各类文件。

6. 从项目管理器 mypro2 中移去文件 ex2.txt，删除文件 ex1.doc

（1）在项目管理器 mypro2 中，选择“其他”选项卡，选择“文本文件”标签下面的 ex2.txt，单击“移去”按钮，出现如图 2-1-5 所示的对话框，单击“移去”按钮，移去文件 ex2.txt。

图 2-1-5　移去提示框

（2）在项目管理器 mypro2 中，选择 ex1.doc，单击“移去”按钮，出现如图 2-1-5 所示的对话框，单击“删除”按钮，删除文件 ex1.doc。

7. 将项目 mypro1 中的 ex2.txt 设置为“排除”，项目管理器的作者设置为自己的姓名

（1）在项目管理器 mypro1 中选择 ex2.txt，单击鼠标右键，在快捷菜单中选择“排除”命令。

（2）选择菜单命令“项目”→“项目信息”，或者右击项目管理器 mypro1，出现快捷菜单，选择“项目信息”命令，打开“项目信息”对话框，在“项目”选项卡的作者栏中输入自己的姓名。

（1）如何清除命令窗口中以前执行的命令？如何改变主窗口中显示文字的大小？

（2）通过项目管理器对文件进行改名或删除操作，与使用 Windows 资源管理器进行文件操作相比，有何优点？

（3）设置“D:\vfp\实验 1\作业”为当前默认目录。

（4）打开“D:\vfp\实验 1\作业”文件夹中的项目管理器 jxgl，完成以下设置。

① 将 jxgl 项目的项目信息设置为自己的学号姓名，单位为自己所在院系的名称。

② 更改 jxgl 项目的附加图标为：tubiao.ico。

③ 将程序文件 main.prg 添加到项目中，并设置为主文件。

④ 设置 jxsj 数据库中的 xs 表为“包含”。

⑤ 将自由表 cjc 移出项目并删除。

单元 2　Visual FoxPro 数据库管理系统

实验 2　常量、变量与数组

实验目的与要求

（1）掌握各种类型常量的表示方法。
（2）掌握变量的赋值方法。
（3）掌握数组的使用。

实验准备

（1）启动 Visual FoxPro。
（2）在“命令”窗口中输入并执行命令“SET TALK OFF”。

实验内容

（1）常量的表示，包括数值型、逻辑型、日期型、日期时间型和货币型常量的表示。
（2）使用 STORE 语句对变量进行赋值。
（3）使用“=”号对变量进行赋值。
（4）将变量名以“x”开头的变量保存在文件 memoryfile 中。
（5）从 memoryfile 文件中恢复内存变量。
（6）定义一个二维数组 B[2,3]，并对其赋值。

实验步骤

1. 常量的表示

依次在“命令”窗口中输入、执行下列命令，注意在主窗口查看其结果，注释内容不必输入。

```
? 3.1415926
? -9.8
? 0.12345678901234567890  &&数据位数太多时，最多显示 20 个字节
? 0.76E12                 &&浮点数表示特大或者特小的数  0.76×10^12
? 0.76E-12                &&浮点数表示特大或者特小的数  0.76×10^-12
? '南京市'                 &&单引号是定界符
? "025-58318282"          &&双引号是定界符
? [Visual FoxPro]         &&方括号是定界符
? 'abcd"test"ef'
? [v 'F' p]
? ' " '                   &&如果定界符作为普通字符的一部分，用另一种定界符括起来
```

```
? ''                                 &&空串
? .t.,.f.,.y.,.n.,.T.,.N.
?{^2011/10/12}
?{^2011/10/12 10:06:07 }
?{}                                  &&表示空日期
SET DATE TO LONG                     &&设置日期的显示格式为长格式
?{^2011/10/12}                       &&显示 2011 年 10 月 12 日
?{^2011/10/12 10:06:07}
SET DATE TO YMD                      &&设置日期的显示格式为年月日格式
?{^2011/10/12}                       &&显示 11/10/12
SET DATE TO ANSI                     &&设置日期的显示格式为英语格式
?{^2011/10/12}                       &&显示 11.10.12
? $5.65                              &&显示 5.6500
? $5.65145                           &&显示 5.6515
```

2. 使用 STORE 语句对变量进行赋值

```
STORE 5 TO x1                        &&相当于 x1=5
STORE 6 TO y1
?x1*y1
STORE 'stu' TO x,y                   &&同时给 x，y 赋值"stu"字符串
?x,y
m='dent'
?x+m                                 &&显示 student，字符串连接起来
```

3. 使用 "=" 号对变量进行赋值

```
CLEAR
x=5                                  &&为变量 x 赋值 5
y=6
?x+y                                 &&显示 11
```

4. 将 x 开头的变量保存在文件 memoryfile 中

```
SAVE TO memoryfile ALL LIKE x*
```

5. 从 memory file 文件中恢复内存变量

```
RESTORE FROM memoryfile ADDITIVE
```

6. 定义一个二维数组 B[2,3]，并对其赋值

```
DIMENSION B[2,3]                     &&定义一个二维数组 B[2,3]
STORE "student" TO B[1,2]
?B[1,2],B[2]                         && B[1,2]与 B[2]是等价的
STORE "teacher" TO B[2,2]
?B[2,2],B[5]                         && B[2,2]与 B[5]是等价的
DISPLAY MEMORY LIKE B*
```

实验作业

启动 VFP，在“命令”窗口中输入并执行命令，完成下列要求。

（1）给变量 grxx 赋值为自己的姓名，如：王一。

（2）给变量 nl 赋值为自己的年龄，如：20。

（3）利用变量 grxx 和 nl 显示姓名和年龄，形式如：王一今年 20 岁。

（4）定义一个一维数组 abc，共四个元素，分别为第一个元素赋值当前日期（利用 DATE() 函数），为第二个元素赋值“VFP”，为第三个元素赋值为 0～1 之间的随机数（利用 RAND() 函数）。

① 输出数组 abc 四个元素的值。

② 输出数组 abc 四个元素的数据类型。

③ 将以 a 开头的变量保存到文件 temp.mem 中。

实验 3　运算符、函数与表达式

实验目的与要求

（1）掌握各种运算符的使用。

（2）掌握常用系统函数的使用。

（3）掌握各种类型的表达式的使用。

实验准备

启动 Visual FoxPro。

实验内容

（1）常用函数的使用方法。

（2）使用各种类型运算符和表达式。

（3）综合运用。

① 计算圆的周长和面积，圆的半径为 3，圆周率为 3.14。

② 给定一个日期，如系统日期，在主窗口中分别显示其年、月、日。

③ 利用 MESSAGEBOX()函数创建如图 2-2-1 所示的对话框。

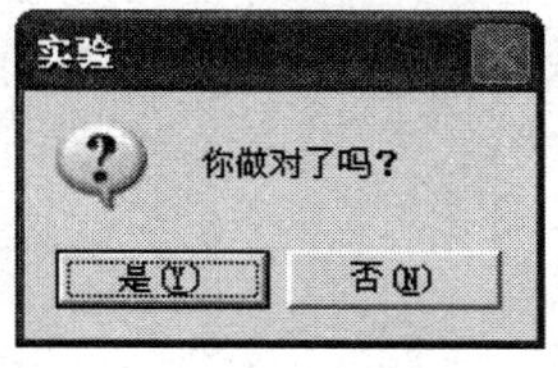

图 2-2-1　MessageBox()函数产生的对话框

④ 求给定数的小数位数。

⑤ 宏替换。

- 给变量 x12 赋值：“Visual FoxPro”；
- 给变量 m 赋值：“1”，变量 n 赋值：“2”；
- 使用宏替换输出变量 x12 的值。

实验步骤

1. 常用函数的功能

在“命令”窗口中依次输入并执行下列命令，观察 VFP 主窗口中的显示结果。

（1）字符函数。

```
****** ALLTRIM()函数：删除指定字符表达式的前后空格，返回删除空格符后的字符串
? ALLTRIM("  VFP    ")              && VFP
? TRIM("    VFP    ")               &&删除右侧的空格
? LTRIM("    VFP    ")              &&删除左侧的空格
? RTRIM("    VFP    ")              &&删除右侧的空格，等同于 TRIM()函数
******LEN()函数：返回字符表达式中字符的数目，即字符表达式的长度
? LEN("英语 ABC")                    && 7
? LEN("fox"+SPACE(2)+"pro")         && 8
****** AT()、ATC()函数：求子字符串首次出现的位置
? AT("is","This is a book")         && 3
? AT("is","This is a book",2)       && 6，第 2 次出现的位置
X='Visual Foxpro'
Y='fox'
? ATC(y,x)                          && 8，不区分大小写
? AT(y,x)                           && 0，区分大小写
****** SUBSTR()函数：取子字符串函数
? SUBSTR("ABCDEFGH",5,4)            && EFGH
? SUBSTR("计算机中心",7,2)            && 中
? SUBSTR("ABCDEFGH",3)              && CDEFGH,第 3 个字符开始取，一直到末尾
****** LEFT()、RIGHT()函数：求左、右子字符串函数
? LEFT("ABCD",3)                    && ABC
? SUBSTR("ABCD",1,3)                && 等价于 LEFT（"ABCD",3）
? RIGHT("ABCD",3)                   && BCD
****** SPACE()函数：空格构造函数
? SPACE(3)                          && □□□ ,产生 3 个空格
```

（2）数值函数。

```
******求绝对值函数 ABS(<数值表达式>)，功能是求括号内<数值表达式>的绝对值
? ABS(-13)                          && 13，返回值类型：N 型
? ABS(5-13)                         && 8
STORE  20  TO  x
STORE  2  TO  y
? ABS(y-x)
******求最大值函数 MAX()，可以对各种同种类型数据进行比较
? MAX(-45,2,22,23)
? MIN(-45,2,22,23)
? MAX(x,y)
? MAX('a','b')
? MAX('ac','abc')
? MAX( .t. , .f. )                  && .t.
? MAX({^2003/11/11},{^2002/11/11})
SET COLLATE TO "PINYIN"             &&设置按照"拼音"方式排序
? MAX('A','a')                      && A
? MAX('A','b')                      && b
? MAX('B','b')                      && B，"拼音"排序方式下：a<A<b<B…
SET COLLATE TO "MACHINE"            &&设置按照"机器内码"方式排序
? MAX('A','a')                      && a
```

```
? MAX('A','b')              && b，按照字符 ASCII 码大小排序
? MAX(2,'B')                && 出错，不同类型的数据不能比较大小
******求最小值函数 MIN()，可以对各种同种类型数据进行比较
? MIN(-45,1,5)
? MIN('A','a')              && A，按照字符 ASCII 码大小排序
******取整函数 INT(<数值表达式>)，返回<数值表达式>的整数部分
? INT(12.5)
? INT(-12.5)
? INT(6.25*2)
******求模函数 MOD()
? MOD(36,6)
? MOD(25.250,5.0)           && 0.250
? MOD(10,3)
? MOD(-10,3)                && 2
? MOD(-10,-3)
? MOD(10,-3)                && -2
******ROUND()函数：返回圆整到指定小数位数的数值表达式
? ROUND(1234.1966,2)        && 1234.20
? ROUND(1234.1966,0)        && 1234
? ROUND(1234.1966,-2)       && 从小数点左边 2 位进行四舍五入
? ROUND(1256.1999,-2)
SET DECIMALS TO 2           &&设定小数位数均为 2
SET FIXED ON                &&固定显示小数位数
? ROUND(1234.1962,2)        && 1234.20
******SQRT()函数：求平方根函数
? SQRT(16)                  &&结果：4.00
? SQRT(-4)
******RAND()函数：求 0～1 之间的随机数
? RAND()
? 100*RAND()                &&返回 0～100 之间的随机数
******SIGN()函数：当指定数值表达式的值为正、负或 0 时，分别返回 1、-1 或 0。
? SIGN(12)
? SIGN(-12)
? SIGN(0)
```

（3）日期型、日期时间型函数。

```
SET DATE TO LONG
? DATE()                    && 当前系统日期
? TIME()                    && 当前系统时间
? DATETIME()                && 当前系统日期和时间
? DAY(DATE())               && 日
? MONTH(DATE())             && 月
? YEAR(DATE())              && 年
? DOW(DATE())               &&返回该日期是一周中的第几天，周日是第 1 天，周六是第 7 天
```

（4）数据类型转换函数。

```
******ASC()函数：返回字符表达式的最左边第一个字符的 ASCII 值
? ASC("ABCD")               && 65
? ASC("9")
? ASC("大")                 && 汉字机内码的第一个字节的十进制数
```

```
******CHR()函数：由ASCII码求对应的字符
? CHR(66)                     && B
? CHR(1500)                   &&出现错误提示，没有对应的字符
******VAL()函数：字符型转换为数值型
? VAL('123')+ VAL('1e2')      && 223.00
? VAL('123adg')+VAL('3')      && 126.00
******STR()函数：数值型转换为字符型
? STR(123)                    && □□□□□□□123，123前面有7个空格
? STR(123.15)                 && □□□□□□□123，默认宽度为10，默认小数位数0
? STR(123.15,5)               && □□123，宽度5，前导2个空格
? STR(123.15,2)               && **，溢出
? STR(123.15,5,1)             && 123.2
? STR(123.15,5,2)             && 123.2，总宽度不够，先保证整数
******DTOC()，TTOC()函数：日期/日期时间型转换为字符型，假设系统日期为2008-03-10
? DTOC(DATE())                && 03/10/08
? DTOC(DATE(),1)              && 20080310
? TTOC(DATETIME())            && 03/10/08 08:13:14 AM
? TTOC(DATETIME(),1)          && 20080310081314
? TTOC(DATETIME(),2)          &&  08:13:14 AM
******CTOD()函数：字符型转换为日期型
? CTOD('03/08/2005')          && 03/08/05
? CTOD("^2005/03/08")         &&  03/08/05
? CTOD('2005/03/08')          && //，认为2005是月份，所以显示结果为空日期
```

（5）其他函数。

```
****** BETWEEN()函数：判断一个值是否在某个范围内
? BETWEEN(5,1,10)             && .T.
SET COLLATE TO  "MACHINE"
? BETWEEN('D','a','f')
SET COLLATE TO  "PINYIN"
? BETW('D','a','f')
****** TYPE()函数：显示值的类型（注意括号内的参数要加引号）
? TYPE('DATE()')              && D
? TYPE('"ABC"')               && C，把ABC看作字符串
? TYPE('ABC')                 && U，把ABC看作为变量
? TYPE('5>6')                 && L
****** IIF()函数：根据逻辑表达式的值返回两个值中的一个
? IIF（5>6,1,0)               && 0
? IIF(DOW(DATE())=1 OR DOW(DATE())=7 ,"今天休息","今天上班")
****** MESSAGEBOX()函数：显示一个用户自定义对话框（提示框）
? MESSAGEBOX('是否重试？',4+32+256,"我的程序")
```

2. 使用各种类型的运算符和表达式

（1）字符运算符和字符表达式。

```
? "Visual"+"Foxpro"           && VisualFoxpro
? "abc"+"def"                 && abcdef
?"Visual"-"Foxpro"            &&  VisualFoxpro
? [111□□] - [222]             && 111222□□
```

```
? "abc"$"abcdef"                    && .T.
? "xyz"$"abcdef"                    && .F.
```

（2）数值运算符和数值表达式。

```
x=10
y=19
?x^3+SQRT(y-10)/(2*x*y)             && 1000.01
```

（3）日期、日期时间型运算符和表达式。

```
? {^2003/05/10}+5                   && {^2003/05/15}
? {^2003/05/15}-{^2003/05/11}       && 4
? {^2001/05/10}-35                  && {^2001/04/05}
? DATETIME()+60
```

（4）关系运算符与关系表达式。

```
SET COLLATE TO  "MACHINE"
?'A'<'B','a'<'A',space(1)<"A"       && .T.  .F.  .T.
SET COLLATE TO "PINYIN"
?'A'<'B','a'<'A',space(1)<"A"       && .T.  .T.  .T.
```

说　明

使用“=”号进行字符串比较时，结果受 SET EXACT 命令的影响。

```
SET EXACT ON
?"BDCE"="BD"                        && .F.
SET EXACT OFF
?"BDCE"="BD"                        && .T.
?'abcd'='cd'                        && .F.
```

（5）逻辑运算符与逻辑表达式。

```
? .T. AND .F.
? .T. OR .F.
```

（6）宏替换。

```
nvar = 100                          &&变量 nvar 赋值 100
nvarb = 200                         &&变量 nvarb 赋值 200
var_name = "nvar"                   &&变量 Var_name 赋值字符串"nvar"
STORE 123.4 TO &var_name            &&等价于：STORE 123.4 TO nvar
STORE 300 TO &var_name.b            &&等价于：STORE 300 TO nvarb
```

3. 综合运用

（1）计算圆的周长和面积，圆的半径为 3，圆周率为 3.14。

在“命令”窗口中输入以下命令并执行：

```
STORE 3 TO r
s=3.14*r*r
l=3.14*r*2
? "圆的周长=",l
? "圆的面积=",s
```

（2）给定一个日期，如系统日期，在主窗口中分别显示其年、月、日。

```
rq=DATE()
```

```
? STR(YEAR(rq),4)+"年"
? STR(MONTH(rq),2)+"月"
? STR(DAY(rq),2)+"日"
```

（3）利用 MESSAGEBOX()函数创建如图 2-2-1 所示的对话框。

```
? MESSAGEBOX("你做对了吗？ ",4+32+0,"实验")
```

（4）求给定数的小数位数。

```
STORE "12.345" TO x
? LEN(x)-AT(".",x)
```

（5）宏替换。

```
x12="Visual FoxPro"
STORE "1" TO m
STORE "2" TO n
? x&m&n
```

实验作业

（1）将字符串“HELLO”转化为小写字母“hello”。

（2）将“信息科学与技术学院”中的“信科院”子串表示出来，尝试采用不同的方法实现。

（3）利用至少三类函数（数值、字符、日期、转换、其他类函数）构造一个返回值为.T.的表达式。例如：LEFT(DTOC(DATE(),1),4)>"2000"。

（4）利用至少三类运算符（数值、字符、日期、关系、逻辑运算符）构造一个返回值为.F.的表达式。例如：5>6 AND 6<7 OR 'd'$'abc'。

（5）利用 MESSAGEBOX()函数，实现如图 2-2-2 所示的对话框。

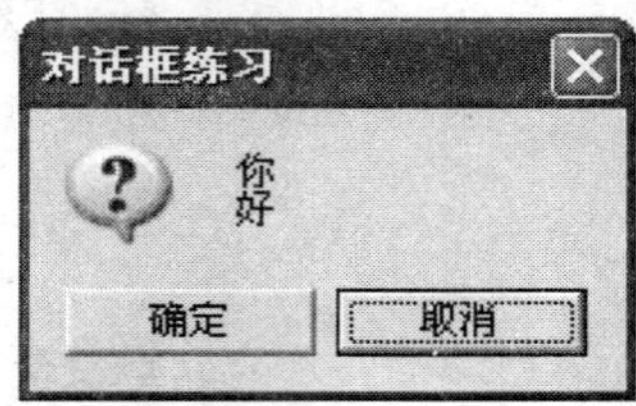

图 2-2-2　MESSAGEBOX()函数产生的对话框

单元 3　数据库与表的操作

实验 4　数据库与表的创建

实验目的与要求

（1）掌握创建和使用数据库的基本方法。
（2）掌握创建自由表的基本方法。
（3）掌握创建数据库表的基本方法。
（4）掌握修改表结构的基本方法。

实验准备

（1）启动 Visual FoxPro，将“d:\vfp\实验 4\示例”文件夹设置为默认的工作路径。
（2）打开该文件夹中的项目文件 tsgl.pjx。

实验内容

（1）数据库的创建。
① 利用项目管理器创建数据库 tsk1。
② 利用 CREATE DATABASE 命令创建数据库 tsk2。
（2）数据库的使用。
① 关闭所有的数据库。
② 打开数据库 tsk1、tsk2。
③ 设置当前数据库为 tsk。
④ 关闭数据库 tsk1。
⑤ 删除数据库 tsk3。
（3）创建自由表。
① 利用表设计器创建自由表读者表（dz.dbf），表结构如表 2-3-1 所示。

表 2-3-1　读者表（dz.dbf）表结构

字段名	字段类型及宽度	字段含义
dzbh	C(8)	读者编号
xm	C(8)	姓名
xb	C(2)	性别
lx	C(4)	类型
yxbh	C(2)	院系编号
csrq	D	出生日期
jg	C(8)	籍贯

续表

字段名	字段类型及宽度	字段含义
gszt	L	挂失状态
zp	G	照片

② 利用 CREATE-SQL 命令创建自由表图书表（ts.dbf），表结构如表 2-3-2 所示。

表 2-3-2 图书表（ts.dbf）表结构

字段名	字段类型及宽度	字段含义
sh	C(20)	书号
sm	C(50)	书名
cbsbh	C(4)	出版社编号
zz	C(40)	作者
dj	N(5,1)	单价
rkcs	N(2)	入库册数
kccs	N(2)	库存册数
bz	M	备注

（4）创建数据库表。

① 利用表设计器创建属于 tsk 数据库的数据库表用户表（yh.dbf）、借阅表（jy.dbf），表结构如表 2-3-3 所示。

表 2-3-3 yh 表和 jy 表结构

（a）用户表（yh.dbf）表结构

字段名	字段类型及宽度	字段含义
yhm	C(6)	用户名
pw	C(8)	密码
qx	I	权限

（b）借阅表（jy.dbf）表结构

字段名	字段类型及宽度	字段含义
dzbh	C(8)	读者编号
sh	C(20)	书号
jsrq	D	借书日期
hsrq	D	还书日期

② 利用 CREATE-SQL 命令创建属于 tsk 数据库的数据库表出版社表（cbs.dbf）、图书分类表（tsfl.dbf）、院系表（yx.dbf），表结构如表 2-3-4 所示。

（5）修改表结构。

对读者表（dz.dbf）结构作如下修改。

① 增加一个备注型字段 bz。

② 将 bz 字段的字段名改为 beizhu。

③ 将 dzbh 字段的宽度改为 10 个字节。

④ 将 zp 字段删除。

表 2-3-4 cbs、tsfl 和 yx 表结构

(a) 出版社表 (cbs.dbf) 表结构

字段名	字段类型及宽度	字段含义
cbsbh	C(4)	出版社编号
cbsmc	C(40)	出版社名称
dz	C(60)	地址
yzbm	C(6)	邮政编码
lxdh	C(13)	联系电话

(b) 图书分类表 (tsfl.dbf) 表结构

字段名	字段类型及宽度	字段含义
flbh	C(2)	分类编号
flmc	C(20)	分类名称

(c) 院系表 (yx.dbf) 表结构

字段名	字段类型及宽度	字段含义
yxbh	C(2)	院系编号
yxmc	C(20)	院系名称

(6) 数据库表的添加与移去。

① 将自由表读者表 (dz.dbf) 和图书表 (ts.dbf) 添加到 tsk 数据库。

② 将数据库表用户表 (yh.dbf) 和借阅表 (jy.dbf) 变成自由表。

③ 在磁盘上删除 tsk4.dbc 文件，将该数据库中的数据库表 dz1 添加到 tsk 数据库。

实验步骤

1. 数据库的创建

可以利用项目管理器或者 CREATE DATABASE 命令创建数据库，数据库创建好后在磁盘上会生成三个后缀名分别为 .dbc（数据库文件）、.dct（数据库备注文件）、.dcx（数据库索引文件）的文件。

(1) 利用项目管理器创建数据库 tsk1。

在“项目管理器”窗口中，单击“数据”选项卡，选中“数据库”对象，单击“新建”按钮，出现“新建数据库”窗口后，单击“新建数据库”按钮，在“创建”对话框中输入数据库名“tsk1”并保存，之后会显示“数据库设计器”窗口，将该窗口关闭。

查看项目管理器，可以看到数据库 tsk1 已经包含在该项目中。

在 Windows 资源管理器中查看当前工作目录下的文件，可以看到 tsk1.dbc，tsk1.dct，tsk1.dcx 这三个文件。

(2) 利用 CREATE DATABASE 命令创建数据库 tsk2。

在“命令”窗口中输入并执行命令：CREATE DATABASE tsk2，或者在“命令”窗口中输入并执行命令：CREATE DATABASE ?，出现“创建”对话框，输入数据库名“tsk2”，创建数据库。

和利用项目管理器创建文件不同的是，使用命令创建的文件不会自动地包含在项目中，所以查看“项目管理器”窗口，发现数据库 tsk2 未出现在该项目中，可以将数据库 tsk2 添加到该项目，方法为：在“项目管理器”窗口中，选中“数据库”对象，单击“添加”按钮进行添加。

此外，使用命令方式创建数据库时也不会自动打开“数据库设计器”窗口。

如果要打开 tsk2 的“数据库设计器”窗口，可以在项目管理器中选中 tsk2，单击“修改”按钮；也可以通过执行命令 MODIFY DATABASE tsk2 或 MODIFY DATABASE ?来打开 tsk2 的“数据库设计器”窗口。

2. 数据库的使用

对于数据库的使用（打开、关闭、设置当前数据库等）可以采用界面操作和命令这两种方式实现。

（1）关闭所有的数据库。

在“项目管理器”窗口中，分别选中已打开的数据库：tsk1、tsk2，单击“关闭”按钮逐个关闭；或者在“命令”窗口中输入并执行命令：CLOSE DATABASE ALL，也可以关闭所有打开的数据库。

关闭所有的数据库后，“常用”工具栏中的“数据库”下拉列表框中无显示内容，如图 2-3-1 所示。

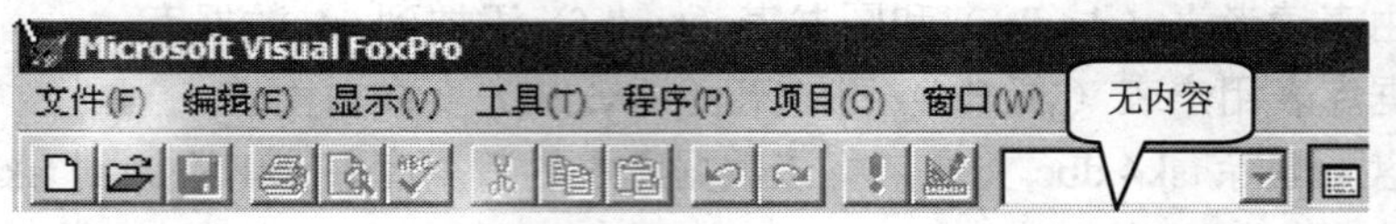

图 2-3-1 关闭所有数据库后的“常用”工具栏

（2）打开数据库 tsk1、tsk2。

在“项目管理器”窗口中，选中 tsk1 数据库对象，单击“打开”按钮打开 tsk1 数据库；或者在“命令”窗口中输入并执行命令：OPEN DATABASE tsk1，也可以打开 tsk1 数据库。

用同样的操作方法打开数据库 tsk2。

在“常用”工具栏中的“数据库”下拉列表框中查看已经打开的数据库，如图 2-3-2 所示。

图 2-3-2 打开数据库后的“常用”工具栏

（3）设置当前数据库为 tsk。

如果 tsk 数据库未打开，则必须先打开才可以设置为当前数据库。

如果 tsk 数据库已打开并且不是当前数据库，可以在“常用”工具栏中的“数据库”下拉列表框中选择 tsk 数据库成为当前数据库；或者执行命令：SET DATABASE TO tsk，设置 tsk 数据库成为当前数据库。

（4）关闭数据库 tsk1。

可以直接通过“项目管理器”窗口的操作关闭数据库 tsk1。

也可以先将 tsk1 数据库设置为当前数据库，然后通过执行关闭当前数据库的命令：CLOSE DATABASE，关闭 tsk1 数据库。

（5）删除数据库 tsk3。

在“项目管理器”窗口中选中 tsk3，单击“移去”按钮，在出现的对话框中单击“删除”按钮删除 tsk3 数据库。

也可以通过 DELETE DATABASE tsk3 命令删除 tsk3 数据库。

注 意

如果直接在磁盘上删除数据库文件，或者用 DELETE FILE 命令删除数据库文件会破坏数据库表和数据库之间的双向链接。

3. 创建自由表

（1）利用表设计器创建自由表读者表（dz.dbf）。

在“项目管理器”窗口中，选中“自由表”单击“新建”按钮，在“新建表”对话框单击“新建表”按钮，在打开的“创建”对话框中输入表名“dz”并保存，出现“表设计器”窗口。

在“表设计器”窗口中，根据表2-3-1给出的表结构定义读者表（dz.dbf）的字段名、数据类型、字段宽度等信息，进行如图2-3-3所示的创建后，单击“确定”按钮进行保存。

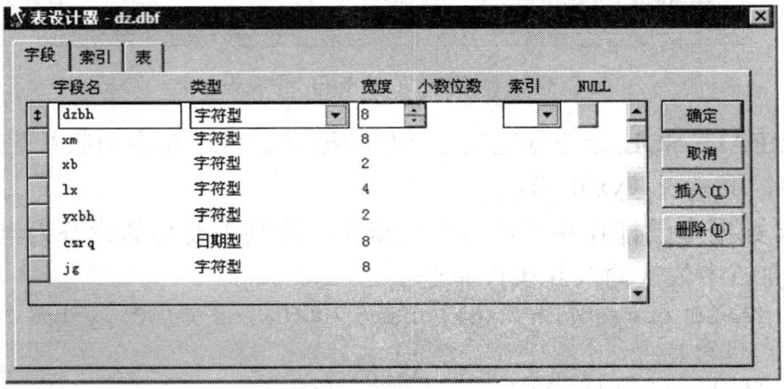

图2-3-3　读者表（dz.dbf）的表设计器

由于读者表中包含一个通用型字段 zp，所以创建好读者表之后系统会自动产生一个主文件名和表名相同、扩展名是.fpt 的表备注文件，用来存放读者表中所有的通用型和备注型字段的内容，可以打开 Windows 资源管理器查看。（如果包含备注型字段也是如此）

（2）利用 CREATE-SQL 命令创建自由表图书表（ts.dbf）。

在“命令”窗口中输入并执行命令：

```
CREATE TABLE ts FREE(sh C(20),sm C(50),cbsbh C(4),zz C(40),;
dj N(5,1),rkcs N(2),kccs N(2),bz M)
```

注 意

其中的关键字 FREE 表示创建的是自由表。

用 CREATE TABLE 命令创建的自由表不会自动地包含在项目中，所以在项目管理器中看不到图书表（ts.dbf），可以将其添加到项目中。

4. 创建数据库表

（1）利用表设计器创建属于 tsk 数据库的数据库表用户表（yh.dbf）、借阅表（jy.dbf）。

在“项目管理器”窗口中，选中 tsk 数据库中所包含的“表”对象，单击“新建”按钮，新建用户表（yh.dbf），在打开的数据库表设计器中，如图 2-3-4 所示，根据表 2-3-3（a）给出的表结构定义用户表（yh.dbf）的表结构（注意观察数据库表表设计器和自由表表设计器的区别）。

用同样的操作方法创建数据库表借阅表（jy.dbf），表结构见表 2-3-3（b）。

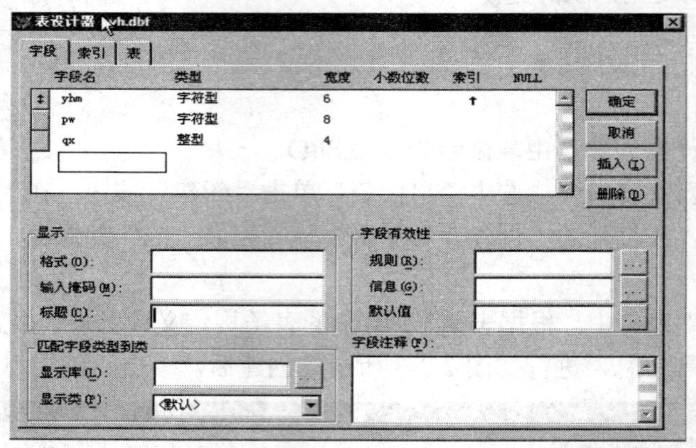

图 2-3-4　用户表（yh.dbf）的表设计器

（2）利用 CREATE-SQL 命令创建属于 tsk 数据库的数据库表出版社表（cbs.dbf）、图书分类表（tsfl.dbf）、院系表（yx.dbf）。

首先确保 tsk 数据库已打开并且是当前数据库，否则需要将其设置为当前数据库。

在“命令”窗口中依次输入并执行命令：

```
CREATE TABLE cbs(cbsbh C(4),cbsmc C(40),dz C(60),yzbm C(6),lxdh;
        C(13))
CREATE TABLE tsfl(flbh C(2),flmc C(20))
CREATE TABLE yx(yxbh C(2),yxmc C (20))
```

由于当前数据库是 tsk 数据库，所以 CREATE TABLE 命令创建的表就是属于当前数据库 tsk 的数据库表，可以在项目管理器中查看到 tsk 数据库里面包含了这三张表。

5. 修改表结构

要修改表结构，例如对表的字段名、数据类型、字段宽度等信息进行修改，可以打开表设计器进行修改，也可以使用 ALTER-SQL 命令进行修改。

在“项目管理器”窗口中，选中读者表（dz.dbf），单击“修改”按钮，打开表设计器，按要求进行表结构的修改，修改后单击“确定”按钮进行保存。

如果使用 ALTER-SQL 命令按要求对表结构进行修改，则在“命令”窗口中依次输入并执行以下命令：

```
ALTER TABLE dz ADD COLUMN bz M                  &&增加字段
ALTER TABLE dz RENAME COLUMN bz TO beizhu       &&重命名字段
ALTER TABLE dz ALTER COLUMN dzbh C (10)         &&修改字段
ALTER TABLE dz DROP COLUMN zp                   &&删除字段
```

6. 数据库表的添加与移去

（1）将自由表读者表（dz.dbf）和图书表（ts.dbf）添加到 tsk 数据库。

在“项目管理器”窗口中，选中 tsk 数据库中所包含的“表”对象，单击“添加”按钮，选择读者表（dz.dbf）进行添加。

在“命令”窗口中输入并执行以下命令将图书表添加到 tsk 数据库：

```
CLOSE TABLES ALL
SET DATABASE TO tsk          &&设置当前数据库
ADD TABLE ts                 &&ts 表添加到当前数据库
```

之后可以在“项目管理器”窗口中查看到 tsk 数据库中这两张数据库表的存在，如图 2-3-5 所示。

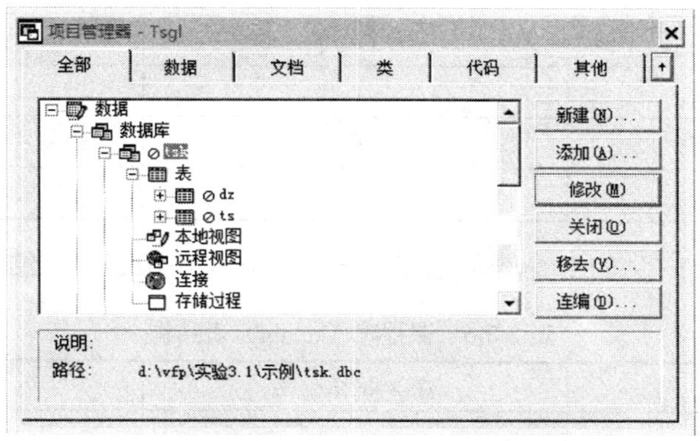

图 2-3-5　tsk 数据库中的数据库表

（2）将数据库表用户表（yh.dbf）和借阅表（jy.dbf）变成自由表。

在“项目管理器”窗口中，选中 tsk 数据库中所包含的 yh 表，单击“移去”按钮，选择“移去”，则数据库表 yh 变成了自由表。

在“命令”窗口中输入并执行以下命令将借阅表从 tsk 数据库中移出：

```
CLOSE TABLES ALL
SET DATABASE TO tsk          &&设置当前数据库
REMOVE TABLE jy              &&jy 表从当前数据库中移出变成自由表
```

注 意

数据库表移出数据库变成自由表后，不会出现在项目管理器中，可以自行进行添加。

（3）在磁盘上删除 tsk4.dbc 文件，将该数据库中的数据库表 dz1 添加到 tsk 数据库。

在磁盘上删除 tsk4.dbc 文件或者用 DELETE FILE 命令删除 tsk4.dbc 文件，会破坏数据库和数据库表之间的双向链接，导致数据库表无法正常使用，像这种情况，需要使用 FREE TABLE 命令删除后链，使数据库表变成自由表后才可正常使用。

在“命令”窗口中输入并执行以下命令：

```
FREE TABLE dz1          &&删除 dz1 表的后链
SET DATABASE TO tsk
ADD TABLE dz1           &&将 dz1 表添加到 tsk 数据库
```

实验作业

启动 VFP，将“d:\vfp\实验 4\作业”文件夹设置为默认的工作文件夹，打开该文件夹中的项目文件“jxgl.pjx”。

（1）创建数据库 jxsj。

（2）利用表设计器创建自由表学生表（xs.dbf），表结构见表 2-3-5。

表 2-3-5 学生表（xs.dbf）表结构

字段名	字段类型及宽度	字段含义
xh	C(10)	学号
xm	C(6)	姓名
xb	C(2)	性别
csrq	D	出生日期
rxrq	D	入学日期
xdh	C(2)	系代号

（3）利用 CREATE TABLE 命令创建自由表课程表（kc.dbf），表结构见表 2-3-6。

表 2-3-6 课程表（kc.dbf）表结构

字段名	字段类型及宽度	字段含义
kcdh	C(4)	课程代号
kcm	C(18)	课程名
kss	N(2)	课时数
bxk	L	必修课
xf	N(1)	学分

（4）将自由表学生表（xs.dbf）、课程表（kc.dbf）添加到 jxsj 数据库。

（5）利用表设计器创建属于 jxsj 数据库的数据库表专业表（zy.dbf），表结构见表 2-3-7。

表 2-3-7 专业表（zy.dbf）表结构

字段名	字段类型及宽度	字段含义
zydh	C(6)	专业代号
zymc	C(14)	专业名称
xz	N(1)	学制

（6）利用 CREATE TABLE 命令创建属于 jxsj 数据库的数据库表成绩表（cj.dbf），表结构见表 2-3-8。

表 2-3-8 成绩表（cj.dbf）表结构

字段名	字段类型及宽度	字段含义
xh	C(8)	学号
kcdh	C(4)	课程代号
cj	N(3)	成绩

（7）将 jxsj1 数据库中的教师表（js.dbf）添加到 jxsj 数据库。

（8）使用 ALTER-SQL 命令对学生表（xs.dbf）的结构作如下修改。

① 增加字符型字段 jg（宽度为 10）和通用型字段 zp。
② 将 zp 字段的字段名改为 zhaopian。
③ 将 xh 字段的宽度改为 8 个字节。
④ 将 rxrq 字段删除。

实验 5　表记录的维护处理

实验目的与要求

（1）掌握表的打开与关闭的方法。
（2）掌握记录输入的方法。
（3）掌握表的浏览及定制的方法。
（4）掌握表记录维护的方法，包括数据的修改、记录删除等。

实验准备

（1）启动 Visual FoxPro，将“d:\vfp\实验 5\示例”文件夹设置为默认的工作路径。
（2）打开该文件夹中的项目文件 tsgl.pjx。

实验内容

1. 表的打开与关闭

在“命令”窗口中输入并执行命令完成下列操作。
（1）在当前工作区打开 dz 表。
（2）在当前工作区打开 ts 表并且别名为 tushu。
（3）在不改变当前工作区的前提下，在未被使用编号最小的工作区打开 dz 表。
（4）在 5 号工作区再次打开 dz 表。
（5）选择未被使用编号最小的工作区作为当前工作区并打开 yh 表。
（6）关闭当前工作区的表。
（7）关闭 2 号工作区的表。
（8）关闭别名为 tushu 的表。
（9）关闭所有打开的表。

2. 记录的输入

（1）在 dz 表的“浏览”窗口中输入记录，记录内容见表 2-3-9。

表 2-3-9　dz 表记录

dzbh	xm	xb	lx	jg	yxbh	csrq	gszt	zp
05030815	王淼	女	学生	江苏南京	06	3/20/88	.F.	wy.bmp

（2）利用 INSERT-SQL 命令给 ts1 表追加记录，记录内容见表 2-3-10。
（3）利用 INSERT 命令在 ts2 表第 2 条记录之前追加记录，记录内容见表 2-3-10。（选做）

表 2-3-10　ts 表记录

sh	sm	cbsbh	zz	dj	rkcs	kccs	bz
B821-49/472P	高调做事低调做人方法全集	B003	何跃青著	39.8	2	2	畅销书

（4）利用 APPEND FROM 命令将表文件 cbs1.dbf 和 Excel 工作簿文件 cbs2.xls 中的数据追加到 cbs 表中。

（5）在 cbs 表末尾追加一条空记录。

3. 表的浏览

（1）打开 dz 表的浏览窗口。

（2）打开 dz 表的编辑窗口。

（3）使用 BROWSE 命令浏览 dz 表中挂失状态的男读者信息。

（4）使用 LIST 命令在主窗口中显示 dz 表中 06 级江苏籍学生的 dzbh、xm、jg（学生的读者编号字段的前两位表示年级）。（选做）

（5）使用 DISPLAY 命令在主窗口中显示 dz 表中第 10 条记录内容。（选做）

4. 表的字段筛选和记录筛选

（1）通过对 dz 表的“工作区属性”窗口中的设置，筛选出女读者的 dzbh、xm、lx、xb 信息。

（2）用 SET FILTER TO 和 SET FIELD TO 命令筛选出年龄在 20 岁以下（包括 20 岁）的读者的 xm、csrq。

5. 记录的修改

（1）给 jy 表增加一个逻辑型字段 gq，利用菜单操作给该字段赋值：如果借书期限超过 30 天，则该字段值为.T.，否则为.F.。

（2）利用 REPLACE 命令修改 ts 表 sm 字段的内容，将所有书名加上“《》”符号，例如：书名“高调做事低调做人方法全集”修改为《高调做事低调做人方法全集》。

（3）利用 UPDATE-SQL 命令修改 ts 表 dj 字段的内容：所有书号以“F”开头的图书，单价上浮 10%。

6. 记录的删除

（1）利用界面操作逻辑删除 ts 表中第 1 条记录。

（2）利用 DELETE-SQL 命令逻辑删除 ts 表中备注字段内容为空的记录。

（3）利用 DELETE 命令逻辑删除 ts 表中单价小于 50 的记录。

（4）利用菜单操作撤销 ts 表中备注字段内容为空的记录的删除标记。

（5）利用 RECALL 命令撤销 ts 表中单价小于 50 的记录的删除标记。

（6）撤销所有记录的删除标记。

（7）利用菜单操作物理删除 ts 表中第 2 条记录。

（8）利用命令物理删除 ts 表中第 3 条记录。

（9）利用命令物理删除 ts 表中所有记录。

7. 数据的复制

使用 COPY 命令完成下列操作。

（1）将 dz 表中所有教师的记录复制到表文件 dz1.dbf 中。

（2）将 dz 表中所有教师的记录复制到表文件 dz2.dbf 中，仅仅复制 xm、xb 两个字段。

（3）将 dz 表中所有教师的记录复制到文本文件 dz3.txt 中，仅仅复制 xm、xb 两个字段。

（4）将 dz 表中所有教师的记录复制到 EXCEL 工作簿文件 dz4.xls 中，仅仅复制 xm、xb 两个字段。

实验步骤

1. 表的打开与关闭

在“命令”窗口中输入并执行以下命令，同时打开“数据工作期”窗口（选择“窗口”→“数据库工作期窗口”菜单命令），查看表的打开和关闭情况，如图 2-3-6 所示。

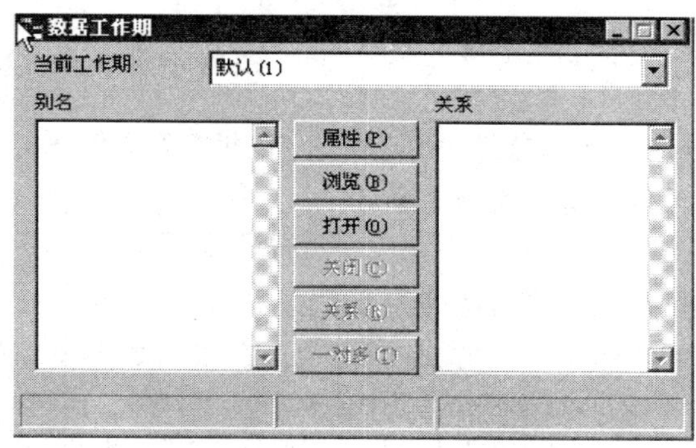

图 2-3-6 “数据工作期”窗口

```
USE dz                  &&在当前工作区（1 号工作区）打开 dz 表
USE ts ALIAS tushu      &&在当前工作区（1 号工作区）打开 ts 表且别名为 tushu（一
                          个工作区只能打开一张表，dz 表被自动关闭）
? SELECT( )             &&测试当前工作区区号，VFP 主窗口显示：1
? ALIAS( )              &&测试当前工作区表的别名，VFP 主窗口显示：tushu
? USED("ts")            &&测试别名为“ts”的表有没有被打开，VFP 主窗口显示：.F.
USE dz IN 0             &&在未被使用编号最小的工作区（2 号工作区）打开 dz 表
? SELECT( )             &&测试当前工作区区号，VFP 主窗口显示：1
? ALIAS( )              &&测试当前工作区表的别名，VFP 主窗口显示：tushu
USE dz AGAIN IN 5       &&在 5 号工作区再次打开 dz 表
? ALIAS(5)              &&测试 5 号工作区表的别名，VFP 主窗口显示：E
SELECT 0                &&选择未被使用编号最小的工作区作为当前工作区
USE yh                  &&在当前工作区打开 yh 表
? SELECT( )             &&测试当前工作区区号，VFP 主窗口显示：3
? ALIAS( )              &&测试当前工作区表的别名，VFP 主窗口显示：yh
USE                     &&关闭当前工作区的表（关闭 yh 表）
USE IN 2                &&关闭 2 号工作区的表（关闭 dz 表）
USE IN tushu            &&关闭别名是 tushu 的表
```

```
CLOSE TABLES ALL     &&关闭所有打开的表
```

表的打开和关闭的操作也可以在“数据工作期”窗口中进行。

2. 记录的输入

（1）在 dz 表的“浏览”窗口中输入记录，操作步骤如下。

在“项目管理器”窗口中选中 dz 表，单击“浏览”按钮，打开 dz 表的浏览窗口。

选择“显示”→“追加方式”菜单命令，使浏览窗口处于输入状态，在表的末尾依次输入记录内容。

zp 字段（通用型）的内容的输入方法为：双击该条记录的 zp 字段（即 gen），打开通用型字段的编辑窗口，单击“编辑”→“插入对象”菜单命令，在出现的“插入对象”对话框中选择“由文件创建”，输入文件名“wy.bmp”，单击“确定”按钮。关闭编辑窗口，此时 zp 字段的内容显示为“Gen”（有内容）。

如果要输入备注型字段的内容，也是需要双击打开编辑窗口输入，字段无内容显示“memo”，有内容显示“Memo”。

注 意

打开表的浏览窗口后，可以选择“显示”→“编辑”菜单命令或选择“显示”→“浏览”菜单命令将窗口显示为编辑窗口或浏览窗口。

（2）利用 INSERT-SQL 命令给 ts1 表追加记录。

利用 INSERT-SQL 命令也可以给表追加记录，在“命令”窗口中输入并执行命令：

```
INSERT INTO ts1(sh,sm,cbsbh,zz,dj,rkcs,kccs,bz) VALUES ("B821-49/472P",;
   "高调做事低调做人方法全集","B003","何跃青著",39.8,2,2,"畅销书")
```

命令执行后，浏览 ts1 表，查看记录是否追加成功。

（3）利用 INSERT 命令在 ts2 表第 2 条记录之前追加记录。（选做）

利用 INSERT 命令也可以给表追加记录，在“命令”窗口中输入并执行命令：

```
CLOSE TABLES ALL
USE ts2
GO 2                  &&定位到第 2 条记录
INSERT BEFORE
```

BEFORE 表示在当前记录之前添加记录，省略的话表示在当前记录之后添加记录。

在出现的窗口中输入记录，然后关闭该窗口，浏览 ts2 表，查看记录是否追加在第 2 条记录之前。

（4）在“命令”窗口中输入并执行命令：

```
CLOSE TABLES ALL
USE cbs
APPEND FROM cbs1          &&将表 cbs1 中的数据追加到当前表 cbs 中
APPEND FROM cbs2 XLS      &&将 Excel 文件 cbs2.xls 中的数据追加到当前表 cbs 中
```

打开 cbs 表的浏览窗口，查看记录是否追加成功。

（5）在“命令”窗口中输入并执行命令：

```
APPEND BLANK
```

或者在“命令”窗口中输入并执行命令：

```
GO BOTTOM                    &&定位到最后一条记录
INSERT BLANK
```

注 意

需要插入记录的表如果已经建立了有效性规则或主索引和候选索引，则不能用 APPEND 和 INSERT 命令插入记录，必须用 INSERT INTO-SQL 命令插入记录。

3. 表的浏览

在“命令”窗口中输入并执行以下命令：（后四行代码可选做）

```
CLOSE TABLES ALL
USE dz
BROWSE                   &&打开 dz 表的浏览窗口
EDIT                     &&打开 dz 表的编辑窗口
BROWSE FOR gszt=.T. and xb="男"  &&dz 表浏览窗中显示挂失状态的男读者信息
LIST FOR LEFT(dzbh,2)="06"AND lx="学生"AND LEFT(jg,4)="江苏";
FIELDS dzbh,xm,jg        &&在主窗口中显示 06 级江苏籍学生的 dzbh、xm、jg
GO 10                    &&定位到第 10 条记录
DISPLAY                  &&在主窗口中显示 dz 表的当前记录内容（即第 10 条记录内容）
```

4. 表的字段筛选和记录筛选

（1）通过对 dz 表的“工作区属性”窗口中的设置，筛选出女读者的 dzbh、xm、lx、xb 信息，操作步骤如下。

① 关闭所有打开的表，打开 dz 表的浏览窗口。

② 选择“表”→“属性”菜单命令，打开“工作区属性”对话框。

③ 如图 2-3-7 所示，在数据过滤器中输入：xb="女"。

④ 选中“字段筛选指定的字段”单选按钮，单击“字段筛选”按钮，出现“字段选择器”对话框，分别选择 dzbh、xm、lx、xb 字段添加，如图 2-3-8 所示。

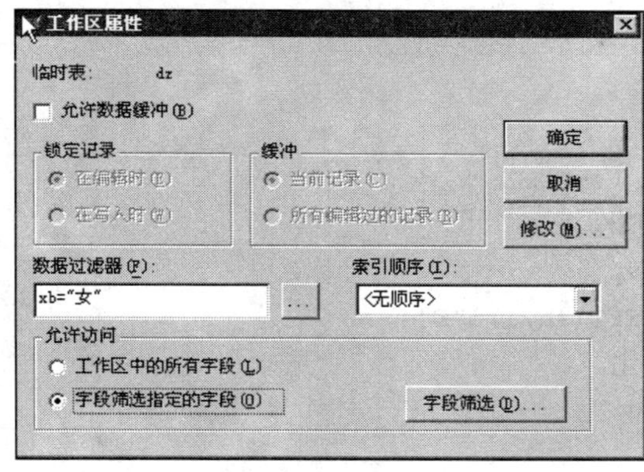

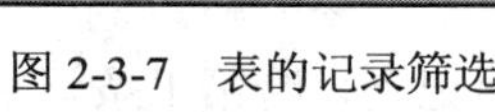

图 2-3-7　表的记录筛选

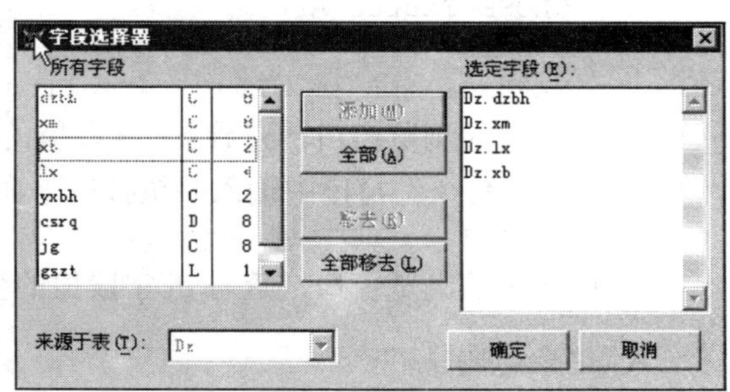

图 2-3-8　表的字段筛选

⑤ 单击“确定”按钮完成设置。

⑥ 关闭dz表的浏览窗口，然后再次打开dz表的浏览窗口，窗口中仅显示女读者的dzbh、xm、lx、xb信息。

上述操作完成后，在“工作区属性”对话框中将数据过滤器中的表达式删除，选中“工作区中的所有字段”单选按钮，取消所有筛选。

（2）在“命令窗口”中输入并执行以下命令：

```
SET FILTER TO YEAR(DATE())-YEAR(csrq)<=20
SET FIELD TO xm,csrq
BROWSE                          &&浏览 dz 表查看筛选结果
SET FILTER TO                   &&取消记录筛选
SET FIELD TO ALL                &&取消字段筛选
```

5. 记录的修改

（1）给 jy 表增加一个逻辑型字段 gq，利用菜单操作给该字段赋值：如果借书期限超过30天，则该字段值为.T.，否则为.F.，具体操作步骤如下。

① 打开jy表的表设计器，添加逻辑型字段gq。

② 打开jy表的浏览窗口，选择“表”→“替换字段”菜单命令。

③ 在“替换字段”对话框中按图2-3-9所示进行设置。

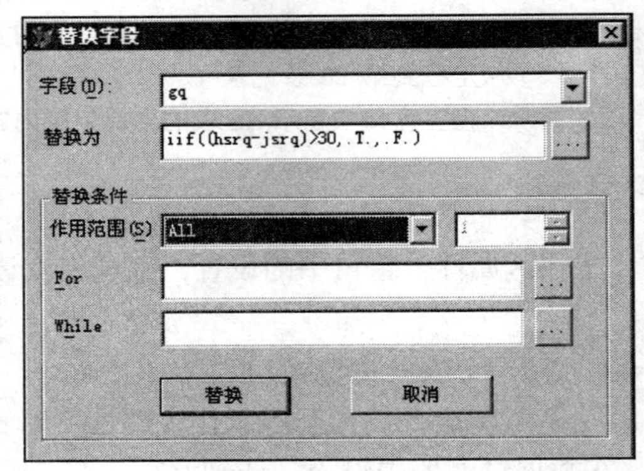

图2-3-9　“替换字段”对话框

④ 单击“替换”按钮完成替换，并打开jy表的浏览窗口，查看gq字段的值是否符合替换的要求。

（2）在“命令”窗口中输入并执行命令：

```
CLOSE TABLES ALL
USE ts
REPLACE ALL sm WITH  "《"+alltrim(sm)+"》"
```

打开ts表的浏览窗口，查看sm字段值的变化。

（3）在“命令”窗口中输入并执行以下命令：

```
UPDATE ts SET dj= dj*1.1 WHERE LEFT(sh,1)="F"
```

打开ts表的浏览窗口，查看dj字段值的变化。

6. 记录的删除

（1）打开ts表的浏览窗口，单击第1条记录前的删除标记列，给第1条记录加上删除标记（即逻辑删除），如图2-3-10所示。

Ts

删除标记

	Sm
[illegible]	支离破碎
B804-49/13P	思路决定出路:一定要学会的60种思维方式
B821-49/472P	高调做事低调做人方法全集
B821-49/474P	人生最重要的100条黄金法则
B825-49/204P	给心灵洗个澡:调整心态，做最好的自己
B825-49/205P	比能力更重要的12种品格
B842.6-49/60P	一生要养成的60个习惯
B848.4-49/392P	狼道·蚁道
B848.4-49/394P	最伟大的励志书
C912.1-49/129P	卡耐基经典小故事全集
F715-49/93P	中国人最该读的100个财富寓言

图 2-3-10　删除标记

（2）在“命令”窗口中输入并执行以下命令：

```
DELETE FROM ts WHERE empty(bz)
BROWSE                  &&查看删除标记设置情况
```

（3）在“命令”窗口中输入并执行以下命令：

```
DELETE FOR dj<50
BROWSE                  &&查看删除标记设置情况
```

（4）打开 ts 表的浏览窗口，选择“表”→“恢复记录”菜单命令，按图 2-3-11 所示进行设置。注意观察删除标记的变化。

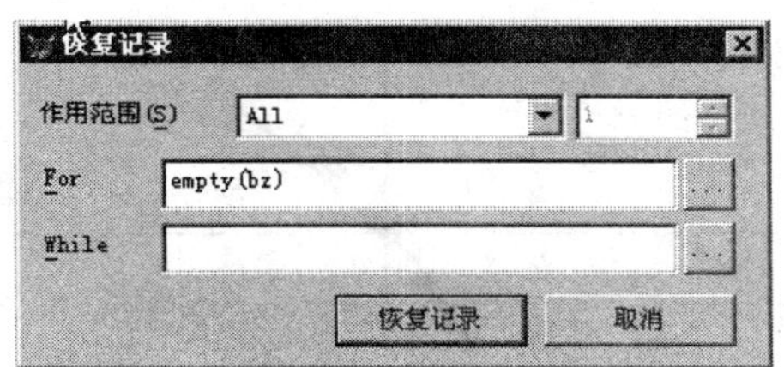

图 2-3-11　恢复记录

（5）在“命令”窗口中输入并执行以下命令，注意观察删除标记的变化。

```
RECALL FOR dj<50
```

（6）在“命令”窗口中输入并执行以下命令，注意观察删除标记的变化。

```
RECALL ALL
```

（7）打开 ts 表的浏览窗口，给第 2 条记录设置删除标记，然后选择“表”→“彻底删除”菜单命令，物理删除了第 2 条记录。（记录物理删除后不可恢复）

（8）在“命令”窗口中输入并执行以下命令：

```
DELETE FROM ts WHERE RECNO()=3
PACK            &&物理删除第三条记录
```

（9）在“命令”窗口中输入并执行命令：

```
ZAP             &&删除所有记录（不管是否带有删除标记）
```

或者，在“命令”窗口中输入并执行以下命令：

```
DELETE FROM ts
PACK
```

7. 数据的复制

在“命令”窗口中输入并执行以下命令：

```
CLOSE TABLES ALL
USE dz
COPY TO dz1 FOR lx="教师"
USE dz1
BROWSE
USE dz
COPY TO dz2 FOR lx="教师" FIELD xm,xb
USE dz2
BROWSE
USE dz
COPY TO dz3 SDF FOR lx="教师" FIELD xm,xb     &&复制到文本文件
COPY TO dz4 XLS FOR lx="教师" FIELD xm,xb     &&复制到Excel 文件
```

分别打开"实验 5\示例"文件夹中的 dz3.txt 和 dz4.xls 文件查看其内容。

实验作业

启动 VFP，将"d:\vfp\实验 5\作业"文件夹设置为默认的工作文件夹，打开该文件夹中的项目文件 jxgl.pjx。

（1）在 jsb1 表的浏览窗口中输入记录，记录内容见表 2-3-11。

表 2-3-11　jsb1 表记录

gh	xm	xb	xdh	csrq	gzrq
E0001	王一平	男	05	09/04/76	08/03/99
E0002	李刚	男	05	04/06/62	08/06/86
H0001	程东萍	女	08	05/06/50	08/09/74
E0006	王龙	男	05	09/12/50	08/07/82

（2）利用 INSERT-SQL 命令向 jsb2 表追加记录，记录内容见表 2-3-12。

表 2-3-12　jsb2 表记录

gh	xm	xb	xdh	csrq	gzrq
A0001	陆友情	男	01	07/11/73	08/03/97
B0003	高山	男	02	04/06/70	08/04/94

（3）利用 APPEND FROM 命令将 jsb1 表中的所有工号以"E"开头的教师记录追加到 jsb2 表中。

（4）利用 BROWSE 命令对 jsb1 表完成如下操作。

① 仅显示工作 20 年以上（包括 20 年）的教师的姓名。

② 仅显示 1970 年（包括 1970 年）之后出生的姓"王"的教师的姓名。

（5）利用 SET FILTER TO 和 SET FIELD TO 命令重做第（4）题。

（6）调整 gzb 表中所有职称为"讲师"的综合津贴（zhjt），要求 1996 年（包含 1996 年）以前参加工作的讲师每人为 280 元，其余的讲师为 150 元。

（7）修改 js 表的所有记录的工号字段（gh）值：用系代号（xdh）的值替换原工号中的第 2 与 3 位。例如：工号为"A0005"，系代号为"05"，则替换后的工号就是"A0505"。

（8）为 cj 表增加一个总评成绩字段（字段名为 zpcj），其数据类型、长度、小数位数均与 cj 字段相同，并为其赋值：zpcj=成绩（cj 字段）* 90%+10。

（9）逻辑删除 gz 表中工号（gh）以“A”开头的所有记录。

（10）物理删除 gzc 表中职称为“教授”和“副教授”的所有记录。

（11）将 cj 表中不及格的记录分别复制到文件 cj1.dbf、cj2.txt 和 cj3.xls 中。

实验 6　记录的定位与表索引的创建和使用

实验目的与要求

（1）掌握表记录定位的基本方法。

（2）掌握创建结构复合索引的操作方法。

（3）掌握索引的使用方法。

实验准备

（1）启动 Visual FoxPro，将“d:\vfp\实验 6\示例”文件夹设置为默认的工作路径。

（2）打开该文件夹中的项目文件 tsgl.pjx。

实验内容

1. 记录的定位

在当前工作区打开 dz 表，依次完成下列操作：

（1）定位到第 3 条记录；

（2）向下移动 3 条记录；

（3）定位到第 1 条记录；

（4）向上移动 1 条记录；

（5）定位到最后一条记录；

（6）向下移动 1 条记录；

（7）定位到姓名是“徐超”的记录；

（8）定位到女读者的记录。

2. 创建表的结构复合索引

（1）利用表设计器为 dz 表创建结构复合索引。

① 创建主索引 dzbh，按读者编号降序排序；

② 创建普通索引 xbxm，先按性别排序，性别相同时再按姓名排序，仅作用于男读者的记录；

③ 创建普通索引 csbh，先按出生日期排序，出生日期相同时再按读者编号排序；

④ 创建唯一索引 xb，按性别排序。

（2）利用 INDEX ON 命令为 ts 表创建结构复合索引。

① 创建候选索引 sh，按书号降序排序；

② 创建普通索引 rqkc，先按入库日期排序，入库日期相同时再按库存册数排序，仅作用于书号以“B”开头的图书；

③ 创建普通索引 kcdj，先按库存册数排序，库存册数相同时再按单价排序；

④ 创建唯一索引 dj，按单价排序。

3. 索引的使用

（1）利用“工作区属性”对话框依次将实验步骤 2.（1）中的索引设置为主控索引。

（2）利用命令依次将实验步骤 2.（2）中的索引设置为主控索引。

（3）使用 SEEK 命令定位到 ts 表中书号为“F82/45P”的记录。

实验步骤

1. 记录的定位

（1）在命令窗口中依次输入并执行以下命令，注意观察记录指针的移动情况。

```
CLOSE TABLES ALL
USE dz
BROWSE
GO 3
SKIP 3
?RECNO（ ）                &&显示当前记录号：6
GO TOP
SKIP -1
?BOF（ ）                  &&测试是否在表头，显示：.T.
GO BOTTOM
SKIP
?EOF（ ）                  &&测试是否在表尾，显示：.T.
LOCATE FOR XM="徐超"
LOCATE FOR XB="女"             &&定位到第一个女读者的记录
CONTINUE                   &&继续定位到下一个女读者的记录
```

（2）记录的定位也可以执行菜单命令“表”→“转到记录”来完成，操作步骤如下。

① 打开 dz 表的浏览窗口，选择“表”→“转到记录”→“记录号”菜单命令，输入 3，定位到第 3 条记录。

② 选择“表”→“转到记录”→“下一个”菜单命令，共执行 3 次。（定位到了第 6 条记录）

③ 选择“表”→“转到记录”→“第一个”菜单命令，定位到第 1 条记录。

④ 选择“表”→“转到记录”→“上一个”菜单命令，定位到表头。

⑤ 选择“表”→“转到记录”→“最后一个”菜单命令，定位到最后一条记录。

⑥ 选择“表”→“转到记录”→“下一个”菜单命令，定位到表尾。

⑦ 选择“表”→“转到记录”→“定位”菜单命令，在“定位记录”对话框中进行如图 2-3-12 所示的设置。

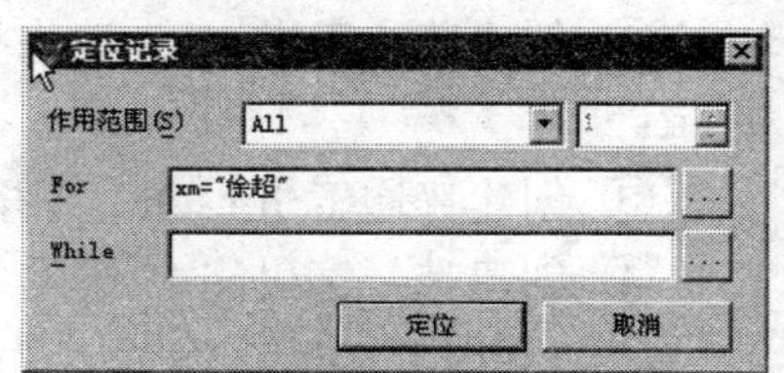

图 2-3-12　记录的条件定位

⑧ 选择“表”→“转到记录”→“定位”菜单命令，在“定位记录”对话框的 For 文本框中输入条件表达式：

xb="女"。

2. 创建表的结构复合索引

（1）利用表设计器为dz表创建结构复合索引

打开dz表的表设计器，选择“索引”选项卡，在“索引”选项卡中按图2-3-13所示进行设置。

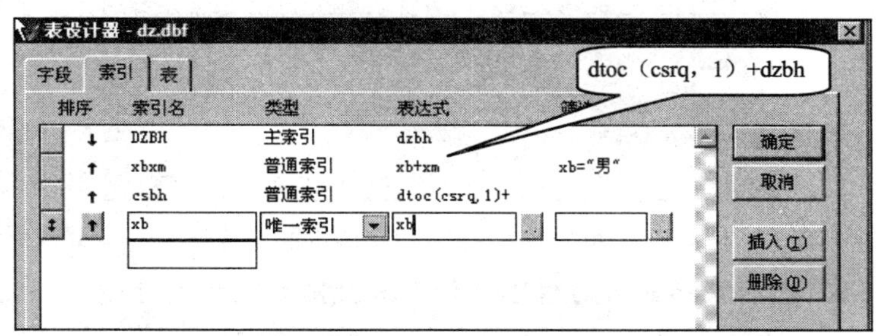

图2-3-13 结构复合索引的设置

（2）利用INDEX ON命令为ts表创建结构复合索引，在命令窗口中输入并执行命令：

```
CLOSE TABLES ALL
USE ts
INDEX ON sh TAG sh DESC CANDIDATE
INDEX ON DTOC(rkrq, 1)+STR(kccs) TAG rqkc FOR left(sh, 1)="B"
INDEX ON str(kccs)+str(dj) TAG kcdj
INDEX ON dj TAG dj UNIQUE
```

注 意

为表创建好结构复合索引后，系统会产生结构复合索引文件，主文件名和表文件名相同，扩展名为.cdx，一张表的所有结构复合索引都存储在该表的结构复合索引文件中。

3. 索引的使用

索引要对表起作用，必须将其设置为主控索引。

（1）利用“工作区属性”对话框依次将实验步骤2.（1）中的索引设置为主控索引，同时打开dz表的浏览窗口，观察索引的使用情况。

打开dz表的浏览窗口，选择“表”→“属性”菜单命令，打开“工作区属性”对话框，如图2-3-14所示，在“索引顺序”下拉列表框中选择“dz.dzbh”，单击“确定”按钮，观察表记录逻辑顺序的变化情况（按读者编号降序重新排序，如图2-3-15所示）。

用同样的方法将dz表另外三个索引xbxm、rqbh、xb分别设置为主控索引，同时在dz表浏览窗口中观察记录逻辑顺序的变化。

（2）在命令窗口中输入并执行命令：

```
CLOSE TABLES ALL
USE ts
SET ORDER TO sh
BROWSE                    &&表中的记录按书号降序排序
```

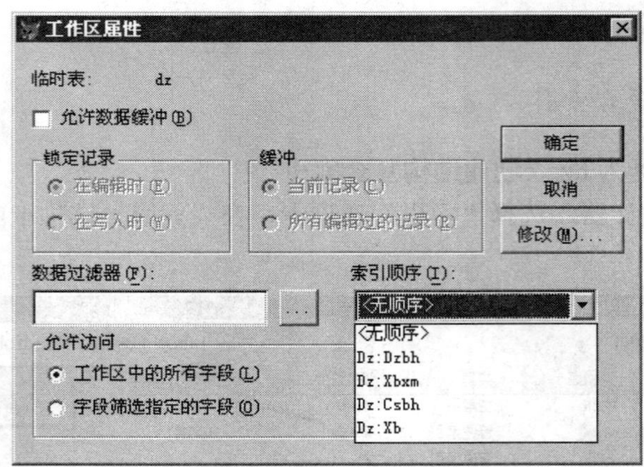

图 2-3-14　主控索引的设置

Dzbh	Xm	Xb	Lx	Yxbh	Csrq	Jg	Gszt	Zp
05030815	王淼	女	学生	06	03/20/85	江苏南京	F	Ge
05030814	孙文静	女	学生	06	10/10/85	江苏常州	F	ge
05030632	吴申浩	男	学生	06	10/10/85	江苏苏州	F	ge
05030421	王芸	女	学生	06	03/20/85	江苏太仓	F	ge
05030412	陆静	女	学生	06	10/15/85	江苏无锡	F	ge
05030403	丁东宇	女	学生	06	10/13/85	江苏太仓	F	ge
05030338	李帆	男	学生	06	12/17/85	江苏太仓	F	ge
05030313	李志娟	女	学生	06	10/15/85	江苏苏州	F	ge
05030306	郝思禹	女	学生	03	12/17/85	江苏苏州	F	ge
05030304	杜泓扬	女	学生	06	10/10/85	江苏南京	F	ge
05030248	杨超	男	学生	06	09/20/85	北京	F	ge
05030236	古海亮	男	学生	06	03/20/85	江苏苏州	F	ge
05030223	吴宁春	女	学生	06	10/10/85	江苏无锡	F	ge
05030211	黄蓝	女	学生	06	01/08/85	江苏太仓	F	ge
05030128	章程	女	学生	06	09/20/85	江苏扬州	F	ge
05030117	钱瑾	女	学生	03	01/08/85	江苏无锡	F	ge
05030116	茆莉丽	女	学生	06	01/08/85	江苏镇江	F	ge
05021244	[illegible]	男	学生	05	10/13/85	上海	F	ge

图 2-3-15　表设置主控索引后的逻辑顺序

或者

```
CLOSE TABLES ALL
USE ts ORDER sh         &&打开 ts 表的同时将 sh 设置为主控索引
BROWSE                  &&表中的记录按书号降序排序
```

用同样的方法将 ts 表另外三个索引 rqkc、kcdj、dj 分别设置为主控索引，同时浏览 ts 表观察记录逻辑顺序的变化。

（3）在命令窗口中输入并执行命令：

```
SET ORDER TO sh
SEEK "F82/45P"
? FOUND()               &&定位成功，显示.T.
? EOF()                 &&如果未搜索到指定记录，则定位到表尾，显示.F.
```

实验作业

启动 VFP，将“d:\vfp\实验 6\作业”文件夹设置为默认的工作文件夹，打开该文件夹中的项目文件 jxgl.pjx。

（1）给 kc 表创建以下索引。

① 创建普通索引 ks1，要求先按课时数（kss）排序，课时数相同时再按课程代号（kcdh）排序。

② 创建普通索引 kcm，要求按课程名（kcm）字段值除去前后空格后的长度排序。

③ 创建普通索引 ks，要求按课时数（kss）和学分（xf）之和排序。

（2）将 xs 表的主索引 xh 设置为主控索引，并使用命令方式进行记录定位。

① 定位到物理顺序的第一条记录。

② 定位到索引顺序的第一条记录。

③ 定位到物理顺序的最后一条记录。

④ 定位到索引顺序的最后一条记录。

实验 7 数据库表的扩展属性与参照完整性

实验目的与要求

（1）掌握数据库表的数据扩展属性的设置方法。

（2）掌握创建数据库表永久性关系的方法。

（3）掌握设置数据库表的参照完整性规则的方法。

（4）掌握 DBGETPROP()和 DBSETPROP()函数的使用。

（5）了解创建表的临时性关系的方法。

实验准备

（1）启动 Visual FoxPro，将“d:\vfp\实验 7\示例”文件夹设置为默认的工作路径。

（2）打开该文件夹中的项目文件 tsgl.pjx。

实验内容

1. 设置数据库表的字段扩展属性

（1）设置 dz 表 xb 字段的属性。

① 设置字段标题：“性别”。

② 设置字段显示格式：去除首尾空格。

③ 设置字段默认值：“女”。

④ 设置字段有效性规则及信息：“性别只能是男或女”。

（2）设置 dz 表 csrq 字段的属性。

① 设置字段标题：“出生日期”。

② 设置字段默认值为系统日期。

③ 设置字段有效性规则及信息：“出生日期必须在系统日期之前”（小于等于系统日期），此规则对已有数据不做验证。

（3）设置 ts 表 cbsbh 字段的属性。

① 设置字段显示格式：以大写字母显示该字段的值。

② 设置字段输入掩码：第一位输入任意字符，后三位只能输入数字。

③ 设置字段注释：外部关键字。

2. 设置数据库表 dz 表的表属性

（1）设置长表名：读者基本信息表。
（2）设置记录有效性规则及信息：教师读者的读者编号必须以大写字母开头。
（3）设置表的触发器。
① 只允许插入读者类型是“学生”和“教师”的记录。
② 只允许修改读者编号不为空的记录。
③ 所有记录都不允许删除。
（4）设置表注释：读者包含教师读者和学生读者。

3. 创建数据库表之间的永久关系

为数据库表 dz 表和 jy 表创建永久关系。

4. 设置数据库表之间的参照完整性规则

设置 dz 表和 jy 表之间的参照完整性规则，满足以下条件。
（1）如果修改 dz 表的 dzbh 字段的值，jy 表的 dzbh 字段的值也随之修改。
（2）如果删除 dz 表的记录，jy 表的相关记录也随之删除。
（3）jy 表中插入记录时，dzbh 字段的值必须在 dz 表中已经存在。

5. DBGETPROP()和 DBSETPROP()函数的使用

（1）利用 DBSETPROP()将 jy 表 dzbh 字段的标题设置为“读者编号”。
（2）利用 DBSETPROP()将 tsk 数据库注释设置为“图书管理数据库”。
（3）利用 DBGETPROP()函数查看 jy 表的表注释。

6. 创建表之间的临时性关系（选做）

（1）在“数据工作期”窗口中为自由表 dz1 表和 jy1 表创建临时性关系。
（2）用 SET RELATION TO 命令为自由表 ts1 表和 jy1 表创建临时性关系。
（3）解除临时性关系。

实验步骤

数据库表的扩展属性是数据库表所特有的，包括显示格式、输入掩码、标题、字段和记录有效性规则、默认值、触发器、字段注释和表注释等，可以在数据库表的表设计器中进行设置。

1. 设置数据库表的字段扩展属性

（1）设置 dz 表 xb 字段的属性。
打开 dz 表的表设计器，选中 xb 字段，按图 2-3-16 所示进行设置，设置完成后按“确定”按钮保存。

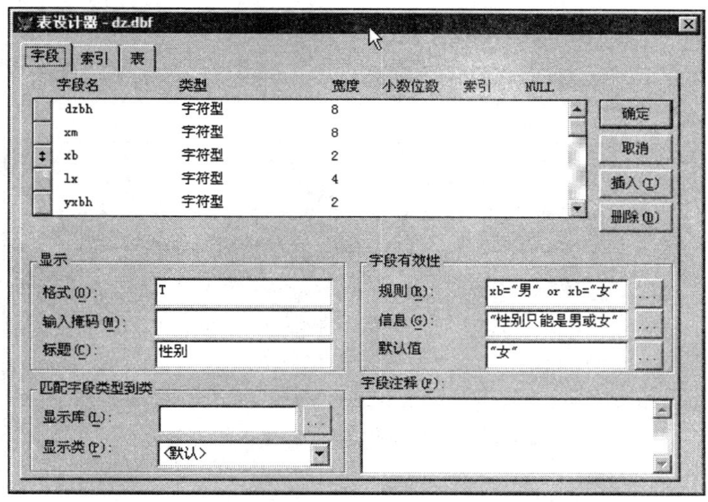

图 2-3-16　xb 字段扩展属性的设置

注 意

- 有效性信息是字符型常量，必须加字符定界符单引号、双引号或方括号（英文状态下输入）。
- 默认值如果是常量，注意使用定界符。
- 有效性规则的验证：打开 dz 表的浏览窗口，将某条记录的 xb 字段的值改为“无”，光标移到别处或关闭浏览窗口，会因为违反有效性规则出现提示信息，如图 2-3-17 所示，单击“还原”按钮，关闭浏览窗口。

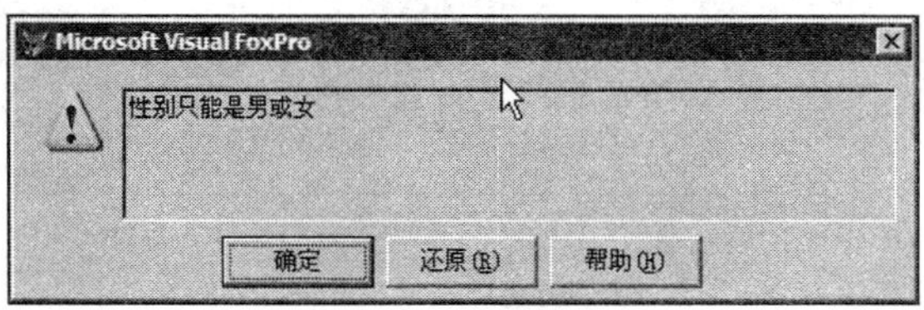

图 2-3-17　违反 xb 字段有效性规则时的提示信息对话框

（2）设置 dz 表 csrq 字段的属性。

打开 dz 表的表设计器，选中 csrq 字段，按图 2-3-18 所示进行设置，设置完成后按“确定”按钮，出现如图 2-3-19 所示的对话框，取消选中“用此规则对照现有的数据”复选框，单击“是”按钮。

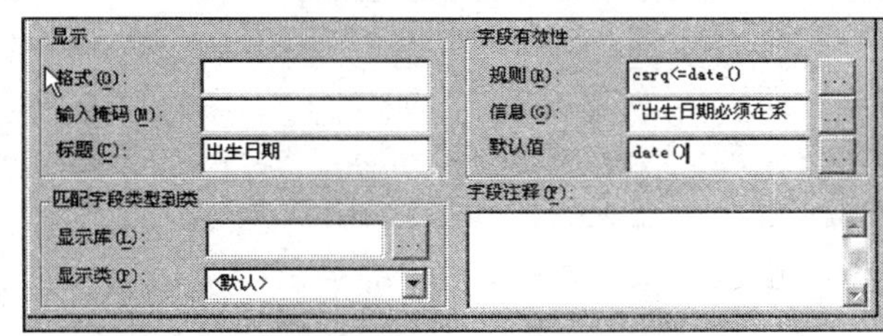

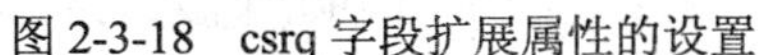
图 2-3-18　csrq 字段扩展属性的设置

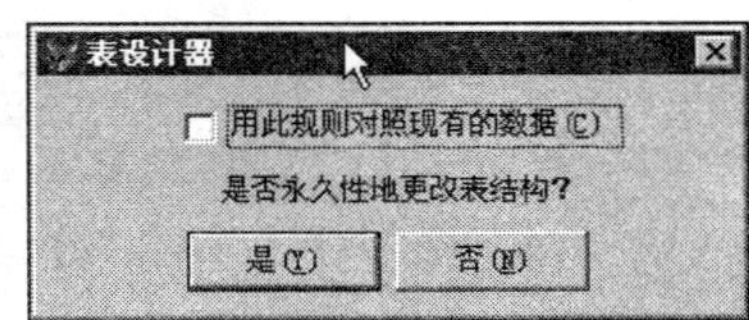

图 2-3-19　设置“规则对现有数据不做验证”

（3）设置 ts 表 cbsbh 字段的属性。

打开 ts 表的表设计器，选中 cbsbh 字段，按图 2-3-20 所示进行设置，设置完成后按“确定”按钮保存。

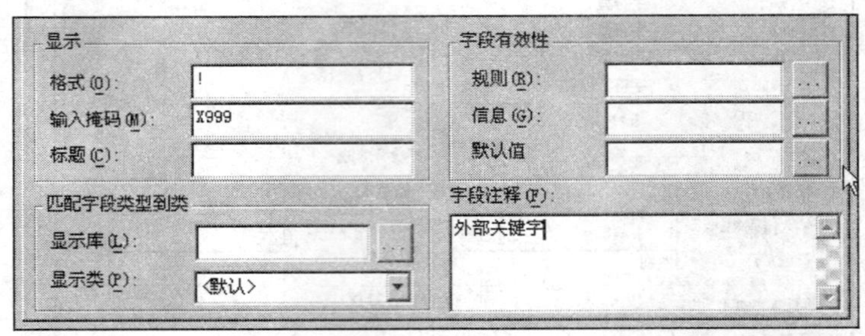

图 2-3-20　cbsbh 字段扩展属性的设置

2. 设置数据库表的表属性

打开 dz 表的表设计器，选择“表”选项卡，按图 2-3-21 所示进行设置，设置完成后单击“确定”按钮保存。

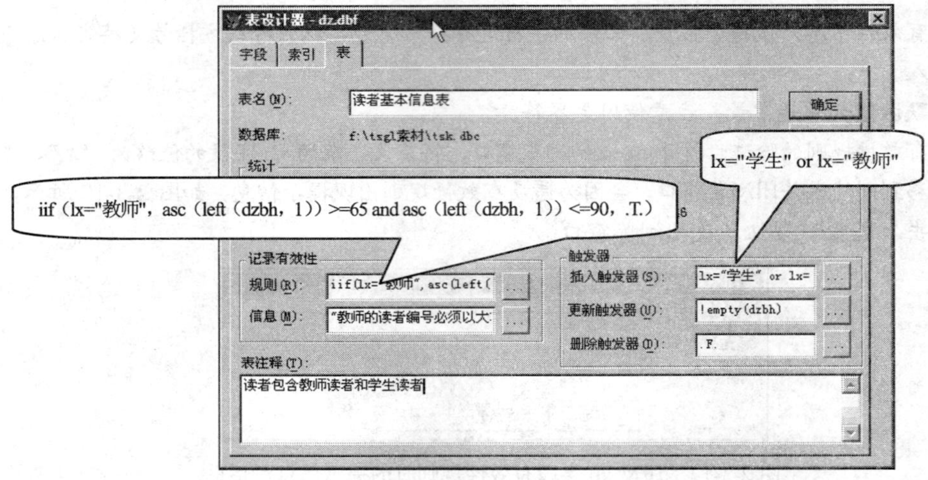

图 2-3-21　表属性的设置

打开 dz 表的浏览窗口，自行验证记录有效性规则的设置的作用。

打开 dz 表的浏览窗口，选择“显示”→“追加方式”菜单命令，在 lx 字段输入“教工”，光标移到其他记录上或关闭浏览窗口，出现如图 2-3-22 所示的对话框，显示“触发器失败”。

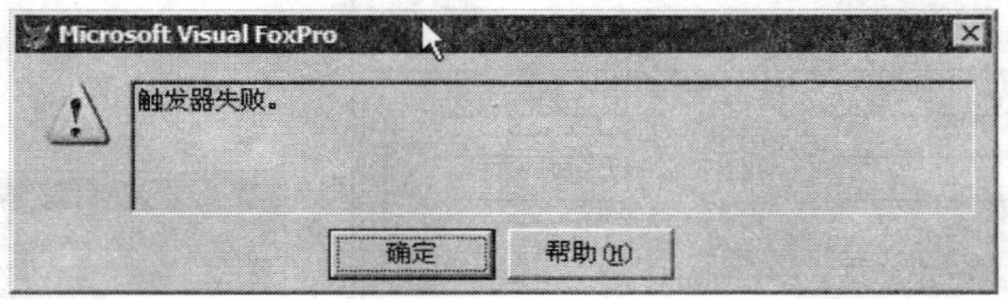

图 2-3-22　“触发器失败”提示框

自行验证更新触发器和删除触发器的设置对 dz 表的修改和删除操作的影响。

3. 创建数据库表之间的永久关系

为数据库表 dz 表和 jy 表创建永久关系，操作步骤如下。

（1）打开 dz 表的表设计器，在“索引”选项卡中设置索引名为 dzbh，索引类型为主索引或候选索引，索引表达式为 dzbh。

（2）打开 jy 表的表设计器，在“索引”选项卡中设置索引名为 dzbh，索引类型为普通索引，索引表达式为 dzbh。

（3）在“项目管理器”窗口中，选择数据库对象 tsk，单击“修改”按钮，打开“数据库设计器”窗口，找到 dz 表和 jy 表（为便于找到所需的表，可以执行菜单命令“数据库”→“重排”），将 dz 表的主索引 dzbh 拖放到 jy 表的普通索引 dzbh 上，两表之间出现了一条关系连线，如图 2-3-23 所示。

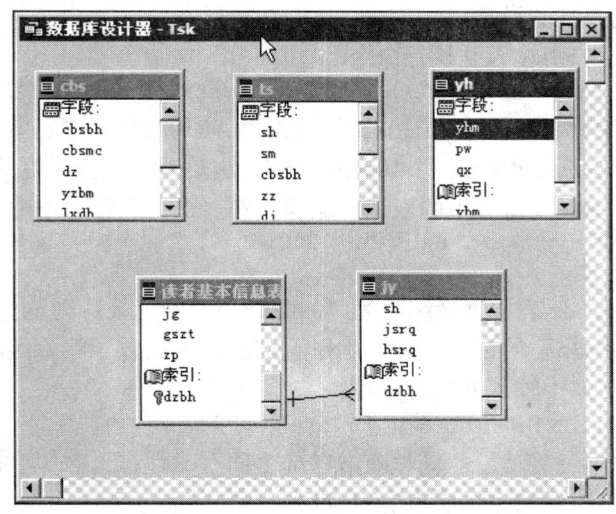

图 2-3-23　创建 dz 表和 jy 表之间的永久关系

如果要删除表之间的永久性关系，在“数据库设计器”中，单击关系连线后，该线变粗，此时按 Del 键即可；或用鼠标右键单击关系连线，在快捷菜单中选择“删除关系”命令；或单击关系连线，在“数据库”菜单中选择“编辑关系”命令，出现“编辑关系”对话框，在该对话框中进行编辑、修改。

4. 设置数据库表之间的参照完整性规则

（1）设置 dz 表和 jy 表之间的参照完整性规则。

操作步骤如下。

① 确认两表之间已经创建好了永久关系（参照完整性的设置是建立在永久关系的基础之上的）。

② 打开数据库 tsk 的数据库设计器，选择“数据库”→“清理数据库”菜单命令。

③ 在“数据库设计器”窗口中双击 dz 表和 jy 表之间的关系连线，在出现的对话框中单击“参照完整性”按钮；或者选择“数据库”→“编辑参照完整性”菜单命令。

④ 在如图 2-3-24 所示的“参照完整性生成器”对话框中，分别设置更新规则级联、删除规则级联、插入规则限制。

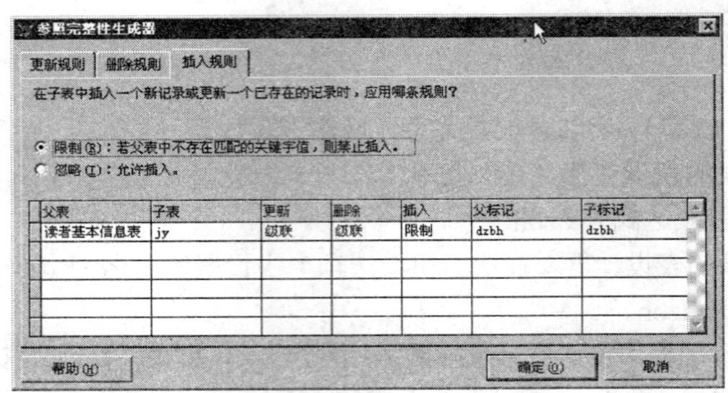

图 2-3-24　设置“参照完整性”

⑤ 单击“确定”按钮完成设置，在后续出现的对话框中均单击“是”按钮。

（2）检验参照完整性的设置。

① 在“命令”窗口中输入并执行命令：

```
UPDATE dz SET dzbh="09030815" WHERE dzbh="05030815"
```

该命令将 dz 表中读者编号“05030815”改为“09030815”，浏览 jy 表。发现 jy 表中所有“05030815”的读者编号也改为了“09030815”，这是因为设置了更新级联。

② 将 dz 表“删除触发器”中的表达式删除，在“命令”窗口中输入并执行命令：

```
DELETE FROM dz WHERE dzbh="09030815"
PACK
```

该命令物理删除了 dz 表中读者编号为“09030815”的记录。浏览 jy 表，发现 jy 表中所有读者编号为“09030815”的记录也被删除了，这是因为设置了删除级联。

③ 在“命令”窗口中输入并执行命令：

```
INSERT INTO jy(dzbh) VALUES ("09090909")
```

出现“触发器失败”对话框，这是因为设置了插入限制，主表 dz 表中没有读者编号为“09090909”的记录，所以禁止在子表 jy 中插入。

5. DBGETPROP()和 DBSETPROP()函数的使用

（1）在“命令”窗口中输入并执行命令：

```
? DBSETPROP ("jy.dzbh", "FIELD", "CAPTION", "读者编号")
```

该命令将 jy 表的 dzbh 字段的标题设置为“读者编号”，打开 jy 表的表设计器查看。

（2）在“命令”窗口中输入并执行命令：

```
? DBSETPROP ("tsk", "DATABASE", "COMMENT", "图书管理数据库")
```

（3）在“命令”窗口中输入并执行命令：该命令将 tsk 数据库注释设置为“图书管理数据库”。

```
?DBGETPROP ("jy", "TABLE", "COMMENT")
```

查看 jy 表的表注释，主窗口显示“借书管理表”。

6. 创建表之间的临时性关系（选做）

临时性关系可以在任意数据库表、自由表、视图、临时表之间创建。创建临时性关系可以在“数据工作期”窗口中建立，也可以用 SET RELATION TO 命令建立。

（1）在“数据工作期”窗口中为自由表 dz1 和 jy1 创建临时性关系。

① 打开“数据工作期”窗口，打开自由表 dz1 和 jy1。

② 子表 jy1 以外部关键字 dzbh 作为索引关键字创建普通索引，并设置为主控索引。

③ 在“数据工作期”窗口中选择主表 dz1，单击“关系”按钮，选择子表 jy1，然后出现“表达式生成器”对话框，设置关系表达式为 dzbh，单击“确定”按钮。

④ 在“数据工作期”对话框中的关系列表中可以看到具有临时关系的表之间有连线，如图 2-3-25 所示，自由表 dz1 和 jy1 之间创建好了临时性关系。

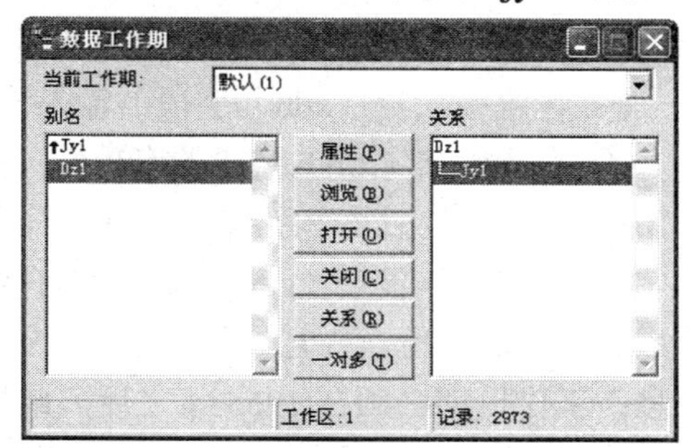

图 2-3-25　在“数据工作期”窗口创建临时性关系

分别打开 dz1 表和 jy1 表的浏览窗口，注意观察当主表 dz1 的记录指针移动时子表 jy1 的记录指针的变化情况，如图 2-3-26 所示。

Dz1

Dzbh	Xm	Xb	Lx	Yxbh	C
05030815	王焱	女	学生	06	C
06030828	赵晗	女	学生	06	C
05030934	陈颋君	男	学生	05	1
C060301	王韬	男	教师	06	C
07030945	徐超	男	学生	06	C
B050211	王洋	女	教师	05	1
A030013	赵娜	女	教师	03	C
07021145	尹筱栋	男	学生	05	C
06021146	袁俊文	男	学生	05	1

Jy1

Dzbh	Sh	Jsrq
B050211	B842.6-49/60P	06/22/09
B050211	B712.52/1P	06/22/09
B050211	B821-49/472P	06/22/09
B050211	B821-49/474P	06/22/09
B050211	B825-49/204P	06/22/09

图 2-3-26　具有临时性关系的两表记录指针的移动情况

（2）用 SET RELATION TO 命令为自由表 ts1 和 jy1 创建临时性关系。

在“命令”窗口中输入并执行以下命令。

```
SELECT 0
USE jy1                       &&打开子表
INDEX ON sh TAG sh            &&以子表的外部关键字 sh 作为关键字创建普通索引
SET ORDER TO sh               &&设置主控索引
SELECT 0
USE ts1                       &&打开主表
SET RELATION TO sh INTO jy1   &&建立临时关系
BROWSE
SELECT jy1
BROWSE
```

注意观察当主表 ts1 的记录指针移动时子表 jy1 的记录指针的变化情况。

（3）解除临时性关系，操作步骤如下。

① 在“数据工作期”窗口的关系列表中双击 dz1 表和 jy1 表的关系连线，打开“表达式生成器”对话框，删除表达式 dzbh 即可。

② 在“命令”窗口中输入并执行命令：

```
SELECT ts1
SET RELATION  TO              &&解除所有以 ts1 表为主表的临时关系
```

③ 当关闭主表或关闭子表时，临时关系也自动解除。

实验作业

启动 VFP，将“d:\vfp\实验 7\作业”文件夹设置为默认的工作文件夹，打开该文件夹中的项目文件 jxgl.pjx。

（1）按如下要求修改 jxsj 数据库中教师（js）表的结构。

① 设置工号（gh）字段的显示格式：以大写字母显示并且自动去除首尾空格。

② 设置系代号（xdh）字段的标题：系代号。

③ 设置系代号（xdh）字段的输入掩码：接受 2 个数字字符。

④ 设置姓名（xm）字段的有效性（验证）规则：xm 的有效宽度（不含首尾空格）必须 4 个字节以上（包括 4 个字节），且首字符必须为汉字（汉字的首字节的 ASCII 码值大于 127）。

⑤ 设置工作日期（gzrq）字段的有效性（验证）规则：工作日期的年份必须小于等于当前系统日期的年份，并且大于等于 1965 年，并设置工作日期（gzrq）字段的有效性（验证）信息：工作日期必须在 1965 年之后，此规则对现有数据不对照。

⑥ 设置职称代号（zcdh）字段的字段注释：01——教授，02——副教授，03——讲师，04——助教。

⑦ 设置性别（xb）字段的默认值：女。

（2）设置教师（js）表的触发器，要求如下。

① 只允许插入 gh 字段的值为 5 个字节（去除首尾空格）的教师记录。

② 只允许更新 1990 年（包含 1990）以后参加工作的教师。

③ 不允许删除工号以“A”开头的教师记录。

（3）创建 xs 表和 cj 表之间的永久关系，设置参照完整性规则：更新限制、删除级联、插入限制。

（4）用 SET RELATION TO 命令创建 kc 表和 cj 表之间的临时性关系。

实验 8　项目、数据库和表操作综合

实验目的与要求

（1）掌握项目管理器的基本操作。

（2）掌握数据库的基本操作。

（3）掌握表的基本操作。

（4）掌握数据库表的扩展属性的设置。

（5）掌握永久关系的创建和参照完整性的设置。

实验准备

（1）启动 Visual FoxPro，将“d:\vfp\实验 8\示例”文件夹设置为默认的工作路径。

（2）打开该文件夹中的项目文件 tsgl.pjx

实验内容

（1）修改表。按以下要求修改 tsk 数据库中的借阅（jy）表。

① 添加一个数值型字段，字段名为 fk，要求该字段能存储 3 位整数、1 位小数，允许 NULL 值；设置字段标题为“罚款”。

② 添加一个字符型字段，字段名为 lx，字段宽度为 1，设置 lx 字段的有关属性，使该

字段中输入的字母均为大写字母。

③ 设置罚款（fk）字段的有效性规则和有效性信息，要求：其值不能小于 0。

④ 将罚款（fk）字段的默认值设置为 0。

⑤ 设置表的触发器：当系统日期为“星期六”或“星期日”，则不允许插入。

⑥ 设置表的触发器：当读者编号（dzbh）字段值为空字符串时才能删除记录。

⑦ 设置表的记录有效性规则和有效性信息：借书日期小于等于还书日期（此规则对表中已有数据不做验证）。

⑧ 设置表注释：借书管理表。

⑨ 创建一个普通索引 abcd1，要求根据读者类型（lx）字段排序，相同时再根据读者编号（dzbh）字段排序。

⑩ 创建一个唯一索引 abcd2，要求以读者编号（dzbh）字段的第一个字符为索引关键字。

（2）添加记录。给 ts 表添加一条记录，sh：TP31.15，sm：Visual FoxPro 实验指导，zz：崔建忠等。

（3）删除自由表。利用项目管理器操作，从磁盘上删除自由表 yh。

（4）将数据库表转为自由表。将 yx 表移出 tsk 数据库，并使其成为项目文件 tsgl 中的自由表。

（5）修改项目信息。修改项目 tsgl 的项目信息，将单位设置为“南京审计学院”，附加图标 net.ico。

（6）设置文件的排除。在项目管理器中，将表单 ff 设置为“排除”状态。

（7）复制记录。将 jy 表中 dzbh 字段值前两位是“05”且 hsrq 字段值不为空的记录复制到 jyb 表（保存在当前工作目录下）。

（8）重命名视图。利用项目管理器，将本地视图 dzjy 改名为 dzjyview，并为其设置编辑说明“读者借阅视图”。

（9）替换字段。计算 jy 表中的罚款（fk）字段的值，算法是：如果还书日期（hsrq）减去借书日期（jsrq）大于 60 天，则超过 60 天部分按 0.1 元/天计算。

（10）删除记录。

将 dz 表中出生年份是 1985 年的记录逻辑删除。

（11）建立表间的关系，并设置参照完整性。ts 表和 jy 表已存在以书号（sh）字段为索引表达式的主索引 tssh 和普通索引 jysh。以 ts 表为主表、jy 表为子表，基于 sh 字段建立永久关系，并设置参照完整性。

① 在 ts 表中修改记录（sh 字段的值）时，若 jy 表中有相关的记录，则禁止对 ts 表进行修改。

② 在 ts 表中删除记录时，若 jy 表中有相关的记录，则同步删除 jy 表中相应记录。

实验步骤

1. 修改表

打开 jy 表的表设计器，进行以下设置。

（1）单击表设计器右侧“插入”按钮，在“字段名”文本框中输入：fk，在“类型”下拉列表中选择：数值型，在“宽度”文本框中输入：5，单击 NULL 列的按钮，在“标题”文本框中输入：罚款。

（2）单击表设计器右侧“插入”按钮，字段名输入：lx，在“类型”下拉列表中选择：字符型，宽度输入：1。在格文本框中输入：!。

（3）选择 fk 字段，在“规则”文本框中输入：fk>=0，在“信息”文本框中输入："其值不能小于 0"。

（4）选择 fk 字段，在“默认值”文本框中输入：0。

（5）选择“表”选项卡，在“插入触发器”文本框中输入：

```
!(DOW(DATE())=7 OR DOW(DATE())=1)
```

或

```
!DOW(DATE())=7 AND !DOW(DATE())=1
```

（6）在“删除触发器”文本框中输入：EMPTY(dzbh)。

（7）在“记录有效性”选项组的“规则”文本框中输入：jsrq<=hsrq，在“信息”文本框中输入："借书日期小于等于还书日期"。

（8）在“表注释”文本框中输入：借书管理表。

步骤（5）到步骤（8）所做设置如图 2-3-27 所示。

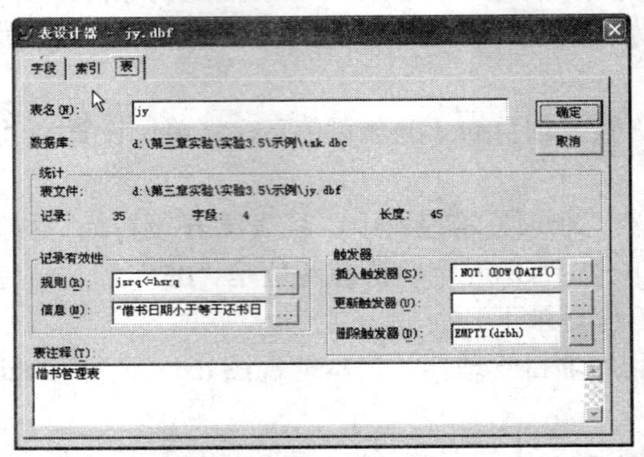

图 2-3-27　属性的设置

（9）选择“索引”选项卡，在“索引名”文本框中输入：abcd1，在“类型”下拉列表中选择：普通索引，在“表达式”文本框中输入：lx+dzbh。

（10）在“索引名”文本框中输入：abcd2，在“类型”下拉列表中选择：唯一索引，在“表达式”文本框中输入：LEFT(dzbh,1)。

步骤（9）和步骤（10）所做设置如图 2-3-28 所示。

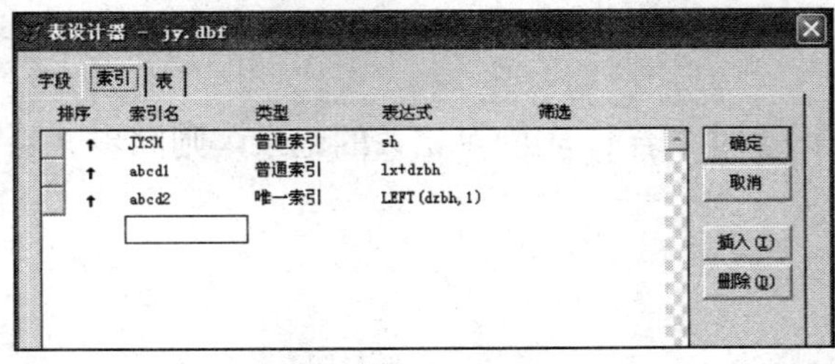

图 2-3-28　索引的设置

2. 添加记录

打开 ts 表的浏览窗口，选择“显示”→“追加方式”菜单命令，在 sh、sm、zz 字段分别输入各字段内容。

3. 删除自由表

在“项目管理器”窗口中选中自由表 yh，单击右侧的“移去”按钮，在出现的对话框中单击“删除”按钮。

4. 将数据库表转为自由表

在“项目管理器”窗口中选中 tsk 数据库中的数据库表 yx，单击右侧的“移去”按钮，在出现的对话框中单击“移去”按钮。然后在项目管理器中选择“自由表”对象，单击右侧的“添加”按钮，选择“yx.dbf”，将 yx 表添加到项目中。

5. 修改项目信息

在“项目管理器”窗口中单击鼠标右键，在出现的快捷菜单中选择“项目信息”菜单命令，出现“项目信息”对话框，如图 2-3-29 所示，在“单位”文本框中输入：南京审计学院，选中“附加图标”复选框，选择文件 net.ico。

6. 设置文件的排除

在“项目管理器”窗口中，单击“文档”选项卡，选中表单对象下的 ff 表单，单击鼠标右键，在出现的快捷菜单中选择“排除”菜单命令，如图 2-3-30 所示。

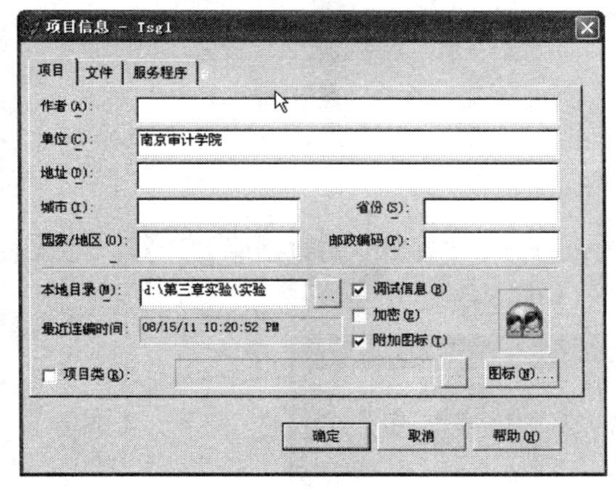

图 2-3-29　项目信息的设置

图 2-3-30　文件“排除”状态的设置

7. 复制记录

在命令窗口中输入并执行命令：

```
SELECT jy
COPY TO jyb FOR LEFT(dzbh,2)="05" AND !EMPTY(hsrq)
```

8. 重命名视图

在“项目管理器”窗口中，选中 tsk 数据库的本地视图中的 dzjy 视图，单击鼠标右键，在出现的快捷菜单中选择“重命名”菜单命令，出现“重命名文件”对话框，输入：dzjyview，

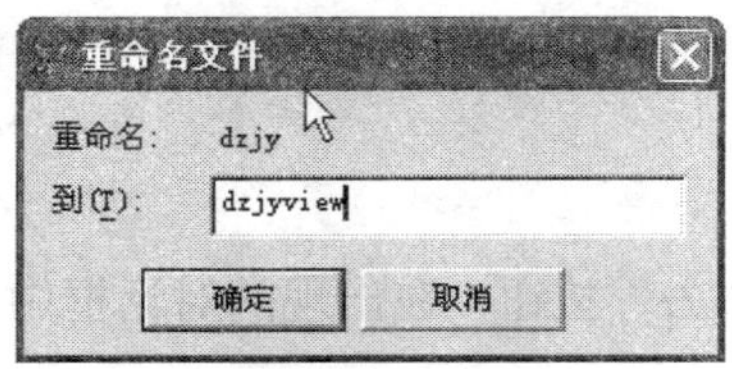

图 2-3-31　视图“重命名”

然后再选中视图 dzjyview，右击选择“编辑说明”设置编辑说明为“读者借阅视图”。如图 2-3-31 所示。

9. 替换字段

打开 jy 表的浏览窗口，选择“表”→“替换字段”菜单命令，在“字段”下拉列表框中选择：fk，在“替换为”对话框中输入：(hsrq-jsrq-60)*0.1，在“作用范围”下拉列表框中选择：ALL，在“FOR”文本框中输入：hsrq-jsrq>60，如图 2-3-32 所示。

10. 删除记录

打开 dz 表的浏览窗口，选择“表”→“删除记录”菜单命令，按图 2-3-33 所示进行设置；或者，在“命令”窗口中输入并执行以下命令：

```
DELETE FROM dz WHERE YEAR(csrq)=1985
```

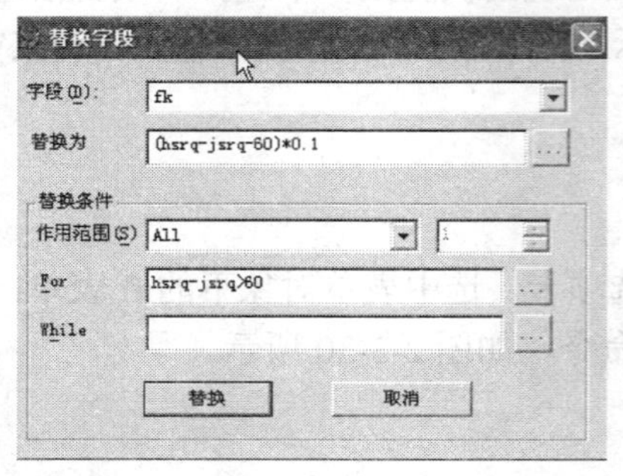

图 2-3-32　“替换字段”对话框的设置

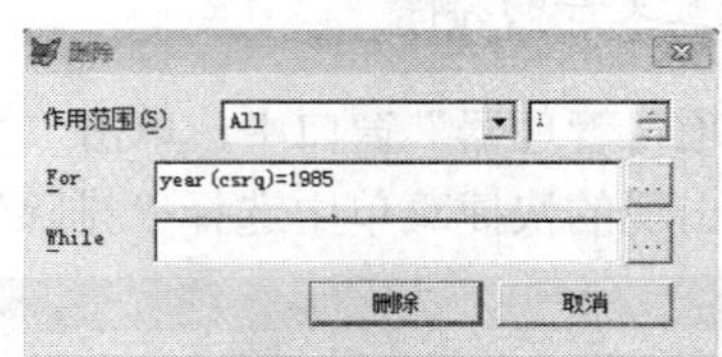

图 2-3-33　逻辑删除记录

11. 建立表间的关系，并设置参照完整性

（1）创建 ts 表和 jy 表的永久关系，方法为：打开 tsk 数据库的数据库设计器，将 ts 表的主索引 tssh 拖放到 jy 表的普通索引 jysh 即可，如图 2-3-34 所示。

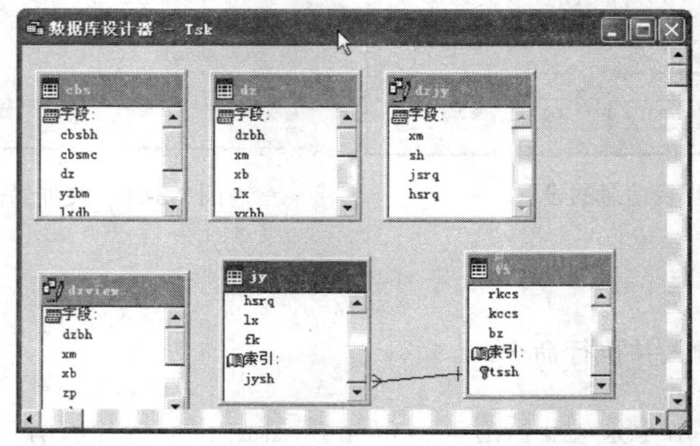

图 2-3-34　创建永久关系

（2）设置参照完整性，方法为：在 tsk 数据库的数据库设计器中，选择“数据库”→“清理数据库”菜单命令，然后再选择“数据库”→“编辑参照完整性”菜单命令，设置参照完整性规则：更新限制、删除级联，如图 2-3-35 所示。

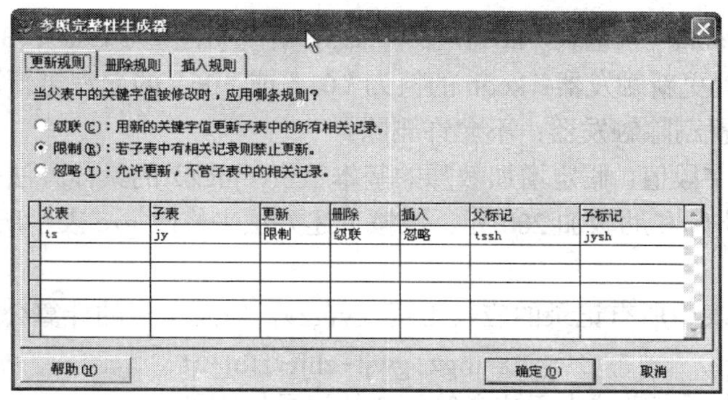

图 2-3-35　参照完整性规则

实验作业

启动 VFP，将“d:\vfp\实验 8\作业”文件夹设置为默认的工作文件夹，打开该文件夹中的项目文件 jxgl.pjx。

（1）在jxsj 数据库中按表2-3-13所示的结构创建ab.dbf 表，并完成相关属性的设置。

表 2-3-13　ab 表结构

字段名	数据类型	宽度	字段标题
zkz	C	10	准考证号
xm	C	12	姓名
bscj	N	2	笔试成绩
sjcj	N	2	上机成绩
qk	L		是否缺考

① 设置ab表的注释：考生成绩。

② 设置是否缺考字段的默认值：.F.。

③ 设置是否缺考字段的显示类：复选框。

④ 创建普通索引，索引名为 abcd，要求按笔试成绩与上机成绩的总和排序。

（2）修改 jxsj 中的教师（js）表，要求如下。

① 为工作日期（gzrq）字段设置标题：工作日期。

② 设置工作日期（gzrq）字段的有效性规则及信息：工作日期的年份必须小于等于 2011 年且大于等于 1950。

③ 设置记录的有效性规则：18 岁以后（含 18 岁）才能参加工作。

④ 为职称代号（zcdh）字段设置输入掩码：接受 2 个字节的字符，且只接受数字字符。

⑤ 增加一个备注字段，字段名为 zwjs。

⑥ 创建一个普通索引 xdhcsrq，要求先按 xdh 字段排序，相同时再按 csrq 字段排序。

（3）添加编辑说明。为 js 表添加编辑说明：教师基本信息表。

（4）把自由表 gzb 添加到 jxsj 数据库。

（5）设置 jxgl 项目信息，作者：自己的姓名，单位：NAU。

（6）将“实验 8\作业”文件夹中 xs.txt 文件添加到项目中，并将其包含状态设置为“排除”。

（7）向 kc 表中添加一条记录，kcdh：26，kcm：计算机图形学，kss：3，bxk：.F.，xf：3。

（8）为 cj 表设置更新触发器：kcdh 的值为“01”或“06”的允许更新，否则不允许更新。

（9）为 cj 表设置删除触发器：不允许删除。

（10）修改相应字段值。假定增加教师的基本工资（jbgz）的具体方法是：教授加 500 元，副教授加 300 元，讲师和助教加 200 元。请按上述方法来修改 gzc 表中所有记录的基本工资（jbgz）字段的值。

（11）计算 gzc 表中所有记录的应发工资（yfgz），应发工资的计算公式为：

yfgz=jbgz+gwjt+zhjt+zfbt+qt

（12）给 kc 表中所有学分大于或者等于 3 的记录加删除标记。

（13）将 gzc 表中职称为“教授”的记录复制到新的表中，表名为 jsgzb。

（14）zy 表根据 zydh 字段创建候选索引 zydh，xs 表根据 zydh 字段创建普通索引 zydh，以 zy 表为主表，xs 表为子表，按 zydh 建立永久关系，并设置两表之间的参照完整性：更新限制、删除级联、插入限制。

单元 4 查询与视图

实验 9 创 建 查 询

实验目的与要求

（1）掌握使用查询设计器创建查询的方法。
（2）掌握创建单表和多表查询的方法和操作步骤。
（3）了解使用查询向导创建交叉表查询的方法。

实验准备

（1）启动 Visual FoxPro，将“d:\vfp\实验 9\示例”文件夹设置为默认的工作路径。
（2）打开该文件夹中的项目文件 tsgl.pjx。

实验内容

（1）使用查询设计器创建查询。

① 创建查询 chaxunl，基于 dz 表查询所有江苏籍的读者。要求显示读者编号、姓名和身份三列（dz 表中 jg 字段的前两个汉字的含义为省份，身份即 lx 字段）。

② 创建查询 chaxun2，基于 dz 表查询所有江苏籍的教师读者。要求显示读者编号、姓名和出生年份三列。

③ 创建查询 chaxun3，基于 dz 表查询所有江苏、浙江籍的读者。要求显示读者编号、姓名和籍贯三列，输出结果按籍贯排序。

④ 创建查询 chaxun4，基于 dz 表查询院系编号不为 01、03、05、07、09 的所有读者信息。要求显示读者编号、姓名、身份和院系编号，输出结果先按教师在前、学生在后的顺序排序，身份相同的再按院系编号降序排序。

⑤ 创建查询 chaxun5，基于 dz 表查询读者中各级的学生人数。学生读者的 dzbh 字段的前两位代表级，要求输出字段为：级、人数，查询结果按级的升序排序输出。

⑥ 创建查询 chaxun6，基于 dz 表查询男女学生、男女教师的人数和平均年龄，要求输出类型、性别、人数和平均年龄四列，查询结果先按类型排序，类型相同再按性别排序。

⑦ 创建查询 chaxun7，查询 ts 表中哪些出版社的图书不足 5 本，输出这些出版社的编号和图书数目，查询结果按图书数目降序排序输出到文本文件 a1 中。

⑧ 创建查询 chaxun8，基于 jy 表查询 2009 至 2010 年借了 3 本以上图书（包括 3 本）的读者，要求输出读者编号和借书数目。查询结果按读者编号排序，输出到屏幕。

⑨ 创建查询 chaxun9，基于 jy 表查询借阅本数最多的四位读者的读者编号和借书数目。查询结果输出到临时表 temp 中。

⑩ 创建查询 chaxun10，基于 ts 表查询出版图书单价超过 200 元的出版社编号，同一个出版社只显示一次，查询结果输出到表 t1 中。

⑪ 修改查询 chaxun11，基于 ts 表和 cbs 表，查询单价在 50～80 元之间的图书，要求输出字段为：sh、sm、dj、cbsmc，查询结果按单价的升序排序。

⑫ 修改查询 chaxun12，基于 ts 表和 tsfl 表，查询文学、艺术、军事和经济类图书各有多少本，要求输出字段为：类别名称和图书书目，查询结果输出到屏幕。ts 表中的 sh 字段的第一位（A、B、C 等）表示分类编号。

⑬ 修改查询 chaxun13，基于 dz 表和 jy 表查询尚未借书的读者，要求输出 dz 表的所有字段。

⑭修改查询 chaxun14，基于 dz 表、jy 表和 ts 表查询读者所借的图书是否过期以及罚款金额，要求输出字段为：xm、sm、是否过期、罚款金额。借书天数超过 30 天就算过期，如果过期显示“过期”，否则显示“未过期”，过期读者按每天 0.1 元罚款，未过期者不显示罚款金额。

⑮ 修改查询 chaxun15，基于 yx 表和 dz 表查询各院系读者总人数、教师人数、学生人数、教师所占比例、学生所占比例。要求输出字段为：院系名称、总人数、教师人数、学生人数、教师所占比例、学生所占比例。

（2）利用交叉表查询向导创建查询。创建查询 chaxun16，基于 jy 表查询各本图书的读者和借阅时间。

实验步骤

1. 使用查询设计器创建查询

（1）创建查询 chaxunl，基于 dz 表查询所有江苏籍的读者。要求显示其读者编号、姓名和身份三列（dz 表中字段 jg 的前两个汉字的含义为省份，身份即 lx 字段）。

① 在“项目管理器”窗口中选择“查询”项，单击“新建”按钮，在“新建查询”对话框中单击“新建查询”按钮，打开“查询设计器”窗口，同时弹出“添加表或视图”对话框。

② 在“添加表或视图”对话框中选择 dz 表，如图 2-4-1 所示，单击“添加”按钮，然后关闭该对话框。

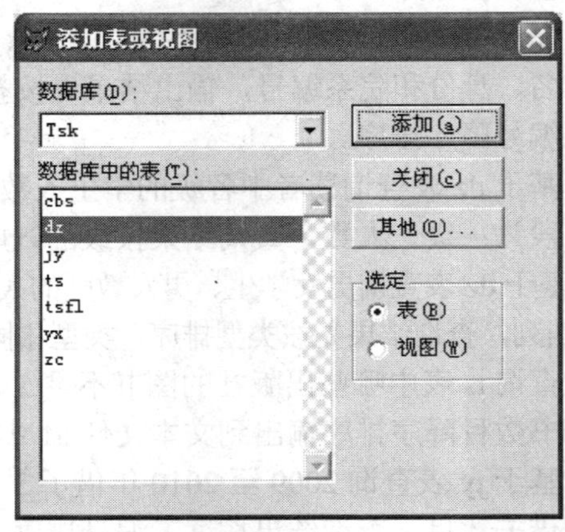

图 2-4-1　“添加表或视图”对话框

③ 在查询设计器的“字段”选项卡上选定输出字段。在“可用字段”列表框中分别双击 dz.dzbh 和 dz.xm，添加到“选定字段”列表中，在“函数和表达式”文本框中输入：lx AS 身份，然后单击“添加”按钮，也将其添加到“选定字段”列表中。

④ 在“筛选”选项卡上设置筛选条件：LEFT(jg,4)="江苏"，如图 2-4-2 所示。

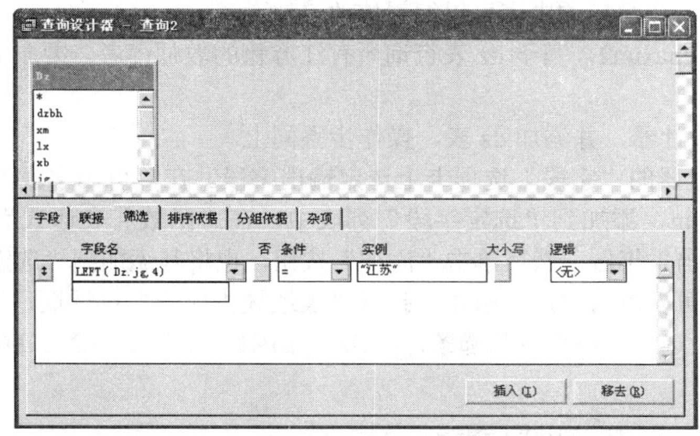

图 2-4-2　chaxunl 的“筛选”设置

⑤ 关闭“查询设计器”窗口，保存查询，文件名为 chaxunl。

⑥ 运行查询，查看查询结果，如图 2-4-3 所示。

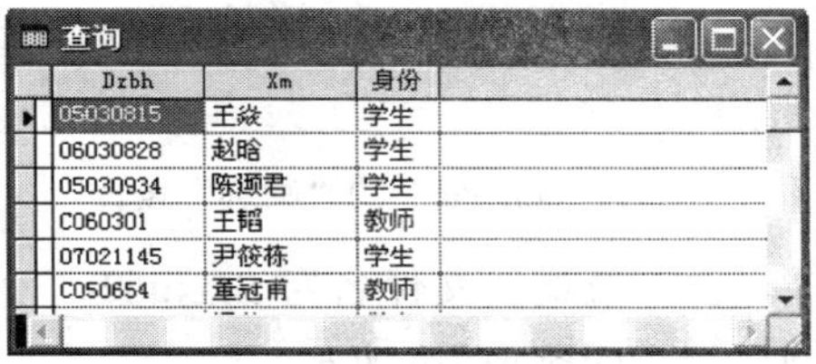

Dzbh	Xm	身份
05030815	王焱	学生
06030828	赵晗	学生
05030934	陈琐君	学生
C060301	王韬	教师
07021145	尹筱栋	学生
C050654	董冠甫	教师

图 2-4-3　chaxunl 的查询结果

运行查询有以下几种方法。

方法一：在项目管理器中选择 chaxunl，单击“运行”按钮。

方法二：打开 chaxunl 的查询设计器，单击工具栏上的“!”按钮。

方法三：在“命令”窗口输入并执行 DO chaxunl.qpr 命令。

注 意

查询设计器最终生成的是一条 SELECT-SQL 语句。

可以在打开查询设计器的情况下，执行菜单命令“查询”→“查看 SQL”，或右击查询设计器，在快捷菜单中选择“查看 SQL”菜单命令，查看该查询所生成的 SELECT-SQL 语句（只读），如图 2-4-4 所示。

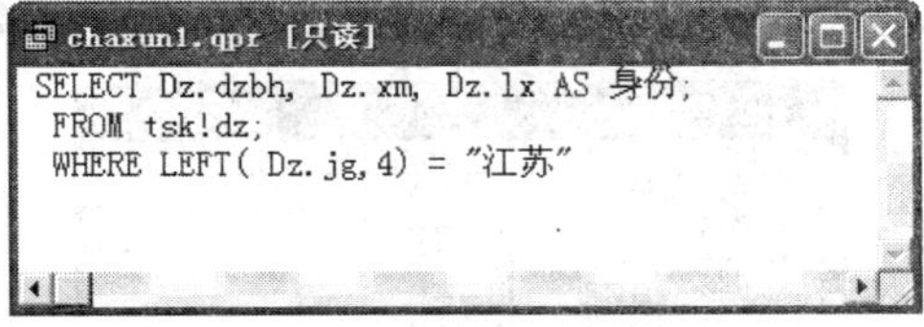

图 2-4-4　chaxunl 的 SELECT-SQL 语句

也可以在资源管理器中选中 chaxun1.qpr，在其右键快捷菜单中选择“打开方式”命令，出现“打开方式”对话框；在“程序”列表框中选择“记事本”，来查看 chaxun1.qpr 的 SELECT-SQL 命令，该窗口的内容可以编辑修改。

（2）创建查询 chaxun2，基于 dz 表查询所有江苏籍的教师读者。要求显示其读者编号、姓名和出生年份三列。

① 打开查询设计器，并添加 dz 表，操作步骤同上。

② 在查询设计器的“字段”选项卡上选定输出字段。在“可用字段”列表框中分别双击 dz.dzbh 和 dz.xm，添加到“选定字段”列表中，在“函数和表达式”文本框中输入：YEAR(dz.csrq) AS 出生年份，然后单击“添加”按钮，也将其添加到“选定字段”列表中。出生年份的添加也可以单击“…”按钮，打开“表达式生成器”对话框，生成该表达式。

③ 在“筛选”选项卡中设置筛选条件：Dz.jg LIKE "江苏%" AND Dz.lx = "教师"，如图 2-4-5 所示。

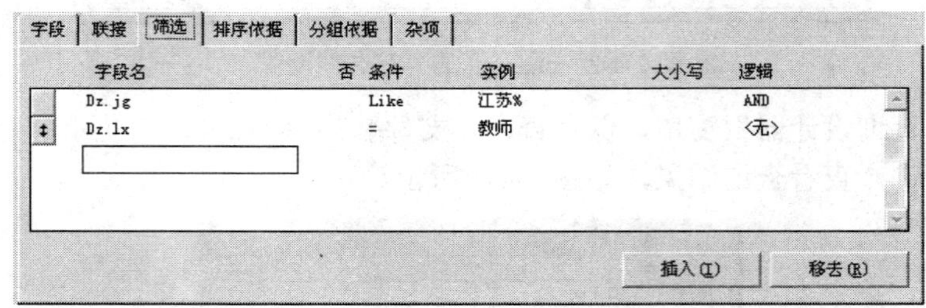

图 2-4-5　chaxun2 的“筛选”设置

④ 关闭查询设计器窗口，保存查询，文件名为 chaxun2。

⑤ 运行查询，查看查询结果，如图 2-4-6 所示。

Dzbh	Xm	出生年份
C080301	王韬	1973
C050654	董冠甫	1976
B080641	李玺	1967

图 2-4-6　chaxun2 的查询结果

（3）创建查询 chaxun3，基于 dz 表查询所有江苏、浙江籍的读者。要求显示读者编号、姓名和籍贯三列，输出结果按籍贯排序。

① 打开查询设计器，添加表 dz，在“字段”选项卡中选定 dz.dzbh、dz.xm 和 dz.jg 三个字段。

② 在“筛选”选项卡中设置筛选条件：LEFT(jg，4)="江苏" OR LEFT(jg，4)="浙江"。

③ 在“排序依据”选项卡中设置输出顺序。把“选定字段”列表框中的 dz.jg 添加到“排序条件”列表框中。

④ 保存查询为 chaxun3。运行查询，查看查询结果，如图 2-4-7 所示。

图 2-4-7　chaxun3 的查询结果

（4）创建查询 chaxun4，基于 dz 表查询院系编号不为 01、03、05、07、09 的所有读者信息。要求显示读者编号、姓名、身份和院系编号，输出结果先按教师在前、学生在后的顺序排序，身份相同的再按院系编号降序排序。

① 打开查询设计器，添加表 dz，在“字段”选项卡中选定 dzbh、xm、lx 和 yxbh 四个字段。

② 在“筛选”选项卡中设置筛选条件：dz.yxbh NOT IN ("01","03","05","07","09")，如图 2-4-8 所示。

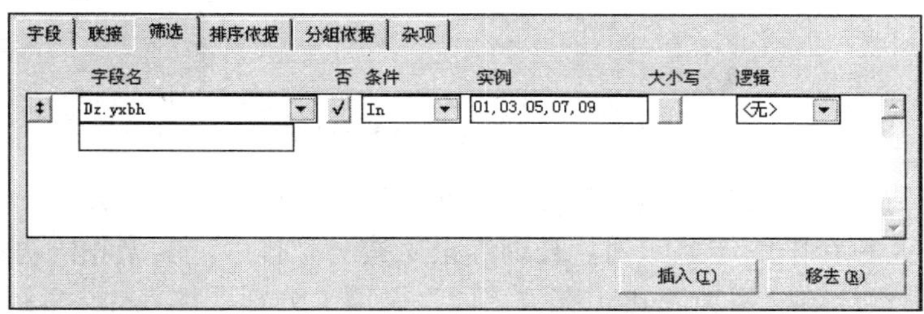

图 2-4-8　chaxun4 的“筛选”设置

③ 在“排序依据”选项卡中，依次把“选定字段”列表框中的 dz.lx 和 dz.yxbh 添加到“排序条件”列表框中，然后在“排序条件”列表框中选择 dz.yxbh，单击“排序选项”组中的“降序”单选按钮，如图 2-4-9 所示。

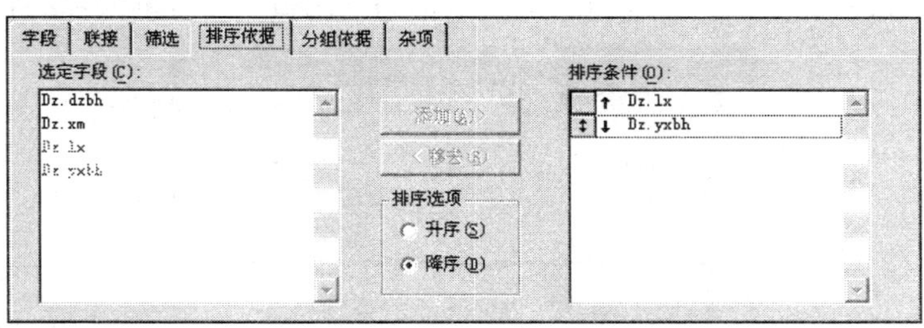

图 2-4-9　chaxun4 的“排序依据”设置

④ 保存查询为 chaxun4。运行查询，查看查询结果是否满足查询要求，如图 2-4-10 所示。

查询

Dzbh	Xm	Lx	Yxbh
B080641	李玺	教师	08
C060301	王韬	教师	06
07060906	耿娟	学生	11
07060929	张启华	学生	11
07060940	孙健	学生	11
07061017	[illegible]	学生	11

图 2-4-10　chaxun4 的查询结果

（5）创建查询 chaxun5，基于 dz 表查询读者中各级的学生人数。学生读者的 dzbh 字段的前两位代表级，要求输出字段为：级、人数，查询结果按级的升序排序输出。

① 打开查询设计器，添加表 dz，在“字段”选项卡添加“LEFT(dz.dzbh,2) AS 级”和“COUNT(*)　AS 人数”两项作为选定字段。

② 在“筛选”选项卡中设置筛选条件：lx="学生"。

③ 在“排序依据”选项卡上，将“选定字段”中的“LEFT(dz.dzbh,2) AS 级”添加到“排

序条件”列表中。

④ 在“分组依据”选项卡上设置分组依据。把“可用字段”列表框中的“LEFT(dz.dzbh,2) AS 级”添加到“分组字段”列表框中。

⑤ 保存查询为 chaxun5。运行查询，查看查询结果是否满足查询要求，如图 2-4-11 所示。

级	人数
03	2
04	1
05	143
06	1355
07	1466
js	1

图 2-4-11　chaxun5 的查询结果

（6）创建查询 chaxun6，基于 dz 表查询男女学生、男女教师的人数和平均年龄，要求输出类型、性别、人数和平均年龄四列，查询结果先按类型排序，类型相同再按性别排序。

① 打开查询设计器，添加表 dz，在“字段”选项卡分别添加 dz.lx、dz.xb、“COUNT(*) AS 人数”和“AVG(YEAR(DATE())-YEAR(dz.csrq)) AS 平均年龄”为选定字段。

② 在“排序依据”选项卡上，依次添加 dz.lx 和 dz.xb 到“排序条件”列表框中。

③ 在“分组依据”选项卡上，把“可用字段”列表框中的 dz.lx 和 dz.xb 分别添加到“分组字段”列表框中。

④ 保存查询为 chaxun6。运行查询，查看查询结果是否满足查询要求，如图 2-4-12 所示。

Lx	Xb	人数	平均年龄
教师	男	3	39.00
教师	女	2	45.50
学生	男	1043	24.43
学生	女	1925	24.43

图 2-4-12　chaxun6 的查询结果

（7）创建查询 chaxun7，查询 ts 表中哪些出版社的图书不足 5 本，输出这些出版社的编号和图书数目，查询结果按图书数目降序排序输出到文本文件 a1 中。

① 打开查询设计器，添加表 ts，在“字段”选项卡分别添加 ts.cbsbh 和“COUNT(*)　AS 图书数目”为选定字段。

② 在“排序依据”选项卡上，添加“COUNT(*)　AS 图书数目”到“排序条件”列表框中，然后选中“降序”单选按钮。

③ 在“分组依据”选项卡中，把“可用字段”列表框中的 ts.cbsbh 添加到“分组字段”列表框中。单击“满足条件”按钮，在“满足条件”对话框中设置分组结果的筛选条件为：图书数目<5，如图 2-4-13 所示。

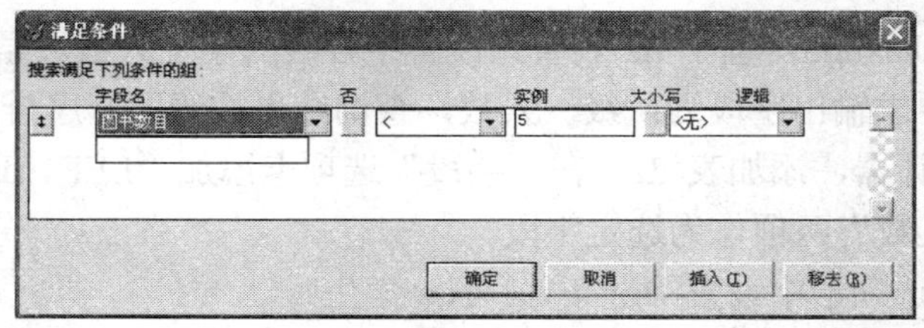

图 2-4-13　chaxun7 的“满足条件”设置

④ 选择“查询”菜单中的“查询去向”命令，打开“查询去向”对话框，单击“屏幕”按钮，选中“到文本文件”单选按钮，在文本框中输入：A1，单击“确定”按钮，如图 2-4-14 所示。

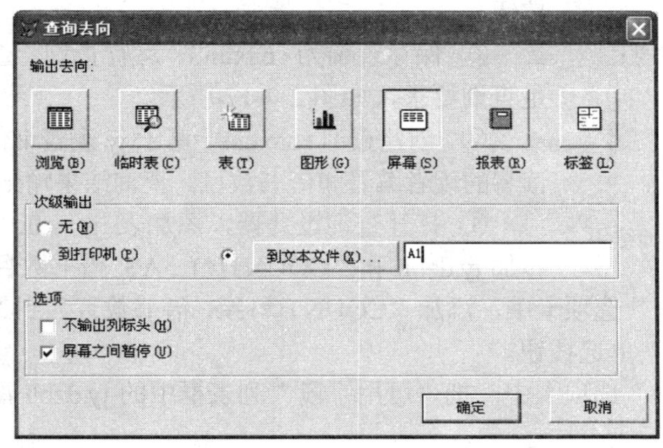

图 2-4-14　chaxun7 的“查询去向”设置

也可以右击查询设计器，在弹出的快捷菜单中选择“输出设置”命令打开“查询去向”对话框，或单击“查询设计器”工具栏中的“查询去向”按钮。

⑤ 保存查询为 chaxun7，运行查询。

⑥ 在项目管理器中的“其他”选项卡选择“文本文件”，单击“添加”按钮，打开“添加”对话框，选择文件 a1，单击“确定”按钮，将文本文件 a1 添加到项目中。

⑦ 在项目管理器中选择 a1，单击“修改”按钮，查看查询结果是否满足查询要求。如图 2-4-15 所示。

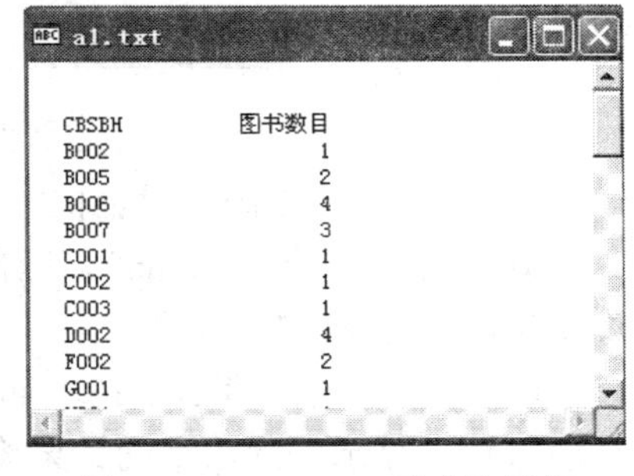

图 2-4-15　chaxun7 的查询结果

（8）创建查询 chaxun8，基于 jy 表查询 2009～2010 年借了 3 本以上图书（包括 3 本）的读者，要求输出读者编号和借书数目。查询结果按读者编号排序，输出到屏幕。

① 打开查询设计器，添加表 jy，在“字段”选项卡分别添加 jy.dzbh 和“COUNT(*)　AS 借书数目”为选定字段。

② 在“筛选”选项卡中设置筛选条件：jy.jsrq BETWEEN {^2009-01-01} AND {^2010-12-31}，如图 2-4-16 所示。

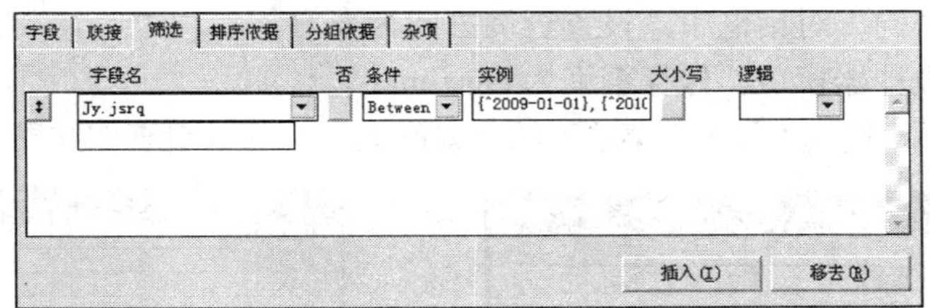

图 2-4-16　chaxun8 的“筛选”设置

③ 在“排序依据”选项卡中，添加“jy.dzbh”到“排序条件”列表框中。

④ 在“分组依据”选项卡上，把“可用字段”列表框中的 jy.dzbh 添加到“分组字段”

列表框中。单击“满足条件”按钮，在“满足条件”对话框中设置分组结果的筛选条件为：借书数目>=3。

⑤ 选择“查询”菜单中的“查询去向”命令，打开“查询去向”对话框，单击“屏幕”按钮。

DZBH	借书数目
05030815	5
06021146	3
06030828	3
07030945	4
B050211	5

图 2-4-17 chaxun8 的查询结果

⑥ 保存查询为 chaxun8。运行查询，查看查询结果是否满足查询要求，如图 2-4-17 所示。

（9）创建查询 chaxun9，基于 jy 表查询借阅本数最多的四位读者的读者编号和借书数目。查询结果输出到临时表 temp 中。

① 打开查询设计器，添加表 jy，在“字段”选项卡分别添加 jy.dzbh 和“COUNT(*) AS 借书数目”为选定字段。

② 在“排序依据”选项卡中，添加“COUNT(*) AS 借书数目”到“排序条件”列表框中，然后选中“降序”单选按钮。

③ 在“分组依据”选项卡中，把“可用字段”列表框中的 jy.dzbh 添加到“分组字段”列表框中。

④ 在“杂项”选项卡中设置结果的记录范围。设置记录范围为列在前面的 4 个，如图 2-4-18 所示。

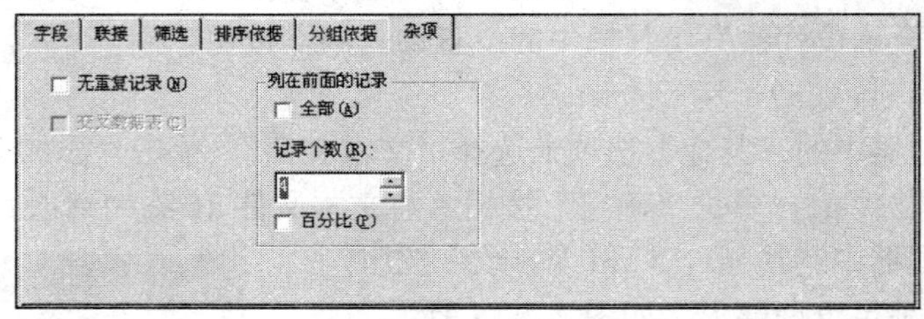

图 2-4-18 chaxun9 的“杂项”设置

⑤ 在“查询去向”对话框中，设置查询去向为临时表 temp。

⑥ 保存查询为 chaxun9。运行查询，选择“显示”菜单下的“浏览 Temp”命令查看查询结果，如图 2-4-19 所示。

（10）创建查询 chaxun10，基于 ts 表查询出版图书单价超过 200 元的出版社编号，同一个出版社只显示一次，查询结果输出到表 t1 中。

① 打开查询设计器，添加表 ts，在“字段”选项卡中分别添加 ts.cbsbh 为选定字段。

② 在“筛选条件”选项卡上，设置筛选条件为 ts.dj>200。

③ 在“杂项”选项卡中，选中“无重复记录”复选框。

④ 在“查询去向”对话框中，设置查询去向为表 t1。

⑤ 关闭查询设计器窗口，保存查询为 chaxun10。

⑥ 运行查询后，选择“显示”菜单下的“浏览 T1”命令查看查询结果，如图 2-4-20 所示。

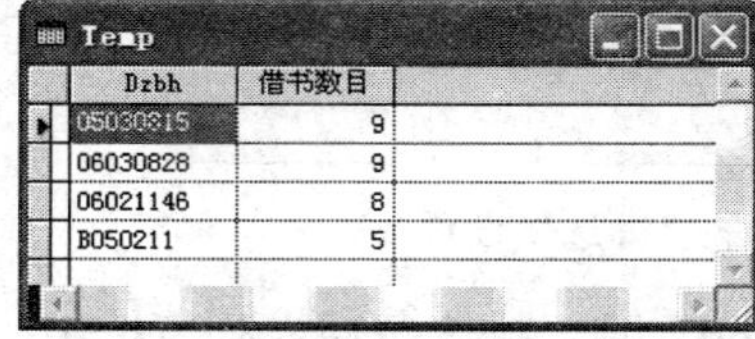
Temp

Dzbh	借书数目
05030815	9
06030828	9
06021146	8
B050211	5

图 2-4-19 chaxun9 的查询结果

T1

Cbsbh
B004
D002
Q001
T001
Z008
Z010

图 2-4-20 chaxun10 的查询结果

（11）修改查询 chaxun11，基于 ts 表和 cbs 表，查询单价在 50～80 元的图书，要求输出字段为：sh、sm、dj、cbsmc，查询结果按单价的升序排序。

① 在项目管理器中选择 chaxun11，单击“修改”按钮，打开查询设计器。

② 添加 ts 表和 cbs 表。

③ 在“字段”选项卡中添加字段 sh、sm、dj、cbsmc。

④ 在“联接”选项卡中将联接类型设置为：内联接，联接条件设置为：ts.cbsbh=cbs.cbsbh，如图 2-4-21 所示。

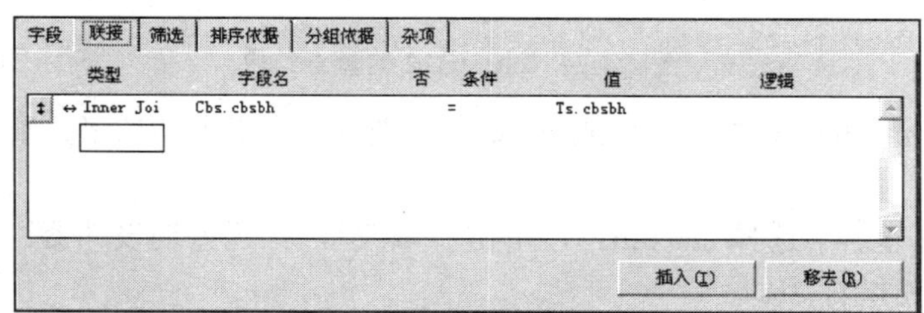

图 2-4-21　“联接”选项卡

⑤ 在“筛选”选项卡中将筛选条件设置为 ts.dj>=50 AND ts.dj<＝80。

⑥ 在“排序依据”选项卡中设置排序条件为：ts.dj，选中“升序”单选按钮。

⑦ 保存并运行查询，查询结果如图 2-4-22 所示。

查询

Sh	Sm	Dj	Cbsmc
D731.3/34P	日本非营利组织	50.0	北京大学出版社
I109/51P	丰富的痛苦:堂吉诃德与哈姆雷特的东移	50.0	北京大学出版社
H364/42P	日语古典语法:基础学习与难点解析	50.0	北京大学出版社
I247.5/8890P	我叫刘跃进	50.0	长江文艺出版社
H31/1096P	财经英语:读金融时报学英文	50.0	对外经济贸易大学出版社
G212/63P	当代西方财经报道	50.0	复旦大学出版社
H319.9:K/1PG2876	海南导游手册	50.0	复旦大学出版社
I206.09/26P	中国文学批评小史	50.0	复旦大学出版社
I267.1/735P	死亡之吻	50.0	复旦大学出版社
J228.2/99P	方成漫画精选	50.0	复旦大学出版社
F0-0/142P	超越《资本论》:马克思的工人阶级政治经济学	50.0	经济科学出版社

图 2-4-22　chaxun11 的查询结果

（12）修改查询 chaxun12，基于 ts 表和 tsfl 表，查询文学、艺术、军事和经济类图书各有多少本，要求输出字段为：类别名称和图书书目，查询结果输出到屏幕。ts 表中的 sh 字段的第一位（A、B、C 等）表示分类编号。

① 在项目管理器中选择 chaxun12，单击“修改”按钮，打开查询设计器。

② 添加 ts 表和 tsfl 表。

③ 在“字段”选项中添加字段：flmc,COUNT(*) AS 图书数目。

④ 在“联接”选项卡中设置类型为：内联接，联接条件为 LEFT(ts.sh,1)= tsfl.flbh。如图 2-4-23 所示。

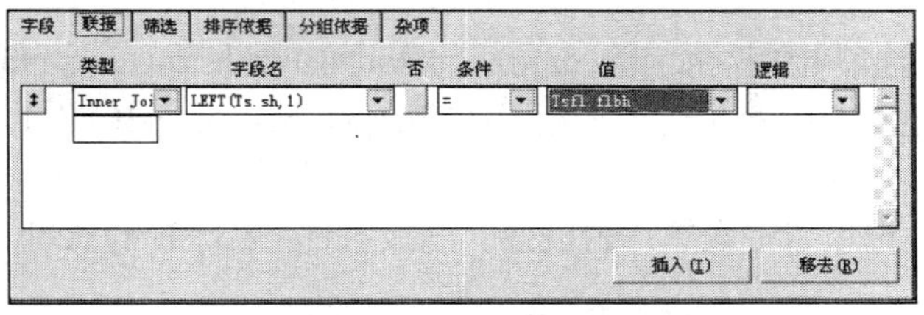

图 2-4-23　chaxun12 的“联接”选项卡设置

⑤ 在“筛选”选项卡中设置筛选条件为：flmc IN("文学","艺术","军事","经济")。

⑥ 在“分组依据”选项卡中设置分组依据为 flmc。

⑦ 执行菜单命令“查询”→“查询去向”命令，打开“查询去向”对话框，选择“屏幕”。

⑧ 保存并运行查询，查看查询结果。查询结果如图 2-4-24 所示。

FLMC	图书数目
经济	157
军事	3
文学	95
艺术	21

图 2-4-24　chaxun12 的查询结果

（13）修改查询 chaxun13，基于 dz 表和 jy 表查询尚未借书的读者，要求输出 dz 表所有字段。

① 在项目管理器中选择 chaxun13，单击“修改”，打开查询设计器。

② 添加 dz 表和 jy 表。

③ 在“字段”选项卡中添加 dz 表的全部字段。

④ 在“联接”选项卡中设置类型为：左联接，联接条件为：dz.dzbh=jy.dzbh。

⑤ 在“分组依据”选项卡中设置“满足条件”为：jy.dzbh IS NULL。

思考：能否设置在“筛选”选项卡中？

⑥ 保存并运行查询，查看查询结果。查询结果如图 2-4-25 所示。

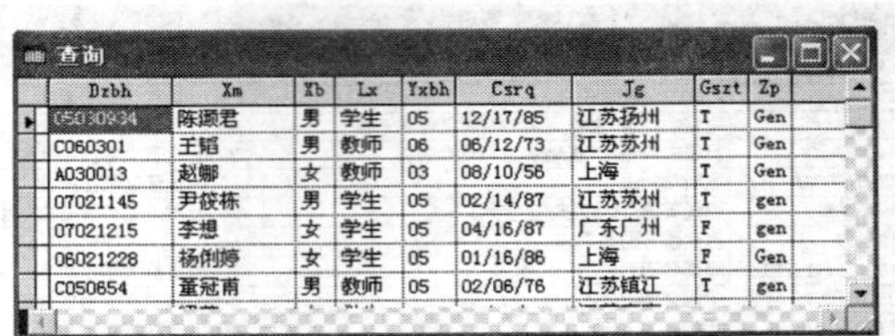

查询

Dzbh	Xm	Xb	Lx	Yxbh	Csrq	Jg	Gszt	Zp
C5030934	陈颋君	男	学生	05	12/17/85	江苏扬州	T	Gen
C060301	王韬	男	教师	06	06/12/73	江苏苏州	T	Gen
A030013	赵娜	女	教师	03	08/10/56	上海	T	Gen
07021145	尹筱栋	男	学生	05	02/14/87	江苏苏州	T	gen
07021215	李想	女	学生	05	04/16/87	广东广州	F	gen
06021228	杨俐婷	女	学生	05	01/16/86	上海	F	Gen
C050654	董冠甫	男	教师	05	02/06/76	江苏镇江	T	gen

图 2-4-25　chaxun13 的查询结果

（14）修改查询 chaxun14，基于 dz 表、jy 表和 ts 表查询读者所借的图书是否过期以及罚款金额，要求输出字段为：xm、sm、是否过期、罚款金额。借书天数超过 30 天就算过期，如果过期显示“过期”，否则显示“未过期”，过期读者按每天 0.1 元罚款，未过期者不显示罚款金额。

① 在项目管理器中选择 chaxun14，单击“修改”，打开查询设计器。

② 依次添加 dz 表、jy 表、ts 表。

注 意

涉及 3 张及以上的表联接时，要注意添加的顺序，连续添加的两张表之间必须存在关系。

③ 在“字段”选项卡中添加字段 dz.xm、ts.sm、IIF(jy.hsrq-jy.jsrq>=30 ,"过期"+SPACE(2),"未过期") AS 是否过期、IIF(jy.hsrq-jy.jsrq>30,STR((jy.hsrq-jy.jsrq-30)*0.1,4,1),SPACE(0)) AS 罚款金额。

④ 在“联接”选项卡中设置：内联接（联接条件 dz.dzbh=jy.dzbh）、内联接（联接条件 jy.sh=ts.sh）。

⑤ 保存并运行查询，查看查询结果。查询结果如图 2-4-26 所示。

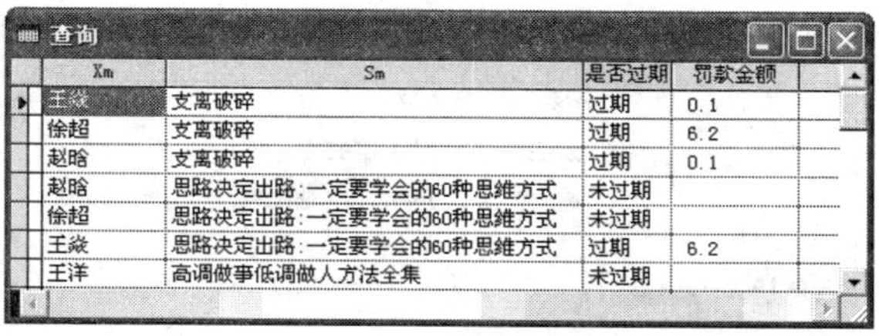

查询

Xm	Sm	是否过期	罚款金额
王焱	支离破碎	过期	0.1
徐超	支离破碎	过期	6.2
赵晗	支离破碎	过期	0.1
赵晗	思路决定出路：一定要学会的60种思维方式	未过期	
徐超	思路决定出路：一定要学会的60种思维方式	未过期	
王焱	思路决定出路：一定要学会的60种思维方式	过期	6.2
王洋	高调做事低调做人方法全集	未过期	

图 2-4-26　chaxun14 的查询结果

（15）修改查询 chaxun15，基于 yx 表和 dz 表查询各院系读者总人数、教师人数、学生人数、教师所占比例、学生所占比例。要求输出字段为：院系名称、总人数、教师人数、学生人数、教师所占比例、学生所占比例。

① 在“项目管理器”窗口中选择，单击“修改”按钮，打开“查询设计器”窗口。

② 添加 yx 表和 dz 表。

③ 在“字段”选项卡中添加字段：dz.yxmc、COUNT(*) AS 总人数、SUM(IIF(lx="教师",1,0)) AS 教师人数、SUM(IIF(lx="学生",1,0)) AS 学生人数、SUM(IIF(lx="教师",1,0)) *100 / COUNT(*) AS 教师所占比例、SUM(IIF(lx="学生",1,0))*100/COUNT(*) AS 学生所占比例。

④ 在“联接”选项卡中设置类型为内联接，联接条件为：dz.yxbh=yx.yxbh。

⑤ 在“分组依据”选项卡中添加 dz.yxbh。

⑥ 运行查询，查看查询结果。查询结果如图 2-4-27 所示。

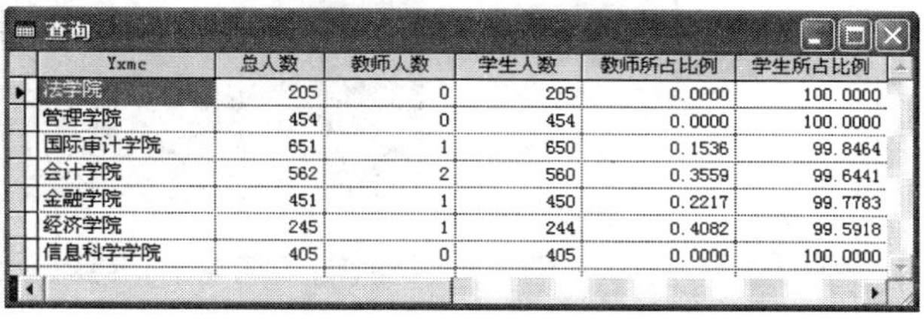

查询

Yxmc	总人数	教师人数	学生人数	教师所占比例	学生所占比例
法学院	205	0	205	0.0000	100.0000
管理学院	454	0	454	0.0000	100.0000
国际审计学院	651	1	650	0.1536	99.8464
会计学院	562	2	560	0.3559	99.6441
金融学院	451	1	450	0.2217	99.7783
经济学院	245	1	244	0.4082	99.5918
信息科学学院	405	0	405	0.0000	100.0000

图 2-4-27　chaxun15 的查询结果

2. 利用交叉表查询向导创建查询

创建查询 chaxun16，基于 jy 表查询各本图书的读者和借阅时间。

所谓交叉表查询，就是以电子表格形式显示数据的查询。可以使用“交叉表向导”建立交叉表查询。

具体操作步骤如下。

（1）在项目管理器中选择“查询”，单击“新建”按钮，打开“新建查询”对话框，然后单击对话框中的“查询向导”按钮，打开“向导选取”对话框，选择“交叉表向导”进入向导设置。

（2）步骤 1——字段选取。先选择 jy 表，再选择 dzbh、sh 和 jsrq 三个字段，如图 2-4-28 所示。

需要注意的是，字段只能在一个表或视图中选取。如果涉及多表中字段信息，可以先基于多表建立视图，然后基于该视图建立交叉表查询。

（3）步骤 2——定义布局。按图 2-4-29 所示，通过鼠标的拖放操作将可用字段 sh、dzbh 和 jsrq 分别拖放到“行”、“列”和“数据”框中。

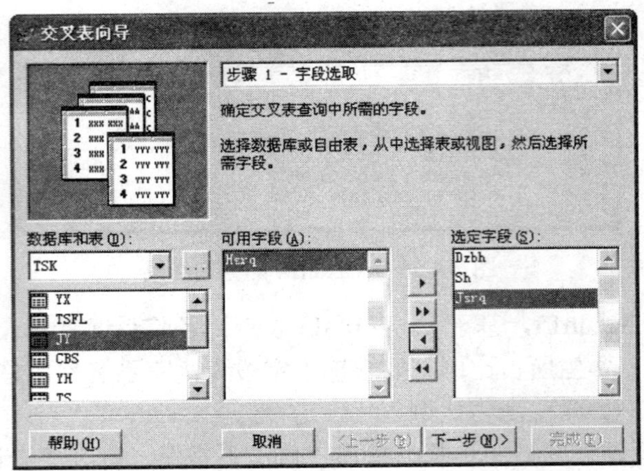

图 2-4-28　交叉表向导的“字段选取”对话框

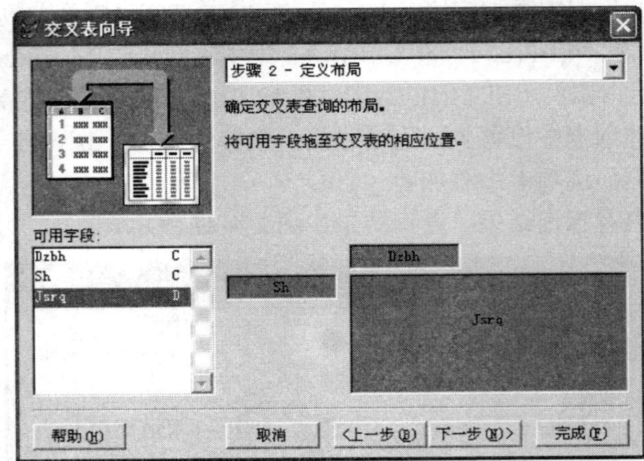

图 2-4-29　交叉表向导的“定义布局”对话框

（4）步骤 3——加入总结信息。通过从“总结”和“分类汇总”选项组中选择适当的选项，添加一个包含总结和分类汇总的列，出现在查询结果中的右侧。本例采用默认设置，如图 2-4-30 所示。

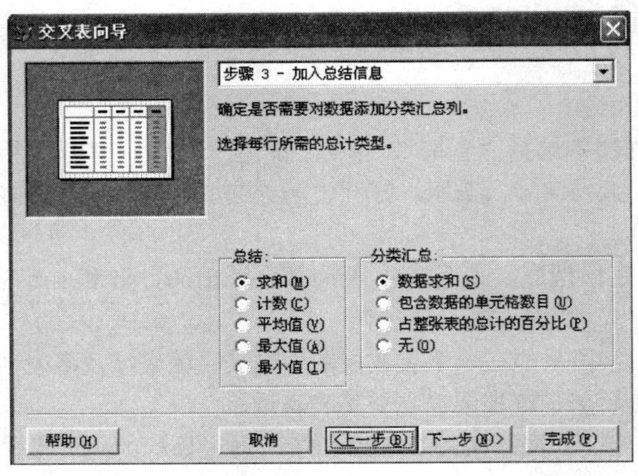

图 2-4-30　交叉表向导的“加入总结信息”对话框

（5）步骤 4——完成。在此对话框中可以选择保存的方式和是否显示 NULL 值。本例不显示 NULL 值，如图 2-4-31 所示。

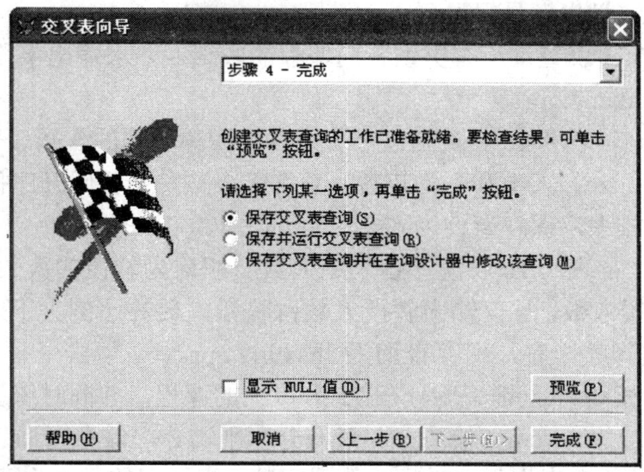

图 2-4-31 交叉表向导的“完成”对话框

（6）保存查询为 chaxun16，运行查询，结果如图 2-4-32 所示。

Wizquery

Sh	B050211	C_05030815	C_06021146	C_06030828	C_07030945	计数
B712.52/1P	06/22/09	/ /	08/12/10	/ /	/ /	2
B804-49/13P	/ /	03/22/09	/ /	06/22/09	06/22/09	3
B821-49/472P	06/22/09	01/22/09	/ /	/ /	/ /	2
B821-49/474P	06/22/09	04/22/09	/ /	/ /	/ /	2
B825-49/204P	06/22/09	06/22/09	08/16/11	06/22/09	/ /	4
B825-49/205P	/ /	/ /	08/12/11	/ /	02/22/09	2
B842.6-49/60P	06/22/09	/ /	08/16/11	/ /	06/22/09	3
B845/9P	/ /	/ /	/ /	08/11/11	/ /	1
B848.4-49/392P	/ /	/ /	08/15/09	08/16/11	/ /	2

图 2-4-32 chaxun16 的查询结果

说 明

观察查询结果，与基表相比，交叉表查询主要改变了基表数据的显示方式。

实验作业

启动 VFP，将“d:\vfp\实验 9\作业”文件夹设置为默认的工作文件夹，打开该文件夹中的项目文件 jxgl.pjx。

使用查询设计器完成下列查询。

（1）xs 表中 jg 字段的前两个汉字的含义为省份。创建 chaxun1，基于 xs 表查询所有江苏籍的女生，要求输出字段为：xm、jg。

（2）创建 chaxun2，基于 js 表查询年龄最小的男教师的姓名和年龄。

（3）xs 表中 xh 字段的前两位数字的含义为年级。创建 chaxun3，基于 xs 表查询各年级学生人数，要求输出字段为：年级、人数，查询结果按年级的升序排序。

（4）创建 chaxun4，基于 cj 表查询每个学生的选课门数和平均成绩，要求输出字段为：xh、选课门数、平均成绩，查询结果输出到表文件 qdata.dbf 中。

（5）创建 chaxun5，基于 cj 表查询平均分在 60 分以上的课程，要求输出字段为：kcdh、平均分，查询结果输出到临时表 tnpb。

（6）创建 chaxun6，基于 cj 表查询成绩不及格的学生学号，要求输出字段为：xh（如有多门不及格的学生，该学生学号只显示一次）。

（7）基于 xs 表和 cj 表查询所有男生各门课程的成绩，要求输出字段为：xh、xm、kcdh 和 cj，保存查询为 chaxun7.qpr。

（8）基于 xim 表、js 表和 zc 表查询每个院系各种职称教师的人数、平均年龄，要求输出字段为：xdh、ximing、zc、人数和平均年龄，查询结果按院系代码升序排序，院系代码相同时按照人数由多到少排序，保存查询为 chaxun8.qpr。

（9）基于 xim 表、js 表和 zc 表统计各院系人数及职称为教授的人数，要求输出字段为：院系名称、人数和教授人数，且仅输出教授人数占院系人数的比例大于或等于 25%的记录，查询结果按教授人数降序排序，保存查询为 chaxun9.qpr。

（10）基于 kc 表和 cj 表查询平均分在 75 分以上的课程，并同时统计出它们的最高分和最低分，要求输出字段为：kcm、最高分、最低分和平均分，保存查询为 chaxun10.qpr。

（11）基于 xs 表、cj 表查询每个学生的选课门数，没选课的学生也要显示，输出 xh、xm 和选课门数，保存查询为 chaxun11.qpr。

（12）基于 xs 表和 cj 表查询每个学生的补考门数，要求输出字段为：xh、xm、补考门数，查询结果按 xh 升序排序，保存查询为 chaxun12.qpr。cj 低于 60 为不及格，需要补考，补考门数为 0 的不显示。

实验 10　视图的创建和使用

实验目的与要求

（1）掌握使用视图设计器创建本地视图的方法。

（2）掌握视图的使用方法。

（3）了解参数化视图的创建方法。

（4）了解创建远程视图的方法。

实验准备

（1）启动 Visual FoxPro，将“d:\vfp\实验 10\示例”文件夹设置为默认的工作路径。

（2）打开该文件夹中的项目文件 tsgl.pjx。

实验内容

（1）本地视图的创建。创建一个基于 ts 表和 cbs 表的本地视图（viewcbsts），输出：sh、sm、dj、cbsmc 字段，按 cbsmc 和 sh 降序排序。

（2）视图的使用。为视图（viewcbsts）创建普通索引 dj（按图书的价格升序排序），按价格从低到高浏览视图 viewcbsts；为视图（viewcbsts）的 dj 字段设置标题“单价”，浏览视图后，关闭该视图。

（3）视图的修改。修改视图 viewcbsts 的记录，将书名为“暖暖”的图书的单价改为 50，并且将修改后的单价反映在 ts 表中。

（4）参数化视图的创建。创建一个基于 dz 表、jy 表和 ts 表的参数化视图 viewjs，根据读者的姓名查询读者的借书情况，要求输出字段为：dzbh、xm、lx、sm、jsrq、hsrq。

（5）远程视图的创建。基于“成绩.xls”中的“成绩情况”工作表创建远程视图 cj，查询所有同学的全部成绩。（选做）

实验步骤

1. 本地视图的创建

创建一个基于 ts 表和 cbs 表的本地视图（viewcbsts），输出：sh、sm、dj、cbsmc 字段，按 cbsmc 和 sh 降序排序。

操作步骤如下。

（1）在“项目管理器”窗口中选择数据库 tsk 中的本地视图，单击“新建”按钮，打开“视图设计器”。

（2）添加表：ts 表和 cbs 表，内联接，联接条件 ts.cbsbh=cbs.cbsbh。

（3）“字段”选项卡：sh、sm、dj、cbsmc。

（4）“排序依据”选项卡：依次添加 cbsmc、sh 字段，选择降序。

（5）保存视图，命名为 viewcbsts。

（6）浏览视图。

2. 视图的使用

为视图（viewcbsts）创建普通索引 dj（按图书的价格升序排序），按价格从低到高浏览视图 viewcbsts；为视图（viewcbsts）的 dj 字段设置标题“单价”，浏览视图后，关闭该视图。

操作步骤如下。

（1）为视图（viewcbsts）创建普通索引 dj（按图书的价格升序排序），按价格从低到高浏览视图 viewcbsts。

在“命令”窗口中执行以下命令：

```
SELECT viewcbsts
INDEX ON dj TAG dj
SET ORDER TO dj
BROWSE
```

（2）为视图（viewcbsts）的 dj 字段设置标题“单价”，浏览视图。

在“命令”窗口中执行命令：

```
=DBSETPROP(" viewcbsts.dj","FIELD","CAPTION","单价")
BROWSE
```

（3）关闭视图。

```
SELECT viewcbsts
USE
```

3. 视图的修改

修改视图 viewcbsts 的结果，将书名为“暖暖”的图书的单价改为 50，并且将修改后的单价反映在 ts 表中。

操作步骤如下。

（1）在“项目管理器”窗口中选中本地视图 viewcbsts，单击“修改”按钮。

（2）选择视图设计器的“更新条件”选项卡，按图 2-4-33 所示进行设置，选中“发送 SQL 更新”复选框，将可更新字段设置为：ts.dj。

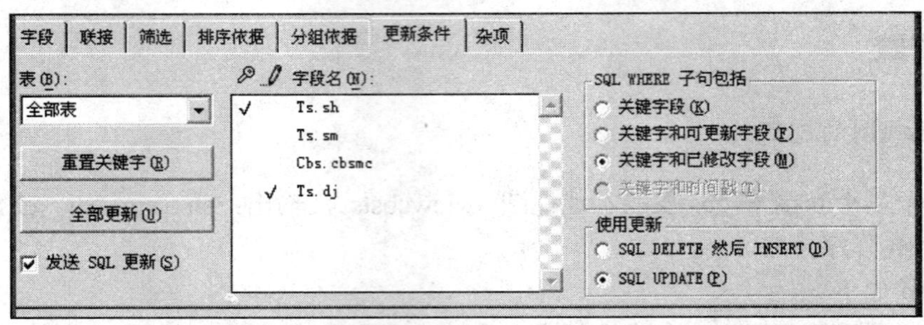

图 2-4-33　视图设计器的“更新条件”选项卡

（3）浏览视图 viewcbsts，将记录指针定位到书名为“暖暖”的记录上，将 dj 字段的值改为 50，然后将记录指针移动到其他记录上。

（4）浏览 ts 表，将记录指针定位到书名为“暖暖”的记录上，可以发现 dj 字段的值也自动改为了 50。

4. 参数化视图的创建

创建一个基于 dz 表、jy 表和 ts 表的参数化视图 viewjs，根据读者的姓名查询读者的借书情况，要求输出字段为：dzbh、xm、lx、sm、jsrq、hsrq。

参数化视图就是为视图加入一个筛选条件，仅查询出符合该条件的记录，该条件是根据所提供的参数值建立的。

操作步骤如下。

（1）在“项目管理器”窗口中选择数据库 tsk 中的本地视图，单击“新建”按钮，在出现的对话框中选择“新建视图”按钮。

（2）添加表：dz 表、jy 表、ts 表，两处联接都是内联接，联接条件分别是 dz.dzbh=jy.dzbh 和 jy.sh=ts.sh。

（3）在“字段”选项卡中依次添加 dzbh、xm、lx、sm、jsrq、hsrq 字段。

（4）执行菜单命令“查询”→“视图参数”，打开“视图参数”对话框，设置参数名为：读者姓名，类型为：字符型，如图 2-4-34 所示。

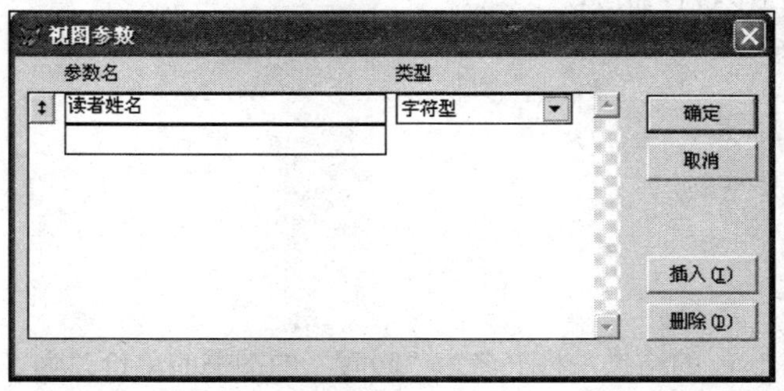

图 2-4-34　“视图参数”对话框

（5）在“筛选”选项卡中设置筛选条件为：dz.xm=?读者姓名，如图 2-4-35 所示。

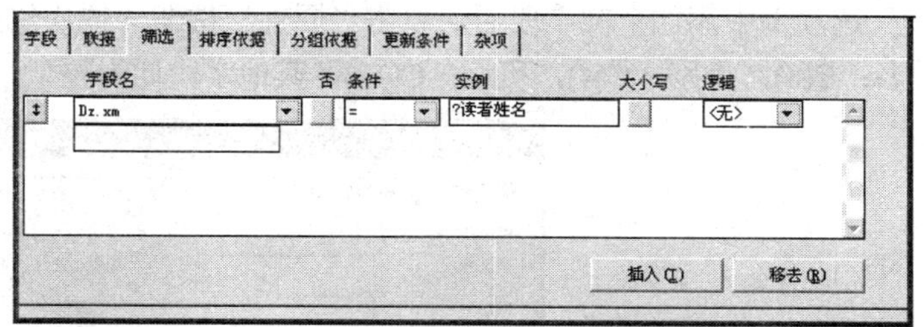

图 2-4-35　viewjs 视图的“筛选”选项卡设置

（6）保存视图，命名为 viewjs。

（7）浏览视图，出现如图 2-4-36 所示的对话框，输入一个读者姓名（如：王焱）后，单击“确定”按钮，弹出视图的浏览窗口，显示该读者的借书记录。

图 2-4-36　运行视图 viewjs 的“视图参数”对话框

5. 远程视图的创建（选做）

基于“成绩.XLS”中的“成绩情况”工作表创建远程视图 cj，查询所有同学的全部成绩。

操作步骤如下。

（1）创建连接。在“项目管理器”窗口中选择数据库 tsk 中的“连接”，单击“新建”按钮，在出现的连接设计器中选择数据源为“Excel Files”，如图 2-4-37 所示；然后单击“验证连接”按钮，选择“成绩.XLS”工作簿，出现“连接成功”提示框后，关闭连接设计器，保存连接为 xls_lj。

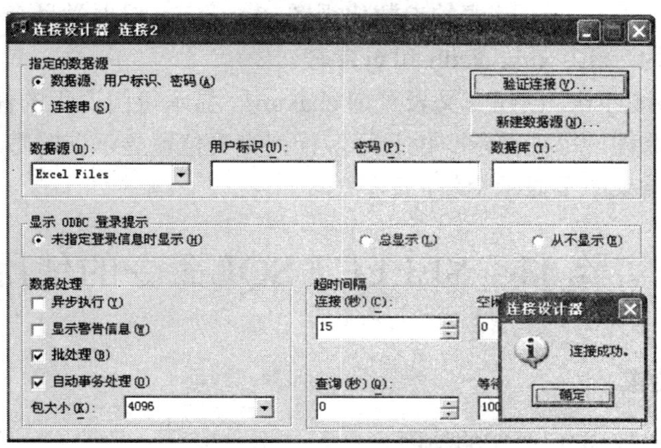

图 2-4-37　连接设计器

（2）在“项目管理器”窗口中选择数据库 tsk 中的“远程视图”，单击“新建”按钮，在弹出的“选择连接或数据源”对话框中选择连接 xls_lj 后，单击“确定”按钮；弹出“打开”对话框，选择“包含系统表”，对话框中显示该工作簿中所有的工作表，选择“成绩情况”后，单击“添加”按钮，如图 2-4-38 所示。打开视图设计器。

（3）在“字段”选项卡中添加全部字段后，单击“属性”按钮，依次修改各字段的数据类型和数据宽度，姓名：C(8)，性别：C(4)，班级：C(12)，其他字段均为整型，如图 2-4-39 所示。

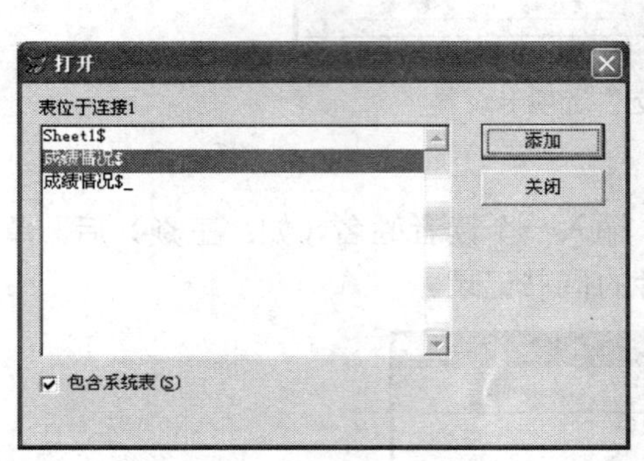

图 2-4-38　添加表

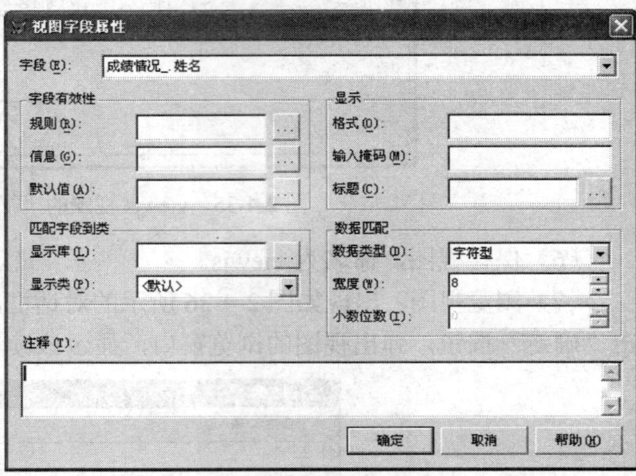

图 2-4-39　视图字段属性设置

（4）关闭视图设计器，保存视图为 cj。

（5）浏览视图 cj。

实验作业

启动 VFP，将“d:\vfp\实验 10\作业”文件夹设置为默认的工作文件夹，打开该文件夹中的项目文件 jxgl.pjx。

（1）创建一个基于 js 表、rk 表和 kc 表的视图 viewjsrk，查询每个教师的任课情况，要求输出字段为：gh、xm、kcdh、kcm、kss，视图可更新 kcm 和 kss 字段，并且更新允许发送到基表。

（2）创建一个基于 xs 表、cj 表的参数化视图 viewxscj，根据学号查询该学生各门课程成绩，要求输出字段为：xh、xm、kcdh 和 cj 字段。

（3）基于视图 viewjsrk，创建交叉表查询 chaxun1，显示每门课程的任课教师及其课时数。要求每行显示一门课程，每列显示一位教师，行列交叉位置显示课时数，并统计每门课程的任课教师数，查询结果中不显示空值。

实验 11　SELECT-SQL命令的使用

实验目的与要求

（1）掌握 SELECT-SQL 语句的使用。

（2）了解 SELECT-SQL 语句的各个子句与查询设计器中操作的对应关系。

实验准备

（1）启动 Visual FoxPro，将“d:\vfp\实验 11\示例”文件夹设置为默认的工作路径。

（2）打开该文件夹中的项目文件 tsgl.pjx。

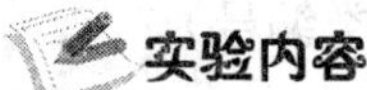

实验内容

（1）使用 SELECT-SQL 命令创建查询。

① 基于 dz 表，查询所有江苏籍的教师，要求输出字段为：dz 表中所有字段，并将查询结果输出到屏幕（dz 表中 jg 字段的前两个汉字的含义为省份）。

② 基于 jy 表查询借书时间最长的 10 位读者，要求输出字段为：dzbh、借书天数。（借书天数=还书日期－借书日期）

③ 基于 ts 表和 tsfl 表查询平均单价在 50 以上且最低单价不低于 30 的图书种类，要求输出字段为：flmc、平均单价、最低单价（sh 字段的第一个字符表示图书分类编号）。

④ 利用自身联接，基于 jy 表查询那些借阅了 2 本以上（含 2 本）图书的读者，输出 jy 表的全部列，并按读者编号排序。（选做）

⑤ 基于 dz 表和 jy 表查询尚未借书的所有学生，要求输出学生的姓名（分别用 IN 子查询和 EXISTS 子查询完成）。

⑥ 基于 dz 表查询比教师平均年龄大的教师读者信息，要求输出这些教师的姓名和年龄。

⑦ 基于 ts 表和 cbs 表查询单价高于“北京大学出版社”出版全部图书单价的图书名称、出版社和单价。（选做）

⑧ 基于 ts 表和 cbs 表查询所有图书的平均单价以及各出版社图书的平均单价，要求输出字段为：出版社、平均单价，并按出版社排序。

⑨ 基于 ts 表查询各个价格段的图书种类数，要求输出字段为：价格段、图书种类数，查询结果按图书种类数的降序排序（价格段分为：“100 以上”、“50～100”、“50 以下”）。

（2）使用 SQL 命令创建本地视图。使用 CREATE SQL VIEW…AS…命令创建一个基于 ts 表和 cbs 表的本地视图（viewcbsts），输出 sh、sm、dj、cbsmc 字段，并按 cbsmc 和 sh 降序排序。

实验步骤

1. 使用 SELECT-SQL 命令创建查询

（1）基于 dz 表，查询所有江苏籍的教师，要求输出字段为：dz 表中所有字段，并将查询结果输出到屏幕。(dz 表中 jg 字段的前两个汉字的含义为省份)

```
SELECT * FROM dz;
  WHERE LEFT(dz.jg,4)="江苏" AND lx="教师";
  TO SCREEN
```

（2）基于 jy 表，查询借书时间最长的 10 位读者，要求输出字段为：jy.dzbh、借书天数。(借书天数=还书日期－借书日期)

```
SELECT TOP 10 dzbh,hsrq-jsrq AS 借书天数 FROM jy;
  ORDER BY 2 DESC
```

注 意

TOP 子句必须要和 ORDER BY 子句结合使用。

（3）基于 ts 表和 tsfl 表查询平均单价在 50 以上且最低单价不低于 30 的图书种类，要求输出字段为：flmc、平均单价、最低单价（sh 字段的第一个字符表示图书分类编号）。

```
SELECT flmc,AVG(dj) AS 平均单价,MIN(dj) AS 最低单价;
  FROM ts a INNER JOIN tsfl b ON LEFT(a.sh,1)=b.flbh;
  GROUP BY 1;
  HAVING 平均单价>50 AND 最低单价>=30
```

或者

```
SELECT tsfl.flmc,AVG(ts.dj) AS 平均单价,MIN(ts.dj) AS 最低单价;
   FROM ts,tsfl;
   WHERE LEFT(ts.sh,1)=tsfl.flbh;
   GROUP BY 1;
   HAVING 平均单价>50 AND 最低单价>=30
```

（4）利用自身联接，基于 jy 表查询那些借阅了 2 本以上（含 2 本）图书的读者，输出 jy 表的全部列，并按读者编号排序。(选做)

```
SELECT DISTINCT j1.* FROM jy j1 JOIN jy j2 ON j1.dzbh=j2.dzbh;
   WHERE j1.sh<>j2.sh
   ORDER BY j1.dzbh
```

此查询也可以用 IN 子查询完成：

```
SELECT * FROM jy WHERE dzbh IN;
   (SELECT dzbh FROM jy GROUP BY dzbh HAVING COUNT(*)>1);
   ORDER BY dzbh
```

（5）基于 dz 表和 jy 表查询尚未借书的所有学生，要求输出学生的姓名。(分别用 IN 子查询和 EXISTS 子查询完成)

① IN 子查询：

```
SELECT xm FROM dz;
   WHERE lx="学生" AND dzbh NOT IN (SELECT dzbh FROM jy)
```

说 明

有些子查询也可以用查询设计器设计，如图 2-4-40 所示是本例的“筛选”条件选项卡的设置。用查询设计器设计的子查询，运行之后不可以再用查询设计器打开，只能修改其 SELECT-SQL 命令。

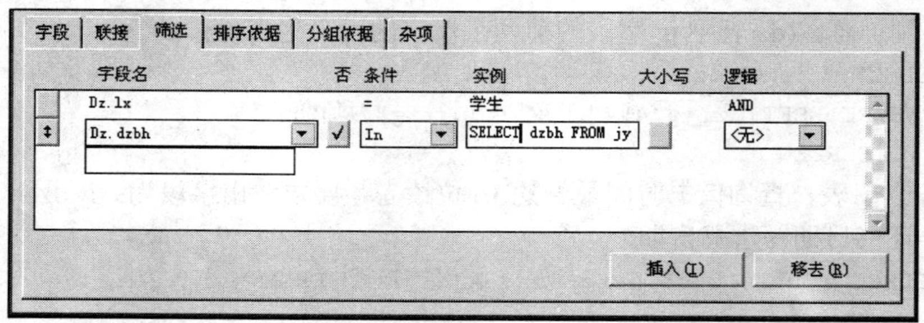

图 2-4-40　IN 子查询的“筛选”选项卡的设置

② EXISTS 子查询：

```
SELECT xm FROM dz a;
   WHERE lx="学生" AND;
```

```
    NOT EXISTS (SELECT * FROM jy b WHERE a.dzbh=b.dzbh )
```

该查询除了用子查询完成，也可以用外连接完成：

```
SELECT xm;
FROM dz a LEFT JOIN jy b ON a.dzbh=b.dzbh;
WHERE lx="学生" ;
HAVING b.dzbh IS NULL
```

（6）基于 dz 表查询比教师平均年龄大的教师读者信息，要求输出这些教师的姓名和年龄。

```
SELECT xm, YEAR(DATE())-YEAR(csrq) AS 年龄 FROM dz;
  WHERE lx="教师" AND YEAR(DATE())-YEAR(csrq)>;
  (SELECT AVG(YEAR(DATE())-YEAR(csrq)) FROM dz WHERE lx="教师")
```

（7）基于 ts 表和 cbs 表查询单价高于"北京大学出版社"出版全部图书单价的图书名称、出版社和单价。（选做）

```
SELECT * FROM ts ;
  WHERE dj>ALL(SELECT dj FROM ts INNER JOIN cbs ON ts.cbsbh=cbs.cbsbh;
        WHERE cbsmc="北京大学出版社") ;
  ORDER BY dj
```

此查询等价于：

```
SELECT * FROM ts ;
  WHERE dj> (SELECT MAX(dj) FROM ts INNER JOIN cbs ON ts.cbsbh=cbs.cbsbh;
        WHERE cbsmc="北京大学出版社") ;
  ORDER BY dj
```

如果将查询要求改成：查询高于"北京大学出版社"出版任一本图书的单价的图书名称、出版社和单价呢？答案是只需将 ALL 改成 SOME 或 ANY 即可。

此查询等价于：

```
SELECT * FROM ts ;
  WHERE dj> (SELECT MIN(dj) FROM ts INNER JOIN cbs ON ts.cbsbh=cbs.cbsbh;
        WHERE cbsmc="北京大学出版社") ;
  ORDER BY dj
```

（8）基于 ts 表和 cbs 表查询所有图书的平均单价以及各出版社图书的平均单价，要求输出字段为：出版社、平均单价，并按出版社排序。

```
SELECT SPACE(24)+"所有图书平均单价" AS 出版社,AVG(ts.dj) AS 平均单价;
 FROM ts INNER JOIN cbs ON ts.cbsbh=cbs.cbsbh;
UNION;
SELECT cbs.cbsmc AS 出版社,AVG(ts.dj) AS 平均单价;
 FROM ts INNER JOIN cbs ON ts.cbsbh=cbs.cbsbh;
 GROUP BY 1;
 ORDER BY 1
```

注 意

- 组合查询中各个 SELECT 子句中对应列的数据类型和宽度必须一致。
- 组合查询中的排序语句必须出现在最后一个 SELECT—SQL 命令中。

（9）基于 ts 表查询各个价格段的图书种类数，要求输出字段为：价格段、图书种类数，查询结果按图书种类数的降序排序。（价格段分为："100 以上"、"50～100"、"50 以下"）

```
SELECT  "100 以上" AS 价格段,COUNT(*) AS 图书种类数;
  FROM ts WHERE  dj>100;
UNION;
SELECT "50～100" AS 价格段,COUNT(*) AS 图书种类数;
  FROM ts WHERE dj>=50 AND dj<=100;
UNION;
SELECT "50 以下" AS 价格段,COUNT(*) AS 图书种类数;
  FROM ts WHERE dj<50;
  ORDER BY 2 DESC
```

2. 使用 SQL 命令创建本地视图

使用 CREATE SQL VIEW…AS…命令创建一个基于 ts 表和 cbs 表的本地视图（viewcbsts），输出 sh、sm、dj、cbsmc 字段，按 cbsmc 降序排序，cbsmc 相同再按 sh 降序排序。

（1）先用以下命令创建视图 viewcbsts

```
CREATE SQL VIEW viewcbsts  AS;
  SELECT sh,sm,dj,cbsmc;
  FROM ts,cbs;
  WHERE ts.cbsbh=cbs.cbsbh;
  ORDER BY 4 DESC,1 DESC
```

（2）在"项目管理器"窗口中的 tsk 数据库中浏览视图 viewcbsts。

实验作业

启动 VFP，将"d:\vfp\实验 11\作业"文件夹设置为默认的工作文件夹，打开该文件夹中的项目文件 jxgl.pjx。

使用 SELECT-SQL 命令完成下列要求。

（1）使用 SELECT-SQL 命令重做实验 9 的实验作业。

（2）基于 xs 表和 cj 表检索尚未选课的所有学生，输出这些学生的姓名。分别用 IN 子查询和 EXISTS 子查询完成。

（3）基于 js 表和 xim 表，查询哪些教师的年龄高于数学系教师的平均年龄，输出这些教师的姓名、年龄和系名。

（4）基于 kc 表查询哪些必修课程（bxk=.T.）的课时数低于任意一门选修课程（bxk=.F.）的课时数，输出这些课程的名称和课时数，并按课时数降序排序输出。

（5）基于 js 表和 xs 表查询所有师生名单。要求：如果是教师必须注明身份为"教师"，如果是学生必须注明身份为"学生"。要求输出字段为：姓名、身份，并按身份排序。

（6）基于 kc 表和 cj 表，查询选修各门课程的学生人数，以及所有选课的学生人数。要求输出字段为：课程名称、学生人数。

单元 5　程序设计基础

实验 12　结构化程序设计——顺序、分支和循环结构程序设计

实验目的与要求

（1）掌握创建、编辑和运行程序的方法。

（2）掌握条件语句、循环语句的功能和简单应用。

（3）掌握 EXIT、LOOP 语句在循环中的作用。

（4）了解程序调试的一般方法。

实验准备

（1）启动 Visual FoxPro，将“d:\vfp\实验 12\示例”文件夹设置为默认的工作路径。

（2）打开该文件夹中的项目文件 tsgl.pjx。

实验内容

（1）创建程序、运行程序。建立程序文件 prg1，计算圆的面积。要求使用 INPUT 命令。

（2）编辑程序。修改程序 prg1，增加计算圆周长的功能。

（3）IF…ENDIF 条件语句的使用。创建程序 prg2，判断一个字母是大写还是小写。要求使用 ACCEPT 命令输入。

（4）DO CASE…ENDCASE 条件语句的使用。创建程序 prg3，根据日期判断一天是星期几。要求显示如：2011/10/01 是星期六。提示：DOW 函数可以返回某个日期是一星期中的第几天，如：DOW({^2011-10-01})=7。

（5）DO WHILE…ENDDO 循环语句的使用。完善程序 prg4，程序的功能是将由 ASCII 码字符组成的字符串进行反序显示。如字符串“A1B2”反序显示为“2B1A”。

```
** prg4.prg **
STORE "A1B2" TO c,cc
str1=SPACE(0)
***请在此处补充***
?cc+"的逆序为"+str1
```

（6）FOR…ENDFOR 循环语句的使用。完善程序 prg5，求 n！+(n+1)！+…+10！的值，其中 n<10。

```
** prg5.prg **
INPUT "n=" TO n
jc=1
```

```
FOR i=1 to n
  jc=jc*i
ENDFOR
sum=jc
***请在此处补充***
?STR(n,1)+"~10 的阶乘和为: "+STR(sum,8)
```

（7）SCAN…ENDSCAN 循环语句的使用。创建程序 prg6，基于 ts 表输出单价在 400 元以上的图书的书号、书名、作者和单价，并在最后输出这样的图书共计有多少本。

（8）在循环语句中使用 LOOP 语句的使用。修改程序 prg6，在循环语句中使用 LOOP 语句完成上述功能，程序另存为 prg7。

（9）在循环语句中使用 EXIT 语句。已知 Fibonacci（费波那契）数列的前几个数为 0、1、1、2、3、5、…，编写程序 prg8，输出该数列，当某一项的值与前一项的值之差大于 10000 时停止输出。

（10）程序的调试。程序 prg9 用来计算 1～100 之间，非 3 倍数的和。请改正错误。

```
***prg9.prg ***
CLEAR
STOE 0 TO s
FOR i=1 TO 100
    IF MOD(i,3)=0
      EXIT
    ENDIF
    s=s+1
ENDIF
WAIT WINDOW "1~100 之间，非 3 倍数的和为: "+s
```

实验步骤

1. 创建程序

建立程序文件 prg1，计算圆的面积。要求使用 INPUT 命令，操作步骤如下。

（1）打开程序编辑窗口。在项目管理器下，选择“代码”选项卡，选定“程序”，单击“新建”按钮，出现程序编辑窗口。打开程序编辑窗口的方法很多，可以参阅教材相关部分。

（2）在编辑窗口输入程序代码，如图 2-5-1 所示。

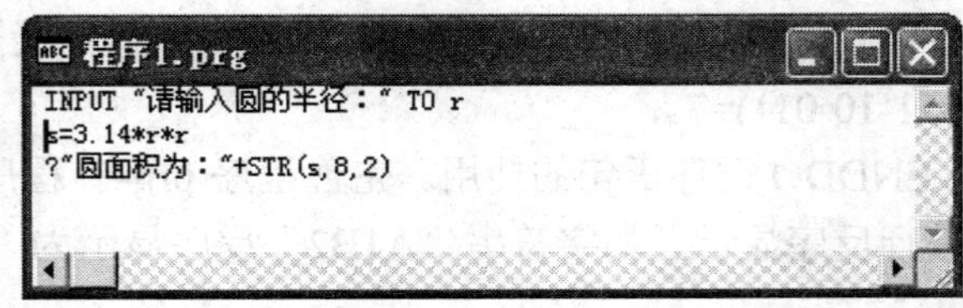

图 2-5-1　程序的编辑窗口

（3）保存程序。选择“文件”菜单下“保存”命令，以“prg1”为文件名保存文件。

（4）运行程序。运行程序方法有几种，可以参阅教材相关部分，如：单击工具栏中“!”按钮来运行程序。这时在 VFP 主窗口中出现提示信息“请输入圆的半径:”，给半径赋值后，按回车键。

（5）查看运行结果。查看主窗口中输出结果，如果结果不正确，或者对输出格式不满意，还可以在程序编辑窗口中修改程序，再运行，直到对结果满意为止。

2. 编辑程序

修改程序 prg1，增加计算圆周长的功能，操作步骤如下。

（1）如果已经关闭了该程序的编辑窗口，可以在项目管理器中选择“代码”选项卡下的 prg1 文件，单击“修改”按钮，打开程序 prg1 的编辑窗口。

（2）编辑程序。在原代码后面加两条语句：

```
l=2*3.14*r
? "圆周长为：",l
```

（3）保存程序，运行程序，查看结果。

3. IF…ENDIF 条件语句的使用

创建程序 prg2，判断一个字母是大写还是小写。要求使用 ACCEPT 命令输入，操作步骤如下。

（1）打开程序编辑窗口。在项目管理器下，选择“代码”选项卡，选定“程序”，单击“新建”按钮，出现程序编辑窗口。

（2）在编辑窗口输入程序代码。程序清单如下。

```
**prg2.prg**
CLEAR
ACCEPT "请输入一个字母：" TO x
IF ASC(x)>=65 AND ASC(x)<=90
   ? x+"是一个大写字母"
ELSE
   ? x+"是一个小写字母"
ENDIF
```

（3）保存程序，运行程序，这时在 VFP 主窗口中出现提示信息“请输入一个字母：”，输入字母后（无需加定界符），按回车键，查看结果。

注 意

带分支的程序要多运行几次，每次给变量赋不同的值，以便验证每个分支的正确性。

4. DO CASE…ENDCASE 条件语句的使用

创建程序 prg3，根据日期判断一天是星期几。要求显示如：2011/10/01 是星期六。提示：DOW 函数可以返回某个日期是一星期中的第几天，如：DOW({^2011-10-01})=7。

程序清单如下。

```
**prg3.prg**
CLEAR
INPUT "请输入一个日期：" TO d
n=DOW(d)
SET CENTURY ON
SET DATE TO YMD
DO CASE
    CASE n=1
       ?DTOC(d)+"是星期日"
```

```
    CASE n=2
       ?DTOC(d)+"是星期一"
    CASE n=3
       ?DTOC(d)+"是星期二"
    CASE n=4
       ?DTOC(d)+"是星期三"
    CASE n=5
       ?DTOC(d)+"是星期四"
    CASE n=6
       ?DTOC(d)+"是星期五"
    CASE n=7
       ?DTOC(d)+"是星期六"
ENDCASE
```

5. DO WHILE…ENDDO 循环语句的使用

完善程序 prg4，程序的功能是将由 ASCII 码字符组成的字符串进行反序显示，即字符串“A1B2”的反序显示为“2B1A”。

```
** prg4.prg **
STORE "A1B2" TO c,cc
str1=SPACE(0)
***请在此处补充***
?cc+"的逆序为"+str1
```

操作步骤如下。

（1）在项目管理器中选择“代码”选项卡下的 prg4 文件，单击“修改”按钮，打开程序 prg4 的编辑窗口。

（2）在需要补充的部分输入以下代码：

```
DO WHILE LEN(c)>0
   str1=LEFT(c,1)+str1
   c=SUBSTR(c,2)
ENDDO
```

（3）保存程序，运行程序，查看结果。

6. FOR…ENDFOR 循环语句的使用

完善程序 prg5，求 n！+(n+1)！+…+10！的值，其中 n<10。

```
** prg5.prg **
INPUT "n=" TO n
jc=1
FOR i=1 to n
   jc=jc*i
ENDFOR
sum=jc && sum 为 n!
***请在此处补充***
?STR(n,1)+"~10 的阶乘和为："+STR(sum,8)
```

需要补充的代码如下。

```
FOR i=n+1 TO 10
   jc=jc*i
   sum=sum+jc
ENDFOR
```

程序运行结果如图 2-5-2 所示。

```
n=7
7~10的阶乘和为:   4037040
```

图 2-5-2　prg5 的运行结果

7. SCAN…ENDSCAN 循环语句的使用

创建程序 prg6，基于 ts 表输出单价在 400 元以上的图书的书号、书名、作者和单价，并在最后输出这样的图书共计有多少本。程序清单如下。

```
**prg6.prg**
CLEAR
n=0
? "单价在 400 元以上的图书有："
CLOSE TABLES ALL
USE ts
SCAN FOR dj>400
  ? ALLT(sh),ALLT(sm),ALLT(zz),dj
  n=n+1
ENDSCAN
USE
? "共计有"+ALLT(STR(n))+"本"
```

程序运行结果如图 2-5-3 所示。

```
单价在400元以上的图书有:
J218.3/1:1P 戏出年画 王树村著 492.0
J218.3/1:2P 戏出年画 王树村著 492.0
J110.95/1P 二十世纪视觉艺术 (英) 爱德华·路希·史密斯著 444.0
F239.22/11P 印记:中国审计20年 宋灵恩主编 760.0
共计有4本
```

图 2-5-3　程序 prg6 的运行结果

提　示

本程序也可以用 SELECT-SQL 语句完成，大家可以试一下，看两种方法得到的结果是否一致。

8. 在循环语句中使用 LOOP 语句

修改程序 prg6，在循环语句中使用 LOOP 语句完成上述功能，程序另存为 prg7。

（1）打开程序 prg6 的编辑窗口，按照以下清单修改程序。

```
**prg7.prg**
CLEAR
n=0
?"单价在 400 元以上的图书有："
CLOSE TABLES ALL
USE ts
SCAN
  IF dj<=400
     LOOP
  ENDIF
```

```
  ?ALLT(sm),ALLT(zz),dj
  n=n+1
ENDSCAN
USE
?"共计有"+ALLT(STR(n))+"本"
```

（2）另存程序为 prg7，运行程序，查看结果。

9. 在循环语句中使用 EXIT 语句

已知 Faibonacci（费波那契）数列的前几个数为 0、1、1、2、3、5、…，编写程序 prg8，输出该数列，当某一项的值与前一项的值之差大于 10000 时停止输出。程序清单如下。

```
**prg8.prg**
CLEAR
a=0
b=1
?a,b
n=2
DO WHILE .T.
   c=a+b
   ??c
   n=n+1
   IF c-b>10000
      EXIT
   ENDIF
   IF MOD(n,5)=0       && 每行输出 5 个数
      ?
   ENDIF
   a=b
   b=c
ENDDO
```

程序运行结果如图 2-5-4 所示。

```
   0        1        1        2        3
   5        8       13       21       34
  55       89      144      233      377
 610      987     1597     2584     4181
6765    10946    17711    28657
```

图 2-5-4　程序 prg8 的运行结果

10. 程序的调试

程序 prg9 用来计算 1～100 之间，非 3 倍数的和，调试程序，得到正确的运行结果。

```
** prg9.prg **
CLEAR
STOE 0 TO s
FOR i=1 TO 100
    IF MOD(i,3)=0
       EXIT
    ENDIF
    s=s+1
ENDIF
WAIT WINDOW "1~100 之间，非 3 倍数的和为："+s
```

在实际编写程序的过程中，错误是不可避免的。语法错误和逻辑错误是程序设计中两种常见的错误。通常语法错误是比较容易检查出来的，在程序执行时，系统会出现提示框，提示错误的类型。逻辑错误是指程序能够执行，但得不到正确的结果。

（1）运行 prg9（注意先不要改正程序中的错误）。这时系统会弹出如图 2-5-5 所示的对话框，提示程序中的错误“不能识别的命令谓词”，同时在程序的编辑窗口定位到错误点。单击“取消”命令按钮，在编辑窗口将“STOE”改为“STORE”。

（2）运行改正后的程序，这时系统会弹出如图 2-5-6 所示的对话框，提示程序中的错误

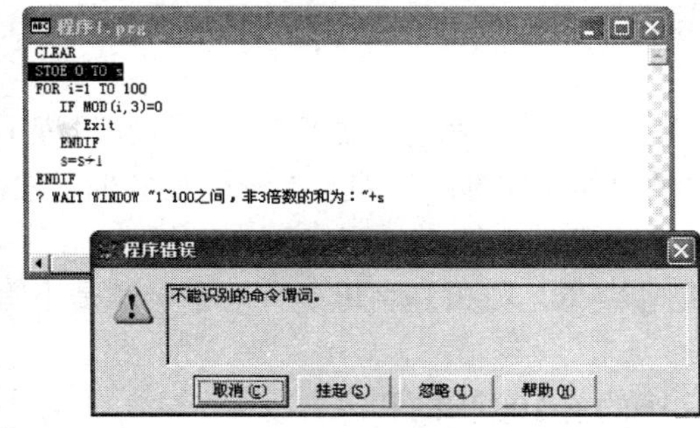

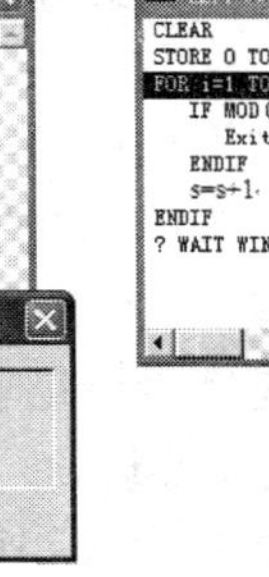

图 2-5-5　语法错误提示框之一

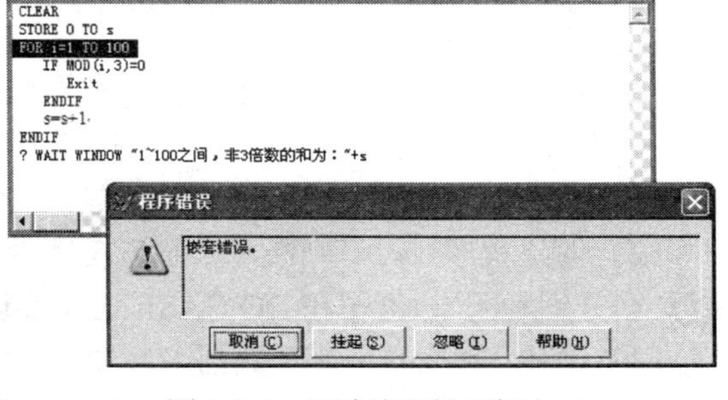

图 2-5-6　语法错误提示框之二

“嵌套错误”。分析与“FOR”配对应为“ENDFOR”，而程序中没有该语句。单击“取消”命令按钮，在编辑窗口将后面的一个“ENDIF”改为“ENDFOR”。

（3）运行程序，这时系统会弹出如图 2-5-7 所示的对话框，提示程序中的错误“操作符/操作数类型不匹配”。分析“+”号两边的数据类型分别为“字符型”和“数值型”，类型不匹配。单击“取消”命令按钮，在编辑窗口将“s”改为“ALLT(STR(s))”。

（4）运行程序，这时系统给出输出结果“1～100 之间非 3 倍数的和为：2”。系统给出输出结果，但显然不正确，说明程序中有逻辑错误。这时可重新读一遍程序，发现错误并改正。如果不能找出错误也可以在程序中适当位置增加输出语句，通过输出中间结果判断错误的可能位置。如图 2-5-8 所示，在循环体里增加一行输出“?s”。

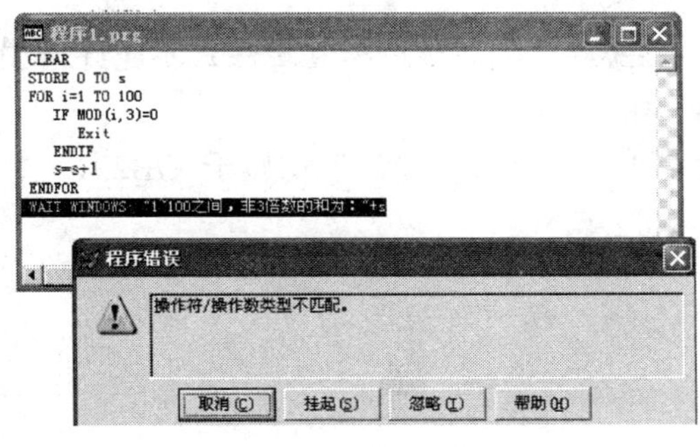

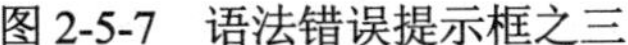

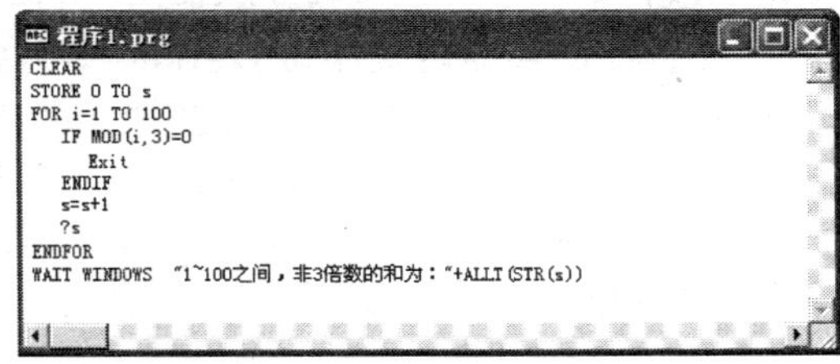

图 2-5-7　语法错误提示框之三　　　　图 2-5-8　在程序中增加一条输出语句

（5）运行程序，发现输出的中间结果只有 2 行“1”和“2”，分析循环变量 i 的范围为 1～100，即使去掉 3 的倍数的数（MOD(i,3)=0），中间结果也不可能只有 2 行，可见提早结束了循环，将“EXIT”改为“LOOP”。

（6）运行修改后的程序，这时系统给出输出结果“1～100 之间非 3 倍数的和为：67”，仍然不正确，观察输出的中间结果，发现输出数据之间的变化规律是每次递增 1，应该是在

累计和的语句（s=s+1）上出现了问题，修改“s=s+1”为“s=s+i”。

（7）运行程序，这时系统给出输出结果“1~100 之间非 3 倍数的和为：3367”，结果正确。从程序中删除为检查逻辑错误而增加的语句“?s”。

逻辑错误没有语法错误那么容易排除，除了本例中介绍的通过增加输出语句，输出中间结果的方法，也可以采用其他方法。大家要在平时的学习过程中开动脑筋，注意方法的积累。

实验作业

启动 VFP，将“d:\vfp\实验 12\作业”文件夹设置为默认的工作文件夹，打开该文件夹中的项目文件“jxgl.pjx”。

（1）创建程序 zy1，根据出租车行驶里程计算应付车费。假定收费标准为：行驶里程不超过 3 公里，一律收费 9 元，3 公里后按每公里加收 2.4 元计算；另外，无论行驶多少里程，每次还要加收 2 元的燃油附加费。

（2）创建程序 zy2，判断一个字符是字母还是非字母，如果是字母是大写字母还是小写字母。（分别利用 IF 语句和 DO CASE 语句实现）

（3）创建程序 zy3，计算数列 1/2、2/3、3/4、…的前 100 项的和。

（4）创建程序 zy4，程序的功能是将任意字符组成的字符串进行反序显示，即字符串“Windows 程序”显示为“序程 swodniW”。

（5）创建程序 zy5，统计 10~10000 中回文数的个数。所谓回文数就是它的逆序数等于它本身，如 22、252、1881 等都是回文数。

（6）创建程序 zy6，基于 cj 表，根据输入的学号，输出该学生的各门课成绩和总成绩。

（7）创建程序 zy7，完成以下功能。

① 基于 xim、js 和 gz 表生成 gz1 表，gz1 表中存放除了“医学院”教师以外的其他教师的工号（gh）、基本工资（jbgz）和系名（ximing）。

② 将 gz1 表中的基本工资上浮 5%。

③ 将 gz1 表中基本工资低于本系平均基本工资的教师记录复制到 newgz 表中。要求 newgz 表中的记录先按系名排序，系名相同再按基本工资排序。

（8）修改下列程序中的错误，要求：不允许修改程序的总体框架和算法，不允许增加或减少语句数目。以下程序代码存放在文件 prg.txt 中。

① 本程序的功能是统计一个字符串中包含多少个汉字（假设汉字均属于 GB2312 字符集）。例如，字符串“室内装饰 DIY”的汉字个数为 4。

```
** zy8_1.prg **
cString="室内装饰 DIY"
nCount=0
DO WHILE LEN(cString)>0
   IF ASC(LEFT(cString,1))<=127
      cString=SUBSTR(cString,2)
      EXIT
   ENDIF
   nCount=nCount+1
   cString=SUBSTR(cString,2)
ENDDO
WAIT WINDOWS'汉字个数为'+STR(nCount)
```

② 计算数列 2/1、3/2、5/3、……、155/18、173/19、192/20、…前 20 项的和。

```
  ** zy8_2.prg **
CLEAR
m=2
STORE s TO 0
FOR i=1 TO 20
  s=s+m/i
  m=m+1
ENDFOR
?s
```

③ 本程序的功能是将一个英文词组中的每个单词的首字母改为大写（单词之间以空格分隔）。例如“visual basic”经程序转换后为“Visual Basic”。

其基本算法是：首先在字符串中查找到第一个空格，把空格左边的部分看作为一个单词，从字符串中截取左边的单词，并将首字母改为大写。剩余的部分用同样的方法进行处理，直到剩余的部分没有字符为止。

```
** zy8_3.prg **
cText=" visual basic"
cResult=SPACE(0)
DO WHILE EMPTY(cText)
  nSpacePos=AT(SPACE(1),cText)
  IF nSpacePos>0
      cWord=LEFT(cText,nSpacePos)
  ELSE
      cWord=cText
  ENDIF
  cWord=UPPER(LEFT(cWord,1))+SUBSTR(cWord,2)
  cResult= cWord+cResult
  cText=LTRIM(SUBSTR(cText,nSpacePos))
ENDDO
WAIT WINDOW cResult
```

实验 13　结构化程序设计——过程与自定义函数设计

实验目的与要求

（1）掌握自定义函数和过程的创建方法。

（2）掌握自定义函数和过程的调用方法。

（3）了解参数传递的两种形式。

（4）了解变量的作用域。

实验准备

（1）启动 Visual FoxPro，将“d:\vfp\实验 13\示例”文件夹设置为默认的工作路径。

（2）打开该文件夹中的项目文件“tsgl.pjx”

实验内容

（1）自定义函数的创建。编写程序 prg1，要求定义函数 sxh()用于判断一个三位数是否是水仙花数。所谓水仙花数是一个三位数，其各位数字的立方和等于其本身，如 153 为水仙花数（153=1*1*1+5*5*5+3*3*3）。

（2）函数调用。编写程序 prg2，计算所有的水仙花数的和。要求调用上例的 sxh 函数。

（3）过程的创建与调用。编写程序 prg3，基于 ts 表参数查询某出版社所出版图书的书名和单价，并按单价排序输出。要求包含过程 sub1，根据出版社编号查询图书的书名和单价，并按单价排序输出。

（4）在存储过程中定义自定义函数。

① 在 tsgl 数据库的存储过程中定义自定义函数 zf_rule()，使其具有以下功能：如果参数 x 的值不为空，函数返回值为.T.，否则函数返回值为.F.。

② 如果要求该数据库中表 ts.dbf 的 sm 字段值不能为空，利用自定义函数 zf_rule()设置 sm 字段的有效性规则。

（5）参数传递的两种形式。（选做）

① 分析程序 prg4 的输出，并运行验证你的判断是否正确；程序代码保存在 prg.txt 文件中。

② 将调用语句“DO sub1 WITH x,y”修改成 sub1(x,y)，保存程序为 prg4b，分析程序的输出，并运行，验证你的判断是否正确。

```
** prg4.prg**
x=1
y=2
DO sub1 WITH x,y
?x,y

PROC sub1
  PARA a,b
  a=3
  b=4
  a=a+b
RETURN
```

（6）变量的作用域。分析程序 prg5 的输出，并运行，验证你的判断是否正确。程序代码保存在 prg.txt 文件中。

```
** prg5.prg**
  CLEAR
  x=1
  y=2
  z=3
  DO sub1
  ?x,y,z,w

PROC sub1
  PRIVATE x
  LOCAL z
  x=100
  y=200
  z=300
  DO sub2
  RETURN
```

```
PROC sub2
 PUBLIC w
 W=4
 ?x,y,z,w
 RETURN
```

实验步骤

1. 自定义函数的创建

编写程序 prg1，要求定义函数 sxh()用于判断一个三位数是否是水仙花数。所谓水仙花数是一个三位数，其各位数字的立方和等于其本身，如 153 为水仙花数（153=1*1*1+5*5*5+3*3*3）。

操作步骤如下。

（1）在项目管理器下，选择“代码”选项卡，选定“程序”，单击“新建”按钮，出现程序编辑窗口。

（2）在程序编辑窗口输入以下程序：

```
FUNCTION sxh
  PARA n
  d1=n%10                          && 个位
  d2=INT(n/10)%10                  && 十位
  d3=INT(n/100)                    && 百位
  IF d1^3+d2^3+d3^3=n
     RETURN .t.
  ELSE
      RETURN .f.
  ENDIF
ENDFUNC
```

（3）保存程序为 prg1。

（4）在“命令”窗口分别输入并执行以下语句：

```
?sxh(153)
?sxh(154)
```

验证编写的自定义函数 sxh 是否正确，前者输出应为：.T.，后者应为：.F.。

2. 函数调用

编写程序 prg2，计算所有的水仙花数的和。要求调用上例的 sxh 函数。操作步骤如下。

（1）新建程序，输入以下代码：

```
SET PROCEDURE TO prg1.prg    &&打开文件 prg1
s=0
FOR i=100 TO 999
    IF sxh(i)
       s=s+i
    ENDIF
NEXT i
?"所有水仙花数的和为：",s
```

（2）另存程序为 prg2，运行程序，查看结果，正确结果为：1301。

3. 过程的创建与调用

编写程序 prg3，基于 ts 表参数查询某出版社所出版图书的书名和单价，并按单价排序输出。要求包含过程 sub1，根据出版社编号查询图书的书名和单价，并按单价排序输出。

程序清单如下。

```
** prg3.prg**
ACCEPT "请输入出版社编号" TO cbsbh1
DO sub1 WITH cbsbh1

PROCEDURE sub1
  PARA x
  SELECT sm,dj FROM ts WHERE cbsbh=x ORDER BY 2
ENDPROC
```

4. 在存储过程中定义自定义函数

（1）在数据库 tsk 的存储过程中创建自定义函数 zf_rule()，使其具有以下功能：如果参数 x 的值不为空，函数返回值为.T.，否则函数返回值为.F.。

（2）如果要求该数据库中表 ts 的 sm 字段值不能为空，利用自定义函数 zf_rule()设置 sm 字段的有效性规则。

操作步骤如下。

（1）在项目管理器的“数据”选项卡中，选择数据库 tsk 的“存储过程”，单击“新建”按钮，打开存储过程的编辑窗口。

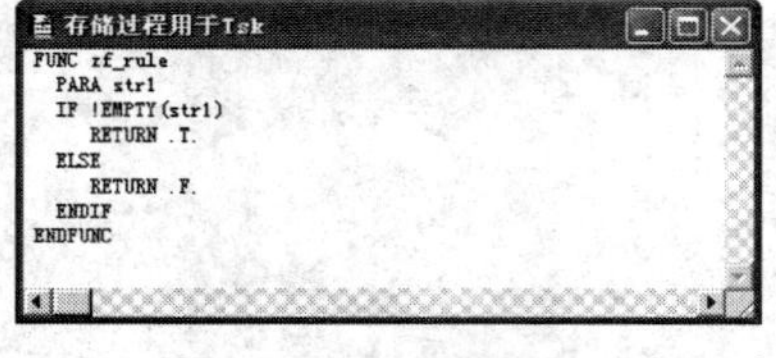

图 2-5-9　存储过程编辑窗口

（2）在编辑窗口中，编写自定义函数 zf_rule，如图 2-5-9 所示。

（3）关闭存储过程的编辑窗口。

（4）在项目管理器中选择表 ts，单击“修改”按钮，打开表设计器，在表设计器中选择 sm 字段，在字段有效性规则文本框中输入 zf_rule(sm)，关闭表设计器。

（5）浏览表 ts，删除某本图书的书名后，移动光标到其他记录上，系统会弹出对话框，提示“违反了字段 sm 的有效性规则。”

5. 参数传递的两种形式（选做）

（1）分析程序 prg4 的输出，并运行，验证你的判断是否正确。

（2）将调用语句“DO sub1 WITH x,y”修改成 sub1(x,y)，保存程序为 prg4b，分析程序的输出，并运行，验证你的判断是否正确。

```
** prg4.prg**
x=1
y=2
DO sub1 WITH x,y
?x,y

PROC sub1
  PARA a,b
  a=3
  b=4
```

```
  a=a+b
  RETURN
```

操作步骤如下。

（1）新建程序，将 prg4 的程序代码从文件 prg.txt 中复制到程序的编辑窗口中，保存程序为 prg4。

（2）运行程序，查看程序结果，验证你的判断是否正确。

（3）修改程序，将调用语句“DO sub1 WITH x,y”修改成 sub1(x,y)，另存程序为 prg4b。

（4）运行程序 prg4b，查看程序运行结果，验证你的判断是否正确。

6. 变量的作用域

分析程序 prg5 的输出，并运行，验证你的判断是否正确。

```
** prg5.prg**
CLEAR
x=1
y=2
z=3
DO sub1
?x,y,z,w

PROC sub1
  PRIVATE x
  LOCAL z
  x=100
  y=200
  z=300
  DO sub2
  RETURN

PROC sub2
  PUBLIC w
  W=4
  ?x,y,z,w
  RETURN
```

操作步骤如下。

（1）新建程序，将 prg5 的程序代码从文件 prg.txt 中复制到程序的编辑窗口中，保存程序为 prg5。

（2）运行程序，查看程序运行结果，验证你的判断是否正确。

实验作业

启动 VFP，将“d:\vfp\实验 13\作业”文件夹设置为默认的工作文件夹，打开该文件夹中的项目文件 jxgl.pjx。

（1）编写自定义函数 ntoz，功能是将任意一个 0~9 阿拉伯数字转换成“零~九”之间的中文。如 ntoz(5)的返回值为“五”。

（2）调用自定义函数 ntoz 将任意一个由阿拉伯数字组成的字符串转换成中文表示。如输入“5831”，则输出“五八三一”，程序保存为 zy1。

（3）编写程序 zy2，统计随机产生的 100 个小于 10000 的整数中，合数的个数。所谓合数就是除了可以被 1 和本身整除外，还可以被其他数整除的自然数。如 4 可以被 2 整除，所以 4 是合数，而 5 只能被 1 和 5 整除，所以 5 不是合数。要求包含过程或用户自定义函数，用来判断一个数是否是合数。

（4）修改下列程序中的错误，要求：不允许修改程序的总体框架和算法，不允许增加或减少语句数目。以下程序代码存放在文件 prg1.txt 中。

① 要求根据系数判断若干一元二次方程（$ax^2+bx+c=0$）根的情况。

```
** zy3.prg**
INPUT "n=" TO n
m=""
FOR i=1 TO n
    INPUT "a=" TO a
    INPUT "b=" TO b
    INPUT "c=" TO c
    ?"系数 a，b，c 为"+a+b+c+"的方程有"
    DO f WITH a,b,c,m
    ??m
ENDFOR
PROCEDURE f
    PARAMETER a1,b1,c1,d
    d=b1^2-4*a1*c1
    DO CASE
        CASE  d<0
            m1="2 个虚根"
        CASE  d=0
            m1="2 个相等的实数根"
        CASE d>0
            m1="2 个不等的实数根"
    ENDDO
    RETURN
```

② cLen 函数的功能是测试一个字符串中含有字符的个数，如果字符串中包含汉字，则每个汉字看成 1 个字符。如 cLen("表单的 INIT 事件")的返回值为 9。

```
**zy4 .prg**
? cLen("表单的 INIT 事件")
FUNC cLen
   PARA str1
   n=0
   DO WHILE str1>0
      IF ASC(str1)>127
         str1=SUBSTR(str1,3)
      ELSE
         str1=SUBSTR(str1,2)
      ENDIF
      n=n+1
   ENDDO
   RETURN str1
ENDF
```

（5）分析以下程序的输出结果，运行程序，查看结果。以下程序代码存放在文件 prg2.txt 中。

①

```
** zy5.prg**
CLEAR
STORE 3 TO n
s=0
k=1
DO WHILE k<=n
   s=s+ff(k)
   k=k+1
ENDDO
?s

FUNCTION ff
   PARAMETERS m
   t=1
   p=0
   FOR i=1 TO m
      t=t*i
      p=p+t
   ENDFOR
   RETURN p
ENDFUNC
```

②

```
** zy6.prg**
CLEAR
PUBLIC x,y,z
x=3
y=4
z=5
DO pp
? x+y+z
PROCEDURE pp
   LOCAL x
   x=5
   y=7
   z=x+y
ENDPROC
```

③

```
**zy7.prg**
m=12
n=21
SET UDFPARMS TO REFERENCE
?test( m,n)
?m,n
PROC test
    para a,b
    x=a-b
    a=a-x
    b=b+x
    RETURN x
```

单元 6　表单的创建与使用

实验 14　表单、表单集的创建

实验目的与要求

（1）掌握使用表单向导创建表单的方法。

（2）会利用表单设计器对由表单向导生成的表单进行修改。

（3）掌握使用表单设计器创建表单的方法。

（4）掌握为表单和表单集设置常用属性的方法，掌握简单事件处理代码设置的方法。

（5）了解三种类型的表单：子表单、浮动表单和顶层表单。

实验准备

（1）启动 VFP，将“d:\vfp\实验 14\示例”文件夹设置为默认的工作文件夹。

（2）打开该文件夹中的项目文件“tsgl.pjx”。

实验内容

1. 表单向导的使用

创建表单文件“form6-1.scx”，运行效果如图 2-6-1 所示。

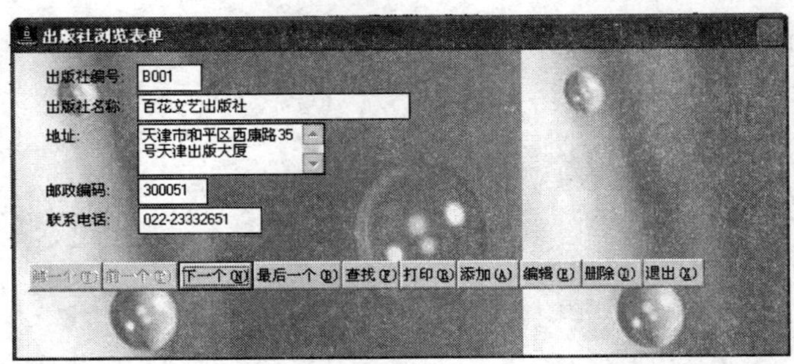

图 2-6-1　表单 form6-1.scx 的运行效果

设计要求：

（1）利用“表单向导”创建基于出版社表 cbs.dbf 的表单 form6-1.scx。要求选择 cbs 表中所有的字段；表单样式为“标准式”；按钮类型为“文本按钮”；不排序；表单标题为“出版社”。

（2）用表单设计器对表单 form6-1.scx 进行修改，修改要求如下。

① 表单宽度 600、高度 250。

② 表单标题为“出版社浏览表单”。

③ 表单控制菜单图标为：示例文件夹中的 net.ico。

④ 无最大化按钮和最小化按钮。
⑤ 关闭按钮不可用。
⑥ 表单不可移动。
⑦ 表单边框样式为：固定对话框。
⑧ 表单运行时自动居中。
⑨ 表单运行时该窗口始终处于其他窗口之上。
⑩ 表单背景图片为：示例文件夹中的 logo.jpg。

2. 一对多表单向导及表单设计器中各工具按钮的使用

创建表单文件“form6-2.scx”，运行效果如图 2-6-2 所示。

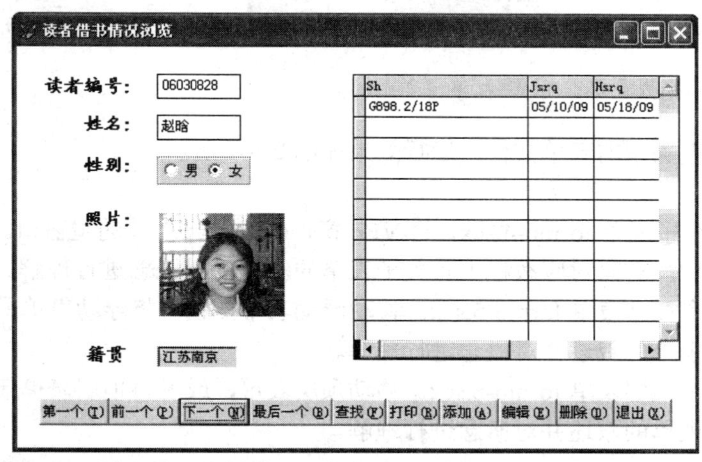

图 2-6-2　表单 form6-2.scx 的运行效果

设计要求：

（1）利用“一对多表单向导” 创建基于读者表（dz.dbf）和借阅表（jy.dbf）的“一对多”表单 form6-2.scx。要求选择父表读者表（dz.dbf）中的读者编号 dzbh、姓名 xm 和性别 xb 以及照片 zp 字段；选择子表借阅表（jy.dbf）中书号 sh、借书日期 jsrq 和还书日期 hsrq 字段；以读者编号 dzbh 字段建立两表的关系；表单样式为标准式；不进行排序；表单标题为“读者借书情况浏览”。

（2）用表单设计器对表单 form6-2.scx 进行修改，修改要求如下。

① 如图 2-6-2 所示调整表单中各对象的位置和大小。

② 练习多重选定，将表单上所有的标签选中，并对它们进行如下属性设置：楷体、12 号字、粗体、自动调整大小，并使用“布局工具栏”将所有标签调整为右对齐。

③ 将显示性别的文本框删除，用选项按钮组代替，并使用“选项按钮组生成器”对该选项按钮组对象设置相关属性。

④ 从数据环境中将 dz 表中的籍贯 jg 字段拖至表单适当位置，并修改标签的相关属性，使得与表单上的其他标签对齐。

3. 表单集的使用

创建表单文件 form6-3.scx，运行效果如图 2-6-3 所示。

图 2-6-3　表单 form6-3.scx 的运行效果

设计要求：

（1）创建一个表单集，该表单集由 2 个表单 Form1 和 Form2 组成。

（2）在表单 Form1 和表单 Form2 中各添加 1 个标签对象，其显示文本如图 2-6-3 所示，并设置两标签的显示效果均为：粗体、36 号字、自动调整大小；表单 Form1 中的标签为红色，表单 Form2 中的标签为蓝色；设置表单集中的各个表单的标题如图 2-6-3 所示。

4. 子表单、浮动表单、顶层表单

创建三种不同类型的表单文件，运行效果如图 2-6-4 所示。

设计要求：

（1）新建一个子表单 form6-4.scx，将 VFP 窗口作为该子表单的主窗口。移动子表单，或者将子表单最小化，对照对应教程上有关子表单的叙述并对概念进行理解。

（2）新建一个浮动表单 form6-5.scx。移动浮动表单，或者将浮动表单最小化，对照对应教程上有关浮动表单的叙述并对概念进行理解。

（3）新建一个顶层表单 form6-6.scx。移动顶层表单，或者将顶层表单最小化，对照对应教程上有关顶层表单的叙述并对概念进行理解。

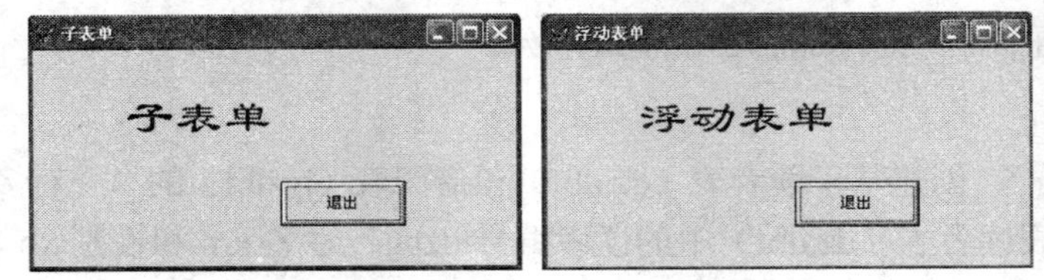

图 2-6-4　表单 form6-4.scx、form6-5.scx、form6-6.scx 的运行效果

实验步骤

单元 6、单元 7 的所有实验均涉及表单的设计，一般有如下步骤。

（1）利用表单向导或表单设计器新建表单。

（2）在表单设计器中利用属性窗口对表单及控件的属性进行修改。

（3）编写有关对象的事件代码，以实现表单功能。

需要注意的是：在属性窗口的属性设置框中可以更改属性值，如果属性值为字符型常量，不必使用界限符（如引号等），例如表单对象 Caption="出版社浏览表单"，在属性窗口中设置时是不加双引号的，但在对象的事件代码中，界限符是必须要有的。

1. 表单向导的使用

（1）利用“表单向导”创建基于出版社表（cbs.dbf）的表单 form6-1.scx。

（2）在表单设计器中打开表单 form6-1.scx，对表单按表 2-6-1 进行修改。

表 2-6-1 要修改的属性

属性名称	属性值	属性名称	属性值
Width	600	Caption	出版社浏览表单
Height	250	Icon	d:\vfp\实验 14\示例\net.ico
MaxButton	.F.	AutoCenter	.T.
MinButton	.F.	AlwaysOnTop	.T.
Closable	.F.	BorderStyle	2
Movable	.F.	Picture	d:\vfp\实验 14\示例\logo.jpg

2. 一对多表单向导及表单设计器各工具按钮的使用

（1）利用“一对多表单向导”创建表单 form6-2.scx。

（2）在表单设计器中打开表单 form6-2.scx，对表单进行如下修改。

① 控件的移动：可以利用鼠标的拖放操作将选定控件拖放到新的位置。

缩放控件：选定某控件后，拖动一个尺寸柄（边框上的点）来调整控件的长度、宽度或整体尺寸。

② 多重选定：按住 Shift 键后单击需要选择的控件，则所有单击过的控件都被选定。

标签对象的属性设置：FontName=楷体、FontSize=12、FontBold=.T.、AutoSize=.T.。

控件的对齐：利用“表单设计器”工具栏上的按钮打开“布局工具栏”，选择应对齐的所有标签后，单击“布局工具栏”上的“右边对齐”按钮完成操作。

③ 控件的删除：选择显示性别的文本框后，按键盘上的 Delete 键删除。

在“性别”标签后创建一个“选项按钮组”对象，选中此对象，单击鼠标右键，在弹出的快捷菜单中选择“生成器”命令。“选项组生成器”的设置如下。

- “按钮”选项卡：按钮数目为 2，标题分别为男、女。
- “布局”选项卡：按钮布局为水平，按钮间隔为 5。
- “值”选项卡：字段名为 dz.xb。

④ 选择“显示”菜单中的“数据环境”命令，则在表单设计器中打开“数据环境”窗口，将 dz.dbf 中的籍贯字段 jg 拖至表单适当位置，会产生两个控件：一是显示字段标题或字段名的标签控件，二是与字段内容绑定的文本框控件。修改标签的相关属性，使得与表单上的其他标签对齐。

3. 表单集的使用

（1）创建表单集并添加新表单。

新建一表单，在 VFP 主菜单中选择“表单”→“创建表单集”命令，这时检查“属性”窗口中的“对象”下拉组合框，可以发现增加了一个表单集对象 Formset1；然后继续选择“表单”→“添加新表单”命令，这时表单设计器中便出现第 2 个表单 Form2。将该表单文件保存为 form6-3.scx。

（2）设置表单集中 2 个表单及标签的属性。

4. 子表单、浮动表单、顶层表单

（1）新建一个表单，在表单上添加 1 个标签和 1 个命令按钮，表单保存为 form6-4.scx。

① 属性设置，如表 2-6-2 所示。

表 2-6-2　表单与控件的属性

对象	属性名称	属性值
Form1	Caption	子表单
	ShowWindow	0 或者 1
	Desktop	.F.
Label1	Caption	子表单
	Autosize	.T.
	FontName	隶书
	FontSize	28
Command1	Caption	退出

② Command1 对象的 Click 事件代码为：

```
THISFORM.RELEASE
```

③ 运行表单 form6-4.scx，以 VFP 主窗口作为该表单的父表单，将 VFP 主窗口调整到合适大小（不充满整个屏幕），对照子表单的特性叙述，观察该子表单与父表单之间的关系。（注：子表单是包含在其他表单中的表单，它不能移出父表单；当子表单最小化时，出现在父表单的底部；如果父表单最小化，则子表单一同最小化；子表单不出现在 Windows 的任务栏中。）

（2）将表单 form6-4.scx 另存为表单 form6-5.scx。

① 按表 2-6-3 修改属性。

表 2-6-3　需修改的属性

对象	属性名称	属性值
Form1	Caption	浮动表单
	Desktop	.T.
Label1	Caption	浮动表单

② 运行表单 form6-5.scx，以 VFP 主窗口作为该表单的父表单，将 VFP 主窗口调整到合适大小（不充满整个屏幕），对照浮动表单的特性叙述，观察该浮动表单与父表单之间的关系。（注：浮动表单是由子表单变化而来的表单；该表单属于父表单的一部分，可以不位于父表单中，即可以在桌面上任意移动，但不能在父表单后台移动；当浮动表单最小化时，它显示在桌面的底部；当父表单最小化时，浮动表单也一同最小化。）

（3）将表单 form6-4.scx 另存为表单 form6-6.scx。

① 按表 2-6-4 修改属性。

表 2-6-4　需修改的属性

对象	属性名称	属性值
Form1	Caption	顶层表单
	ShowWindow	2
Label1	Caption	顶层表单

② 运行表单 form6-6.scx。将 VFP 主窗口调整到合适大小（不充满整个屏幕），对照顶层表单的特性叙述，观察该顶层表单与其他窗口之间的关系。（注：顶层表单是独立的、无模式的、无父表单的表单；顶层表单与其他 Windows 应用程序同级，可出现在前台或后台，并且显示在 Windows 的任务栏中。）

实验作业

启动 VFP，将“d:\vfp\实验 14\作业”文件夹设置为默认的工作文件夹，打开该文件夹中的项目文件 jxgl.pjx。

（1）打开表单 Homework6-1.scx，把表单标题改为“欢迎您”，将标签的字号改为 25，字体改为隶书。再在表单上添加“关闭”（对象名称为 Command1）按钮，单击此按钮可以关闭表单。

（2）打开表单 Homework6-2.scx，在表单上添加“查询”（对象名称为 command2）按钮，单击“查询”按钮，查询 jxsj 数据库中平均成绩在 75 分（包括 75 分）以上的学生。查询信息包括：学号、姓名、平均成绩；查询结果按平均成绩的降序保存在表 New_table1 中。

单元7 控 件 设 计

实验15　标签、文本框、编辑框控件设计

实验目的与要求

（1）了解标签、文本框和编辑框控件的用途。
（2）掌握为标签、文本框和编辑框控件设置常用属性的方法。
（3）掌握为标签、文本框和编辑框控件设置简单事件处理代码的方法。

实验准备

（1）启动 VFP，将“d:\vfp\实验 15\示例”文件夹设置为默认的工作文件夹。
（2）打开该文件夹中的项目文件“tsgl.pjx”。

实验内容

1. 标签的使用

打开表单 form7-1-1.scx，按下列要求修改表单，修改完成后运行表单，其效果如图 2-7-1 所示。

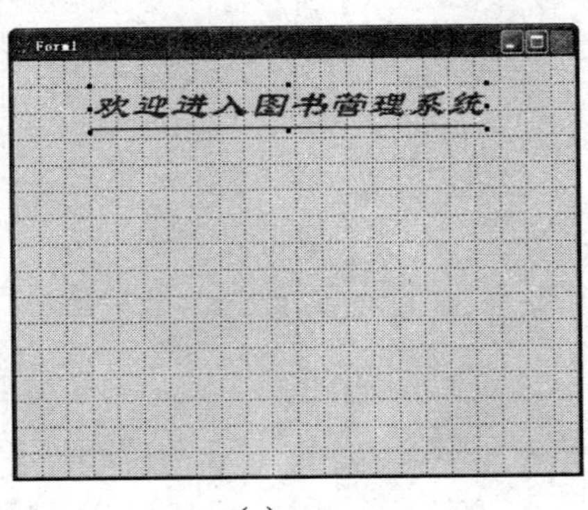

（a）

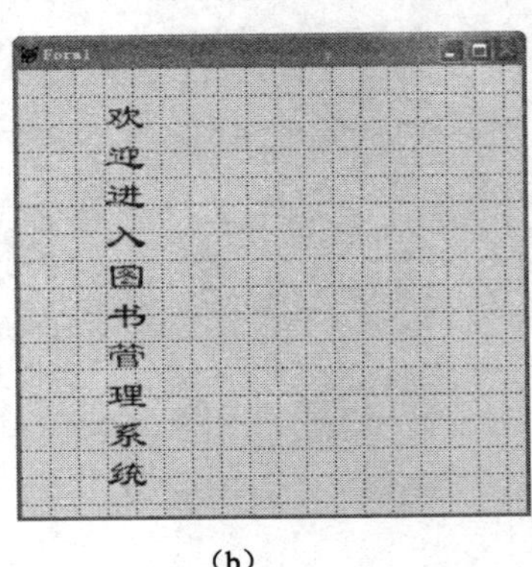

（b）

图 2-7-1　表单 form7-1-1.scx 的设计效果

设计要求：
（1）设置标签对象的字体为隶书、加粗、斜体、下划线、字号为 26、前景色为红色、背景色为浅绿色（128，255，128）、自动调整大小，效果如图 2-7-1（a）所示。
（2）设置标签的 WordWrap 属性，使得该标签能垂直显示，效果如图 2-7-1（b）所示。

2. 文本框的使用

打开表单 form7-1-2.scx，该表单的功能是进行身份验证，在文本框中接受用户名和口令

的输入。按下列要求修改表单，修改完成后运行表单，其效果如图 2-7-2 所示。

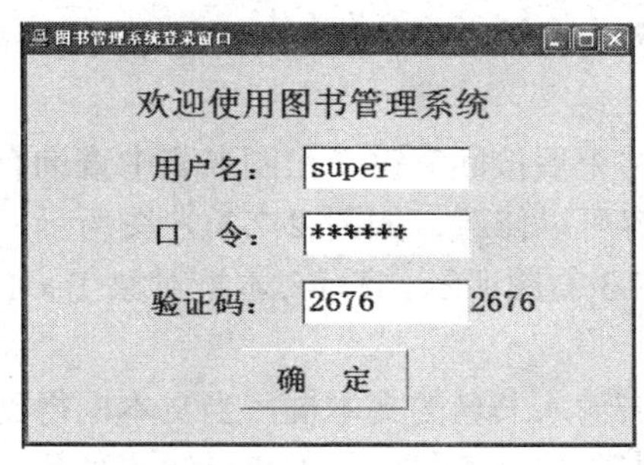

图 2-7-2　表单 form7-1-2.scx 的运行效果

设计要求：

（1）修改表单的相关属性，使得控制菜单图标为示例文件夹中的 pc.ico，表单边框样式为固定对话框，运行时自动居中；设置三个文本框的字号为 18、加粗；在口令框中输入口令时使用“*”代替。

（2）编写文本框 Text1 的 Valid 事件代码，使得在输入用户名时，用户名不能为空，否则报错。

（3）已为表单新建了一个方法程序 GetMaskCode，其功能是获取一个四位的随机数。请为表单的 Init 事件设置代码，实现的功能是：调用表单的 GetMaskCode 方法，将四位随机数显示在标签 Label5 上。

（4）当按“确定”按钮时，检查输入的用户名、口令以及验证码是否正确（合法的用户名是 super，口令是 123456）。如果正确，显示“欢迎使用本系统!”；如果不正确，显示“用户名错，或口令错，或验证码错，请修改!”，并且清除所有文本框内容，更换验证码，Text1 文本框获得焦点以方便用户的再次输入。编写“确定”按钮的 Click 事件代码，实现上述功能。

3. 编辑框的使用

打开表单 form7-1-3.scx，该表单的功能是显示并修改图书表中任意一本书的备注内容。按如下要求修改表单，修改完成后运行表单，其运行效果如图 2-7-3 所示。

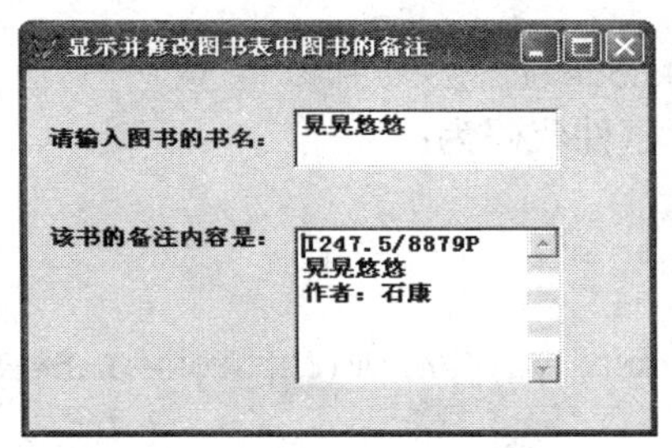

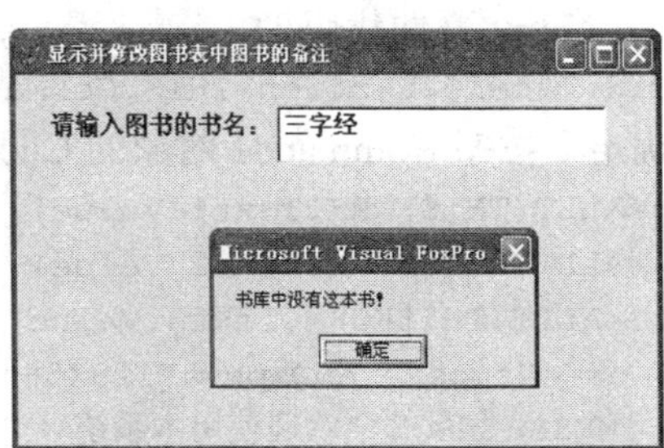

图 2-7-3　表单 form7-1-3.scx 的运行效果

设计要求：

（1）打开 ts 表，利用表菜单或者表命令修改 ts 表中所有图书的备注（bz）字段，使得其内容为：各图书的书号 +5 个空格 + 各图书的书名 +5 个空格 + “作者：”+各图书的作者（例如：I247.5/8879P　　晃晃悠悠　　作者：石康）。

（2）在数据环境中添加 ts 表，设置表单中 Edit1 对象的相关属性，使得该编辑框能显示

ts 表中 bz 字段的内容。

（3）设置表单中相关对象的相关属性，使得表单在第一次运行时，表单界面上只出现书名输入的文本框。

（4）在文本框中输入书名，当书名输入结束后按回车键，在图书表中查询有无该书。如果有，则显示该书的备注内容，并且备注内容可以修改，如图 2-7-3 左图所示；如果没有，则向用户提示“书库中没有这本书！”，如图 2-7-3 右图所示。编写文本框对象 Text1 的 KeyPress 事件代码，实现上述功能。

（5）如果用户需要再查一本书，可以点击输入书名的文本框，当文本框得到焦点时，使得显示备注内容的编辑框暂时隐藏。编写文本框对象 Text1 的 GotFocus 事件代码，实现上述功能。

实验步骤

1. 标签的使用

（1）设置标签的 FontName、FontBold、FontSize 等属性。

（2）先设置标签属性 WordWrap 为“.T.”，再拖动该标签对象的尺寸柄，使得该对象仅能容纳一个汉字的宽度，观察标签的变化。

2. 文本框的使用

（1）设置表单的 Icon、BorderStyle、AutoCenter 属性；设置三个文本框的 FontSize 和 FontBold 属性；设置 Text2 对象的 PasswordChar 属性设置为“*”。

（2）为实现用户名不能为空，否则报错的功能，用户名文本框 Text1 对象的 Valid 事件代码为：

```
IF LEN(ALLT(THIS.Value))=0
     MESSAGEBOX("用户名不能为空！")
     RETURN .F.
ENDIF
```

（3）表单的 Init 事件代码为：

```
THIS.Label5.Caption=THIS.GetMaskCode()
```

（4）“确定”按钮 Command1 对象的 Click 事件代码为：

```
us=ALLT(THISFORM.Text1.Value)
pw=ALLT(THISFORM.Text2.Value)
yzm=ALLT(THISFORM.Text3.Value)
IF us=="super" AND pw=="123456"  AND  yzm==ALLT(THISFORM.Label5.Caption)
    MESSAGEBOX("欢迎使用本系统！")
ELSE
    MESSAGEBOX("用户名错，或口令错，或验证码错，请修改！")
    THISFORM.Text1.Value=""
    THISFORM.Text2.Value=""
    THISFORM.Text3.Value=""
    THISFORM.Text1.SetFocus
    THISFORM.Init()
ENDIF
```

3. 编辑框的使用

（1）使用表菜单中“替换字段”功能或者使用如下 UPDATE-SQL 命令：

```
UPDATE ts SET bz=ALLT(sh)+SPACE(5)+ALLT(sm)+SPACE(5)+“作者:”+ALLT(zz)
```

（2）在数据环境中添加 ts 表，并设置编辑框对象 edit1 的 ControlSource 属性为 ts.bz。

（3）为实现第一次运行该表单时，表单界面上只出现书名输入的文本框，需设置标签（Label2）和编辑框（Edit1）对象的 Visible 属性为“.F.”。

（4）编写 Text1 对象的 KeyPress 事件代码：

```
IF nkeycode=13
    sname=ALLT(THIS.Value)
    LOCATE FOR ALLT(sm)==sname
    IF  !FOUND()
        MESSAGEBOX("书库中没有这本书！")
        THISFORM.Label2.Visible=.F.
        THIDFORM.Edit1.Visible=.F.
    ELSE
        THISFORM.Label2.Visible=.T.
        THISFORM.Edit1.Visible=.T.
    ENDIF
ENDIF
```

（5）编写 Text1 对象 GotFocus 事件代码：

```
THISFORM.Label2.Visible=.F.
THISFORM.Edit1.Visible=.F.
```

实验作业

启动 VFP，将“d:\vfp\实验 15\作业”文件夹设置为默认的工作文件夹，打开该文件夹中的项目文件 jxgl.pjx。

（1）打开表单 Homework7-1-1.scx，该表单用于水平或垂直显示标签。按下列要求修改表单，修改完成后运行表单，其效果如图 2-7-4 所示。

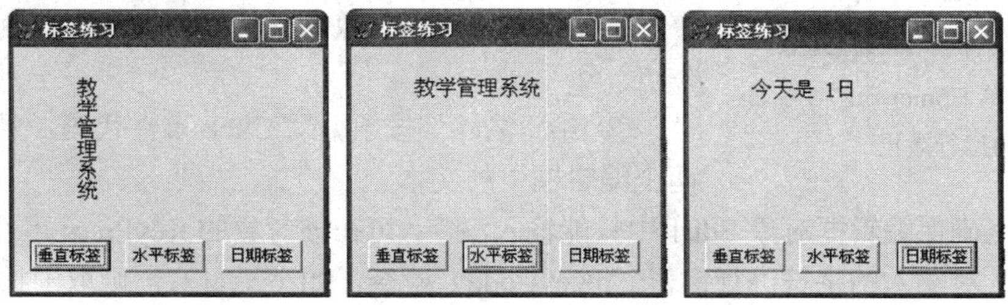

图 2-7-4 表单 Homework7-1-1.scx 的运行效果

设计要求：

① 当单击“垂直标签”按钮时，实现的功能是：将标签的高度设置为 100、宽度设置为 20，并让标签内容能自动换行显示。

② 当单击“水平标签”按钮时，实现的功能是：将标签的高度设置为 20、宽度设置为 100。

③ 当单击“日期标签”按钮时，实现的功能是：将标签控件的标题显示为“今天是 XX 日”（注意：XX 是指当天的日期）。

（2）打开表单 Homework7-1-2.scx，该表单功能是输入圆的半径，计算出圆的面积。按下列要求修改表单，修改完成后运行表单，其效果如图 2-7-5 所示。

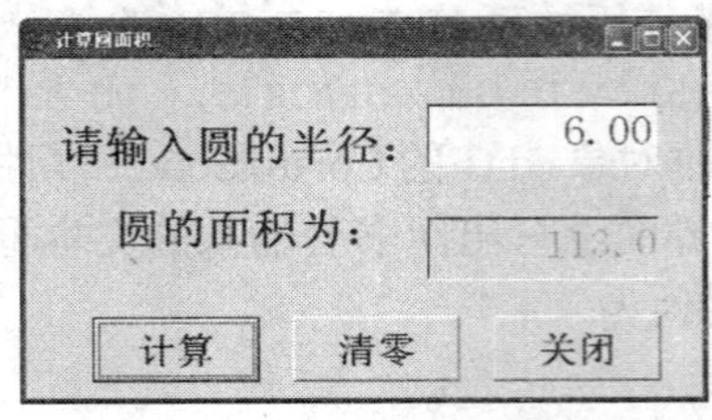

图 2-7-5　表单 Homework7-1-2.scx 的运行效果

设计要求：

① 设置“请输入圆的半径：”标签后的文本框的 Value 属性值为 0（提示：目的是使该文本框能接受数值类型的数据输入）。

② 为了使计算出的圆面积值不被随意修改，设置面积文本框为只读。

③ 设置文本框的相关属性，使得半径只允许输入小于 1000 的整数，显示面积时整数部分最多为 7 位，小数部分 1 位。

④ 设置半径文本框的 Valid 事件代码，使得输入的半径值如果是负数则报错。错误对话框如图 2-7-5 右图所示。

⑤ 当单击“计算”按钮时，实现的功能是：根据输入的半径值计算该圆的面积并显示。

⑥ 当单击“清零”按钮时，实现的功能是：将两个文本框的值置 0。

⑦ 当单击“关闭”按钮时，实现的功能是：关闭表单。

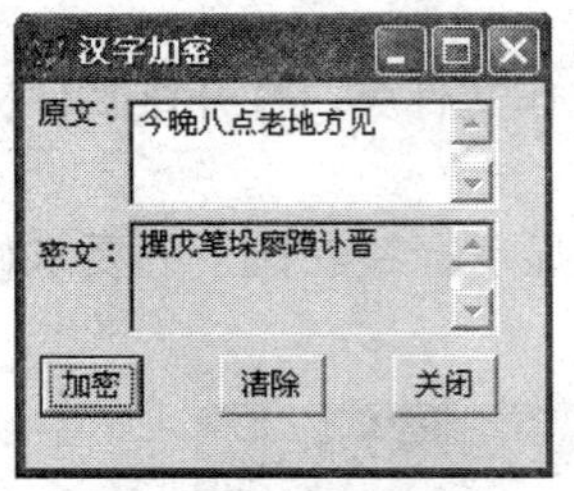

图 2-7-6　表单 Homework7-1-3.scx 的运行效果

（3）打开表单 Homework7-1-3.scx，该表单功能是对汉字文本加密。按下列要求修改表单，修改完成后运行表单，其效果如图 2-7-6 所示。

设计要求：

① 设置编辑框对象 Edit1 的有关属性，使其最多输入 20 个汉字，并使编辑框对象 Edit2 的内容不可修改，但可获得焦点。

② 给“清除”按钮编写 Click 事件代码，要求实现清空两个编辑框中的文本。

③ 为了确保编辑框对象 Edit1 中只能输入汉字，可在该对象的 KeyPress 事件发生时（即有按键时），对输入的字符进行键值（nKeyCode）检查，如小于 127，则取消按键操作（用 CANCEL 命令）。编写 Edit1 的 KeyPress 事件代码，实现上述功能。

④ 表单已创建了一个方法程序 Encode，其功能是对给定的汉字字符串进行加密，并返回密文字符串。设置该方法的说明文本“汉字字符串加密”，并在该方法代码的最后添加一句，功能是返回密文字符串。

⑤ 编写“加密”按钮的 Click 事件代码，功能是调用表单的 Encode 方法将加密文本显示在编辑框对象 Edit2 中。

（4）打开表单 Homework7-1-4.scx，该表单用于字母统计。按下列要求修改表单，修改完成后运行表单，其效果如图 2-7-7 所示。

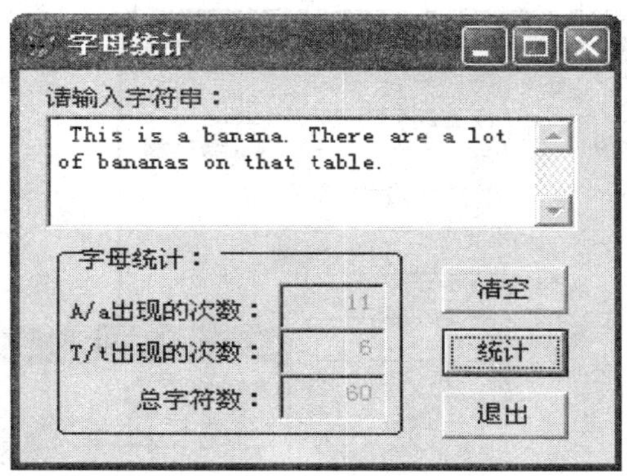

图 2-7-7 表单 Homework7-1-4.scx 的运行效果

设计要求：

① 设置表单边框类型为“固定对话框”，并设置字符统计的三个文本框禁用。

② 给表单增加三个新属性 a_num、t_num 和 num，分别用于统计 A 或 a 字母出现的次数、T 或 t 字母出现的次数和字符串的总字符数。

③ 再给表单增加一个新的 Count 方法，其功能是统计输入的字符串中字母 A/a 和 T/t 的个数，以及字符串的总字符数。编写 Count 方法代码，实现上述功能。

④ 编写“统计”按钮的 Click 事件代码，功能是调用表单的 Count 方法。

实验 16 命令按钮、命令按钮组控件设计

实验目的与要求

（1）了解命令按钮和命令按钮组控件的用途。

（2）掌握为命令按钮和命令按钮组控件设置常用属性的方法。

（3）掌握为命令按钮和命令按钮组控件设置简单事件处理代码的方法。

实验准备

（1）启动 VFP，将“d:\vfp\实验 16\示例”文件夹设置为默认的工作文件夹。

（2）打开该文件夹中的项目文件 tsgl.pjx。

实验内容

1. 命令按钮组的使用

打开表单“form7-2-1.scx”，该表单的功能是图书信息浏览表单。按下列要求修改表单，修改完成后运行表单，其效果如图 2-7-8 所示。

设计要求：

（1）在命令按钮组中再添加一个“退出”按钮，单击该按钮可以关闭表单。

（2）设置表单中所有文本框的相关属性，使得能显示 ts 表中各对应字段的内容。

（3）使用 SetAll()方法在表单的 Init 事件中实现将表单上所有文本框的内容改变为只读。

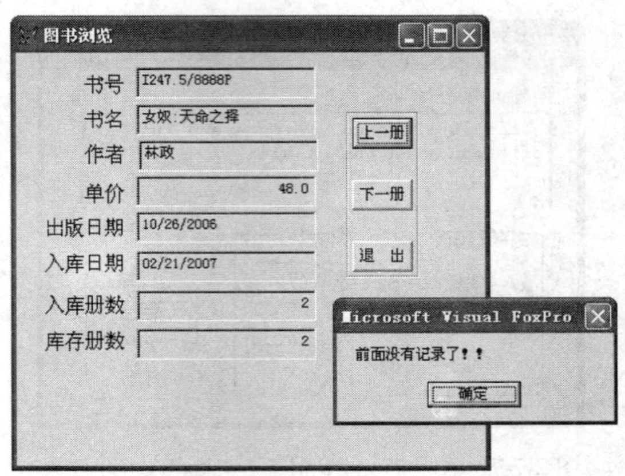

图 2-7-8　表单 form7-2-1.scx 的运行效果

（4）单击命令按钮组中相应的命令按钮，能依次浏览图书表 ts 中的每一本图书的信息。如果当前显示的是图书表 ts.dbf 中的第一条图书记录，再单击“上一册”按钮，应该向用户提示“前面没有记录了!!”，如图 2-7-8 所示；同样，“下一册”按钮也需要作相应处理。编写命令按钮组的相关事件代码，实现上述功能。

2. 命令按钮的使用

打开表单 form7-2-2.scx，该表单的功能是读者信息录入。按下列要求修改表单，修改完成后运行表单，其效果如图 2-7-9 所示。

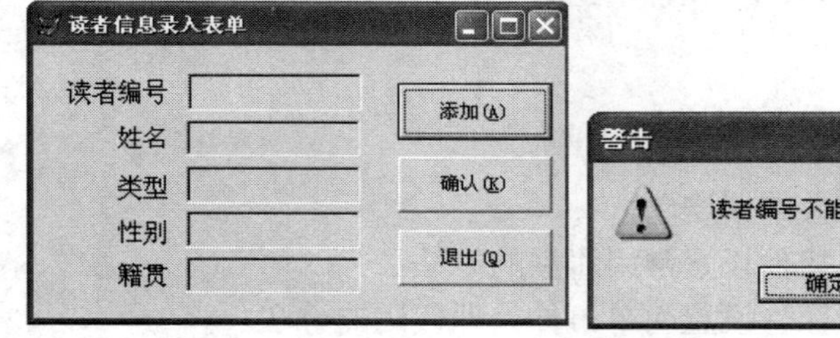

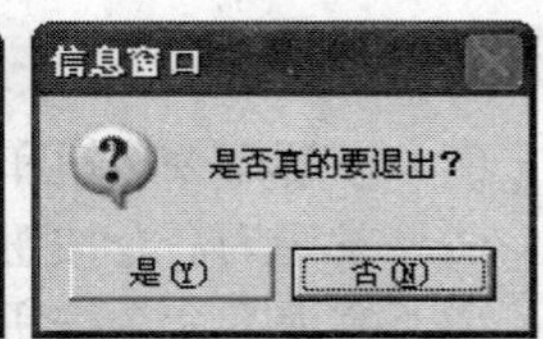

图 2-7-9　表单 form7-2-2.scx 的运行效果

设计要求：

（1）设置表单的 Init 事件代码，使得刚刚运行表单时，表单上用于录入读者信息的文本框是不可用的。

（2）给各命令按钮添加访问键，各命令按钮的访问键如图 2-7-9 左图所示。

（3）当单击“添加”按钮时，实现的功能是：使表单上用于录入读者信息的文本框可用，并清空文本框，同时使“添加”命令按钮的标题修改为“继续”，并且使自己不可用。

（4）在录入数据后，单击“确认”按钮，实现的功能是：先检查输入的读者编号是否为空，如果为空，则报错，报错窗口如图 2-7-9 中间的图所示；如果输入的读者编号不为空，则在读者表中查询是否已存在该读者编号，如果有，则报错；如果没有，则将输入的该读者信息存入到读者表中，同时使自己不可用，并且使表单上所有用于录入读者信息的文本框不可用，而使“继续”命令按钮可用。

（5）当单击“继续”按钮时，即为“添加”命令按钮的功能，同时使“确认”按钮可用。

（6）当单击“退出”按钮时，实现的功能是：先弹出确认退出的信息窗口，如图 2-7-9

右图所示，如果单击“是”按钮，则关闭表单。

实验步骤

1. 命令按钮组的使用

（1）添加“退出”按钮。

（2）设置各文本框对象的 ControlSource 属性。

（3）表单 Form1 对象的 Init 事件代码如下：

```
THIS.SETALL("ReadOnly",.T.,"TextBox")
```

（4）命令按钮组 CommandGroup1 对象的 Click 事件代码为：

```
DO CASE
   CASE  THIS.Value=1
        IF NOT BOF()
             SKIP -1
        ELSE
             MESSAGEBOX("前面没有记录了!! ")
        ENDIF
   CASE  THIS.Value=2
        IF NOT EOF()
             SKIP
        ELSE
             MESSAGEBOX("后面没有记录了!! ")
        ENDIF
   CASE  THIS.Value=3
        THISFORM.RELEASE
ENDCASE
THISFORM.REFRESH
```

2. 命令按钮的使用

（1）编写表单 Form1 对象的 Init 事件代码如下：

```
THIS.SetAll("Enabled",.F.,"TextBox")
```

（2）给各命令按钮添加访问键。

（3）“添加”命令按钮 Command1 对象的 Click 事件代码为：

```
THIS.Caption="继续(\<A)"
THISFORM.SetAll("Enabled",.T.,"TextBox")
THISFORM.SetAll("Value",SPACE(0),"TextBox")
THIS.Enabled=.F.
THISFORM.Command2.Enabled=.T.
```

（4）“确认”命令按钮 Command2 对象的 Click 事件代码为：

```
IF EMPTY(THISFORM.Txtdzbh.Value)
   MESSAGEBOX("读者编号不能为空，请重新输入！",48+0+0,"警告")
   THISFORM.txtdzbh.SetFocus
ELSE
   LOACTE FOR ALLT(dzbh)==ALLT(THISFORM.Txtdzbh.Value)
   IF FOUND()
    MESSAGEBOX("该读者编号已被使用，请重新输入！",48+0+0,"警告")
```

```
    THISFORM.Txtdzbh.SetFocus
   ELSE
    APPEND BLANK
    REPLACE dzbh WITH THISFORM.Txtdzbh.Value
    REPLACE xm WITH THISFORM.Txtxm.Value
    REPLACE lx WITH THISFORM.Txtlx.Value
    REPLACE xb WITH THISFORM.Txtxb.Value
    REPLACE jg WITH THISFORM.Txtjg.Value
    THIS.Enabled=.F.
    THISFORM.SetAll("Enabled",.F.,"TextBox")
    THISFORM.Command1.Enabled=.T.
   ENDIF
ENDIF
```

（5）当单击“继续”按钮时，即为“添加”命令按钮的功能，同时使“确认”按钮可用。该操作即为“添加”命令按钮 Command1 对象的动作，在此不需写任何事件代码。

（6）“退出”按钮 Command3 对象的 Click 事件代码为：

```
result=MESSAGEBOX("是否真的要退出？",4+32+256,"信息窗口")
IF result=6
   THISFORM.RELEASE
ENDIF
```

实验作业

• 启动 VFP，将“d:\vfp\实验 16\作业”文件夹设置为默认的工作文件夹，打开该文件夹中的项目文件“jxgl.pjx”。

（1）打开表单“Homework7-2-1.scx”，该表单用于验证用户的合法身份。按下列要求修改表单，修改完成后运行表单，其效果如图 2-7-10 所示。

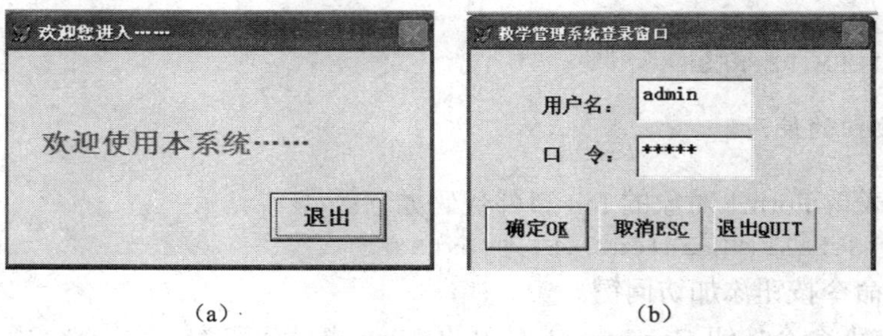

图 2-7-10　表单 Homework7-2-1.scx 的运行效果

设计要求：

① 基于表单 Homework7-2-1.scx，创建表单集，并在表单集中再添加一个表单 Form2，表单外观如图 2-7-10（a）所示，该表单初始时隐藏，不可见。

② 设置两个表单的有关属性，使得两表单窗口均无最大化按钮、无最小化按钮、关闭按钮不可用。

③ 设置登录窗口表单 Form1 中各命令按钮的访问键如图 2-7-10（b）所示；并设置相关命令按钮的属性，使得当按键盘上的 Enter 键时“确定”按钮响应，当按键盘上的 Esc 键时“取消”按钮响应。

④ 设置口令文本框 Text2 对象的占位字符为*；将合法用户表 hfyh.dbf 添加至数据环境。

⑤ 当单击“确定”按钮时，其实现的功能是：根据输入的用户名和口令，在合法用户表 hfyh.dbf 中查询，检查是否是合法用户。如果是合法用户，则将用户登录窗口隐藏，将欢迎您进入窗口设置为可见；如果不是合法用户，则弹出“对不起!!! 你不是该系统的合法用户!!!”的对话框。

⑥ 当单击“取消”按钮时，其实现的功能是：将输入用户名和口令的文本框清空，并使输入用户名的文本框得到焦点。

⑦ 为欢迎您进入表单 Form2 中的“退出”按钮设置代码，其功能是调用 Form1 表单中的“退出”按钮的 Click 事件。

（2）打开表单 Homework7-2-2.scx，该表单用于教师信息浏览。按下列要求修改表单，修改完成后运行表单，其效果如图 2-7-11 所示。

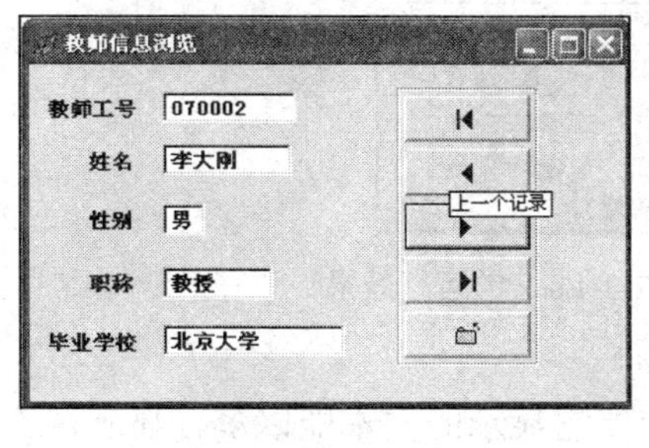

（a）

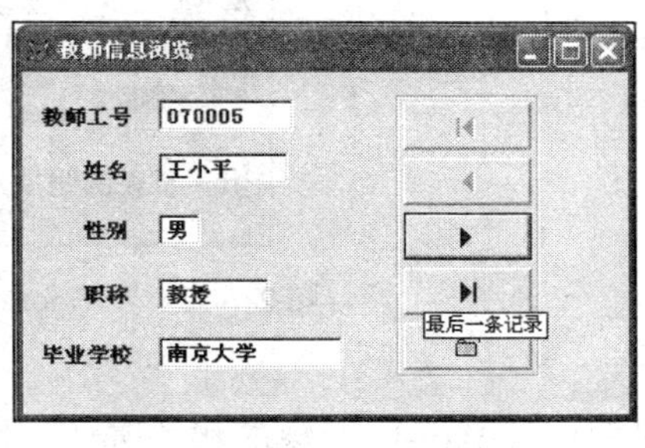

（b）

图 2-7-11　表单 Homework7-2-2.scx 的运行效果

设计要求：

① 将所有命令按钮设置成图片按钮（各按钮的图片文件分别是：WZTOP.BMP、WZBACK.BMP、WZNEXT.BMP、WZEND.BMP、WZCLOSE.BMP），并有相应的工具文本提示，如图 2-7-11（a）所示。

② 给命令按钮组编写事件代码，功能是：单击命令按钮组中相应的命令按钮，能依次浏览教师表 js 中的每个教师的信息；如果当前显示的是 js 中的第一个教师记录，再单击“上一个”命令按钮时，将“第一个”和“上一个”按钮禁用，如图 2-7-11（b）所示；“下一个”和“最后一个”按钮也应该有类似的情形。

实验 17　列表框、组合框控件设计

实验目的与要求

（1）了解列表框和组合框控件的用途。

（2）掌握为列表框和组合框控件设置常用属性的方法。

（3）掌握为列表框和组合框控件设置简单事件处理代码的方法。

实验准备

（1）启动 VFP，将“d:\vfp\实验 17\示例”文件夹设置为默认的工作文件夹。

（2）打开该文件夹中的项目文件 tsgl.pjx。

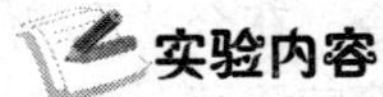

实验内容

1. 列表框的使用（一）

打开表单 form7-3-1.scx，该表单用于选择我最喜爱的明星。按下列要求修改表单，修改完成后运行表单，其效果如图 2-7-12 所示。

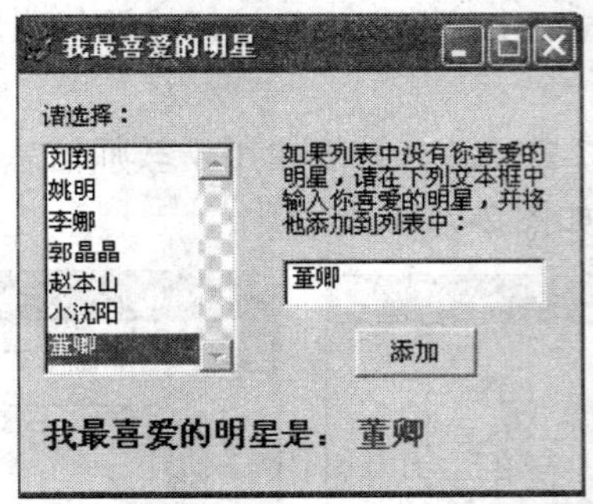

图 2-7-12　表单 form7-3-1.scx 的运行效果

设计要求：

（1）设置标签 Label3 对象的相关属性，使得它显示的文本能以多行显示。

（2）设置列表框 List1 对象的 RowSourceType 属性为 1，RowSource 属性为“刘翔，姚明，李娜，郭晶晶”四个明星。

（3）编写列表框 List1 对象的 InterActiveChange 事件代码，实现的功能是：将用户在列表框中选中的明星显示在标签 Label4 上。

（4）编写“添加”按钮的 Click 事件代码，使得文本框中输入的明星能添加到列表框 List1 中，并在列表框中将新添加的列表项置选中状态，同时在标签 Label4 上显示出该新添加的明星。

2. 组合框的使用

打开表单 form7-3-2.scx，该表单用于查询图书出版情况。按下列要求修改表单，修改完成后运行表单，其效果如图 2-7-13 所示。

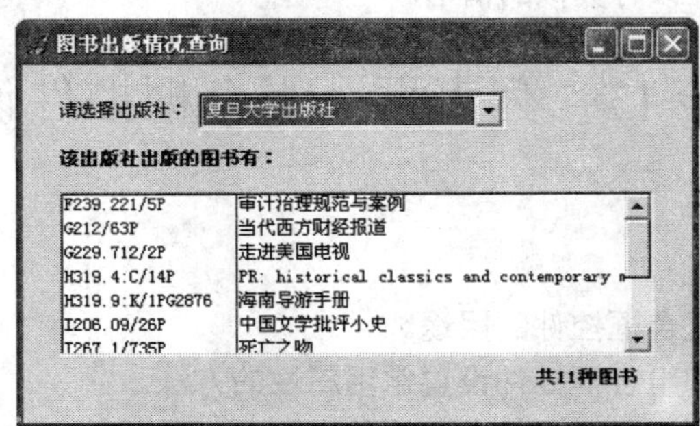

图 2-7-13　表单 form7-3-2.scx 的运行效果

设计要求：

（1）　在“请选择出版社:”标签后添加一组合框，要求为组合框中显示出版社表（cbs.dbf）中每个出版社的出版社名称和出版社编号，并设置该组合框的样式为下拉列表框。

（2）编写组合框的 InterActiveChange 事件代码，功能是：当在组合框中任意选择某一出版社时，将该出版社出版的所有图书的书号和书名显示在下面的列表框 List1 中，并且将该出版社出版的图书种类数用标签 Label3 显示出来。

（3）设置表单的 Destroy 事件代码，功能是将表单中使用的临时表关闭。

3. 列表框的使用（二）

打开表单 form7-3-3.scx，该表单用于选择读者表（dz.dbf）中的字段。按下列要求修改表单，修改完成后运行表单，其效果如图 2-7-14 所示。

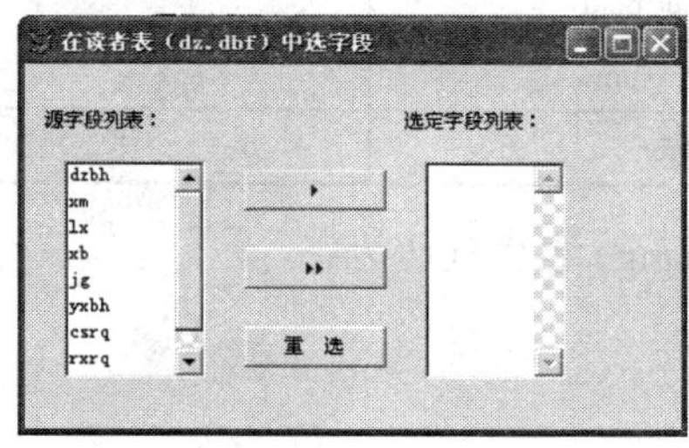

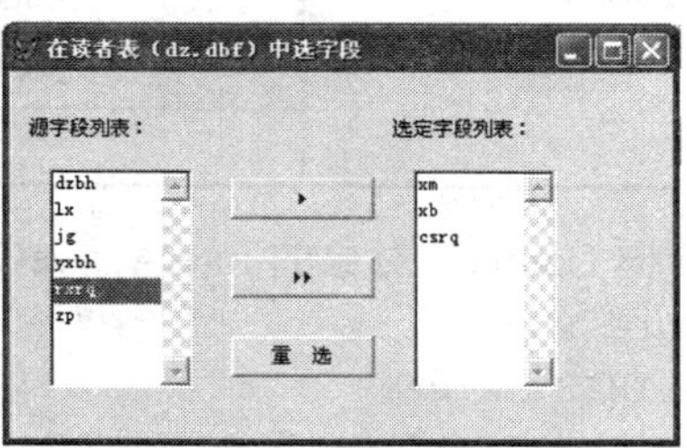

图 2-7-14　表单 form7-3-3.scx 的运行效果

设计要求：

（1）设置列表框 List1 的相关属性，使得读者表 dz 中所有字段显示在 List1 中以供选择；设置命令按钮 Command1 和命令按钮 Command2 为图片按钮（各按钮的图片文件分别是 next.bmp，bottom.bmp），如图 2-7-14 所示。

（2）当单击 ▸ 按钮时，其实现的功能是：将在左列表框 List1 中选中的字段加入到右列表框 List2 中（一次加一个字段），并将该字段从列表框 List1 中删除。

（3）当单击 ▸▸ 按钮时，其实现的功能是：将列表框 List1 中所有字段加入到列表框 List2 中，并将列表框 List1 清空。

（4）当在列表框 List1 中双击某个字段，实现的功能与单击按钮 ▸ 一样。

（5）当单击“重选”按钮时，其实现的功能是：将右列表框 List2 清空，并将左列表框 List1 恢复至初始状态，如图 2-7-14 左图所示。

实验步骤

1. 列表框的使用（一）

（1）标签 Label3 对象的 WordWrap 属性设置为.T.。

（2）设置列表框 List1 对象的 RowSourceType 属性和 RowSource 属性。

（3）列表框 List1 对象的 InterActiveChange 事件代码如下：

```
THISFORM.label4.Caption=THIS.Value
```

（4）“添加”按钮的 Click 事件代码如下：

```
nextstar=ALLT(THISFORM.Text1.Value)
THISFORM.List1.ADDITEM(nextstar)
THISFORM.List1.SELECTED(THISFORM.List1.ListCount)=.T.
THISFORM.List1.InterActiveChange()
```

2. 组合框的使用

（1）组合框 Combo1 对象的属性设置如表 2-7-1 所示。

表 2-7-1　Combo1 对象的属性设置

对象	属性名称	属性值
Combo1	RowSourceType	6-字段
	RowSource	cbs.cbsmc，cbsbh
	ColumnCount	2
	BoundColumn	2
	Style	2-下拉列表框

（2）组合框 Combo1 对象的 InterActiveChange 事件代码为：

```
PUBLIC xbh
xbh=THIS.Value
THISFORM.List1.ColumnCount=2
THISFORM.List1.RowSourceType=3
THISFORM.List1.RowSource="SELECT sh,sm ;    &&换行输入分号前有空格
   FROM ts WHERE cbsbh=xbh INTO CURSOR tempshu"
SELECT count(*) FROM ts WHERE cbsbh=xbh INTO ARRAY num
THISFORM.Label3.Caption="共"+ALLT(STR(num))+"种图书"
THISFORM.REFRESH
```

（3）Form1 对象的 Destroy 事件代码为：

```
CLOSE TABLES ALL
```

3. 列表框的使用（二）

（1）属性设置见表 2-7-2。

表 2-7-2　列表框与命令按钮的属性设置

对象	属性名称	属性值
List1	RowSourceType	8-结构
	RowSource	dz
Command1	Picture	d:\vfp\实验 17\示例\next.bmp
Command2	Picture	d:\vfp\实验 17\示例\bottom.bmp

（2）命令按钮 Command1 对象的 Click 事件代码为：

```
THISFORM.List2.ADDITEM(THISFORM.List1.Value)
FOR i=1 to THISFORM.List1.ListCount
   IF THISFORM.List1.SELECTED(i)
     THISFORM.List1.REMOVEITEM(i)
     THISFORM.List1.SELECTED(i)=.T.
     EXIT
   ENDIF
ENDFOR
```

（3）命令按钮 Command2 对象的 Click 事件代码为：

```
FOR i=1 TO THISFORM.List1.ListCount
   THISFORM.List2.ADDITEM(THISFORM.List1.List(i))
ENDFOR
THISFORM.List1.Clear()
```

（4）列表框 List1 对象的 DblClick 事件代码为：

```
THISFORM.Command1.Click
```

（5）命令按钮 Command3 对象的 Click 事件代码为：

```
THISFORM.List2.Clear()
THISFORM.List1.Requery()
```

实验作业

启动 VFP，将“d:\vfp\实验 17\作业”文件夹设置为默认的工作文件夹，打开该文件夹中的项目文件 jxgl.pjx。

（1）打开表单“Homework7-3-1.scx”，该表单的功能是用输入的数据生成一个数列。按下列要求修改表单，修改完成后运行表单，其效果如图 2-7-15 所示。

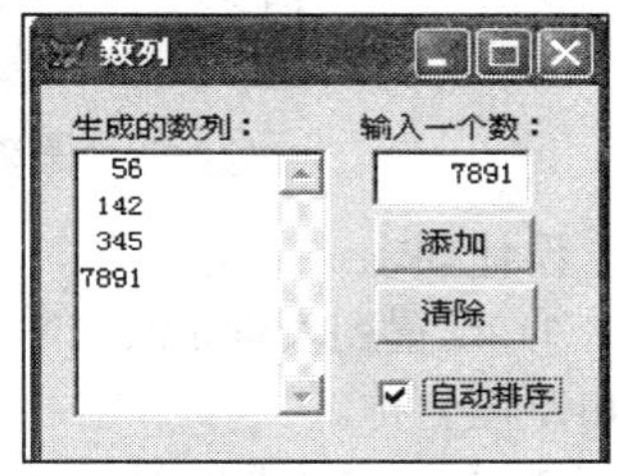

图 2-7-15　表单 Homework7-3-1.scx 的运行效果

设计要求：

① 设置文本框的输入掩码，使其只能接受四位数字，不允许输入字母、汉字或其他字符，并设置文本框中的数字以粗体显示。

② 编写“添加”按钮的 Click 事件代码，使得将文本框中输入的数据添加到列表框 List1 中。

③ 编写“清除”按钮的 Click 事件代码，用两条语句实现如下功能：将列表框 List1 中所有数据项清空，将文本框 Text1 的值清零。

④ 表单中自动排序复选框 Check1 如果被勾选，表示列表框中的数据自动排序，否则不自动排序。编写 Check1 的 InterActiveChange 事件代码，实现上述功能。

（2）打开表单 Homework7-3-2.scx，该表单的功能是在文本框中输入表名后将该表的结构显示在列表框中。按下列要求修改表单，修改完成后运行表单，其效果如图 2-7-16 所示。

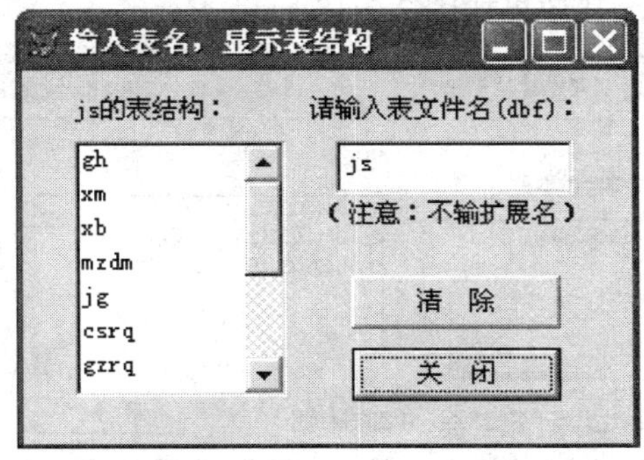

图 2-7-16　表单 Homework7-3-2.scx 的运行效果

设计要求：

① 设置表单的边框样式为固定对话框，运行表单时总是处在其他打开窗口之上。

② 当在文本框中输入表名并按回车键后，先检查当前文件夹中是否存在该表文件，如果不存在则报错；如果存在，则将该表打开，将列表框的数据源设置为“结构”，并将该表的结构作为列表框的数据源，同时在标签 Label3 上显示“XX 的表结构：”字样。请在文本框的 KeyPress 事件代码的指定位置添加两行代码以完善上述功能。

③ 当单击“清除”按钮时，其实现的功能是：将文本框和列表框清空。

（3）打开表单 Homework7-3-3.scx，该表单用于查询学生成绩情况。按下列要求修改表单，修改完成后运行表单，其效果如图 2-7-17 所示。

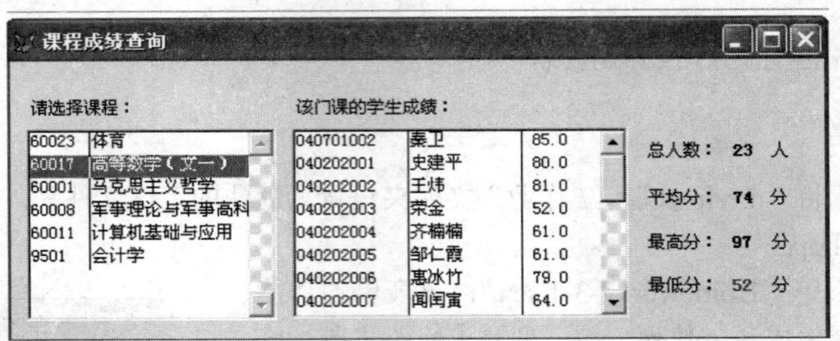

图 2-7-17 表单 Homework7-3-3.scx 的运行效果

设计要求：

① 设置列表框 List1 的相关属性，使得它能显示已开课的课程，显示这些课程的课程代码和课程名称。

② 显示总人数、平均分、最高分和最低分的标签分别是：labrs、labpjf、labzgf 和 labzdf，设置他们的相关属性使得加粗显示。

③ 当在列表框 List1 中选中某门课程后，在右侧列表框 List2 中显示选修了这门课的学生的成绩，显示学生的学号、姓名和成绩；同时分别在标签 labrs、labpjf、labzgf 和 labzdf 上显示选修了这门课的学生人数、平均分、最高分和最低分；平均分、最高分、最低分中如果有小于 60 分的，用红色突出显示。请在列表框 List1 的 InterActiveChange 事件代码的指定位置添加两行代码以完善上述功能。

④ 设置表单的 Destroy 事件代码，功能是将表单中使用的临时表关闭。

（4）打开表单文件 Homework7-3-4.scx，该表单用于随机摇号中奖。按下列要求修改表单，修改完成后运行表单，其效果如图 2-7-18 所示。

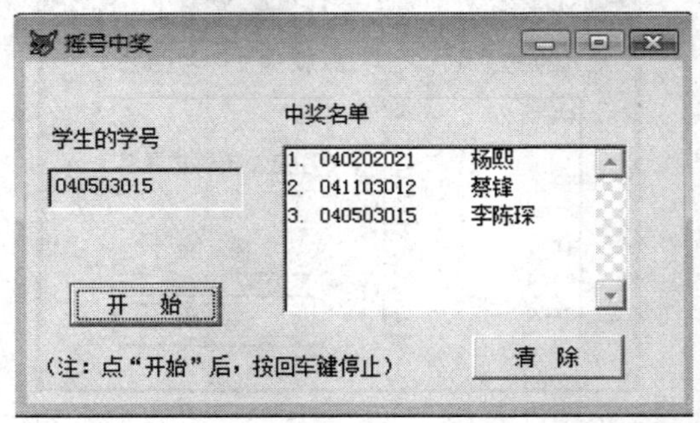

图 2-7-18 表单 Homework7-3-4.scx 的运行效果

设计要求：

① 将学生表 xs.dbf 添加至数据环境中。

② 将显示学生学号的文本框与学号 xh 字段绑定，并设置为只读。

③ 当单击“开始”按钮时，其实现的功能是：在文本框中连续不停地随机显示学生表中某个学生的学号，并且“开始”按钮不可用；当在键盘上按回车键后，文本框中的显示停止，“开始”按钮恢复可用，并将此时所抽到的学生添加至列表框中，列表框中显示中奖的序号、学生学号和学生姓名。请在“开始”按钮的 Click 事件代码的末尾添加适当代码以完善上述功能。

④ 当单击“清除”按钮时，其实现的功能是：将列表框的中奖名单清除。

实验 18 选项按钮组、复选框、微调框控件设计

实验目的与要求

（1）了解选项按钮组、复选框和微调框控件的用途。

（2）掌握为选项按钮组、复选框和微调框控件设置常用属性的方法。

（3）掌握为选项按钮组、复选框和微调框控件设置简单事件处理代码的方法。

实验准备

（1）启动 VFP，将“d:\vfp\实验 18\示例”文件夹设置为默认的工作文件夹。

（2）打开该文件夹中的项目文件 tsgl.pjx。

实验内容

1. 设计实例一

打开表单 form7-4-1.scx，该表单用于熟悉复选框、选项按钮组和微调框控件的使用。按下列要求修改表单，修改完成后运行表单，其效果如图 2-7-19 所示。

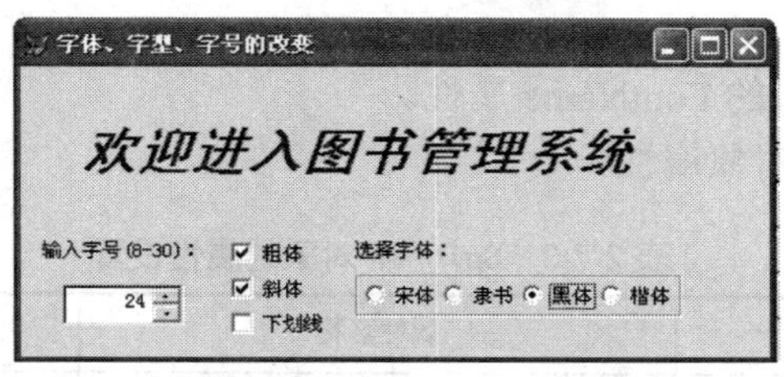

图 2-7-19 表单 form7-4-1.scx 的运行效果

设计要求：

（1）设置标签 Label1 的字体为楷体。

（2）设置微调框的相关属性及事件代码，使用微调框能控制标签 Label1 的字号大小，最小字号为 8，最大字号为 30，字号调整时每次增加或减少 1，初值是 9 号字。

（3）设置复选框的相关属性及事件代码，使得三个复选框的初值为.F.，并能控制标签 Label1 的粗体、斜体和下划线效果的显示。

（4）使用生成器将选项按钮组呈水平排列，设置选项按钮组的相关属性及事件代码，使得选项按钮组能控制标签 Label1 的字体显示，默认按钮为楷体按钮。

2. 设计实例二

打开表单 form7-4-2.scx，该表单的功能是在读者表中查询教师信息或者学生信息，并将查询结果显示在列表框中。按下列要求修改表单，修改完成后运行表单，其效果如图 2-7-20 所示。

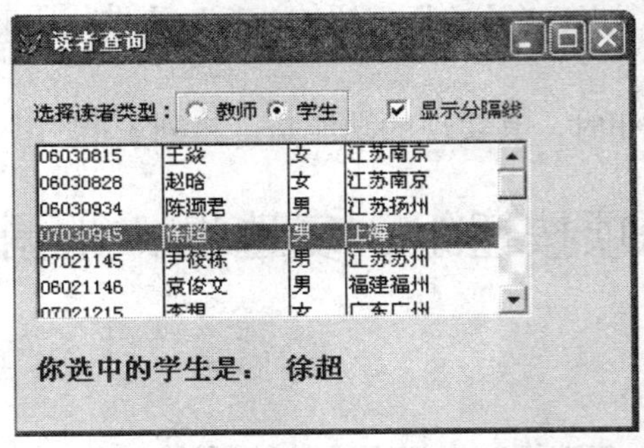

图 2-7-20　表单 form7-4-2.scx 的运行效果

设计要求：

（1）设置选项按钮组的相关属性，使得初值为 0；编写选项按钮组的 InterActiveChange 事件代码，将查询结果显示在列表框中，列表框中显示读者编号、姓名、性别和籍贯。

（2）设置复选框的属性，使得初值为选中状态；编写复选框的 InterActiveChange 事件代码，当勾选“显示分隔线”复选框时，列表框中将显示分隔线，否则不显示分隔线。

（3）编写列表框的 InterActiveChange 事件代码，功能是：当在列表框中选中某个教师或学生时，在下面的标签 Label2 中显示该教师或者该学生的姓名，并设置其前景色蓝色、字号 14、粗体，如图 2-7-20 所示。

实验步骤

1. 设计实例一

（1）设置标签 Label1 的 FontName 属性。

（2）按表 2-7-3 设置对象属性。

表 2-7-3　Spinner 对象的属性设置

对象	属性名称	属性值
Spinner1	SpinnerHighValue	30
	SpinnerLowValue	8
	KeyboardHighValue	30
	KeyboardLowValue	8
	Increment	1
	Value	9

Spinner1 对象的 InterActiveChange 事件代码为：

```
THISFORM.Label1.FontSize=THIS.Value
```

（3）设置三个复选框控件的 Value 属性均为.F.。

粗体复选框 Check1 对象的 InterActiveChange 事件代码为：

```
THISFORM.Label1.FontBold=THIS.Value
```

斜体复选框 Check2 对象的 InterActiveChange 事件代码为：

```
THISFORM.Label1.FontItalic=THIS.Value
```

下划线复选框 Check3 对象的 InterActiveChange 事件代码为：

```
THISFORM.Label1.FontUnderLine=THIS.Value
```

（4）属性设置：设置选项按钮组 OptionGroup1 的 Value 属性为 4。

OptionGroup1 对象的 Click 事件代码为：

```
DO CASE
   CASE THIS.Value=1
     THISFORM.Label1.FontName="宋体"
   CASE THIS.Value=2
     THISFORM.Label1.FontName="隶书"
   CASE THIS.Value=3
     THISFORM.Label1.FontName="黑体"
   CASE THIS.Value=4
     THISFORM.Label1.FontName="楷体_GB2312"
ENDCASE
```

2. 设计实例二

（1）设置选项按钮组 OptionGroup1 的 Value 属性为 0。

选项按钮组 OptionGroup1 对象的 InterActiveChange 事件代码为：

```
PUBLIC xlx
IF THIS.Value=1
    xlx="教师"
ELSE
    xlx="学生"
ENDIF
THISFORM.List1.RowSourceType=3
THISFORM.List1.RowSource="SELECT dzbh,xm,xb,jg ;  &&分号前有空格
    FROM dz WHERE lx=xlx INTO CURSOR tmpdz"
       THISFORM.List1.ColumnCount=4
THISFORM.List1.BoundColumn=2
THISFORM.REFRESH
THISFORM.List1.InterActiveChange()
```

（2）设置复选框 Check1 对象的 Value 属性为.T.。

复选框 Check1 对象的 InterActiveChange 事件代码为：

```
THISFORM.List1.ColumnLines=THIS.Value
```

（3）设置标签 Label2 的相关属性，使得前景色蓝色、字号 14、粗体。

列表框 List1 对象的 InterActiveChange 事件代码为：

```
THISFORM.Label2.Caption="你选中的"+xlx+"是"+THIS.Value
```

实验作业

启动 VFP，将“d:\vfp\实验 18\作业”文件夹设置为默认的工作文件夹，打开该文件夹中

的项目文件“jxgl.pjx”。

（1）打开表单 Homework7-4-1.scx，该表单的功能是设计一个调色板。按下列要求修改表单，修改完成后运行表单，其效果如图 2-7-21 所示。

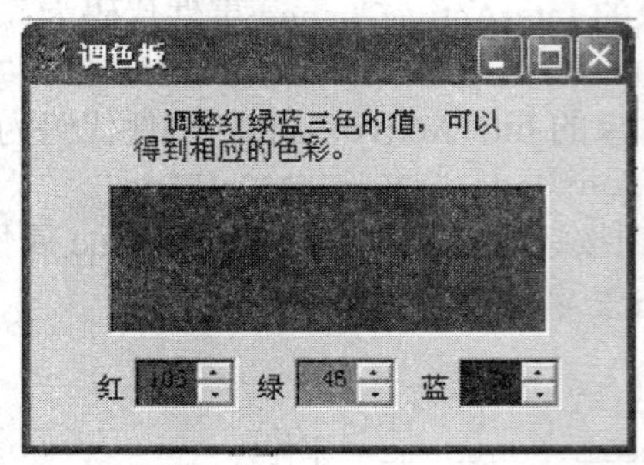

图 2-7-21 Homework 7-4-1.scx 的运行效果

设计要求：

① 设置三个微调框的相关属性，颜色范围：0～255，颜色调整时每次增加或减少 2，三个微调框的背景色与各颜色选择器的颜色对应。

② 设置文本框 Text1 的背景色为黑色；设置标签 Label1 的相关属性，使得显示的文本能多行显示。

③ 编写三个微调框的 InterActiveChange 事件代码，使得文本框的背景色能随着三个微调框中颜色值的变化而发生相应的变化。

（2）打开表单 Homework7-4-2.scx，该表单用于查询学生成绩。按下列要求修改表单，修改完成后运行表单，其效果如图 2-7-22 所示。

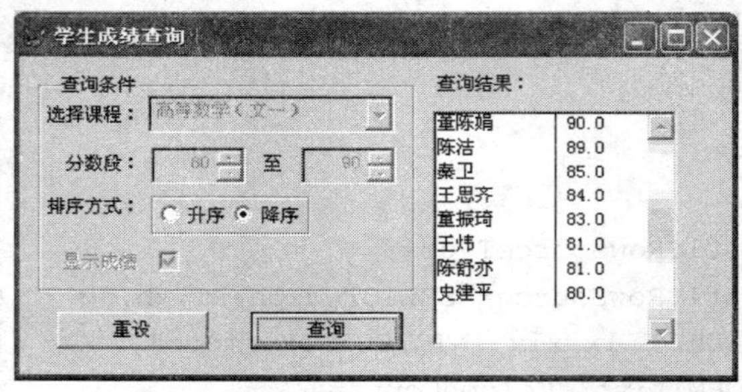

图 2-7-22 Homework7-4-2.scx 的运行效果

设计要求：

① 设置组合框 Combo1 的相关属性，使得组合框用来显示所有已开课课程，要求显示两列数据：课程名称和课程代码（课程名称在前，课程代码在后），并将第二列课程代码列绑定到组合框的 Value 属性。

② 用 2 个微调框作为成绩查询的上限值和下限值，分数为百分制，分数调整时每次增加或减少 1 分。设置微调框的相关属性，实现上述功能。

③ 设置复选框 Check1 的相关属性，将复选框的标题“显示成绩”显示在左边。

④ “查询”按钮的功能是：基于学生表和成绩表查询符合条件的学生，显示这些学生的姓名和成绩，查询结果显示在列表框中；同时将左侧的查询条件禁用。

⑤ 编写重设 Command2 按钮的事件代码，功能是将左侧的查询条件启用。

实验19 表格、页框控件设计

实验目的与要求

（1）了解表格和页框控件的用途。

（2）掌握为表格和页框控件设置常用属性的方法。

（3）掌握为表格和页框控件设置简单事件处理代码的方法。

实验准备

（1）启动 VFP，将“d:\vfp\实验 19\示例”文件夹设置为默认的工作文件夹。

（2）打开该文件夹中的项目文件 tsgl.pjx。

实验内容

1. 表格的使用（一）

打开表单文件 form7-5-1.scx，该表单的功能是在图书表中按书名或者按作者检索图书。按下列要求修改表单，修改完成后运行表单，其效果如图 2-7-23 所示。

图书检索

检索项：书名　匹配：模糊　精确　检索

检索词：人生

书号	书名	作者	单价	出版日期
B821-49/474P	人生最重要的100条黄金法则	安雅宁	39.8	04/18/00
B821-49/471P	小故事大人生:海外智慧短文撷英	钟玉华	72.0	02/16/03
I267.1/743P	人生与学问	金克木	59.6	09/07/00
I267.1/742P	走到人生边上:自问自答	杨绛	32.0	08/07/04
I247.5/8841P	人生误区:龙眼石之谜	何家弘	57.0	11/18/05
I247.5/8845P	人生情渊:双血型人	何家弘	63.0	11/18/05
I247.5/8846P	人生黑洞:股市幕后的罪恶	何家弘	66.0	11/18/05
I247.5/8847P	人生狭路:黑蝙蝠·白蝙蝠	何家弘	60.0	11/18/05

图 2-7-23　表单 form7-5-1.scx 的运行效果

设计要求：

（1）组合框 RowSourceType 属性值为 1，设置组合框的其他相关属性，使得组合框中显示“书名”和“作者”两个列表项，并设置组合框为下拉列表框。

（2）设置表格的相关属性，使得表格只显示垂直滚动条，无水平滚动条；标头高度 25，表格行高 20；表格可得到焦点，但表格数据不允许修改。

（3）在文本框中输入检索词，当单击“检索”按钮时，将符合检索要求的图书显示在下面的表格中。编写“检索”按钮的事件代码，实现上述功能。

（4）当关闭表单时，将表单打开的所有表均关闭。编写表单的相关事件代码实现此功能。

2. 页框的使用

打开表单文件 form7-5-2.scx，该表单的功能是图书借阅情况查询，页框中第一页是图书借阅情况查询，第二页是读者情况浏览。按下列要求修改表单，修改完成后运行表单，其效果如图 2-7-24 所示。

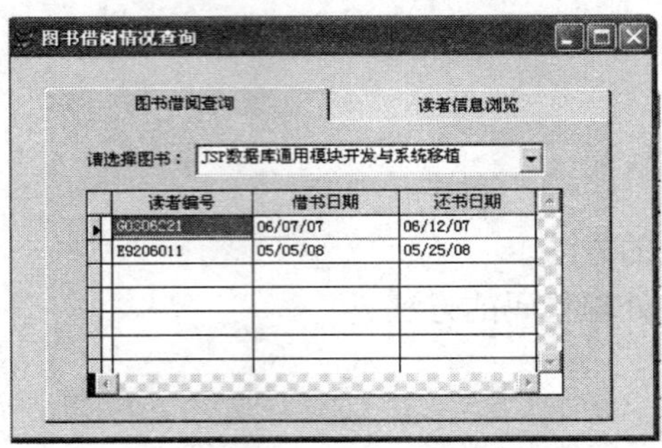

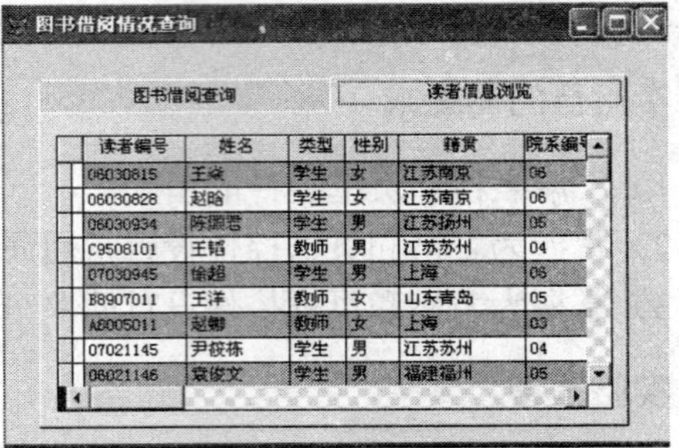

图 2-7-24　表单 form7-5-2.scx 的运行效果

设计要求：

（1）设置表单上的两个页面的标题，标题如图 2-7-24 所示。

（2）设置“图书借阅查询”页中组合框的 RowSourceType 属性值为 6，RowSource 属性为图书表的“书名”字段；设置该页中表格对象的数据源为借阅表，只读，并且只显示借阅表中读者编号、借书日期、还书日期这三列数据；设置该表格的各列标头文本，如图 2-7-24 左图所示，并居中显示。

（3）在数据环境中设置图书表与借阅表的关系，使得在组合框中选中某书后，下面的表格中显示的是该书被借阅的情况。

（4）在数据环境中添加读者表；设置“读者信息浏览”页中的表格的相关属性，使得该表格用来显示读者的读者编号、姓名、类型等信息，编写该表格的 Init 事件代码，使得该表格显示数据时按行蓝白相间，如图 2-7-24 右图所示。

3. 表格的使用（二）

打开表单文件 form7-5-3.scx，该表单用于对读者信息进行修改。按下列要求修改表单，修改完成后运行表单，其效果如图 2-7-25 所示。

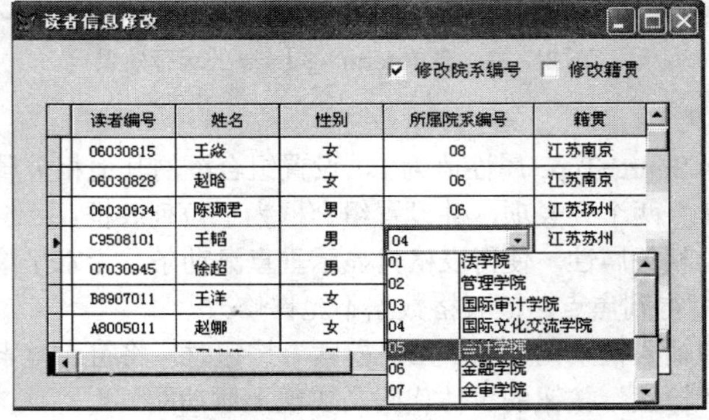

图 2-7-25　表单 form7-5-2.scx 的运行效果

设计要求：

（1）在表单适当位置添加“修改籍贯”复选框，并设置初值为.F.，编写该复选框的相关事件代码，功能是：当勾选“修改籍贯”复选框时，只允许修改表格中籍贯列数据，否则不允许修改。

（2）在表单适当位置添加“修改院系编号”复选框，并设置初值为.F.。

（3）给表格的第四列（即“所属院系编号”列）Column4 增加一个组合框控件 Combo1，当勾选“修改院系编号”复选框时，只允许表格中所属院系编号列数据可以修改，并且使用组合框控件来显示并修改院系编号数据，该组合框将 Yx 表中院系编号 yxbh 和院系名称 yxmc 字段作为其数据源，该组合框为下拉列表框，如图 2-7-25 所示。设置相关控件的相关属性，并编写“修改院系编号”复选框的相关事件代码以实现上述功能。

实验步骤

1. 表格的使用（一）

（1）设置组合框 Combo1 的 RowSourceType、RowSource 及 Style 属性。

（2）表格 Grid1 的属性设置见表 2-7-4。

表 2-7-4 Grid1 的属性设置

对象	属性名称	属性值
Grid1	ScrollBars	2
	HeaderHeight	25
	RowHeight	20
	ReadOnly	.T.

（3）“检索”按钮 Command1 对象的 Click 事件代码为：

```
jsci=ALLT(THISFORM.Text1.Value)
jsxiang=THISFORM.Combo1.Value
DO CASE
   CASE jsxiang="书名"
       ziduan="sm"
   CASE jsxiang="作者"
       ziduan="zz"
ENDCASE
THISFORM.Grid1.RecordSourceType=4
DO CASE
   CASE THISFORM.OptionGroup1.Value=1
       THISFORM.Grid1.RecordSource="SELECT sh,sm,zz,dj,cbrq ;
            FROM ts WHERE jsci $ &ziduan  INTO CURSOR tstmp"
CASE THISFORM.OptionGroup1.Value=2
       THISFORM.Grid1.RecordSource="SELECT sh,sm,zz,dj,cbrq ;
            FROM ts WHERE jsci == &ziduan  INTO CURSOR tstmp"
ENDCASE
THISFORM.REFRESH
```

（4）表单 Form1 对象的 Destroy 事件代码为：

```
CLOSE TABLES ALL
```

2. 页框的使用

（1）设置两个页面 Page1 和 Page2 的标题 Caption 属性。
（2）页面 Page1 中各对象的属性设置见表 2-7-5。

表 2-7-5　Page1 中各对象的属性设置

对象	属性名称	属性值
Combo1	RowSourceType	6
	RowSource	Ts.sm
Grid1	RecordSourceType	1
	RecordSource	Jy
	ReadOnly	.T.
	ColumnCount	3
Column1	ControlSource	Jy.dzbh
Column2	ControlSource	Jy.jsrq
Column3	ControlSource	Jy.hsrq
Header1	Caption	读者编号
	Alignment	2-居中
……	……	……

（3）在数据环境中从 Ts 表的 sh 字段拖向 Jy 表的 sh 索引，生成 Ts 表和 Jy 表的一对多关系，这样就可以不用编写任何事件代码实现在组合框中选中某书后，表格 Grid1 中显示的是该书被借阅的情况。
（4）在数据环境中添加 Dz 表。
按表 2-7-6 设置 Page2 中的 Grid1 对象的属性。

表 2-7-6　Grid1 对象的属性设置

对象	属性名称	属性值
Grid1	RecordSourceType	1
	RecordSource	dz

Page2 中的 Grid1 对象的 Init 事件代码为：

```
THIS.SETALL("DynamicBackColor",;
"IIF(MOD(RECNO(),2)=0,RGB(255,255,255),RGB(9,255,255))","COLUMN")
```

3. 表格的使用（二）

（1）添加“修改籍贯”复选框，属性 Value=.F.。
“修改籍贯”复选框 Check2 的 InterActiveChange 事件代码如下：

```
THISFORM.Grid1.Column5.ReadOnly = Not(THIS.Value)
```

（2）添加“修改院系编号”复选框，并设置 Value 属性值为.F.。

（3）给表格的第四列（即“所属院系编号”列）Column4 增加一个组合框控件 Combo1，方法如下：

第一步：在属性窗口的下拉列表框中选中 Column4 对象

第二步：在表单控件工具栏中选中组合框控件

第三步：在表单设计器中表格的第四列区域的任意位置单击一下鼠标左键，这时在表单设计器中没有任何外观上的改变，但是，在属性窗口中我们可以看到在对象 Column4 中增加了一个组合框对象 Combo1，该组合框控件 Combo1 的属性设置见表 2-7-7。

表 2-7-7　Combo1 的属性设置

对象	属性名称	属性值
Combo1	RowSourceType	6
	RowSource	Yx.yxbh , yxmc
	ColumnCount	2
	BoundColumn	1

“修改院系编号”复选框 Check1 的 InterActiveChange 事件代码为：

```
IF THIS.Value=.F.
  THISFORM.Grid1.Column4.ReadOnly=.T.
  THISFORM.Grid1.Column4.CurrentControl="Text1"
ELSE
  THISFORM.Grid1.Column4.ReadOnly=.F.
  THISFORM.Grid1.Column4.CurrentControl="Combo1"
ENDIF
```

实验作业

启动 VFP，将“d:\vfp\实验 19\作业”文件夹设置为默认的工作文件夹，打开该文件夹中的项目文件“jxgl.pjx”。

（1）打开表单文件 Homework7-5-1.scx，该表单用于显示教师表、学生表和课程表各表数据。按下列要求修改表单，修改完成后运行表单，其效果运行如图 2-7-26 所示。

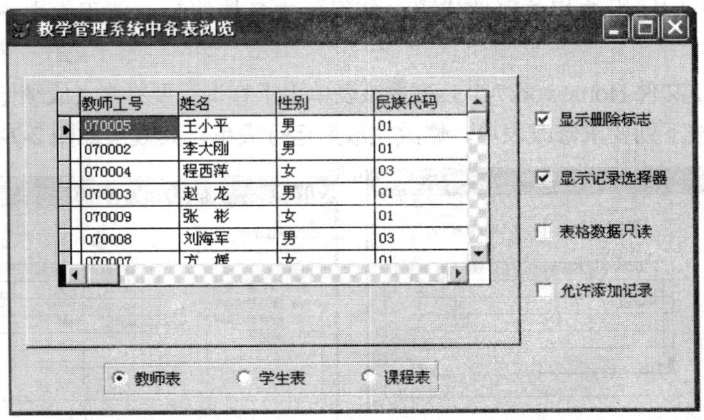

图 2-7-26　表单 Homework7-5-1.scx 的运行效果

设计要求：

① 设置表单上页框的相关属性，使得页框有 3 个页面；在页框的每一个页面上添加一个表格对象，使得第一页上的表格显示教师表，第二页上的表格显示学生表，第三页上的表格显示课程表；设置页框的属性使得页面没有选项卡。

② 编写选择选项按钮组的相关事件代码，使得当选择选项按钮组中的某个按钮时显示相应页面上的表格（选项按钮组中按钮的顺序与页面上表的顺序一致）。

③ 设置“显示删除标志”复选框的默认状态为选中；编写该复选框的相关事件代码，使得当该复选框选中时，所有表格显示删除标志列；当未选中时，则不显示。

④ “显示记录选择器”复选框的要求同（3）“显示删除标志”复选框类似。

⑤ 设置“表格数据只读”复选框的默认状态为未选中；编写该复选框的相关事件代码，使得当该复选框选中时，所有表格数据只读；当未选中时，则表格数据可以修改。

⑥ “允许添加记录”复选框的要求同（5）“表格数据只读”类似。

（2）创建表单文件 Homework7-5-2.scx，该表单用于浏览学生的成绩情况。按下列要求修改表单，修改完成后运行表单，其效果如图 2-7-27 所示。

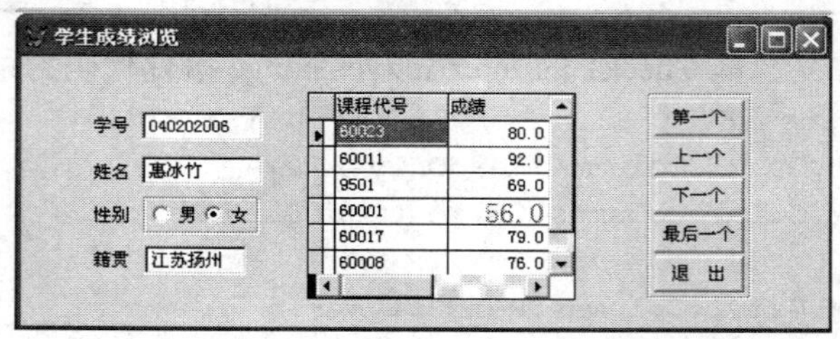

图 2-7-27　表单 Homework7-5-2.scx 的运行效果

设计要求：

① 将“性别”标签后的文本框删除，添加一个选项按钮组对象来实现性别的显示。

② 在数据环境中设置 Xs 表和 Cj 表的关系，并将 Cj 表从数据环境中拖至表单适当位置，设置该表格的相关属性，使得表格中显示课程代号和成绩两列数据。

③ 编写表格的 Init 事件代码，功能是：当有不及格的成绩时，用 14 号字和红色显著显示不及格的分数值，如果成绩及格，则正常显示（9 号字、黑色）。

④ 编写命令按钮组的相关事件代码，使得单击各按钮时，能正常上下浏览各个学生的成绩。

（3）打开表单文件 Homework7-5-3.scx，该表单用于查询需要补考（成绩低于 60 分）的学生及其成绩情况。按下列要求修改表单，修改完成后运行表单，其效果如图 2-7-28 所示。

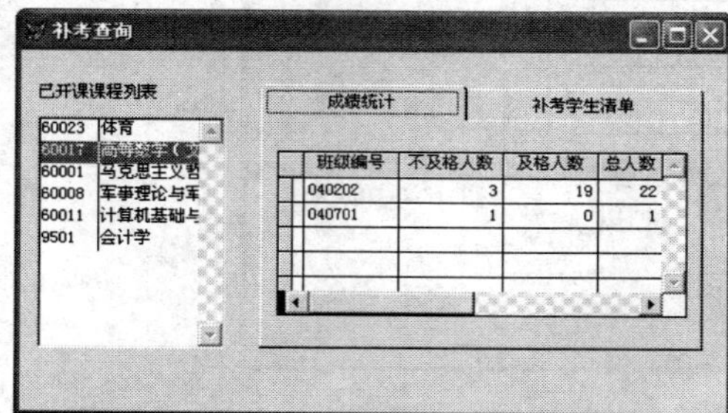

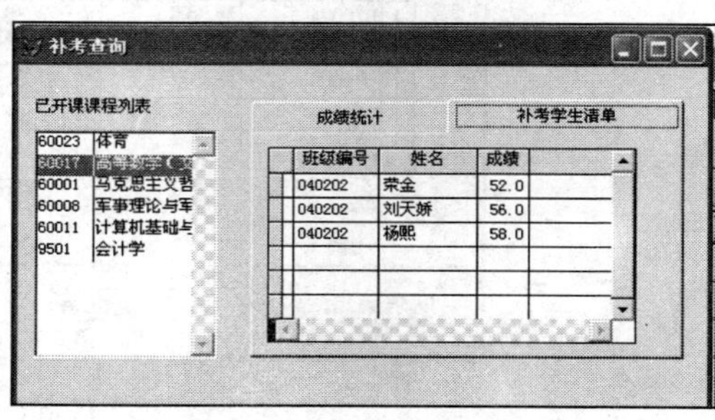

图 2-7-28　表单 Homework7-5-3.scx 的运行效果

设计要求：

① 设置列表框的相关属性，使得在列表框中显示出所有已开课的课程，并显示课程代号和课程名称。

② 编写列表框的 InterActiveChange 事件代码，功能是：当在列表框中选中某门课程时，在页框的第一页的表格中显示该门课程的成绩情况，表格中显示班级编号、不及格人数、及格人数以及总人数，如图 2-7-28 左图所示；同时在页框的第二页的表格中显示该门课程需要补考的学生名单，表格中显示班级编号、姓名和成绩，如图 2-7-28 右图所示。

③ 编写“成绩统计”页中表格的 AfterRowColChange 事件代码，功能是：当该页中表格的某个单元格获得焦点时，在“补考学生清单”页的表格中显示该单元格指定班级的补考学生清单，如图 2-7-28 右图所示。

（4）打开表单文件 Homework7-5-4.scx，该表单的功能是：打开表，选择需要查看的字段，对表记录进行浏览。按下列要求修改表单，修改完成后运行表单，其效果如图 2-7-29 所示。

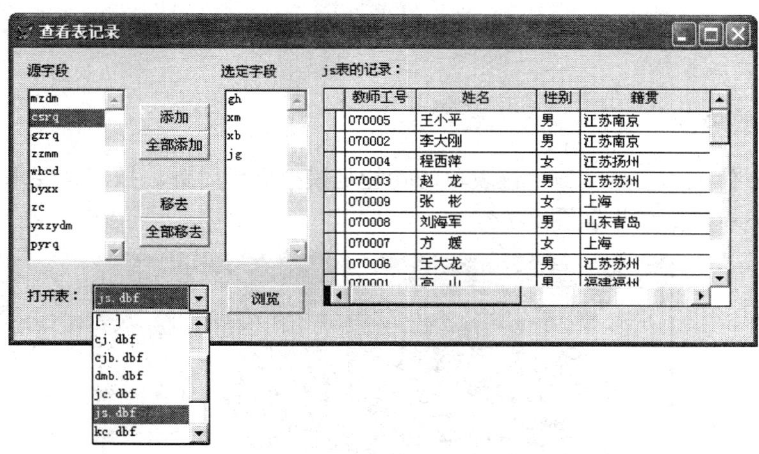

图 2-7-29 表单 Homework7-5-4.scx 的运行效果

设计要求：

① 组合框对象 Combo1 的 RowSourceType 属性值设为"7-文件"，设置组合框的相关属性，使得在组合框中显示当前文件夹中的所有表文件，并且组合框为下拉列表框。

② 组合框 Combo1 的功能是：当在组合框中选中某个列表项时，先将列表框 List1、List2 和表格 Grid1 清空，关闭工作区中所有的表，然后将选中的表打开，将该表的结构显示在列表框 List1 中。请在组合框 Combo1 的 InterActiveChange 事件代码末尾添加相关代码，实现上述功能。

③ 参照“添加”和“全部添加”按钮的 Click 事件代码，编写“移去”和“全部移去”按钮的 Click 事件代码。

④ 当在列表框 List1 中双击某字段时的功能与单击“添加”按钮的功能相同，当在列表框 List2 中双击某字段时的功能与单击“移去”按钮的功能相同。请参照列表框 List1 的 DblClick 事件代码，编写列表框 List2 的相关事件代码以实现上述功能。

⑤ 单击“浏览”按钮，在表格中显示选定表中的所有记录，但只显示列表框 List2 中指定的字段，并且在标签 Label4 中显示“XX 表的记录：”。请在“浏览”按钮的事件代码末尾添加相关代码，实现上述功能。

实验20　计时器、线条与形状控件设计

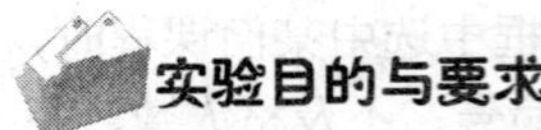

实验目的与要求

（1）了解计时器、线条和形状控件的用途。

（2）掌握为计时器、线条和形状控件设置常用属性的方法。

（3）掌握为计时器、线条和形状控件设置简单事件处理代码的方法。

实验准备

（1）启动 VFP，将“d:\vfp\实验 20\示例”文件夹设置为默认的工作文件夹。

（2）打开该文件夹中的项目文件“tsgl.pjx”。

实验内容

1. 计时器的使用

打开表单文件 form7-6-1.scx，该表单的功能是模拟显示时钟。按下列要求修改表单，修改完成后运行表单，其效果如图 2-7-30 所示。

图 2-7-30　表单 form7-6-1.scx 的运行效果

设计要求：

（1）设置表单的相关属性，使得表单背景图片为示例文件夹中的 logo.jpg，表单无最大化、最小化按钮，无关闭按钮。

（2）为表单的 KeyPress 事件编写代码，功能是：当用户在键盘上按任意一个键时，将表单关闭。

（3）在表单上添加一个标签 Label3，该标签用于显示当天的时间。设置该标签的相关属性，使得标签标签背景透明、自动调整大小、字体大小 14、文字加粗、没有标题文本。

（4）编写表单的 Init 事件代码，功能是：设置日期显示格式为 Long，并在标签 Label3 上显示系统日期和时间（注：使用 DATETIME()函数）。

（5）设置计时器的相关属性和代码，使得标签 Label3 上显示的时间每秒钟刷新一次。

2. 计时器与形状的使用

打开表单文件 form7-6-2.scx，该表单的功能是模拟打字练习。按下列要求修改表单，修改完成后运行表单，其效果如图 2-7-31 所示。

设计要求：

（1）在表单的适当位置添加一个形状控件，三维显示效果，并调整该形状控件的位置，使得它与标签“请在 1 分钟内完成如下文字输入”和标签“提示”之间的关系如图 2-7-31 所示。

（2）当鼠标停留在按钮上时，在按钮的右下角将显示该按钮的工具提示文本。设置带有 pc 样图标的按钮的工具提示文本是：开始打字；带有书样图标的按钮的工具提示文本是：退出表单。

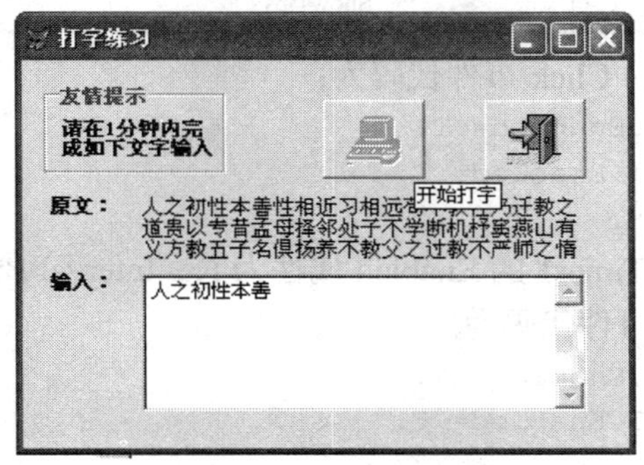

图 2-7-31 表单 form7-6-2.scx 的运行效果

（3）编写带有 pc 样图标按钮的 Click 事件代码，功能是：当单击该按钮时，可以开始打字，并计时开始，同时将该按钮设置为不可用。

（4）当规定的打字时间 1 分钟计满时，则停止打字，并且关闭计时器。设置并编写计时器 Timer1 的相关属性和事件代码实现上述功能。

实验步骤

1. 计时器的使用

（1）设置表单的 Picture、MaxButton、MinButton、Closable 属性。

（2）表单 Form1 的 KeyPress 事件编写代码：

```
THISFORM.RELEASE
```

（3）在表单上添加一个标签 Label3，并设置相关属性。

（4）表单 Form1 的 Init 事件代码为：

```
SET  DATE TO LONG
THIS.Label3.Caption=TTOC(DATETIME())
```

（5）设置计时器 Timer1 的 Interval 属性为 1000。

计时器 Timer1 的 Timer 事件代码为：

```
THISFORM.Label3.Caption=TTOC(DATETIME())
```

2. 计时器与形状的使用

（1）在表单上添加 1 个形状 Shape1，属性 SpecialEffect 设为“0-3 维”。

由于形状对象 Shape1 与标签 Label1 和 Label2 的位置重叠，形状对象在上面，将标签盖住了，因此先选中形状对象 Shape1，再选择 VFP 主菜单中的“格式”→“置后”命令，将形状 Shape1 置后。

（2）属性设置见表 2-7-8。

表 2-7-8　控制的属性设置

对象	属性名称	属性值
Command1	ToolTipText	开始打字
Command2	ToolTipText	退出表单
Form1	ShowTips	.T.

（3）Command1 对象的 Click 事件代码为：

```
THISFORM.Edit1.Enabled=.T.
THISFORM.Timer1.Enabled=.T.
THIS.Enabled=.F.
```

（4）设置计时器对象 Timer1 的 Enabled 属性为.F.，Interval 属性为 60000。

Timer1 对象的 Timer 事件代码为：

```
THISFORM.Edit1.Enabled=.F.
THISFORM.Timer1.Enabled=.F.
```

实验作业

启动 VFP，将“d:\vfp\实验 20\作业”文件夹设置为默认的工作文件夹，打开该文件夹中的项目文件 tsgl.pjx。

打开表单文件 Homework7-6-1.scx，该表单用于形状的连续改变。按下列要求修改表单，修改完成后运行表单，其效果如图 2-7-32 所示。

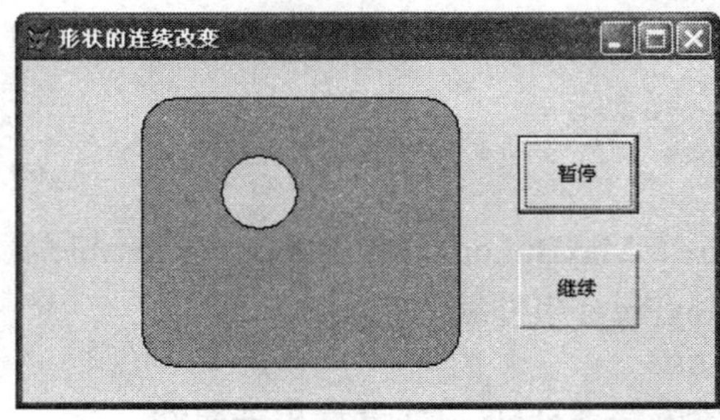

图 2-7-32　表单 Homework7-6-1.scx 的运行效果

设计要求：

（1）设置形状 Shape1 控件的相关属性，使得它是一个边长为 170 的正方形；设置形状 Shape2 控件的相关属性，使得它是一个直径为 99 的圆。

（2）为表单新建属性 flag，初值为.F.。

（3）设置计时器 Timer1 的相关属性及相关事件代码，使得每隔 0.01 秒形状 Shape1 控件的曲率变化一次，先是曲率从 0 逐渐增大到 99，然后再从 99 逐渐减少至 0；形状 Shape2 控件（即圆）每隔 0.01 秒直径从 99 减少至 0，然后再从 0 逐渐增大至 99。

（4）编写“暂停”按钮的 Click 事件代码，功能是暂停表单上那两个形状控件的变化。

（5）编写“继续”按钮的 Click 事件代码，功能是使表单上那两个形状控件的变化继续。

实验 21　类的设计与使用

实验目的与要求

（1）掌握用类设计器新建类的方法。
（2）掌握用表单设计器将控件或表单保存为类的方法。
（3）掌握添加类到表单的方法。
（4）掌握字段默认显示类的设置方法及其应用。

实验准备

（1）启动 VFP，将“d：\vfp\实验 21\示例”文件夹设置为默认的工作文件夹。
（2）打开该文件夹中的项目文件 tsgl.pjx。

实验内容

1. 类设计实例一

创建表单文件 form7-7-1.scx，该表单用于逐条浏览读者信息。按下列要求设计表单，设计完成后运行表单，其效果如图 2-7-33 所示。

（1）用表单设计器创建表单类，类名为 myform，保存在类库文件 Classlib.vcx 中。

表单类 myform 的具体设计要求是：

① 表单宽度 600、高度 250。
② 表单控制菜单图标为：示例文件夹中的 pc.ico。
③ 无最大化按钮和最小化按钮。
④ 表单运行时自动居中。
⑤ 表单背景图片为：示例文件夹中的 logo.jpg。

（2）用类设计器创建“记录导航”命令按钮组子类，子类名为 cmdg_locate，保存在类库文件 Classlib.vcx 中，设计外观如图 2-7-33 左图所示，该子类的主要功能是实现表记录指针的移动。

（3）将表单类 myform 设置为表单模板类，并应用到表单设计中。创建一个表单文件 form7-7-1.scx，将读者表中的读者编号、姓名、类型等字段从数据环境拖至表单生成相应的控件，并将子类“记录导航”添加到该表单中，用于记录的定位，运行表单 form7-7-1.scx 的效果如图 2-7-33 右图所示。

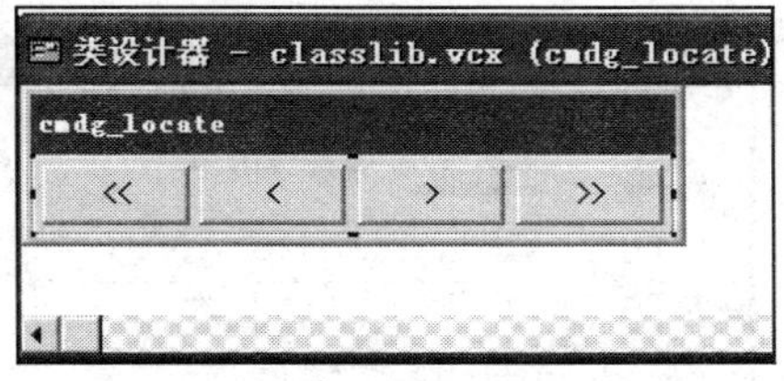

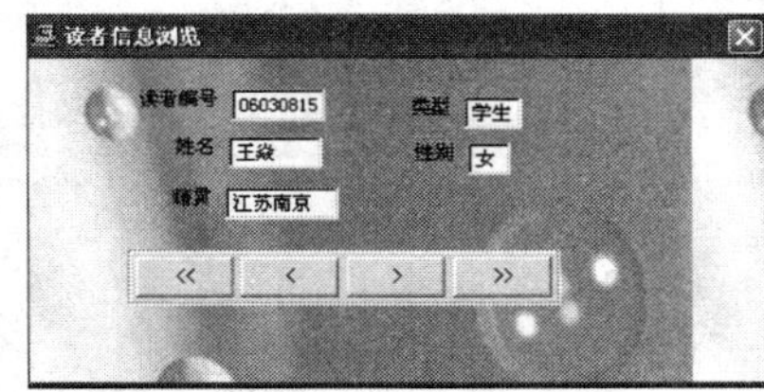

图 2-7-33　表单 form7-7-1.scx 中的子类外观及表单运行效果

2. 类设计实例二

用类设计器创建“性别”选项按钮组子类，子类名为 option_xb，保存在类库文件 Classlib.vcx 中。该子类有两个选项按钮，分别显示“男”与“女”。

在项目中已存在读者表 dz.dbf，为表中的 xb 字段指定默认显示类为 option_xb，并通过表单的数据环境将 xb 字段的默认显示类应用到表单 form7-7-1.scx，使原来显示性别值的文本框控件更改为“性别”选项按钮组子类 option_xb 控件。

实验步骤

类设计的两种常用工具是：类设计器和表单设计器。新类创建后，必须进行注册才能使用。注册类库有如下两种方法。

方法一：

（1）选择 VFP 主菜单系统中的“工具”→“选项”命令。

（2）在出现的“选项”对话框中选择“控件”选项卡。

（3）选择“可视类库”单选按钮，并单击“添加”按钮。

（4）在“打开”对话框中，选择要注册的类库文件，然后单击“打开”按钮。

方法二：

（1）单击“表单”控件工具栏上的“查看类”按钮，然后在出现的菜单中选择“添加”命令。

（2）在出现的“打开”对话框中选择需要注册的类库文件。

1. 类设计实例一

通过本例的操作，掌握表单模板类和使用类设计器设计类的方法与步骤。具体操作过程如下。

（1）打开表单设计器，表单设计过程略。

当表单设计好后，选择“文件”菜单中的“另存为类”命令，出现“另存为类”对话框，按图 2-7-34 所示定义类名为“myform”。保存在类库 Classlib.vcx 中。同时关闭表单设计器，表单文件不保存。

（2）创建“记录导航”命令按钮组子类。

① 选择“项目管理器”窗口中的“类”选项卡，单击“新建”按钮，启动“类设计器”后首先出现“新建类”对话框，输入如图 2-7-35 所示的内容，单击“确定”按钮，进入“类设计器”窗口。

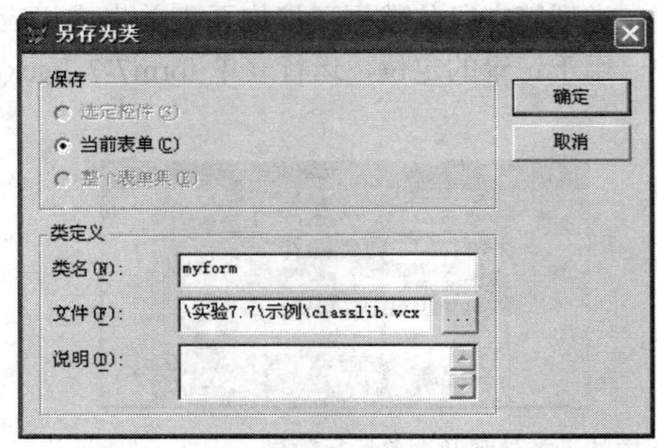

图 2-7-34　将表单存为表单类

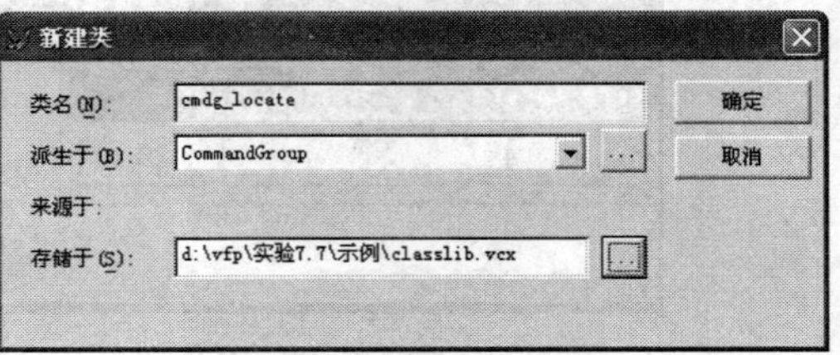

图 2-7-35　新建类窗口

② 设计“记录导航”子类的过程与在表单上设计命令按钮组对象的过程一样，这里省略。

③ 编写子类 cmdg_locate 的 Click 事件代码如下：

```
DO CASE
   CASE THIS.Value = 1
      go top
   CASE THIS.Value = 2
      IF !BOF()
         SKIP  -1
      ENDIF
   CASE THIS.Value = 3
     IF !EOF()
        SKIP
      ENDIF
   CASE THIS.Value = 4
      GO BOTTOM
ENDCASE
THISFORM. REFRESH
```

④ 关闭类设计器并保存子类。

（3）将表单类 myform 设置为表单模板类，并应用到表单设计中。

① 选择“工具”菜单中的“选项”命令，打开“选项”对话框。

② 在“选项”对话框中选择“表单”选项卡，勾选“模板类”区域中“表单”标签前的复选框，系统弹出“表单模板”对话框，选择 Classlib.vcx 类库文件中的 myform 类，单击“确定”按钮即可（如图 2-7-36 所示）。

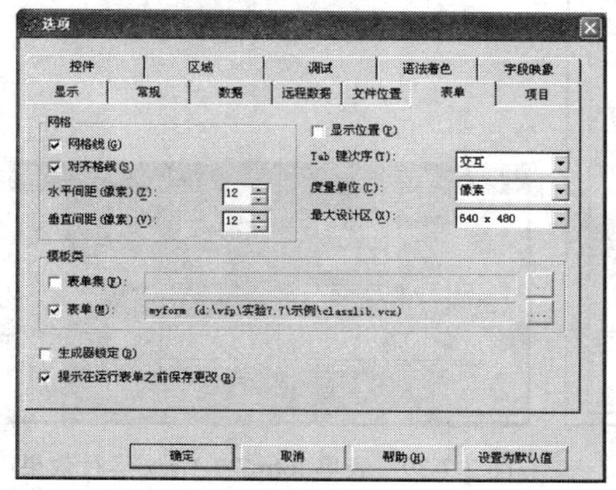

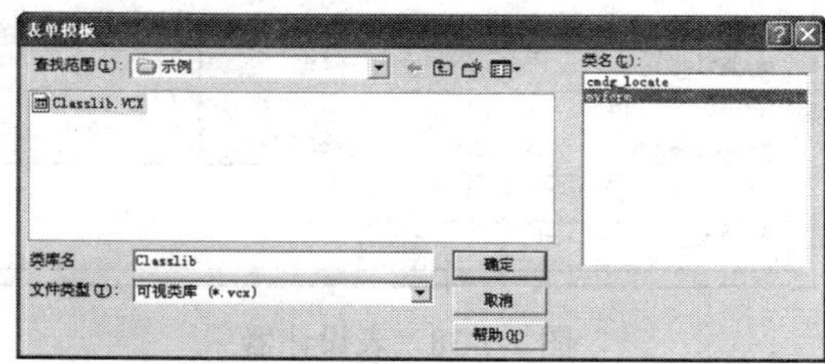

图 2-7-36　表单模板设置图

③ 在“选项”对话框中单击“确定”按钮，使设置生效，关闭“选项”对话框。

④ 新建表单，此时在“表单设计器”窗口中可以看到，新创建的表单是以表单类 myform 为模板创建的。将该表单文件保存为 form7-7-1.scx。

（4）子类“记录导航”cmdg_locate的使用。

① 在表单文件 form7-7-1.scx 的数据环境中添加读者表，将读者表中的读者编号、姓名、类型等字段从数据环境拖至表单上生成相应的控件。

② 在“表单控件”工具栏中单击“查看类”按钮，然后在出现的菜单中选择“添加”

命令。在“打开”对话框中选择包含子类“记录导航”的类库文件 Classlib.vcx，这时的“表单控件”工具栏如图 2-7-37 所示。

③ 第二行的第二个按钮就是“记录导航”命令按钮组子类 cmdg_locate，选中它并将它拖放到当前表单上，保存当前的表单并运行表单。

图 2-7-37　表单控件工具栏

2. 类设计实例二

通过本例的操作，掌握使用类设计器设计类的方法与步骤，并且学会改变数据库表字段的默认显示类，具体操作过程如下。

（1）设计“性别”选项按钮组子类 option_xb。

（2）设置字段的默认显示类。

① 在“表设计器”中打开 dz 表，选择 xb 字段。

② 在“匹配字段类型到类”区域中，单击“显示库”文本框后的“…”按钮，选择“d:\vfp\实验 21\示例\Classlib.vcx”类库文件。

③ 在“显示类”组合框中选择 option_xb 类，如图 2-7-38 所示。

④ 单击“确定”按钮保存所做的修改。

（3）在“表单设计器”窗口利用字段的默认显示类创建控件。

① 打开表单文件 form7-7-1.scx，将“性别”标签后的文本框控件删除。

② 打开“数据环境”窗口，将“数据环境”窗口中 dz 表的 xb 字段拖放到表单“性别”标签，在表单中创建的控件不是文本框，而是选项按钮组 option_xb，如图 2-7-39 所示。

③ 保存当前表单并运行表单。

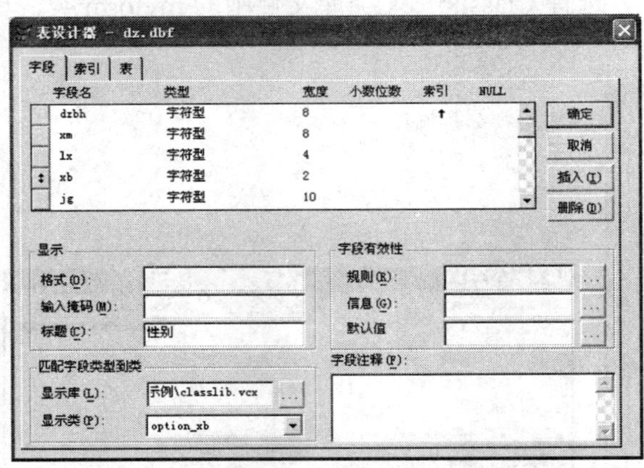

图 2-7-38　表设计器

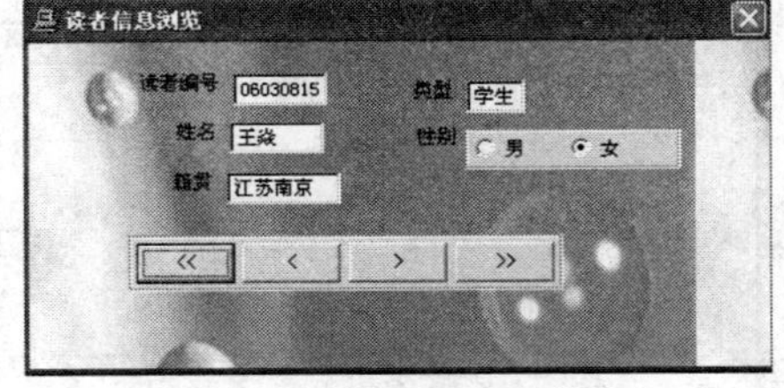

图 2-7-39　表单 form7-7-1.scx 运行效果

实验作业

启动 VFP，将“d:\vfp\实验 21\作业”文件夹设置为默认的工作文件夹，打开该文件夹中的项目文件 jxgl.pjx。

（1）用类设计器创建“成绩”微调框子类，子类名为 spinner_cj，保存在类库文件 myclasslib.vcx 中，该微调框子类的特点是：使用键盘输入分数值的范围为 0～100；通过单击向上和向下箭头，在微调框中输入值的范围也为 0～100。

在项目中已存在成绩表 cj.dbf 和表单文件 homework7-7-1.scx，为成绩表中的 cj 字段指定默认显示类为 spinner_cj，并通过表单的数据环境将 cj 字段的默认显示类应用到表单 homework7-7-1.scx。运行表单 homework7-7-1.scx 的效果如图 2-7-40 所示。

（2）在项目中已存在表单文件 homework7-7-2.scx，表单中有一命令按钮 Command1，请修改它的属性并编写事件代码，使 Command1 显示的标题为“退出”；当单击该按钮时，会弹出“确定要退出吗?”对话框，当单击对话框中的“确定”按钮时，则关闭表单。在表单设计器中将该命令按钮另存为类，子类名为 cmd_quit，保存在类库文件 myclasslib.vcx 中。

通过cmd_quit命令按钮在表单homework7-7-1.scx合适的位置创建“退出”命令按钮对象，运行表单homework7-7-1.scx的效果如图2-7-41所示（提示：用函数MESSAGEBOX(“确定要退出吗?”，1+32+0，“确认窗口”)）。

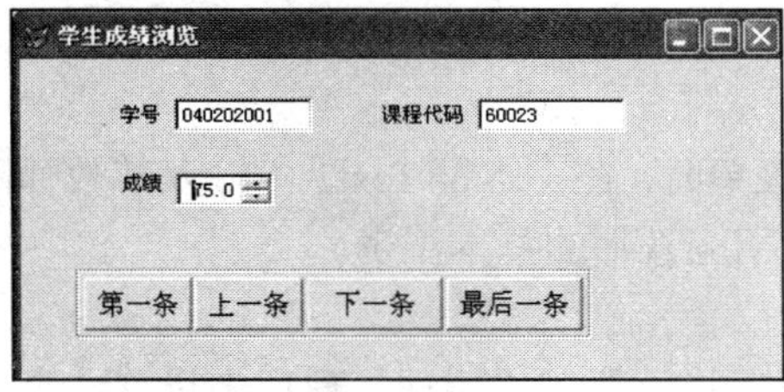

图 2-7-40 实验作业（1）的表单运行效果

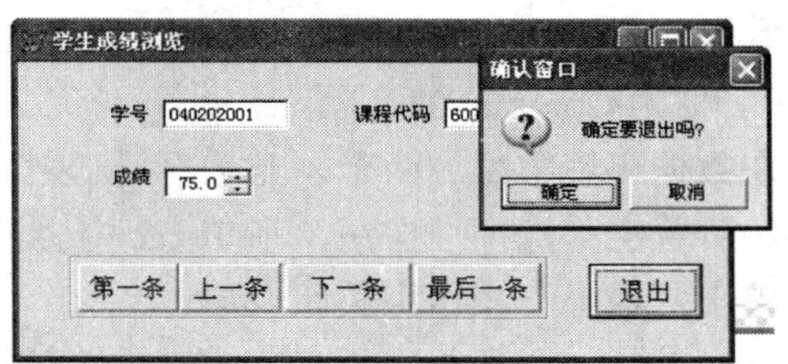

图 2-7-41 实验作业（2）的表单运行效果

实验 22 表单与控件设计综合

实验目的与要求

（1）复习表单及常用控件的常用属性、事件和方法。

（2）熟悉全国等级考试中的有关表单题。

实验作业

启动 VFP，将“d:\vfp\实验 22\作业”文件夹设置为默认的工作文件夹，打开该文件夹中的项目文件 jxgl.pjx。

（1）在 d:\vfp\实验 22\作业文件夹下有一个表单文件 Homework7-8-1，其中三个命令按钮 Click 下的语句都是错误的，请按如下要求进行修改（最后保存所做的修改）。

① 单击“刷新标题”命令按钮时，表单的标题显示为“欢迎应用”。

② 单击“订单记录”命令按钮时，表格控件中将显示 xs 表中的记录。

③ 单击“关闭表单”命令按钮时，关闭表单。

注 意

每处错误只能在原句上进行修改，不可以增加语句。

（2）设计一个名称为 Homework7-8-2 的表单，表单上有“浏览”（名称为 Command1）和“打印”（Command2）两个命令按钮。单击“浏览”命令按钮时，先打开数据库 jxsj，然后执行 SELECT 语句查询视图 xsview 中的记录（两条命令，不可以有多余命令）；单击“打印”命令按钮时，调用报表文件 p_student 浏览报表的内容（一条命令，不可以有多余命令）。

（3）请修改并执行名称为 Homework7-8-3 的表单，要求如下：

① 为表单建立数据环境，并将 jstmp 表添加到数据环境中。

② 将表单标题修改为“XXX 学校教师信息维护”。

③ 修改命令按钮“刷新日期”的 Click 事件下的语句，使用 SQL 的更新命令，将 jstmp 表中 gzrq 字段值更换成当前计算机的日期值（注意：只能在原句上进行修改，不可以增加语句行）。

（4）设计名为 Homework7-8-4 的表单。表单的标题设为“教师工资查询”。表单中有两个文本框（名称为 Text1 和 Text2）以及两个命令按钮“查询”（名称为 Command1）和“退出”（名称为 Command2）。

在数据环境中添加两个表 js 表和 gz 表。运行表单时，在文本框 Text1 中输入某教师的姓名，然后单击“查询”按钮，则 Text2 中会显示出相应教师的基本工资。

单击“退出”按钮则关闭表单。

（5）设计一个表单，所有控件的属性必须在表单设计器的“属性”窗口中设置，表单文件名为 Homework7-8-5.scx，表单界面如下图 2-7-42 所示。

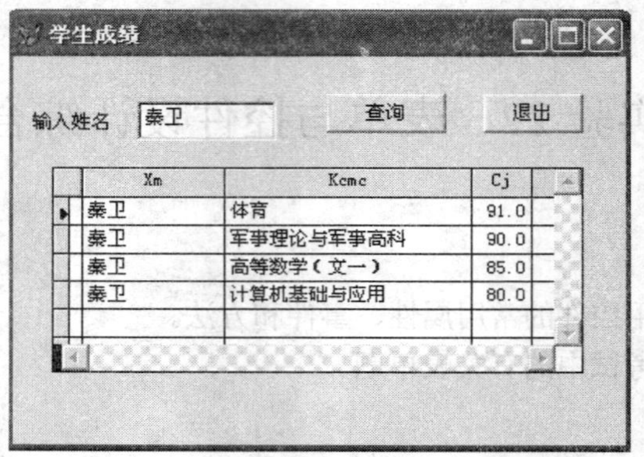

图 2-7-42 表单 Homework7-8-5.scx 的运行效果

其中，

① “输入姓名”为标签控件 Label1。

② 表单标题为“学生成绩”。

③ 文本框的名称为 Text1，用于输入要查询的姓名，如“秦卫”。

④ 表格控件的名称为 Grid1，用于显示所查询人对应的各科成绩。

⑤ “查询”命令按钮的名称为 Command1，单击该按钮时在表格控件 Grid 中按成绩的降序显示所查询人的各科成绩（如图 2-7-42 所示），并将结果存储在以姓名命名的.dbf 表文件中，如秦卫.dbf。

⑥ “退出”命令按钮的名称为 Command2，单击该按钮时关闭表单。

完成以上表单设计后运行该表单，并分别查询“秦卫”、“史建平”和“惠冰竹”所对应的各科成绩。

（6）设计一个表单“Homework7-8-6”，所有控件的属性必须在表单设计器的“属性”窗口中设置。表单的标题设为“学生平均成绩统计”。表单中有一个组合框（Combo1）、一个文本框（Text1）以及两个命令按钮“统计”（Commnad1）和“退出”（Command2）。

运行表单时，组合框中有三个条目“秦卫”、“史建平”、“惠冰竹”（只有三个，不能输入新的，RowSourceType 的属性为“数组”，Style 的属性为“下拉列表框”）可供选择，单击“统计”命令按钮以后，文本框显示出该学生的平均成绩。

单击“退出”按钮则关闭表单。

（7）请编写名称为 Change_new 的程序并执行。该程序实现下面的功能。

① 将工资表 gz 进行备份，备份文件名为 bak_gz.dbf。

② 利用提供的工资调整表 gz_change 中的基本工资 jbgz 对工资表 gz 中的 jbgz 进行调整（请注意：按工号 gh 相同进行调整，并且只是部分教师的基本工资进行了调整，其他教师的基本工资不动）。

再设计一个表单 Homework7-8-7，上面有“调整”（名称 Command1）和“退出”（名称 Command2）两个命令按钮。

① 单击“调整”命令按钮时，调用 Change_new 程序实现工资调整。

② 单击“退出”命令按钮时，关闭表单。

注 意

在两个命令按钮中均只有一条命令，不可以有多余命令。

（8）建立满足如下要求的应用并运行。

① 修改表单 myform（文件名和控件名均为 myform），表单标题为“学生成绩信息”；修改两个表格的属性，使得它们尺寸相同、水平对齐；编写表格 xs_name 的 AfterRowColChange 的事件代码，使得在表格 xs_cj 中显示与表格 xs_name 中当前记录对应的 cj 表中的记录。

② 建立一个菜单 mymenu，该菜单只有一个菜单项“退出”，该菜单项对应于一个过程，并且含有两条语句，第一条语句是关闭表单 Homework7-8-8，第二条语句是将菜单恢复为默认的系统菜单。

③ 在 myform 的 Load 事件中执行生成的菜单程序 mymenu.mpr。

单元8　报表与标签

实验23　报表的设计与使用

实验目的与要求

（1）掌握使用报表向导创建报表的方法。

（2）掌握使用报表设计器设计报表的方法。

（3）掌握预览和打印报表的方法。

实验准备

（1）启动 VFP，将“d:\vfp\实验 23\示例”文件夹设置为默认的工作文件夹。

（2）打开该文件夹中的项目文件 tsgl.pjx。

实验内容

1. 报表设计实例一

使用报表向导创建带有分组的报表 dz.frx，输出各个院系各种类型的读者情况，要求输出院系编号、类型、读者编号、姓名、性别，并能统计出每个院系“教师”类型和“学生”类型读者的人数，按读者编号升序排序，报表标题为“各院系各类型读者情况”，报表样式为账务式，设计好的报表预览效果如图 2-8-1 所示。

各院系各类型读者情况

09/30/11

院系编号	类型	读者编号	姓名	性别
01				
	教师			
		B9107091	蒋艳婕	女
		C0307081	马玲	女
		C0407011	张林颖	女
		C9607011	袁慧	女
		D020821	王荪	女
		D0307221	白雨	男
		E8009011	尹蓉	女
		E8609011	王明月	女
		E8807121	李小蕊	女
		E9306221	祖道明	男
		G0609011	鄢超	女
	计数教师:	11		
	学生			
		06070126	武梦	女
		06070208	金雪元	女

图 2-8-1　报表设计实例一的预览效果

2. 报表设计实例二

以jy.dbf、dz.dbf、ts.dbf为数据源，创建一个报表文件jy.frx。具体要求如下。

（1）参照图 2-8-2（a）所示的报表布局设置各报表带区。

（2）打印报表时，按读者编号分组输出记录并计算每位读者借阅图书的册数，如图 2-8-2（b）所示。

（3）报表中控件的添加、定制、布局和属性可参照图2-8-2进行设置。

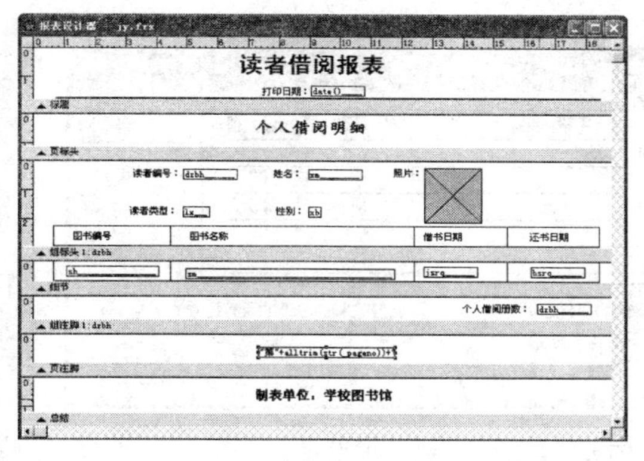

(a)

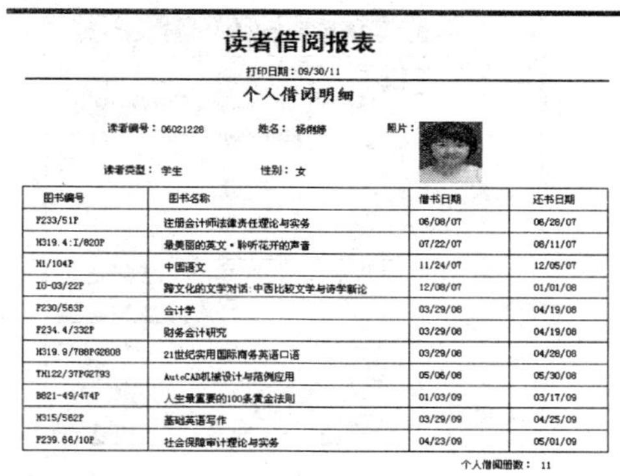

读者借阅报表

打印日期：09/30/11

个人借阅明细

读者编号：06021228　　姓名：杨俐婷　　照片：

读者类型：学生　　性别：女

图书编号	图书名称	借书日期	还书日期
F233/51P	注册会计师法律责任理论与实务	06/08/07	06/28/07
H319.4:I/820P	最美丽的英文·聆听花开的声音	07/22/07	08/11/07
H1/104P	中国语文	11/24/07	12/05/07
I0-03/22P	跨文化的文学对话:中西比较文学与诗学新论	12/08/07	01/01/08
F230/563P	会计学	03/29/08	04/19/08
F234.4/332P	财务会计研究	03/29/08	04/19/08
H319.9/788PG2808	21世纪实用国际商务英语口语	03/29/08	04/28/08
TH122/37PG2793	AutoCAD机械设计与范例应用	05/06/08	05/30/08
B821-49/474P	人生最重要的100条黄金法则	01/03/09	03/17/09
H315/562P	基础英语写作	03/29/09	04/25/09
F239.66/10P	社会保障审计理论与实务	04/23/09	05/01/09

个人借阅册数：11

(b)

图 2-8-2　报表设计实例二的设计界面和预览效果

实验步骤

1. 报表设计实例一

（1）进入报表向导。

选择“项目管理器”窗口中的“文档”选项卡，并选择其中的“报表”，单击“新建”按钮，出现“新建报表”对话框，单击对话框中的“报表向导”按钮，在出现的“向导选取”对话框中双击“报表向导”。

（2）字段选取。

在“字段选取”对话框中，选择要在报表中输出的字段。首先，在“数据库和表”下拉列表框中选择报表的数据源为 TSK 数据库中的 DZ 表，然后选择所需要的字段，如图 2-8-3 所示。单击“下一步”按钮。

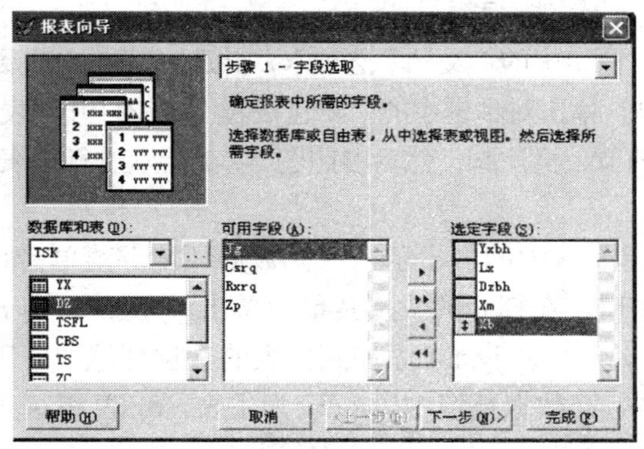

图 2-8-3　报表实例一中的字段选取

（3）分组记录。

在打开的“分组记录”对话框中，如图 2-8-4 所示，按顺序依次选择 Yxbh、Lx 作为分组字段。再单击“总结选项”按钮，弹出“总结选项”对话框，在 Dzbh 这一行中将“计数”复选框打钩。关闭“总结选项”对话框，单击“下一步”按钮。

（4）报表式样。

在打开的“选择报表样式”对话框中，向导提供的报表样式有经营式、帐务式、简报式、

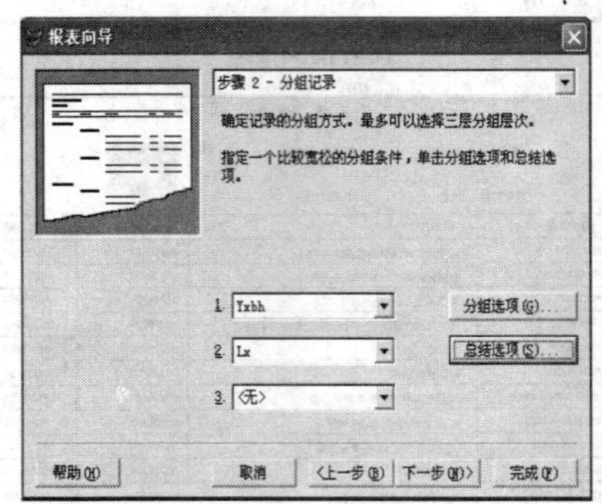

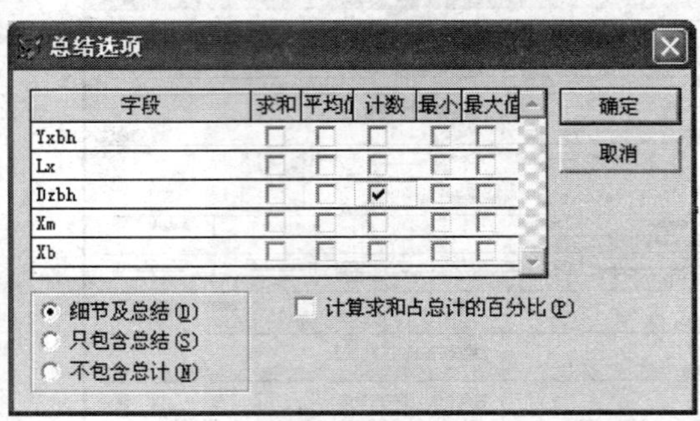

图 2-8-4　报表设计实例一中的分组记录及总结选项设置

带区式和随意式 5 种，本例选择“帐务式”。单击“下一步”按钮。

（5）定义报表布局。

在打开的“定义报表布局”对话框中，按默认格式设置，即列数为“1”，方向为“纵向”，字段布局为“列”。单击“下一步”按钮。需要注意的是，如果在向导的步骤 2 设置了分组记录，则这里的“列数”和“字段”布局是不可用的。

（6）排序记录。

打开“排序记录”对话框，在“可用的字段或索引标识”列表框中选择“dzbh”，单击“添加”按钮，添加到“选定字段”列表框中。单击“下一步”按钮。

（7）完成设计。

在“完成”对话框中，在“报表标题”文本框中输入“各院系各类型读者情况”，单击“完成”按钮，报表设计完成。在“完成”之前也可预览报表设计结果。

2. 报表设计实例二

（1）打开“报表设计器”窗口。

选择“项目管理器”窗口中的“文档”选项卡，并选择其中的“报表”，单击“新建”按钮，出现“新建报表”对话框，单击对话框中的“新建报表”按钮打开报表设计器，此时空报表中只有三个带区：页标头、细节、页注脚；然后参照图 2-8-2 所示进行报表设计。

（2）数据环境设置。

① 选择 VFP 主菜单系统中的“显示”→“数据环境”菜单命令。

② 右击数据环境窗口，在打开的快捷菜单中单击“添加”，打开“添加表或视图”对话框，选择 tsk 数据库的 jy 表，将 jy.dbf 添加到报表的数据环境中。用同样的方法将 dz.dbf 和 ts.dbf 添加到数据环境中，在数据环境中以 jy 表为主表，dz 表和 ts 表为子表，分别通过 dzbh 字段和 sh 字段建立临时关系。

③ 右击数据环境中的 jy 表，在打开的快捷菜单中选择“属性”命令，弹出临时表 jy 的“属性”窗口，在该“属性”窗口中设置 order 属性（指定主控索引标识）值为“dzbh”。

（3）添加报表带区。

① 选择 VFP 主菜单系统中的“报表”→“标题/总结”菜单命令，在弹出的“标题/总结”对话框中选择“标题带区”和“总结带区”，单击“确定”按钮。

② 选择“报表”→“数据分组”菜单命令，在弹出的“数据分组”对话框中输入分组表达式“jy.Dzbh”，并在“组属性”中将“每组从新的一页上开始”复选框选中，单击“确

定”按钮，则将“组标头”和“组注脚”带区添加到报表中。

（4）添加、定制和布局报表控件。

① 打开“报表控件”工具栏，单击其中的“标签”按钮，在“标题”带区中单击一下鼠标，则在该带区中添加了一个标签控件，立即输入“读者借阅报表”，再在标签控件外单击鼠标即完成该控件的添加操作。

② 选择标签“读者借阅报表”，选择 VFP 主菜单系统中的“格式”→“字体”菜单命令，在弹出的“字体”对话框中，设置字体为黑体、字号为二号；然后选择“格式”→“对齐”→“水平居中”命令。

③ 在标签“读者借阅报表”下方适当位置再添加标签“打印日期:”；在标签“打印日期:”右边添加一个域控件，此时将打开“报表表达式”对话框，在对话框中输入表达式 DATE()。

④ 使用“报表控件”工具栏中的线条控件在标签“打印日期:”下适当位置添加一线条，选中该线条，再选择“格式”→“绘图笔”→“2 磅”命令，设置线条的粗细。适当调整线条的长度。

⑤ 在“页标头”带区中添加标签“个人借阅明细”，设置字体为隶书、字号为三号；设置该标签“水平居中”。

⑥ 在“组标头”带区中适当位置添加9个标签，字大小均为五号，它们显示的文本分别是“读者编号”、“姓名”、“读者类型”、“性别”、“照片”、“图书编号”、“图书名称”、“借书日期”、“还书日期”；在“组标头”带区中适当位置添加4个域控件，字大小均为五号，它们的表达式分别为dz.dzbh、dz.xm、dz.lx、dz.xb；在“组标头”带区中适当位置添加一个“图片/ActiveX”控件，在“报表图片”对话框中设置图片来源为字段dz.zp，并在对话框中选中“缩放图片，填充图文框”单选按钮。

⑦ 分别将数据环境中的jy.sh、ts.sm、jy.jsrq、jy.hsrq4个字段拖放到“细节”带区中的适当位置形成4个域控件（这是添加字段域控件的又一种方法）；设置字号均为五号，并适当调整域控件的宽度。

⑧ 在“组标头”和“细节”带区各添加一个高度、宽度适当的矩形控件，要将“组标头”带区中“图书编号”、“图书名称”、“借书日期”、“还书日期”四个标签和“细节”带区中四个域控件包括在内，并使用“布局 ”工具栏将它们左对齐；再分别在四个标签控件之间和四个域控件之间添加六个高度与矩形控件相同的竖线条。

⑨ 在“组注脚”带区中适当位置添加标签“个人借阅册数:”，字大小为五号；在标签“个人借阅册数:”右侧添加域控件，它的表达式为jy.dzbh，用于统计当前读者借阅图书的总册数，因此在它的“报表表达式”对话框中还应单击“计算”按钮，打开“计算字段”对话框，选择计算方式为“计数”，设置字大小为五号。

⑩ 在“页注脚”带区中添加一个域控件，其表达式为：“第”+ALLTRIM(STR(_PAGENO))+“页”，用于显示页码，设置该域控件“水平居中”。

⑪ 在“总结”带区中添加标签“制表单位：学校图书馆”，设置字体为粗体、字大小为五号，设置该标签“水平居中”。

⑫ 做完以上设置操作后，参照图 2-8-2 分别调整各带区到适当的高度。

⑬ 预览并修改完善报表。

将报表保存为 jy．frx 报表文件。在报表设计器打开状态下，可以运行 VFP 主菜单系统中“显示”→“预览”菜单命令，或单击“常用”工具栏上的“打印预览”按钮，查看报表输出效果[如图 2-8-2（b）所示]，报表的预览还可以用如下命令代码实现：REPORT FORM jy PREVIEW。若预览效果不符合设计要求，可退出预览回到报表设计器窗口进行修改，然后再预览，直到满意为止。

实验作业

启动VFP，将“d:\vfp\实验23\作业”文件夹设置为默认的工作文件夹，打开该文件夹中的项目文件jxgl.pjx。

（1）基于js表创建一个本地视图jsview，视图中显示所有教师的工号、姓名、年龄和工作年限，数据按年龄的降序排列，年龄相同的教师再按工作年限的降序排列。然后，基于视图jsview，利用Visual FoxPro 的“快速报表”功能建立一个简单报表report8-1.frx，该报表内容按顺序含有视图jsview中的所有字段。

（2）根据学生表 xs.dbf 和成绩表 cj.dbf，利用一对多报表向导建立一个报表，报表中包含学号 xh、姓名 xm、课程代码 kcdm、成绩 cj 四个字段，报表按 xh 升序排列，报表样式为“经营式”，在总结区域（细节及总结）包含 cj 的平均值，报表标题为“学生成绩信息”，报表文件名为 report8-2.frx。

在项目中已存在一菜单 menu1，为菜单项“预览学生成绩报表”设置结果项为：命令，功能是预览报表 report8-2.frx。

（3）以 js.dbf、yxzy.dbf、whcd.dbf 为数据源，创建报表文件 report8-3.frx，功能是按职称分组输出记录，并计算各职称教师的总人数。按如下要求设计完成报表，完成后的报表预览效果如图 2-8-5 所示。

教师基本情况报表

副教授 名单

工号	姓名	性别	出生日期	工作日期	所属院系	文化程度	职称
070004	程西萍	女	04/11/66	07/01/89	数学系	本科毕业	副教授
070003	赵　龙	男	07/01/56	07/01/83	数学系	研究生班	副教授
070007	方　媛	女	12/01/75	08/01/01	数学系	硕士学位	副教授
020009	蒋方舟	男	09/01/74	08/21/98	商学院会计学系	硕士学位	副教授
020008	张德龙	男	06/11/72	08/22/97	商学院会计学系	硕士学位	副教授
020006	曹　芳	女	09/21/45	08/22/70	商学院会计学系	学士学位	副教授
020011	边晓丽	女	02/12/47	09/12/70	商学院会计学系	硕士学位	副教授
050003	谈家常	男	06/09/74	08/22/95	文学院新闻传播系	学士学位	副教授
050005	周大年	男	09/21/73	08/22/99	文学院新闻传播系	硕士学位	副教授
110002	刘　凯	男	05/13/75	07/03/97	管理学院	学士学位	副教授
990001	骆小军	男	02/11/60	09/01/82	基础教学部	学士学位	副教授
990021	刘建力	男	02/12/65	09/01/86	基础教学部	学士学位	副教授
990009	边小春	女	04/18/68	07/01/92	基础教学部	硕士学位	副教授

副教授　人数统计：　13　人

讲师　名单

工号	姓名	性别	出生日期	工作日期	所属院系	文化程度	职称
070008	刘海军	男	09/12/78	08/20/01	数学系	本科毕业	讲师
020007	陆友情	男	11/23/73	06/24/95	商学院会计学系	学士学位	讲师

图 2-8-5　实验作业（3）的报表预览效果

① 以 js.dbf、yxzy.dbf、whcd.dbf 为数据源，在数据环境中以 js.dbf 为主表，分别以 whcd.dbf 和 yxzy.dbf 为子表建立临时关系。

② 增加“标题带区”，在“标题带区”添加一标签，显示文本为“教师基本情况报表”，设置标题字体为隶书、字形为粗体、字号为小二号、对齐为水平居中。

③ 增加“数据分组”带区，按职称分组输出记录。

④ 在“页注脚带区”居中显示当前页的页码。

单元 9　菜单与工具栏

实验 24　菜单的设计与使用

实验目的与要求

（1）掌握用菜单设计器设计一般菜单的方法。

（2）掌握用菜单设计器设计快捷菜单的方法。

（3）掌握菜单程序的生成和运行方法。

（4）了解 SDI 菜单的创建和使用方法。

实验准备

（1）启动 VFP，将“d:\vfp\实验 24\示例”文件夹设置为默认的工作文件夹。

（2）打开该文件夹中的项目文件 tsgl.Pjx。

实验内容

1. 菜单设计实例一

创建一个图书管理菜单，保存在 menul.mnx 文件中。按如下要求设计菜单，完成后的运行效果如图 2-9-1 所示。

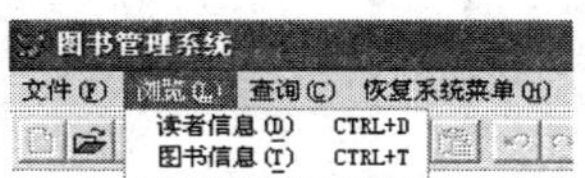

图 2-9-1　菜单设计实例一的运行界面

设计要求：

（1）设置“文件”、“浏览”、“查询”、“恢复系统菜单”菜单栏及访问键（如图 2-9-1 所示）。

（2）在“文件”菜单栏中插入 VFP 系统菜单“打开”和“导出”，并为“导出”设置跳过条件：当前工作区中无表打开时，该菜单跳过，即菜单项不可用。

（3）在“文件”菜单栏中插入“退出”菜单项，并按图 2-9-1 所示给菜单设置分组线，同时给“退出”菜单项设置过程，代码如下。

```
MODIFY WINDOWS SCREEN TITLE "Microsoft Visual FoxPro"
CLOSE DATABASE
SET SYSMENU TO DEFAULT
```

（4）设置“浏览”菜单栏的各子菜单及其功能。

①“读者信息”子菜单项：快捷键Ctrl+D，结果为命令，运行表单fdz.SCX。该菜单项的

状态栏提示信息为“浏览读者信息”。

②“图书信息”子菜单项：快捷键Ctrl+T，结果为命令，运行表单fts.SCX。该菜单项的状态栏提示信息为“浏览图书信息”。

（5）设置“查询”菜单栏的各子菜单及其功能。

①“借阅情况查询”子菜单项：无。

②“统计信息”子菜单项的各子菜单及其功能，如下所示。

- “按读者性别统计人数”子菜单项：结果为命令，功能是基于读者表按性别统计人数。
- “按读者类型统计人数”子菜单项：结果为命令，其功能是运行查询文件qrs.qpr。

（6）设置“恢复系统菜单”菜单项：结果为命令，功能是恢复 VFP 的系统菜单。

（7）该菜单在运行时替代 VFP 主菜单系统。

（8）为整个菜单系统设置初始化代码，如下所示。

```
SET TALK OFF
CLOSE TABLES ALL
_SCREEN. Caption="图书管理系统"
```

2. 菜单设计实例二

在项目中已存在一般菜单文件 sdi_menu.mnx，新建一个表单 sdi.scx，将 sdi_menu.mnx 附加到该表单上，并为表单设计一个快捷菜单，当选择快捷菜单中的菜单项时可以改变当前表单的背景色。完成后的运行效果如图 2-9-2 所示。

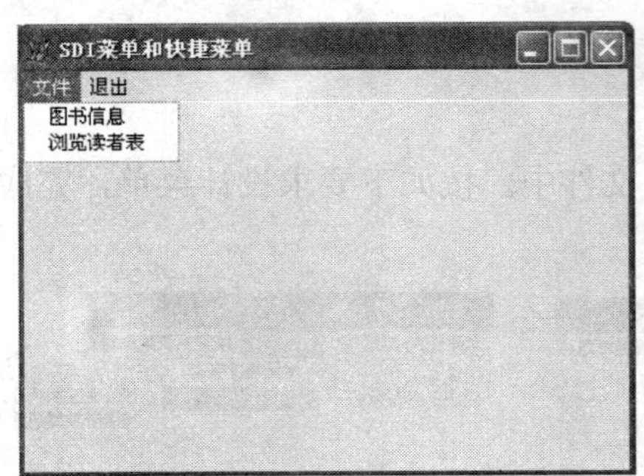

图 2-9-2 菜单设计实例二的运行界面

实验步骤

1. 菜单设计实例一

（1）打开“菜单设计器”窗口。

选择“项目管理器”窗口中的“其他”选项卡，并选择其中的“菜单”，单击“新建”按钮，出现“新建菜单”对话框，单击对话框中的“菜单”按钮，进入“菜单设计器”窗口。

（2）设计菜单系统的菜单栏。

在“菜单名称”中依次输入“文件(\<F)”、“浏览(\<L)”、“查询(\<C)”、“恢复系统菜单(\<H)”，如图 2-9-3 所示。菜单访问键（又叫热键）的设置方法是在具体的菜单名后加上反斜杠“\”、小于号“<”和字母，如菜单名后的“\<F”、“\<L”等。

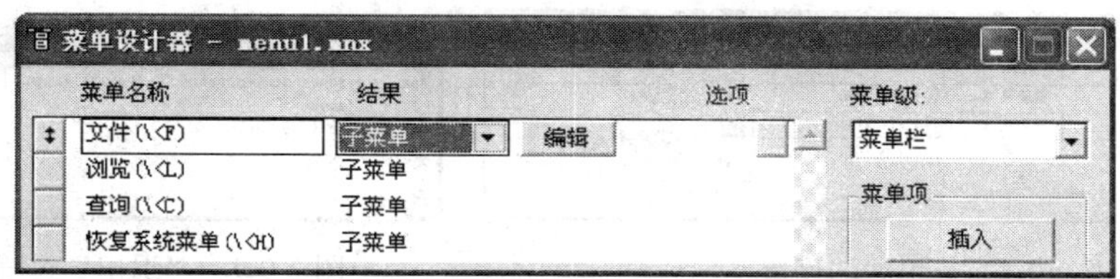

图 2-9-3　菜单设计实例一的设计窗口

（3）编辑“文件”子菜单。

选择“文件”菜单栏，在“结果”列中选“子菜单”，然后单击右侧的“创建”或“编辑”按钮，进入下级子菜单的设计，“菜单级”下拉列表框中显示的是该子菜单的“上级”菜单“文件 F”。

① 插入系统菜单栏。

单击“插入栏”按钮，出现“插入系统菜单栏”对话框，如图 2-9-4 所示；在该对话框的列表中选择“打开(O)”，再单击“插入”按钮；用同样的方法插入系统菜单栏“导出(E)”。要注意的是，在菜单栏中不能插入 VFP 系统菜单栏。

② 设置“导出”菜单项的“跳过”条件。

单击“导出(\<E)”菜单项最右侧的“选项”按钮，打开“提示选项”窗口（如图 2-9-5 所示），在该窗口中可设置菜单项的快捷键、启用或废止条件（即“跳过”条件）、状态栏提示信息等。在“跳过”文本框中输入条件“ALIAS()==SPACE(0)”。

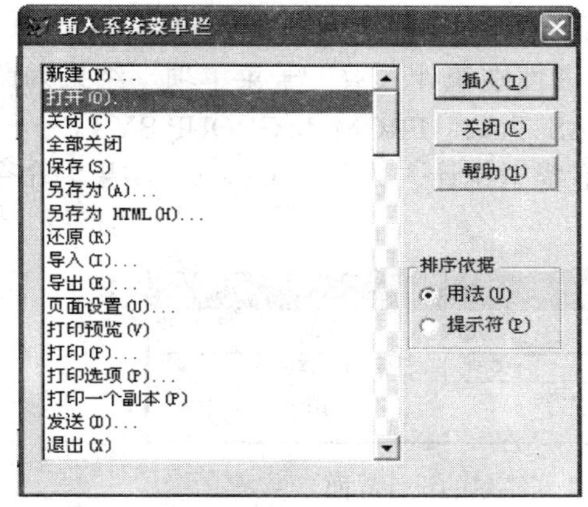

图 2-9-4　“插入系统菜单栏”对话框

图 2-9-5　“提示选项”窗口

（4）在“文件”菜单栏中插入“退出”菜单栏。

① 在“文件”菜单栏中插入“退出(\<X)”菜单栏。

② 在菜单项之间插入分组线。

选择“退出(\<X)”菜单项，单击“菜单设计器”右边的“插入”按钮，在菜单项列表中增加一行“新菜单项”；将该行的菜单名称“新菜单项”改为“\-”（如图 2-9-6 所示）。

③ 设置“退出(\<X)”菜单项的结果为过程，则在其右侧会出现“创建”或“编辑”按钮，单击该按钮打开过程编辑窗口，输入过程代码（如图2-9-7所示）。

（5）设置“浏览”菜单栏的各子菜单及其功能。

选择“浏览”菜单栏，在“结果”列中选“子菜单”，然后单击右侧的“创建”或“编辑”按钮，进入下级子菜单的设计，“浏览”子菜单的设计界面如图 2-9-8 所示。

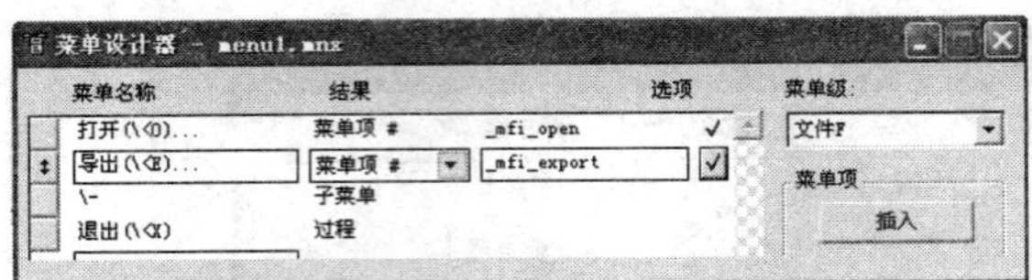

图 2-9-6　分组线的设置

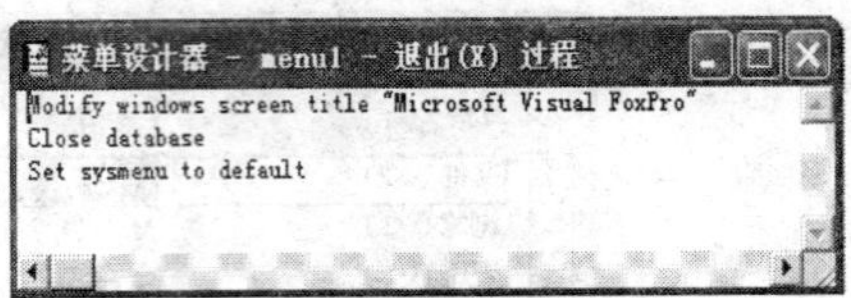

图 2-9-7　“退出”过程代码

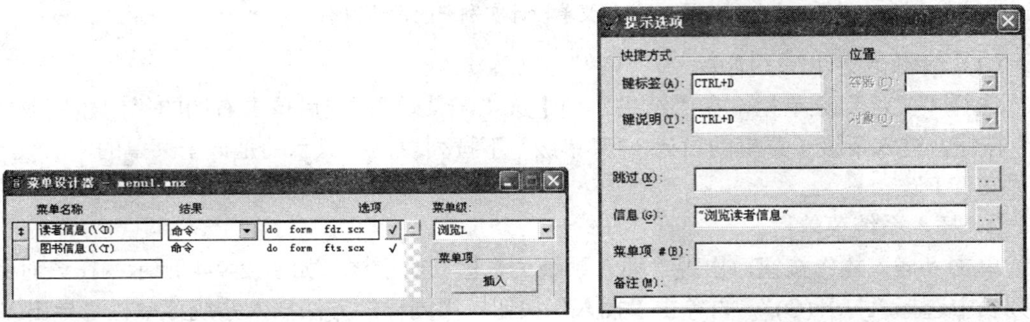

图 2-9-8　“浏览”子菜单的设计界面

（6）设置“查询”菜单栏的各子菜单及其功能。

选择“查询”菜单栏，在“结果”列中选“子菜单”，然后单击右侧的“创建”或“编辑”按钮，进入下级子菜单的设计。在“查询”菜单栏中插入“借阅情况查询”菜单栏和“统计信息”菜单栏，“统计信息”菜单栏的结果项为子菜单，单击右侧的“创建”或“编辑”按钮，进入“统计信息”菜单栏的下级子菜单的设计，如图 2-9-9 所示。

① 在“统计信息”菜单栏中插入“按读者性别统计人数”子菜单项，结果为命令，命令语句为：SELECT xb AS 性别,COUNT(*) AS 人数　FROM dz GROUP BY 1。

② 在“统计信息”菜单栏中插入“按读者类型统计人数”子菜单项，结果为命令，命令语句为：DO qrs.qpr。

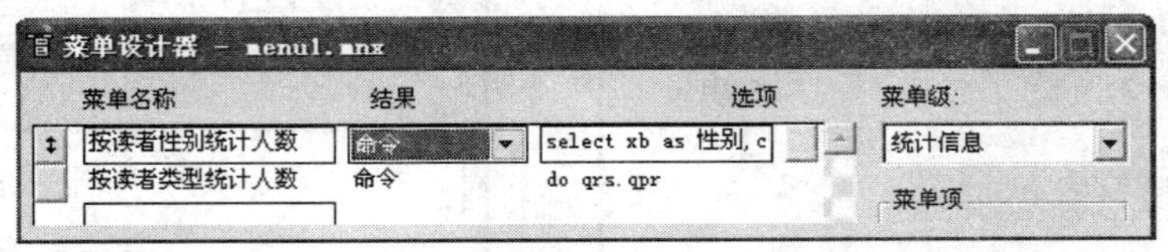

图 2-9-9　“统计信息”子菜单的设计界面

（7）设置“恢复系统菜单”菜单项。

将“恢复系统菜单”菜单项的结果修改为命令，命令为：SET SYSMENU TO DEFAULT。

（8）设置菜单系统的“常规选项”。

打开“菜单设计器”窗口，选择 VFP 主菜单中的“显示”→“常规选项”菜单命令，打开“常规选项”对话框，如图 2-9-10 所示。在该对话框中可进行如下内容的设置。

① 设置自定义菜单在运行时与 VFP 主菜单的位置关系。

如选择“替换”(系统默认选项)，则运行时新菜单替换 VFP 主菜单系统；如选择“追加”，则新菜单添加在 VFP 主菜单系统的后面；如选择“在……之前”，则新菜单插入到 VFP 主菜单系统中指定菜单的前面；如选择“在……之后”则新菜单插入到 VFP 主菜单系统中指定菜单的后面。实例一使用系统默认的“替换”。

② 设置菜单系统的“设置”代码和“清理”代码。

选中“菜单代码”选项组中的“设置”复选框，打开“设置”代码编辑窗口，再单击“确定”按钮进入“设置”代码的编辑状态，然后输入代码并关闭该窗口。该代码为菜单系统的初始化代码（见图 2-9-10）；“清理”代码的功能类似于表单的 Destroy 事件，该例中不用设置“清理”代码。

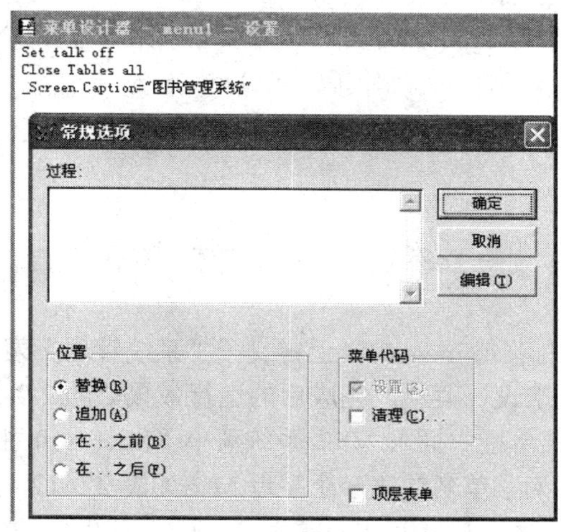

图 2-9-10 “设置”代码的设置

2. 菜单设计实例二

本例是 SDI 菜单和快捷菜单的设计实例。所谓 SDI 菜单，是将菜单系统直接“附加”到一个顶层表单上。下面介绍本例中这两种菜单的设计方法及操作步骤。

（1）SDI 菜单的设置。

① 打开 sdi_menu.mnx 的“菜单设计器”窗口，再打开“常规选项”对话框，在该对话框中选中“顶层表单”复选框，然后保存设置并重新生成菜单程序文件 sdi_menu.mpr。

② 创建一个新表单 sdi.scx，设置该表单的 ShowWindow 属性值为“2-作为顶层表单”，然后设置表单的 Init 事件代码：DO sdi_menu.mpr WITH THIS,.T.。

（2）快捷菜单的设置。

① 选择“项目管理器”窗口中的“其他”选项卡，并选择其中的菜单，单击“新建”按钮，出现“新建菜单”对话框，单击“快捷菜单”按钮，打开快捷菜单设计器，其余操作步骤与设计一般菜单相同。设计界面如图 2-9-11 所示。

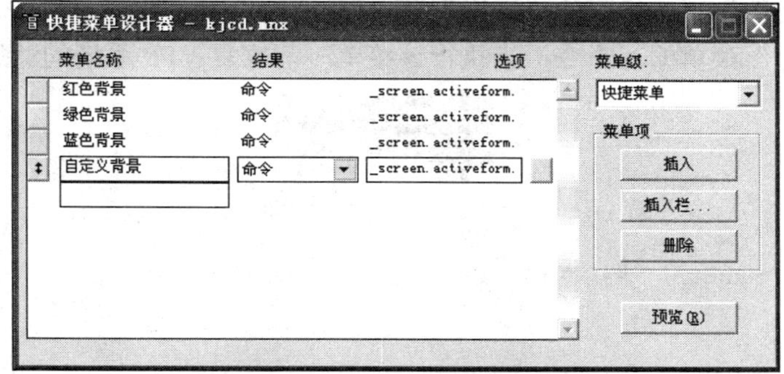

图 2-9-11 菜单设计实例二快捷菜单的设计界面

设置背景色的4条命令如下：

```
_SCREEN. ACTIVEFORM. BackColor=RGB(255,0,0)      &&设置表单背景为红色
_SCREEN. ACTIVEFORM. BackColor=RGB(0,255,0)      &&设置表单背景为绿色
_SCREEN. ACTIVEFORM. BackCotor=RGB(0,0,255)      &&设置表单背景为蓝色
_SCREEN. ACTIVEFORM. BackColor=GETCOLOR()        &&设置表单背景为自定义色
```

② 将该快捷菜单保存为 kjcd.mnx 文件，然后生成菜单程序文件 kjcd.mpr。

③ 在表单的RightClick事件中添加代码：DO kjcd.mpr。

④ 将表单保存为sdi.scx文件，运行该表单如图2-9-2所示。

实验作业

启动 VFP，将“d:\vfp\实验 24\作业”文件夹设置为默认的工作文件夹，打开该文件夹中的项目文件 jxgl.pjx。

（1）jxgl 项目中已存在菜单 menu01，已定义了“系统管理”菜单栏及其中的“恢复系统菜单”菜单项。按如下要求设计菜单，完成后的运行效果如图 2-9-12 所示。

① 在“系统管理”菜单栏中插入 VFP 系统菜单“Microsoft 主页”，并为其设置快捷键 Ctrl+M，将其访问键修改为菜单名的第一个字母 M，如图 2-9-12（a）所示。

② 创建“教师信息”菜单栏，其访问键为 J，其子菜单为“档案”、“工资”，并为“档案”菜单项创建子菜单“浏览”和“统计”，分组线如图 2-9-12（b）所示。

③ 为“统计”菜单项设置过程，其功能是首先清除屏幕，然后运行查询文件 chaxun.qpr。

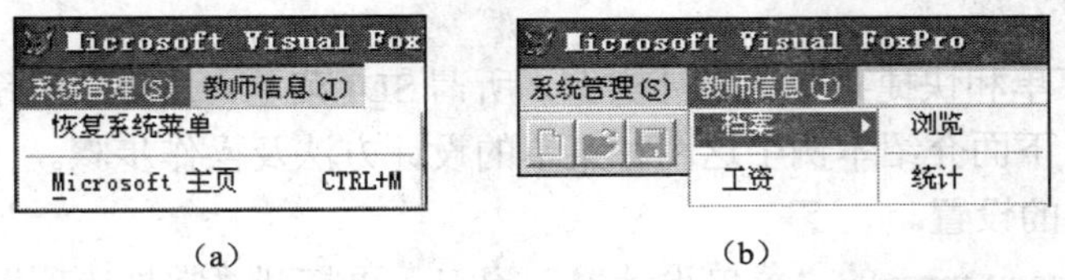

（a）　　（b）

图 2-9-12　实验作业（1）的菜单运行效果

（2）jxgl 项目中已存在菜单 menu02，按如下要求设计菜单，完成后的运行效果如图 2-9-13 所示。

① 为“文件”菜单栏设置访问键为 F。

② 为“数据统计”菜单编写 SQL 命令：基于 xs 表查询 1986 年出生的学生信息，要求当执行该菜单时在浏览窗口中显示该年出生的学生的学号、姓名、出生日期字段。

③ 在“文件”菜单栏下的“新建”和“导出”菜单项之间设置一个分组线。

④ 废止“文件”菜单栏下的“导出”菜单项。

⑤ 为“退出”菜单编写命令，当执行该菜单时能恢复 VFP 系统的默认菜单。

图 2-9-13　实验作业（2）的菜单运行效果

第3篇

综合练习

综合练习1　笔试综合练习

笔试综合练习1

一、单项选择题

1．在数据库设计中，设计E-R图是______阶段的任务。

A．需求分析　　B．逻辑设计　　C．概念设计　　D．物理设计

2．如果要把一个扩展名为.txt的文本文件添加到项目管理器中，应该选择______选项卡的“文本文件”选项进行文件的添加。

A．数据　　B．文本　　C．报表　　D．其他

3．设A={^2012/01/01}，B=2012/01/01，C="2012/01/01"，下列表达式中属于合法表达式的是______。

A．A-B　　B．B-C　　C．A-C　　D．A+B-C

4．在Visual FoxPro系统中，下列关于数据库和数据库表的叙述中错误的是______。

A．数据库是一个容器，它是许多相关的数据库表及其关系的集合

B．数据库表与数据库之间的相关性是通过数据库表文件与数据库文件之间的双向链接实现的

C．数据库表随着其所在的数据库的关闭而关闭，但不随着其所在的数据库的打开而打开

D．一个数据库表可以属于多个数据库

5．已知xs表的结构复合索引文件中保存了多个索引。如果使用“USE xs”命令打开xs表后，再用BROWSE命令浏览表，则表中的记录将按______显示。

A．第一个创建的索引的顺序　　B．最后一个创建的索引的顺序

C．主索引的顺序　　D．记录号由低到高的顺序

6．SQL 的查询结果可以存放为多种类型，下列可以用来存放查询结果的是______。

A．临时表、视图、文本文件　　B．数组、表、视图

C．表、数组、文本文件　　D．视图、表、文本文件

7．已知：xs表（包含xh C(8)，xm C(8)，xb C(2)等字段），要将所有王姓同学的信息输出，无法实现此要求的是______。

A．SELECT xh,xm,xb FROM xs WHERE LEFT(xm,2)="王"

B．SET FILTER TO LEFT(xm,2)="王"
BROWSE

C．SELECT * FROM xs HAVING LEFT(xm,2)="王"

D．LOCATE FOR LEFT(xm,2)="王"
BROWSE

8．不需要事先建立就可以直接使用的变量是______。

A．公共变量　　B．私有变量　　C．局部变量　　D．数组变量

9．为表单建立了快捷菜单 mymenu，调用快捷菜单的命令 DO mymenu.mpr 应该放在表单的______事件中。

A．Destroy　　B．Init　　C．Load　　D．RightClick

10．连编应用程序不能生成的文件是______。

A．APP 文件　　B．EXE 文件　　C．PRG 文件　　D．COM DLL 文件

二、填空题

1．数据库中的数据按一定的__________组织、描述和存储，具有较小的冗余度、较高的数据独立性和易扩展性，并可以供多个用户和多类应用所共享。

2．已知变量 str1 的值为“计算机二级考试 VFP”，则表达式 RIGHT(str1,3) +__________的返回值为“VFP 考试”。

3．所谓工作区是指用以标识一张__________表的工作区域。

4．FILE()函数是测试存储器上是否存在指定的文件。如果本地磁盘 C 上有一个 tsk.dbc 文件，用“SET PATH TO D:”设置了当前工作目录后，则 FILE("c:\tsk.dbc")的返回值为__________。

5．利用 DBGETPROP()函数可以返回当前数据库的属性，也可以返回数据库中表、表的字段或视图的相关属性。例如，要返回 ts 表的记录有效性规则，可以使用函数：

```
DBGETPROP("ts",__________,"RuleExpression")
```

6．数据库中的 xs 表含有 csrq（出生日期 D）、xb（性别 C(2)）等字段，已为表中所有的男生记录设置了删除标记，如果要恢复 1992 年以后出生的男生记录，则应使用命令：__________。

7．数据库 tsk 包含数据库表 dz，dz 表的 jg 字段（字符型）允许 NULL 值，如果要设置 dz 表的更新触发器，仅当 jg 字段为 NULL 时允许更新，否则不允许更新。则更新触发器的表达式应该设置为__________。

8．在表的浏览窗口插入记录，可以选“显示”菜单下的“__________”命令。

9．已经课程表（课程代号 C(2)，课程名 C(18)，课时数 N(2)，学分 N(1)），如果要求课时数低于 20 的学分不能大于 1，则应设置记录的有效性规则为__________。

10．在表单设计器的属性窗口中，有些属性的默认值以斜体显示，说明这些属性在设计时是__________。

11．设某表单中有一个表格控件 Grid1，以下命令可以使表格的所有列字号为 12：

```
THISFORM.Grid1. ___________("FontSize", 12, "__________")
```

12．如果表结构中包含有备注型或___________型的字段时，会产生一个扩展名为__________的备注文件。

13．已知某数据库中有图书表和借阅表，且两个表之间已设置了参照完整性（图书表为主表，借阅表为子表）。若在对图书表中的某条记录实施删除操作时，因该图书在借阅表中有相关的借阅记录而禁止删除，则在这两个表之间一定设置了参照完整性规则，规则为__________。

14．完善下列程序，使程序的运行结果如图 3-1-1 所示。

```
CLEAR
x=SPACE(0)
FOR i=1 TO ____________
  x=x+ALLT(STR(i))
  ?STR(VAL(x))+"*9+"+___________+"="+ ALLT(STR(VAL(x)*9+i+1))
ENDFOR
```

```
1*9+2=11
12*9+3=111
123*9+4=1111
1234*9+5=11111
12345*9+6=111111
123456*9+7=1111111
1234567*9+8=11111111
12345678*9+9=111111111
123456789*9+10=1111111111
```

图 3-1-1　填空题 14 的运行结果

15．找出 7 个连续的最小自然数，其中每个数都不是素数。

```
CLEAR
i=4
DO WHILE .T.
  flag=.T.
  FOR j=i TO i+6
    IF prime(j)
      flag=.F.
      EXIT
    ENDIF
  NEXT
  IF flag
    FOR n= ___________
      ??n
    NEXT
    __________
  ELSE
    i=j+1
  ENDIF
ENDDO
```

```
FUNCTION prime
   PARA x
   ff=.T.
   FOR p=2 TO x-1
      IF x%p=0
         ff=.F.
      ENDIF
   NEXT
   RETURN ff
```

16．所有的容器对象都具有与之相关的计数属性和__________属性，其中前者是一个数值型属性，它表明了所包含对象的数目；后者是一个__________，用以引用每个包含在其中的对象。

17．如图 3-1-2 所示为基于 kc（课程）表创建的课程情况浏览表单。为了使“课程代号”文本框只读，应设置其__________属性值为.T.；复选框“必修课”的 ControlSource 属性设置为 kc.bxk，可以判断 bxk 字段的数据类型一定为__________型。

18～20 题使用如下三个数据库表，结构分别如下。

- 客户表（kh.dbf）：客户代码 C(10)，客户名称 C(8)，性别 C(2)，开户日期 D。
- 股票表（gp.dbf）：股票代码 C(6)，股票名称 c(20)，当前价格 Y，涨跌幅 N(5,2)。
- 股票交易表（jy.dbf）:客户代码 C(10)，股票代码 C(6)，成交量(手) N(5)，成交价格 Y，成交日期 D，…。

18．基于股票表统计沪 A 有多少只股票上涨，已知股票代码的前两位为“sh”表示沪 A，涨跌幅字段值大于 0 为上涨，小于 0 为下跌。

```
SELECT ____________________ FROM gp __________ LEFT(股票代码,2)="sh"
```

19．查询每个客户的股票交易记录，按客户代码排序，同一客户按股票代码排序。

```
SELECT jy.*,客户名称，股票名称;
   FROM______________________________;
   ON kh.客户代码=jy.客户代码 ON gp.股票代码=jy.股票代码;
   ________________
```

20．如图 3-1-3 所示为“股票交易查询”表单。运行表单，在文本框 txt1 中输入股票代码，按回车键时表格中显示该股票交易信息，请完善文本框 txt1 的 KeyPress 事件代码。

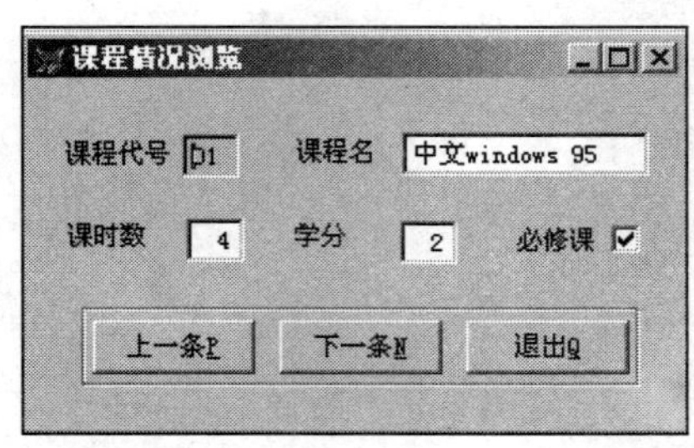

图 3-1-2 “课程情况浏览”表单

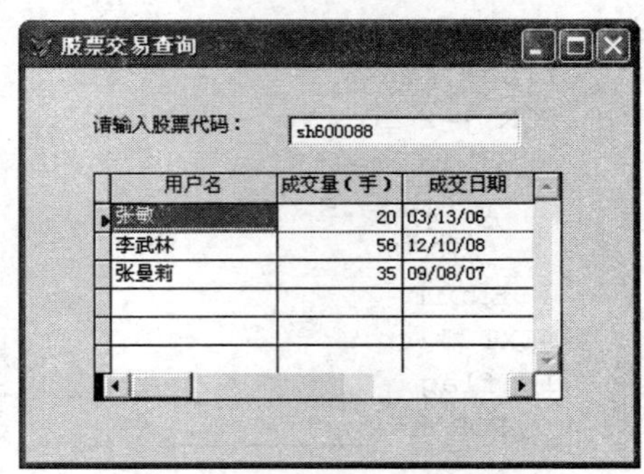

图 3-1-3 “股票交易查询”表单

```
IF nKeyCode=13
  dmvar=This.VALUE
  SELECT kh.客户名称 AS 用户名,成交量（手）,成交日期;
   FROM yh,jy;
```

```
   WHERE yh.客户代码=jy.客户代码 AND 股票代码=ALLT(dmvar);
   ________CURSOR gptmp
  THISFORM.Grid1.RecordSourceType=1          && 1-别名
  THISFORM.Grid1.RecordSource=____________________
  THISFORM.REFRESH
ENDIF
```

笔试综合练习2

一、单项选择题

1．数据库系统的核心是______。

A．数据库　　B．数据库管理员　　C．数据库管理系统　　D．应用程序

2．ER 图是 E-R 模型的图形表示法，其中实体之间的联系用______表示。

A．矩形框　　B．菱形框　　C．圆形框　　D．椭圆形框

3．______和 INT(3.56)的返回值相等。

A．MOD(9,5)　　B．MOD(9,-5)　　C．MOD(9,-6)　　D．MOD(-9,6)

4．以下______为日期型常量。

A．{^2009/05/01}　　B．2009/05/01　　C．“2009/05/01”　　D．05/01/2009

5．命令 DIMENSION A(3)定义了一个名为 A 的数组，并赋值 A=20，A(1)=10，则数组元素 A(1)、A(2)、A(3)的值分别是______。

A．10，.F.，20　　B．10，20，20　　C．20，.F.，20　　D．20，20，20

6．在下列有关数据库表与自由表的叙述中，不正确的是______。

A．数据库表和自由表都可以用表设计器创建

B．数据库表和自由表都支持表间联系和参照完整性

C．自由表可以添加到数据库中成为数据库表

D．数据库表可以移除数据库成为自由表

7．Visual FoxPro 中，以______为扩展名的文件与表无关。

A．.DBF　　B．.DBC　　C．.FPT　　D．.CDX

8．当数据库表移出数据库后，仍然有效的是______。

A．字段的默认值　　B．表的验证规则

C．记录的验证规则　　D．结构复合索引

9．在 VFP 中，不允许出现重复值的索引类型是______。

A．主索引和侯选索引　　B．侯选索引和唯一索引

C．唯一索引和普通索引　　D．普通索引和主索引

10．打开一张空表，分别用函数 RECNO()和 BOF()测试，其结果一定是______。

A．1 和 1　　B．.F.和.F.　　C．.T.和.T.　　D．1 和.T.

11．已知 xs 表中有 10 条记录，执行下列命令后主窗口显示的记录范围是______。

```
USE xs
GO 6
LIST NEXT 5
```

A．6～10　　B．7～10　　C．1～5　　D．显示出错信息

12．使用索引的目的是______。

A．提高查询速度　　B．节省存储空间

C．制作备份，防止数据丢失　　D．保证实体完整性

13．关于 ZAP 命令叙述正确的是______。

A．ZAP 命令只能删除当前表的当前记录

B．ZAP 命令只能删除当前表带有删除标记的记录

C．ZAP 命令能删除当前表的全部记录

D．ZAP 命令能删除所有打开表的全部记录

14．不能完成查找表中记录的命令是______。

A．LOCATE　　B．FIND　　C．SEEK　　D．FOUND

15．有关查询与视图，下列说法中不正确的是______。

A．查询是只读型数据，而视图可以更新数据源

B．查询可以更新数据源，视图也有此功能

C．视图具有许多数据库表的属性，利用视图可以创建查询和视图

D．根据数据源的不同，视图分为本地视图和远程视图

16．以下程序的输出结果是______。

```
DIMENSION a(10)
STORE 1 TO a(1),k
FOR i=2 TO 10
   a(i)=a(i-1)+i
ENDFOR
FOR i=3 TO 5
   k=k+a(i)
ENDFOR
?k
```

A．12　　B．13　　C．31　　D．32

17．下列程序的输出结果为______。

```
a=222
b=111
SET UDFPARMS TO REFERENCE
?sub(a-b,a+b),a,b
FUNCTION sub
  PARAMETERS x,y
  t=x-y
  x=x-t
  y=y+t
  RETURN x-y
```

A．222　222　111　　B．−222　222　111

C．222　333　111　　D．−222　333　111

18．在表单中有一文本框，用于输入口令，要求在输入口令字时，每输入一个字符，文本框中就显示一个“*”。则文本框的______属性应设置为“*”。

A.Value　　B．ControlSource　　C．PasswordChar　　D．Format

19．引用控件时，应使用控件的______属性。

A．Value　　B．Name　　C．Caption　　D．Control

20．报表的数据源可以是______。

A．文本文件　　B．数据库　　C．查询　　D．视图

第 21～25 题基于以下三张表。

- 图书：图书编号 C(10)，书名 C(30)，第一作者 C(8)，单价 N(5,1)，出版社 C(30)。
- 读者：借书证号 C(8)，姓名 C(8)，单位 C(30)，职称 C(10)。
- 借阅：借书证号 C(8)，图书编号 C(10)，借书日期 D，还书日期 D。其中，还书日期默认值为.NULL.。

21．查询图书单价最高的 10 本图书，正确的 SQL 语句为______。

A．SELECT TOP 10 * FROM 图书

B．SELECT TOP 10 * FROM 图书 ORDER BY 单价

C．SELECT TOP 10 * FROM 图书 ORDER BY 单价 DESC

D．SELECT TOP 10 * FROM 图书 ORDER BY 单价 ASC

22. 查询出版图书的数量在 10 本以上，平均单价在 50 元以上的出版社名称，正确的 SQL 语句为______。

A．SELECT 出版社 FROM 图书 WHERE COUNT(*)>10 AND AVG(单价)>50

B．SELECT 出版社 FROM 图书;
WHERE COUNT(*)>10 AND AVG(单价)>50 GROUP BY 1

C．SELECT 出版社 FROM 图书;
WHERE 单价>50 GROUP BY 1 HAVING COUNT(*)>10

D．SELECT 出版社 FROM 图书;
GROUP BY 1 HAVING COUNT(*)>10 AND AVG(单价)>50

23．查询没有借阅记录的图书信息，正确的 SQL 语句为______。

A．SELECT x.* FROM 图书 x JOIN 借阅 y ON x.图书编号=y.图书编号;
WHERE y.还书日期 IS NULL

B．SELECT x.* FROM 图书 x LEFT JOIN y ON x.图书编号=y.图书编号;
WHERE x.图书编号 IS NULL

C．SELECT x.* FROM 图书 x LEFT JOIN 借阅 y ON x.图书编号=y.图书编号;
HAVING y.图书编号 IS NULL

D．SELECT * FROM 图书 WHERE 图书编号 NOT EXISTS;
(SELECT 图书编号 FROM 借阅)

24．假设借书期限为 30 天，查询所有超过借阅期限的记录，包括超期归还和超期未还的图书，正确的 SQL 语句为______。

A．SELECT *,"归还"AS 状态 FROM 借阅;
WHERE 还书日期-借书日期>30 UNION;
SELECT *,"未还" AS 状态 FROM 借阅 WHERE 还书日期 IS NULL

B．SELECT *,"归还" AS 状态 FROM 借阅;
WHERE 还书日期-借书日期>30 UNION;
SELECT *,"未还" AS 状态 FROM 借阅;
WHERE 还书日期 IS NULL AND DATE()-借书日期>30

C．SELECT *,IIF(还书日期-借书日期>30 AND 还书日期 IS NULL，"未还",";归还");

AS 状态 FROM 借阅

D. SELECT *,IIF(还书日期 IS NULL,"未还","归还") AS 状态 FROM 借阅;
WHERE 还书日期-借书日期>30

25．查询哪些读者借书少于 5 本，包括没有借书的读者，正确的 SQL 语句为______。

A. SELECT * FORM 读者 WHERE 借书证号 NOT IN;
(SELECT 借书证号 FROM 借阅 GROUP BY 1 HAVING COUNT(*)>=5)

B. SELECT * FORM 读者 x JOIN 借阅 y ON x.借书证号=y.借书证号;
GROUP BY 借书证号 HAVING COUNT(*)<5

C. SELECT * FORM 读者 x WHERE NOT EXISTS;
(SELECT * FROM 借阅 y GROUP BY 1 HAVING COUNT(*)>=5)

D. SELECT * FORM 读者 x JOIN 借阅 y where x. 借书证号＝y. 借书证号;
GROUP BY 借书证号 HAVING COUNT(*)<5

二、填空题

1．假设有辅导员和学生两个实体集，一个学生只有一个辅导员，而一个辅导员可以管理若干学生，则两者之间的联系类型是__________。

2．?4>2 OR 2>3 AND NOT "3" $ "123"的结果为__________。

3．在命令窗口中执行下列语句，在主窗口中输出的结果为__________。

```
x="/"
?"12&x.3="+STR(12&x.3,1)
```

4．在Visual Foxpro中，字母L表示的数据类型是__________。

5．可以使用__________设计器和相关命令建立触发器。

6．定义表结构时，一定要定义表中字段的__________、数据类型和数据宽度。

7．使用REPLACE xh WITH "S"+ALLT(xh)命令，可以修改当前表中__________记录的xh字段的值。

8．在Visual Foxpro中，使用CREATE TABLE命令建立数据库表时，可以使用__________子句设置字段的有效性规则。

9．查询和视图都可以完成检索数据的功能，但__________不存储为独立的文件，保存在数据库中。

10．如果要将查询的结果保存在文本文件中，应使用__________子句。

笔试综合练习3

一、单项选择题

1．在一个项目中只能设置一个主文件。下列的文件类型中，______不可以作为主文件。

A．程序　　B．数据库　　C．表单　　D．菜单

2．不可以作为查询和视图的数据源的是______。

A．查询　　B．数据库表　　C．自由表　　D．视图

3．数据库由四个部分组成，其中下列______不属于数据库的组成部分。

A．数据库表　B．存储过程　C．视图　D．表单

4．如果要让文本框的初始值设置为当前日期，则在该文本框的______事件中设置代码为：THIS.VALUE=DATE()。

A．Load　B．Init　C．GotFocus　D．When

5．子类延用父类特征的能力，体现了类的______。

A．继承性　B．多态性　C．封装性　D．抽象性

6．使用菜单操作方法运行一个当前目录下的查询文件 cx1 后，在“命令”窗口生成的命令是______。

A．OPEN QUERY cx1.qpr　B．OPEN cx1.qpr

C．DO QUERY cx1　D．DO cx1.qpr

7．在表的浏览窗口中，要在一个允许 NULL 值的字段中输入.NULL.值的方法是______。

A．直接输入“.NULL.”的各个字母　B．按 Ctrl+0 组合键

C．按 Ctrl+N 组合键　D．按 Ctrl+L 组合键

8．建立索引时，下列______字段不能作为关键字。

A．字符型　B．数值型　C．备注型　D．日期型

9．当库表移出数据库后，仍然有效的是______。

A．字段的默认值　B．表的触发器

C．记录的验证规则　D．结构复合索引文件中的普通索引

10．下列各组控件中，全部可与表中数据绑定的控件是______。

A．EditBox、Grid、Label　B．ListBox、Shape、OptionGroup

C．Timer、Grid、EditBox　D．CheckBox、Column、EditBox

11．在 Visual FoxPro 中，通用型字段 G 和备注型字段 M 在表中的宽度都是______。

A．1 个字节　B．4 个字节　C．8 个字节　D．由用户确定

12．若要选中表单中的多个控件对象，可在按住______键的同时再单击欲选中的控件对象。

A．Ctrl　B．Shift　C．Alt　D．Fn

13．关闭当前表单的程序代码是 ThisForm.Release，其中的 Release 是表单对象的______。

A．标题　B．属性　C．事件　D．方法

14．表单的数据环境中可以添加______。

A．表　B．视图　C．表之间的联系　D．以上都对

15．某菜单项为“Help”(该菜单项热键“Alt+H”)，则在名称中的设置为______。

A．Help\<H　B．\>Help　C．\<Help　D．\-Help

16．新建了一个命令按钮类 cmd，cmd 类又派生了 cmdClose 子类，将 cmdClose 子类添加到一个表单中的命令按钮控件 cmdCloseA，则 cmdCloseA 的 BaseClass 属性值为______。

A．CommandButton　B．cmd　C．cmdClose　D．cmdCloseA

二、判断题

1．一个数据库不能同时属于两个项目。（　）

2．MOD(12,-5)=-2。（　）

3．视图可以更新数据源，也可以作为表单或报表的数据源。（　）

4．DATE()-{^2009-06-01}表达式的数据类型为数值型。（　）

5. 所谓 SDI 菜单是指出现在多文档界面窗口中的菜单。　（　　）

6. 不是通过 VFP 创建的文件，不能添加到项目中。　（　　）

三、填空题

1．术语“DBMS”的含义是__________。

2．记录的定位方式有绝对定位、相对定位和条件定位三种，定位在表中第五条记录的命令是__________，定位到教师表中女教师的命令是__________ xb="女"。

3．在 CommandButton、OptionGroup 和 ListBox 基类中，__________是容器类。

4．所谓工作区是指用以标识一张__________表的工作区域。

5．VFP 系统中，事件循环由__________命令建立、CLEAR EVENTS 命令停止。当发出 CLEAR EVENTS 命令时，程序将继续执行紧跟在__________命令后面的那条可执行语句。

6．在 VFP 中，对象的引用有两种方式，其中 THIS.PARENT.Caption="学生"中，对象的引用属于__________引用。

7．__________是指以一定的组织形式存放在存储介质上相互关联数据的集合。

8．如图 3-1-4 所示表单，在数据环境中添加了 xs 表(xh C(6), ximing C(18)，…)，设置列表框控件的 RowSourceType=1-值，则应设置其 RowSource 属性为__________，为了将其中选定值保存到 ximing 字段，则应设置__________属性为 xs.ximing。

图 3-1-4　填空题 8 使用的表单

9．VFP 的表分为__________和数据库表，扩展名均为__________。

10．函数 IIF(NOT .T.，.T.，.F.)的值为__________，LEN(“南京 1949”)-AT(“A”，“abAB”)的结果为__________。

11．设 n=6，m=4，k='m+n'，表达式 1+&k 的值是__________。

12．表格能包容的对象是__________。

13．创建新类的方法有用__________创建新类和将创建的表单或控件另存为类。

14．在数据库系统中，关系模型的基本结构是一张__________。

15．使用 SetAll 方法可为容器中的所有控制或某类控制设置一个属性。例如，为了把表单上所有控件都设置为不可用，可以使用下列命令：

```
THISFORM.SetAll(______________________)
```

16．数据库表与数据库之间的相关性是通过数据库表文件与数据库文件之间的双向链接实现的。如果数据库文件破坏，则要把数据库表变成__________，必须要删除其后链。

17．创建一个数据库后，会自动生成 3 个文件，分别是__________文件、数据库索引文件和数据库备注文件，扩展名分别是.dbc、.dct 和.dcx。

18. VFP 引入了关系数据库的三类完整性：实体完整性、参照完整性和用户自定义完整性。其中实体完整性包括两级：＿＿＿＿＿＿的数据完整性和记录的数据完整性。

19. 有一表单 frmA，该表单中包含一个页框 pgfB，页框中包含的页面数未知，现在需要在每一页的标题上标上“第 i 页” 的字样（例如，第一页标记“第 1 页” ，第二页标记“第 2 页” ， ……），则该页框的 Init 事件代码如下，请完善。

```
FOR i=1 to This. ________
    This.Pages[i]. ________ ="第"+str(i,2)+"页"
ENDFOR
```

20. 已知某二维表的关系模式：运货路径（顾客姓名，顾客地址，商品名，供应商姓名，供应商地址），则这张二维表的主关键字是＿＿＿＿＿＿。

21. 命令填空，已知表结构如表 3-1-1 和表 3-1-2 所示。

表 3-1-1　KC 表结构

字段名	字段类型	字段含义
KCDH	C（2）	课程代号
KCM	C（18）	课程名
KSS	N（2，0）	课时数

表 3-1-2　CJ 表结构

字段名	字段类型	字段含义
XH	C（6）	学号
KCDH	C（2）	课程代号
CJ	N（3，0）	成绩

（1）根据结构创建 KC 表。

```
________ kc (kcdh C(2),kcm C(18),________)
```

（2）为 KC 表添加一条记录（课程代号为 01，课程名为英语）。

```
INSERT ________ kc  (kcdh,kcm) ________ ("01","英语")
```

（3）为 CJ 表建立索引，要求先按课程代号排序，同一门课的学生再按成绩的高低来排序。

```
INDEX  ON  ________________ TAG  kcdh_cj
```

（4）学号前两位表示年级，删除所有“01”级的学生成绩记录。

```
DELETE  FROM  cj  WHERE ________________
```

（5）显示 CJ 表中各课程的最高分。

```
SELECT kcdh, ________ AS 最高分  FROM  cj  GROUP BY ____________
```

（6）查询不及格学生的学号、课程代号、课程名及成绩。

```
SELECT xh,kcdh,kcm,cj  FROM kc INNER  JOIN cj ;
  ON________________WHERE________________
```

（7）查询课时数最多的三门课的课程名及课时数。

```
SELECT ____________ kcm,kss  FROM  kc  ORDER  BY kss ____________
```

（8）查询选修了课程代号为“02”、“03”这两门课的学生人数，查询结果输出到文本文件 A1。

```
SELECT "02" AS 课程代号, COUNT(*) AS 人数 WHERE KCDH="02";
__________ ;
SELECT "03" AS 课程代号, COUNT(*) AS 人数 WHERE KCDH="03";
__________ A1
```

四、程序题

1. 执行下列程序段后，x= ＿＿＿＿。

```
x=10
y=8
IF x>y
   t=x
   x=y
   y=t
ENDIF
```

2．执行下列程序后，i=________。

```
s=0
FOR i=1 TO 10
  IF s>30
     EXIT
  ENDIF
  s=s+i
ENDFOR
? i
```

3．假设教师表：js（工号，姓名，性别，基本工资，系名）除了基本工资字段为数值型，其余字段都是字符型。

以下程序是计算教师表中男教师的人数，请填空。

```
n=0
USE js
DO WHILE NOT EOF()
   IF ____________
     n=n+1
   ENDIF
     ____________
ENDDO
? n
USE
```

4．已知自定义函数 cLen()的功能为返回一个字符串中字符的个数，其中一个汉字算为一个字符。例如：cLen("新编 VFP 教程")的返回值为 7。请完善 cLen()的定义。

```
FUNCTION cLen
  PARA str1
  m=0
  n=0
  DO WHILE m<LEN(str1)
      ch=SUBSTR(str1,m+1,1)
      IF ASC(ch)>127
         m=m+2
      __________
         m=m+1
      ENDIF
      __________
  ENDDO
  RETURN n
ENDFUNC
```

五、表单设计题

1．如图 3-1-5 所示为打字测试表单，打字区是编辑框对象 Edit1，该编辑框上面是标签对象 Label1，表单上还有一个计时器对象 Timer1 和两个命令按钮 Command1、Command2。初始时，编辑框和计时器停用，不能打字，当单击“开始”按钮后，编辑框启用可以打字，并同时开始计时。

图 3-1-5　打字测试表单

（1）要求表单总是处在其他打开窗口之上，应设置其________属性为.T.。

（2）观察表单，标签对象 Label1 的 WordWrap 应设为________。

（3）要求在 5 分钟内完成文字输入，计时器对象 Timer1 的 Interval 属性应设为________。其 Timer 事件代码为：THISFORM.Edit1.Enabled=.F.。

（4）当鼠标停留在“开始”按钮上时，出现图中的提示文本，需设置按钮的________属性为“开始打字并计时”。

（5）当单击“开始”按钮后，为使编辑框得到焦点并启用，计时器开始计时，则该按钮的 Click 事件代码是：

```
THIS.Edit1.__________        &&编辑框得到焦点
THISFORM.Edit1.Enabled=.T.
THISFORM.Timer1.Enabled=.T.
```

2．如图 3-1-6 所示的表单中有一形状控件（Shape1）、两个标签（Label1、Label2）、一微调框（Spinner1）和一选项按钮组（Opg1），其中选项按钮组中包含三个选项按钮。当改变微调框的值时，形状控件的曲率也随之改变，即形状控件的曲率等于微调框的值；当在选项按钮组中单击某个选项按钮时，形状控件的背景色变成相应的颜色，如单击“红色”按钮，形状控件的背景色变成红色。

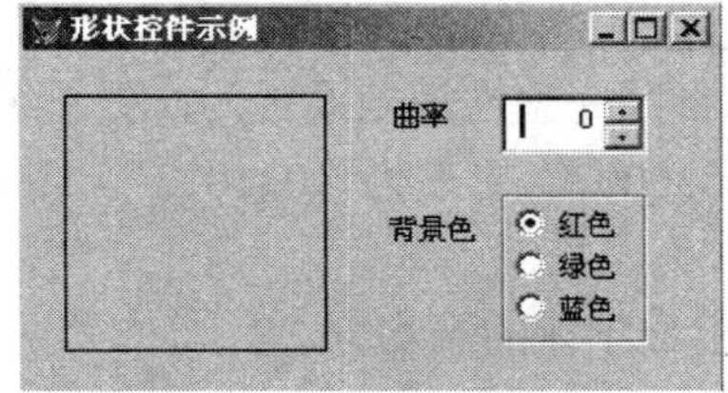

图 3-1-6　“形状控件示例”表单

（1）已知形状控件曲率的最大、最小值分别为 99 和 0。如果要求单击微调框控件的向上和向下按钮时，微调框的值不超过这个范围，并且每次改变的幅度为 3，则微调框

SpinnerHighValue 属性值为__________，__________ 属性值为 3；当改变微调框的值时，形状控件的曲率也随之改变，则应在微调框的__________事件中加入如下代码：

```
THISFORM.Shape1.Curvature=THIS.VALUE
```

（2）选项按钮组的__________属性值为 3（有 3 个选项按钮）；为了实现当在选项按钮组中单击某个选项按钮时，形状控件的背景色变成相应的颜色，在选项按钮的 Click 事件中加入如下代码，请补充完整。

```
DO CASE
   CASE THIS.VALUE=1
      THISFORM.Shape1.BackColor=RGB(255,0,0)
   CASE THIS.VALUE=2
      THISFORM.Shape1.BackColor=RGB(0,255,0)
   CASE THIS.VALUE=3
      ______________________________
ENDCASE
```

六、综合题

某学校学籍管理数据库中包含学生档案表和学生成绩表，其表结构及记录如表 3-1-3 和表 3-1-4 所示。

表 3-1-3　xsda（学生档案表）

xh(C,6)	xm(C,8)	dq(C,4)
030001	王明	北京
030002	方云	上海
030003	程艳	江苏
030004	孙浩	上海
030005	吴天	江苏

表 3-1-4　xscj（学生成绩表）

xh(C,6)	kcm(C,8)	cj(N,3)
030001	数学	93
030001	英语	85
030002	数学	82
030002	英语	71
030003	数学	80
030003	英语	76

1．学生档案表和学生成绩表的关系是一对多关系，其中主表是__________表。

2．要使学生档案表学号字段的值输入时只允许输入 6 位数字，则应该将 xh 字段的输入掩码设置为_______；要设置 DQ 字段默认值为“江苏”，可以使用以下函数：

```
DBSETPROP("dq","__________","DefaultValue","江苏")
```

3．如果要设置英语课的满分为 90（成绩不能高于 90），则必须设置________的有效性规则。规则表达式为________。

4．xsda 表与 xscj 表间的参照完整性规则设置为：更新级联、删除限制、插入限制，若将 xsda 表中的 xh 字段下的“030002”更改为“031002”，则 xscj 表中将会有_______条记录更改。

5．要求用 2 种方法统计出数学课的平均分。

综合练习 2　上机综合练习

上机综合练习1

启动 VFP，将“D:\vfp\综合练习一”文件夹设置为默认的工作文件夹。

一、项目、数据库和表操作

打开素材文件夹中项目文件 JXGL，在该项目中已有一数据库 JXSJ。

1．在 JXSJ 数据库中按如表 3-2-1 所示的结构创建 AB.DBF 表，并按表中的要求设置相关属性。

表 3-2-1　AB 表结构

字段名	数据类型	宽度	字段标题
RQ	D		日期
PM	C	20	品名
DW	C	10	单位
DJ	N	5（小数 1 位）	单价

（1）设置表的注释：水果批发价格表。

（2）设置 RQ 字段的默认值：当前系统日期。

（3）设置 DJ 字段的显示类：微调框控件。

（4）设置表的删除触发器：不允许删除记录。

（5）创建普通索引，索引名为 abcd，要求按照日期排序，日期相同按照单价排序。

2．在 AB 表中输入如表 3-2-2 所示的记录。

表 3-2-2　记录表

RQ	PM	DW	DJ
2011-10-15	苹果	公斤	5.6

3．为项目设置项目信息：项目的图标为 PC.ICO 文件。

4．为自由表 gzb 表的 grsds 字段赋值：如果基本 jbgz 大于 2000 元，则按照 jbgz 的 8%征税，如果 jbgz 在 1000～2000 元之间（含），则按照 jbgz 的 6%征税，否则按照 jbgz 的 3%征税。

5．KC 表已存在主索引 KCBH，索引表达式为 KCBH；CJ 表已存在普通索引 KCBH，索引表达式为 KCBH。以 KC 表为主表、CJ 表为子表，根据 KCBH 建立永久关系，并设置两表之间的参照完整性：删除级联、插入限制。

二、设计查询

已知自由表（TSB）含有分类号（flh，C）、册数（cs，N）、价格（jg，N）等字段。按如下要求修改 JXGL 项目中的查询 CHAXUN。

基于 TSB 表查询图书类别、藏书册数等信息。要求：查询输出字段为图书类别、藏书册数和平均单价；查询结果按藏书册数降序排序，相同时按平均单价升序排序；输出去向为文本文件 abc。

注：图书类别为 flh 中“.”前的内容可用 LEFT（…,AT（".",…））形式的表达式求得，藏书册数为同一图书类别册数之和。

三、设计菜单

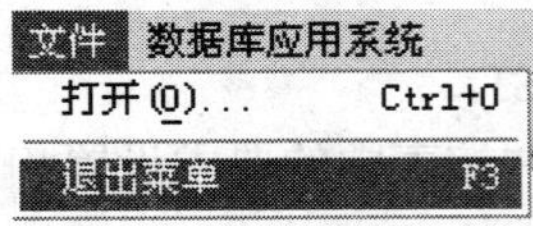

图 3-2-1　菜单运行效果

JXGL 项目中已存在菜单 MENU，其中已定义了“文件”菜单栏及其中的“退出菜单”菜单项。按如下要求设计菜单，菜单运行后的效果如图 3-2-1 所示。

1．在“文件”菜单栏下插入系统菜单“打开（O）…”。

2．在菜单项“打开”和“退出菜单”之间插入分组线。

3．为菜单项“退出菜单”设置快捷键 F3。

4．将菜单项“退出菜单”的“结果”类型由“命令”改为“过程”，并设置过程代码为：

```
CLEAR ALL
SET SYSMENU TO DEFAULT
```

5．在“文件”菜单栏右侧创建“数据库应用系统”菜单栏。

四、设计表单

表单 FA 用于对 KC（课程）表数据进行浏览。按下列要求修改表单，修改后表单运行结果如图 3-2-2 所示。

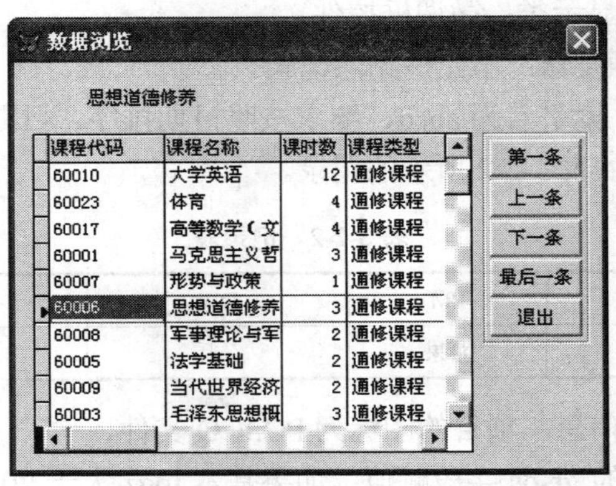

图 3-2-2　“数据浏览”表单

1．修改表单的有关属性，使其运行时自动居中，且无最大化、最小化按钮。表单的标题为“数据浏览”。

2．将 KC 表添加到数据环境中，然后从数据环境中将 KC 表拖动到表单形成一个表格控件，设置表格控件的相关属性：无删除标记列，不显示水平线。

3．在表单上添加一个标签控件和一个命令按钮组。标签控件自动调整大小，并按照图 3-2-2 所示设置各个命令按钮的标题。

4．为命令按钮组编写 Click 事件代码，要求：首先调用表单的 YYY 方法，然后设置表格获得焦点，再添加一条命令，使得标签控件显示被选记录的课程名称。

五、程序改错

下列程序的功能是将任意一个数字字符串转换为中文“零~九”的表示形式，例如，“12089”转换成“一二零八九”。要求：

（1）将下列程序输入到项目的程序文件 PCODE 中，并对其中 2 条错误语句进行修改。

（2）在修改程序时，不允许修改程序的总体框架和算法，不允许增加或减少语句数目。

```
CLEAR
cStr1='1560189'
cStr2=''
FOR i=1 TO cStr1
       d=VAL(SUBSTR(cStr1,i,1))
       cStr2= cStr2+ntoc(d)
ENDFOR
?cStr2
FUNCTION ntoc
  PARAMETERS pDigit
  cString='零一二三四五六七八九'
  cResult=SUBS(cString,pDigit*2+1,2)
  RETURN
ENDFUNC
```

上机综合练习2

启动 VFP，将“D:\vfp\综合练习二”文件夹设置为默认的工作文件夹。

一、基本操作题

在素材文件夹下完成如下操作。

1．创建一个名为“成绩管理”的数据库，并将已有的学生表（xs）、课程表（kc）和成绩表（cj）三个表添加到该数据库。

2．为 cj 表创建一个普通索引，索引名为 xscj，索引表达式“cj(成绩)”。

3．为 xs 表创建主索引，为 cj 表创建普通索引，索引名和索引表达式均为“xh”，通过“xh”在 xs 和 cj 表之间建立一个一对多的永久关系。

4．为上述建立的关系设置参照完整性约束：更新规则“限制”，删除规则“级联”，插入规则“限制”。

二、简单应用题

1．用命令创建视图 cj_view，命令代码保存到新建的程序 proc1.prg 中。视图数据源为 cj 表，视图中包含的字段及顺序与 cj 表相同，但视图中只能查询到成绩小于 80 的信息。然后利用新建立的视图查询视图中的全部信息，并将结果按学号升序存入表 t1。

2．建立一个菜单 my_menu，包括两个菜单栏“文件”和“帮助”。“文件”菜单将激活子菜单，该子菜单包括“打开”、“另存为”和“关闭”三个菜单项；“关闭”子菜单项用 SET SYSMENU TO DEFAULT 命令返回到系统菜单，其他菜单项的功能不做要求。

三、综合应用

在素材文件夹下有 score 表（含有学号、姓名、计算机、高数、英语和学分 6 个字段，具体类型请查询表结构），其中前 5 项已有数据。

设计一个名为 myform 的表单，表单中有两个命令按钮，按钮的名称分别为 cmdYes 和 cmdNo，标题分别为“计算”和“关闭”。程序运行时，单击“计算”按钮应完成下列操作。

（1）计算每一个学生的总学分并存入对应的学分字段。学分的计算方法是：计算机 60 分以上（包括 60 分）4 学分，否则 0 分；高数 60 分以上（包括 60 分）3 学分，否则 0 分；英语 60 分以上（包括 60 分）2 学分，否则 0 分。

（2）根据上面的计算结果，生成一个新表 xf（要求表结构的字段类型与 score 表对应字段的类型一致），并且按学分升序排序，如果学分相等，则按学号降序排序。

单击“关闭”按钮，程序终止运行。

综合练习 3　成绩管理系统综合案例

掌握了数据库的概念及创建方法后，通过简单的案例“成绩管理系统”来了解完整的 VFP 应用程序的开发过程，进而掌握面向对象程序设计的方法。

一、系统功能模块

系统功能模块如图 3-3-1 所示。

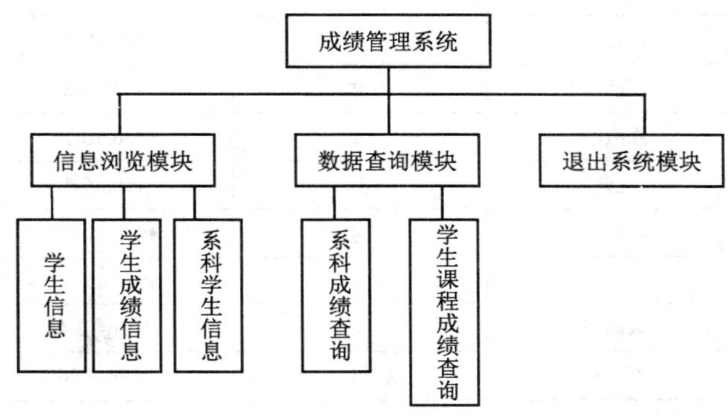

图 3-3-1　系统功能模块

二、系统功能说明

信息浏览模块：主要是学生基本信息、成绩信息以及各个系科学生信息的浏览。

数据查询模块：通过该模块可以查询统计出各个系科学生的总分、平均分，也可以查询学生的课程成绩信息。

退出系统模块：关闭系统。

三、数据库设计

（1）成绩管理系统数据库包括三张表：xs（学生表）、kc（课程表）、cj（成绩表）学生表的结构和记录如表 3-3-1 和表 3-3-2 所示。课程表的结构和记录如表 3-3-3 和表 3-3-4 所示。成绩表的结构和记录如表 3-3-5 和表 3-3-6 所示。

表 3-3-1　学生表（xs.dbf）的结构

字段名	数据类型	宽度	字段含义	其他设置
xh	字符型	8	学号	主索引，索引标识：xsxh
xm	字符型	8	姓名	
xb	字符型	2	性别	字段有效性规则：性别只能为男或女
csrq	日期型	8	出生日期	
ximing	字符型	30	系名	

注：设置 xs 表的更新规则为，不允许修改 06 级的学生信息（xh 前两位表示年级）。

表 3-3-2　学生表记录

学号	姓名	性别	出生日期	系名
05030815	王焱	女	1985-3-20	审计系
06030828	赵晗雨	女	1986-9-14	审计系
06040544	胡韬	男	1986-9-14	金融系
06040546	钱益龙	男	1986-3-17	金融系
05040614	李小霞	女	1985-10-15	金融系
07030832	朱蕴奕	女	1987-2-14	审计系
06030834	耿乐尚	男	1986-12-28	审计系
07030836	黄小波	男	1987-4-16	审计系
06030804	程思璐	女	1986-3-16	审计系
06030833	程城	男	1986-2-6	审计系
06030914	潘敏峰	女	1986-10-17	审计系
06020801	仓蕾	女	1986-9-3	计算机系
05021244	王京京	男	1985-10-13	计算机系
07040518	陆倩文	女	1987-12-24	经济系
06061015	孟茹杰	女	1986-12-4	经济系
06061039	刘旭东	男	1986-9-26	经济系

表 3-3-3　课程表（kc.dbf）的结构

字段名	数据类型	宽度	字段含义	其他设置
kcdh	字符型	2	课程代号	候选索引，索引标识：kcdh
kcm	字符型	30	课程名	
kss	数值型	2，0	课时数	
bxk	逻辑型	1	必修课	记录的有效性规则：必修课的学分必须大于等于 3
xf	数值型	1，0	学分	

注：课程信息表，由张三创建（张三为作者本人姓名）。

表 3-3-4　课程表记录

课程代号	课程名	课时数	必修课	学分
01	数据库原理	3	T	4
02	Visual FoxPro 6.0	4	T	3
03	管理信息系统	3	T	3
04	数字电路	4	F	3
05	数据结构	3	T	6
06	英语	6	T	3
07	大学语文	2	F	2
08	高等数学	5	T	6
09	数学分析	6	T	3
10	解剖学	6	F	2

表 3-3-5　成绩表（cj.dbf）的结构

字段名	数据类型	宽度	字段含义	其他设置
xh	字符型	8	学号	普通索引，索引标识：xh
kcdh	字符型	2	课程代号	普通索引，索引标识：kcdh
cj	数值型	3，0	成绩	默认值为 0

表 3-3-6　成绩表记录

学号	课程代号	成绩
05030815	01	98
05030815	06	92
05030815	05	88
06030828	01	71
06030828	05	82
06040544	03	95
06040544	01	83
06040544	06	65
07030836	03	59
07030836	04	67
07030836	02	78
07030836	01	89
07030832	01	90
07030832	02	54
07030832	03	68
07030832	05	85
07030832	06	45
07030832	04	58

（2）确定表之间的关系。以 cj 表为纽带表，建立 xs 与 cj、kc 与 cj 之间的一对多关系。

四、系统设计准备

（1）在本地硬盘 D 创建用户文件夹，要求以学号和姓名命名，例如：11010101 张三。

（2）启动 VFP，在“命令”窗口使用 SET DEFAULT TO <路径> 命令来设置工作目录。

（3）创建项目文件，项目名称为 cjgl。

（4）在项目 cjgl 中创建数据库 cjsj。

（5）在 cjsj 数据库中创建三张表：xs（学生表）、kc（课程表）、cj（成绩表），并输入相应的记录。

（6）参照图 3-3-2，建立相关表之间的关系。

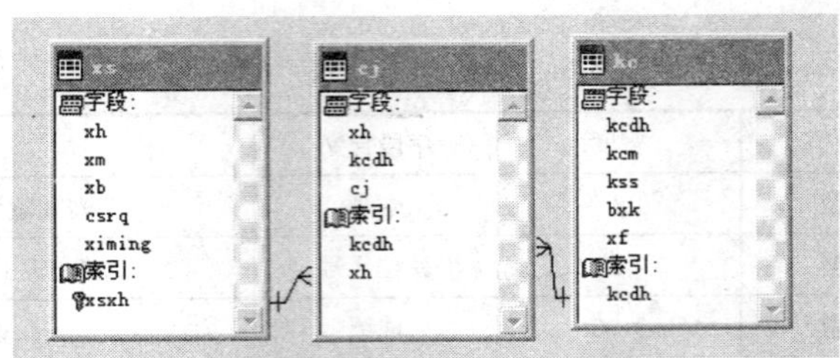

图 3-3-2 数据库表之间的关系

（7）创建查询文件 qy1.qpr，查询人数三人以上的各系科学生的总分和平均分。要求输出：系名、人数、总分和平均分，查询结果输出到屏幕。参考下列命令，也可使用查询设计器完成。

```
SELECT xs.ximing AS 系名,COUNT(*) AS 人数,SUM(cj.cj) AS 总分,;
  AVG(cj.cj) AS 平均分 ;      &&分号前面有空格
  FROM cjsj!xs INNER JOIN cjsj!cj;
  ON xs.xh=cj.xh;
  GROUP BY Xs.ximing;
  HAVING 人数>=3
```

五、功能界面设计

1. 学生信息浏览表单 xsll.scx

通过命令按钮组中的“上一条”、“下一条”等命令按钮实现浏览学生信息的功能。图 3-3-3 为学生信息浏览表单运行效果图。

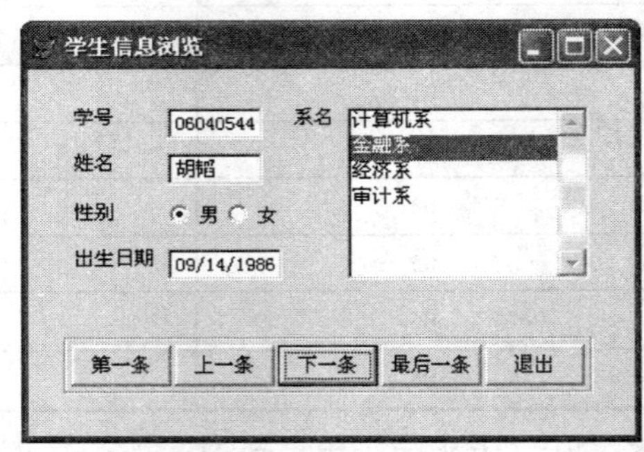

图 3-3-3 学生信息浏览表单运行界面

（1）新建一表单，在数据环境中添加 xs 表，从数据环境中拖动字段到表单形成相应控件，按照图 3-3-3 所示，将“系名”文本框换成列表框 List1，设置 List1 的 ControlSource 属性为 ximing 字段，RowSourceType 为 3-SQL，RowRource 为“SELECT DISTINCT ximing FROM xs INTO CURSOR xstmp”；将“性别”文本框换成一个选项按钮组，利用生成器生成具有两个选项并水平放置的选项按钮组，并和 xb 字段绑定。

（2）在表单上添加一个具有 5 个命令按钮的命令按钮组，参考命令按钮组实验部分内容完成该命令按钮的 Click 事件代码。

2. 学生成绩浏览表单 xscjll.scx

通过组合框选择学生信息，表格显示该生的课程及成绩信息，并且不及格的成绩用红色标识显示。图 3-3-4 为“学生成绩浏览”表单运行后的效果图。

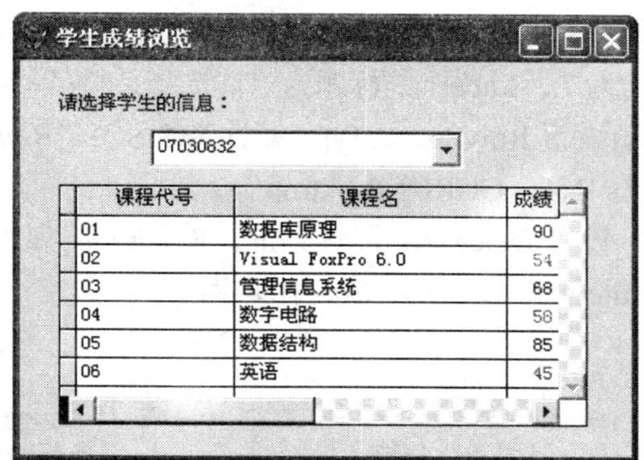

图 3-3-4　学生成绩浏览表单运行界面

（1）新建一表单，在数据环境中添加 xs、kc、cj 三张表。设置表单的标题为“学生成绩浏览”。按照图 3-3-4 所示，在表单上添加一个标签，并设置标题为“请选择学生的信息:”，添加一个组合框 Combo1，设置 ColumnCount 为 2，RowSourceType 为“6-字段”，RowSource 为“xs.xh,xm”。添加一个表格控件 Grid1，设置表格的 RecordSourceType 为“4-SQL 说明”，RecordSource 为“SELECT kc.kcdh AS 课程代号,kc.kcm AS 课程名,cj.cj AS 成绩 FROM kc,cj WHERE kc.kcdh=cj.kcdh INTO CURSOR cjtmp”。

（2）在 Combo1 的 InteractiveChange 事件中添加如下代码:

```
varxh=THIS.Value
THISFORM.Grid1.RecordSourceType=4
THISFORM.Grid1.RecordSource="SELECT kc.kcdh AS 课程代号,kc.kcm AS 课程名,;
  cj.cj AS 成绩 FROM kc,cj ;                   &&分号前有空格,下面类似，请注意
  WHERE kc.kcdh=cj.kcdh AND cj.xh=varxh ;     &&换行输入分号前有空格
   INTO CURSOR cjtmp"
THISFORM.Refresh
```

（3）在表格 Grid1 的 Refresh 事件中添加如下代码:

```
THIS.Column3.DynamicForeColor="IIF(cjtmp.成绩<60,RGB(255,0,0),RGB(0,0,0))"
                                                  &&如果成绩不及格，则用红色标识
```

3. 系科学生名单表单 xkxs.scx

通过列表框选择系科信息，表格显示该系的学生信息，并且用标签动态显示该系学生信息浏览内容。图 3-3-5 为选择金融系后出现的金融系学生信息效果图，其中标签显示“金融系学生信息浏览”。

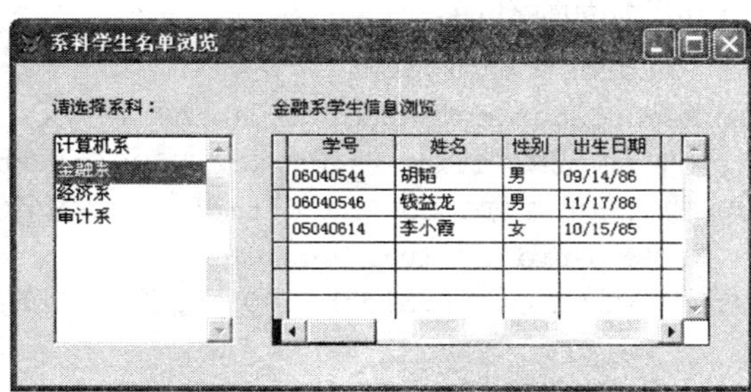

图 3-3-5　“系科学生名单浏览”表单运行界面

（1）新建一表单，设置标题为“系科学生名单浏览”，在表单适当位置添加两个标签 Label1 和 Label2，AutoSize 属性均为.T.，Label1 的标题为“请选择系科：”，如图 3-3-5 所示。

（2）添加列表框 List1，设置 RowSourceType 属性为 3-SQL，RowSource 属性为“SELECT DISTINCT ximing FROM xs INTO CUROSR xktmp”。

添加表格控件 Grid1，设置 DeleteMark 属性为.F.，ReadOnly 属性为.T.。

（3）列表框 List1 的 InteractiveChange 事件代码为：

```
varxk=THIS.Value
THISFORM.Grid1.RecordSourceType=4
THISFORM.Grid1.RecordSource="SELECT xh AS 学号,xm AS 姓名,;
   xb AS 性别,csrq AS 出生日期 FROM xs ;    &&换行输入分号前有空格
   WHERE xs.ximing=varxk INTO CURSOR xstmp"
THISFORM.Label2.Caption=ALLT(THIS.Value)+"学生信息浏览"
THISFORM.Refresh
```

4. 学生课程成绩查询表单 cjcx.scx

通过选项按钮组选择信息，表格显示选中信息要求的内容。图 3-3-6 为“学生课程成绩查询”表单运行后的效果图之一。

（1）新建一表单，在数据环境中添加 xs、kc、cj 三张表。设置表单的标题为“学生课程成绩查询”。按照图 3-3-6 所示，在表单上添加一个标签，并设置标题“请选择查询项目：”，添加一个选项按钮组，利用生成器生成一个具有三个选项的选项按钮组，各个选项的标题如图 3-3-6 所示，并设置 Value 属性值为 0（初始运行时没有选项被选中）。添加一个表格控件 Grid1 和一个 Caption 为“退出”的命令按钮。

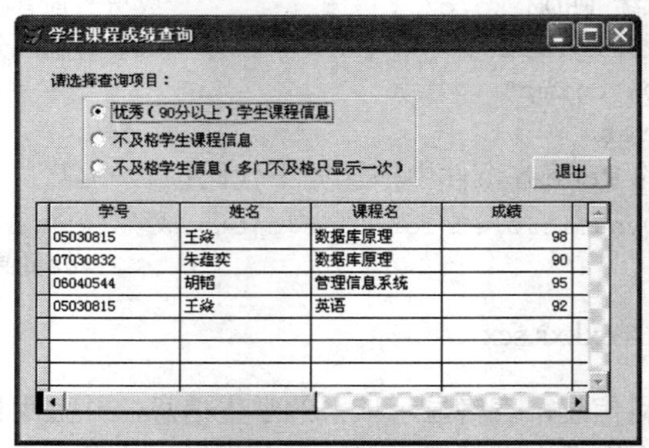

图 3-3-6 “学生课程成绩查询”表单运行界面

（2）为表单的 Init 事件添加如下代码：

```
THISFORM.Grid1.RecordSourceType=4
THISFORM.Grid1.RecordSource="SELECT xs.xh AS 学号,xs.xm AS 姓名,kc.kcm ;
   AS 课程名,cj.cj AS 成绩  FROM xs,cj,kc WHERE xs.xh=cj.xh ;
   AND cj.kcdh=kc.kcdh INTO CURSOR cjtmp"    &&各个分号前有空格
FOR i=1 TO THISFORM.Grid1.ColumnCount
   THISFORM.Grid1.Columns(i).Width=100  &&设置表格的各列宽度
ENDFOR
```

（3）在选项按钮组的 Click 事件中添加如下代码：

```
DO CASE
```

```
    CASE THIS.Value=1
      THISFORM.Grid1.RecordSourceType=4
      THISFORM.Grid1.RecordSource="SELECT xs.xh AS 学号,xm AS 姓名,kc.kcm AS ;
        课程名,cj.cj AS 成绩 FROM xs,cj,kc WHERE xs.xh=cj.xh ;
        AND cj.kcdh=kc.kcdh AND cj.cj>=90 INTO CURSOR cjtmp1"
    CASE THIS.Value=2
      THISFORM.Grid1.RecordSourceType=4
      THISFORM.Grid1.RecordSource="SELECT  xs.xh AS 学号,xm AS 姓名,kcm AS ;
        课程名,cj AS 成绩  FROM xs,cj,kc WHERE xs.xh=cj.xh AND ;
        cj.kcdh=kc.kcdh AND cj.cj<=60 INTO CURSOR cjtmp2"
    CASE THIS.Value=3
      THISFORM.Grid1.RecordSourceType=4
      THISFORM.Grid1.RecordSource="SELECT DISTINCT xs.xh AS 学号,xm AS 姓名,;
        xb AS 性别,csrq AS 出生日期  FROM xs,cj WHERE xs.xh=cj.xh  AND ;
        cj.cj<=60 INTO CURSOR cjtmp3"          &&上面分号前均有空格
  ENDCASE
```

（4）“退出”按钮的 Click 事件代码为：

```
  THISFORM.Release
```

六、菜单设计

创建一般菜单，文件名为 mymenu.mnx，并生成同名的.mpr 菜单程序文件，菜单运行效果如图 3-3-7 所示。菜单的结构如表 3-3-7 所示。

图 3-3-7　菜单运行效果图

表 3-3-7　菜单结构表

菜单名称	结果	执行命令或过程	选项设置
信息浏览（\<B）	子菜单		
学生信息	命令	DO FORM xsll	快捷键：Ctrl+T
\-			
学生成绩信息	命令	DO FORM xscjll	跳过条件：USED("cj")
\-			
系科学生信息	命令	DO FORM xkxs	
数据查询（\<Q）	子菜单		
系科成绩	命令	DO qy1.qpr	信息：人数三人以上的系科学生的总分和平均分
\-			
学生课程成绩	命令	DO FORM cjcx	
退出系统（\<E）	过程	CLEAR EVENTS SET SYSMENU TO DEFAULT	

在菜单设计器打开状态下选择“显示”→“常规选项”命令，打开“常规选项”对话框，将“菜单代码”下的“设置”复选框选中，然后在“过程”中输入代码：CLOSE TABLES ALL，实现在运行菜单前关闭所有表的功能。

七、建立应用程序、连编可执行文件

（1）创建程序文件 main.prg，代码如下：

```
MODIFY WINDOWS SCREEN TITLE "成绩管理系统"
DO mymenu.mpr
READ EVENTS
```

（2）将程序文件 main 设置为主文件。主文件是应用程序的起始执行点，它可以是项目中的任意一个程序、表单或菜单等。在“项目管理器”窗口中，主文件用粗体显示，同一个项目中只有一个主文件。

（3）将项目连编成可执行文件 cjgl.exe。

① 单击“项目管理器”窗口的“连编”按钮，屏幕弹出“连编选项”对话框，在对话框的“操作”选项组中选中“重新连编项目”单选按钮（如图 3-3-8 所示），单击“确定”按钮，保证该项目没有错误。

② 然后按照上一步方式再次打开“连编选项”对话框，选中“连编可执行文件”单选按钮，在“选项”框中选中“重新编译全部文件”复选框，如图 3-3-9 所示。

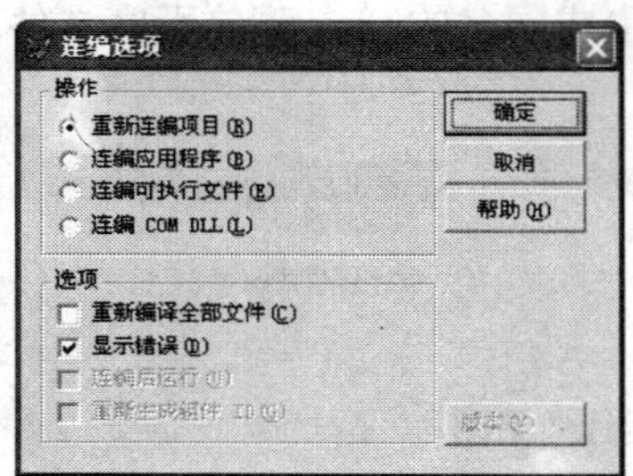

图 3-3-8　“连编选项”对话框 1

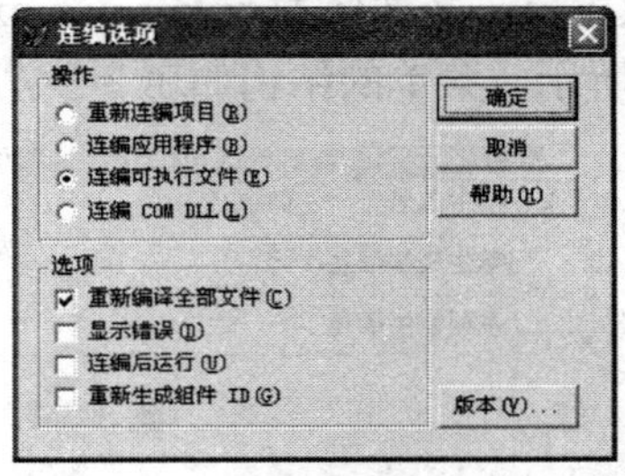

图 3-3-9　“连编选项”对话框 2

（3）单击“确定”按钮，在“另存为”对话框中选择存储的文件夹，并输入文件名 cjgl.exe，单击“保存”按钮，系统开始连编应用程序，并生成 cjgl.exe 可执行文件。

（4）运行应用程序。连编生成的 cjgl.exe 可执行程序文件可以直接在 Windows 的资源管理器中运行。

综合练习 4　图书管理系统综合案例

图书管理系统是针对高校图书的借阅开发的一个管理软件，目的在于方便管理学生和图书信息及借阅信息。本系统是一个简化了的图书管理系统软件，离实际应用有一定的距离。

一、系统功能模块

系统功能模块如图 3-4-1 所示。

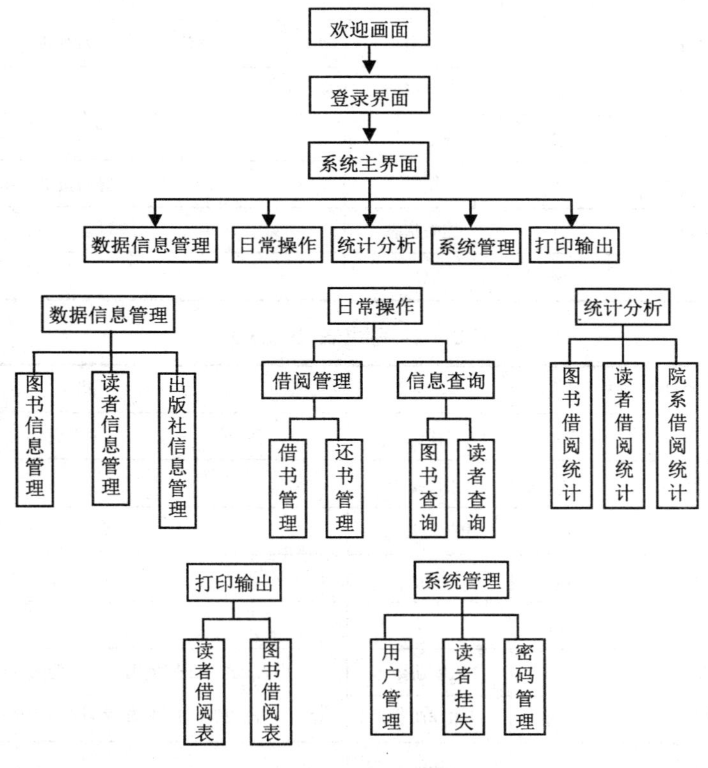

图 3-4-1　系统功能模块

二、系统功能说明

（1）系统登录：通过密码验证后进入图书管理系统主界面，否则不能运行图书管理系统，保证系统的安全性。

（2）数据信息管理：主要是对图书信息、读者信息和出版社信息进行管理，包括记录的浏览、添加、修改和删除。

（3）日常操作：主要实现图书的借出和归还操作，以及实现图书和读者的借阅查询。

（4）统计分析：主要统计读者的借阅、图书的借阅情况，以及院系借阅统计。

（5）打印输出：读者的借阅明细和图书的借阅明细打印输出功能实现。

（6）系统管理：主要实现新用户的注册，用户密码的修改以及数据的备份等工作。

三、数据库设计

数据库设计是一个很重要的环节，数据库设计的好坏直接关系到系统的运行效率。

（1）表设计。图书管理系统数据库主要包含的表如表 3-4-1～表 3-4-7 所示。

表 3-4-1 读者表（dz.dbf）

字段名	数据类型	宽度	字段含义	其他
dzbh	字符型	8	读者编号	主索引
xm	字符型	8	姓名	
xb	字符型	2	性别	字段有效性规则：性别只能为男或女
lx	字符型	4	类型	字段注释：要么为教师，要么为学生
csrq	日期型	8	出生日期	
yxbh	字符型	2	院系编号	普通索引
jg	字符型	8	籍贯	普通索引
gszt	逻辑型	1	挂失状态	默认值为.F.
zp	通用型	4	照片	

表 3-4-2 图书表（ts.dbf）

字段名	数据类型	宽度	字段含义	其他
sh	字符型	20	书号	主索引
sm	字符型	50	书名	
cbsbh	字符型	4	出版社编号	
zz	字符型	40	作者	
dj	数值型	5，1	单价	
rkcs	数值型	2，0	入库册数	记录的有效性规则：入库册数大于等于库存册数 两个字段的“匹配字段类型到类”均为 Spinner
kccs	数值型	2，0	库存册数	
bz	备注型		备注	

表 3-4-3 借阅表（jy.dbf）

字段名	数据类型	宽度	字段含义	其他
dzbh	字符型	8	读者编号	普通索引
sh	字符型	20	书号	普通索引
jsrq	日期型	8	借书日期	字段有效性规则：借书日期不能比系统日期大
hsrq	日期型	8	还书日期	

表 3-4-4　出版社表（cbs.dbf）

字段名	数据类型	宽度	字段含义	其他
cbsbh	字符型	4	出版社编号	主索引
cbsmc	字符型	40	出版社名称	
dz	字符型	60	地址	
yzbm	字符型	6	邮政编码	输入掩码：只能输入 6 位数字
lxdh	字符型	13	联系电话	

表 3-4-5　图书分类表（tsfl.dbf）

字段名	数据类型	宽度	字段含义	其他
flbh	字符型	2	分类编号	主索引
flmc	字符型	20	分类名称	

表 3-4-6　院系表（yx.dbf）

字段名	数据类型	宽度	字段含义	其他
yxbh	字符型	2	院系编号	主索引
yxmc	字符型	20	院系名称	

表 3-4-7　用户表（yh.dbf）

字段名	数据类型	宽度	字段含义	其他
yhm	字符型	6	用户名	主索引
pw	字符型	8	密码	
qx	数值型	1，0	权限	字段注释：为 1 表示超级管理员，为 0 表示一般管理员 字段有效性规则：只能为 0 或者 1

（2）分析并确立相关表之间的关系。

（3）创建本地视图。

创建两个参数化本地视图，分别用来根据提供的读者编号下载读者借阅情况或者根据提供的书号下载图书的借阅情况。

① 创建本地视图 dzview。数据源为 dz、ts 和 jy 表，输出字段为 dz 表的 dzbh、xm、xb、zp 和 ts 表的 sh、sm、zz 以及 IIF(hsrq={　/　/　},"未还","已还") AS zt；筛选条件设为：dz.dzbh=?vardzbh。

② 创建本地视图 tsview。数据源为 dz、ts、jy、yx 表，输出字段为 ts 表的 sh、sm、zz，dz 表的 dzbh、xm、xb、zp，yx 表的 yxmc；筛选条件设为：ts.sh=?varsh。

四、系统设计准备

（1）启动 VFP，在“命令”窗口中使用“SET DEFAULT TO D:\vfp\综合案例\tsgl”命令设置默认工作目录。

（2）素材文件夹 tsgl 中已经提供了项目、数据库、表和视图，数据库表已经设置了字段的扩展属性、表属性和索引等，打开素材文件夹中的 tsgl.pjx 项目文件。

（3）参照图 3-4-2，建立数据库表之间的关系。

（4）建立类库文件 mylib.vcx。

应用程序的很多界面都要用到“退出”命令按钮，为了提高效率，在类设计器中自定义命令按钮类 cmdexit，并保存在类库文件 mylib.vcx 中，如图 3-4-3 所示。设置命令按钮的 Click 事件代码为：THISFORM.Release。

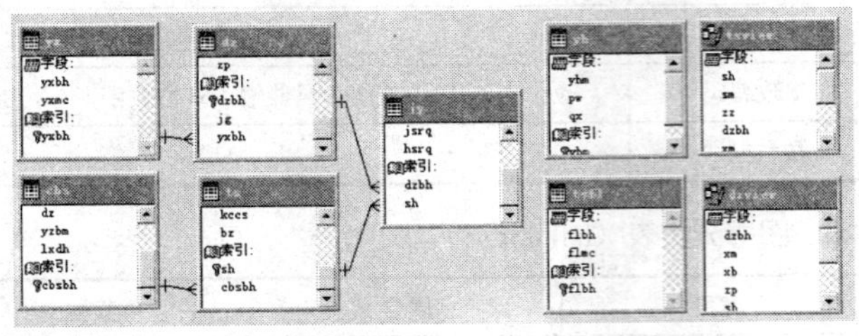

图 3-4-2 数据库表之间的关系图

图 3-4-3 用户自定义类创建界面

五、功能界面设计

1. 系统引导界面（start.scx）

系统引导界面（图 3-4-4）是运行系统后出现的欢迎界面。显示 10 秒后进入系统登录界面。设计步骤如下。

图 3-4-4 系统引导界面

（1）新建表单并以文件名 start.scx 保存。表单的 AutoCenter 属性为.T.，表单的 ShowWindow 属性为“2-作为顶层表单”，Picture 属性为“fm.jpg 图片文件”，TitleBar 属性为“0-关闭”。在表单的 Init 事件中添加代码：

```
PUBLIC n  &&定义全局变量 n
n=0
```

（2）在适当位置添加三个标签控件，Caption 属性分别为“欢迎进入”、“图书信息管理系统”和“按任意键继续……”。标签的 BackStyle 属性为“0-透明”。设置标签的字体、字号和字型及颜色属性。

（3）添加一个时钟控件 Timer1，设置 Interval 属性值为 1000，Timer 事件代码为：

```
n=n+1
IF n=10
  DO FORM login.scx    &&10 秒后自动运行登录表单 login.scx
  THISFORM.Release
ENDIF
```

（4）在表单的 KeyPress 事件中添加代码：

```
DO FORM login.scx
THISFORM.Release
```

2. 系统登录界面（login.scx）

系统登录表单能够实现管理员的登录功能，输入用户名、密码，通过对 yh 表中的记录的比较，如果输入信息正确就进入图书管理系统菜单，否则直接结束。设计步骤如下。

（1）新建一表单，以文件名 login.scx 保存。表单居中显示，表单的 ShowWindow 属性为"2-作为顶层表单"，Caption 属性为"登录"，在表单数据环境中添加表 yh 表。

（2）按照图 3-4-5 所示，绘制三个标签和两个文本框，设置标签的相关属性，并拖动到适当位置，设置 text2 的 PasswordChar 属性值为"*"。

（3）添加一个命令按钮控件，Caption 为"确定"，并设置 Picture 属性为相应图片，添加用户自定义类 cmdexit 按钮（后面退出按钮以同样方法添加）。

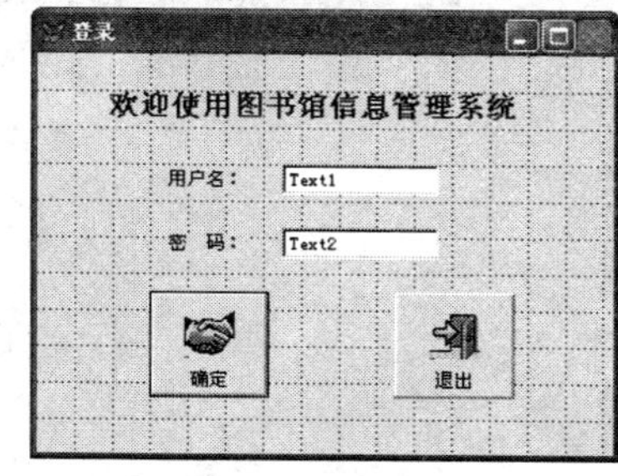

图 3-4-5　用户登录界面

（4）"确定"按钮的 Click 事件代码为：

```
SET ORDER TO yhm     &&设置主控索引为 yhm
SEEK ALLT(THISFORM.Text1.Value)
IF FOUND()
  IF ALLT(THISFORM.Text2.Value)=ALLT(pw)
     varqx=qx       &&全局变量 varqx，在主程序 main 中定义
     DO FORM dcbd.scx      &&用户名、密码正确，调用表单，此表单为 SDI 表单
     THISFORM.Release
  ELSE
     MESSAGEBOX("密码错，请重新输入！",64,"提示")
     THISFORM.Text2.Value=""
     THISFORM.Text2.SetFocus
  ENDIF
ELSE
  MESSAGEBOX("用户非法，请重新输入登录信息！",0,"警告")
  THISFORM.Text1.Value=""
  THISFORM.Text2.Value=""
  THISFORM.Text1.SetFocus
ENDIF
```

（5）"退出"按钮的 Click 事件代码为：

```
DODEFAULT()       &&调用父类方法程序代码
CLEAR EVENTS      &&结束事件循环
QUIT              &&退出 VFP 主窗口
```

3. 系统主界面（dcbd.scx）

登录成功后，进入到系统主界面表单，该表单是一个顶层 SDI 表单，运行时根据登录的用户权限不同，产生不同的效果。图 3-4-6 和图 3-4-7 分别为超级管理员和一般管理员登录界面。

设计步骤如下：

（1）新建一表单，以文件名 dcbd.scx 保存。表单的 Height 为 560，Width 为 800。表单居中显示，Caption 属性为"图书管理系统"，ShowWindow 属性为"2-作为顶层表单"。表单顶部添加一个具有 7 个命令按钮的命令按钮组，按照图 3-4-8 分别设置每个按钮的 Caption 属性和 Picture 属性。在表单的 Init 事件中添加代码：

```
DO mainmenu.mpr WITH THIS,.T.  &&在SDI表单中调用SDI菜单，菜单文件见后
THIS.Commandgroup1.Command1.Enabled=varqx
THIS.Commandgroup1.Command2.Enabled=varqx
THIS.Commandgroup1.Command6.Enabled=varqx
        &&以上三条命令根据登录时权限的值不同，设置相应的命令按钮是否可以使用
```

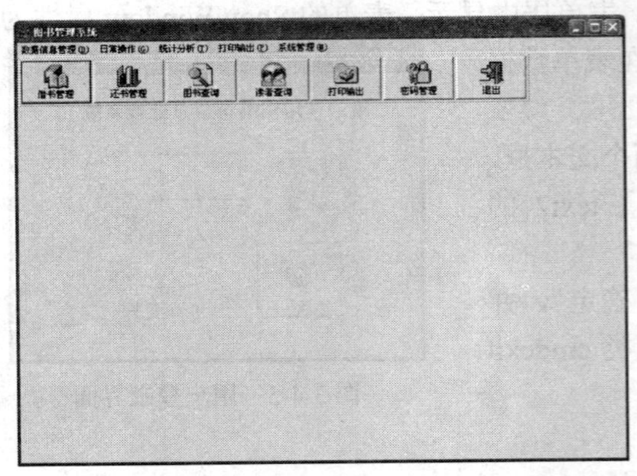

图 3-4-6 系统超级管理员登录后界面

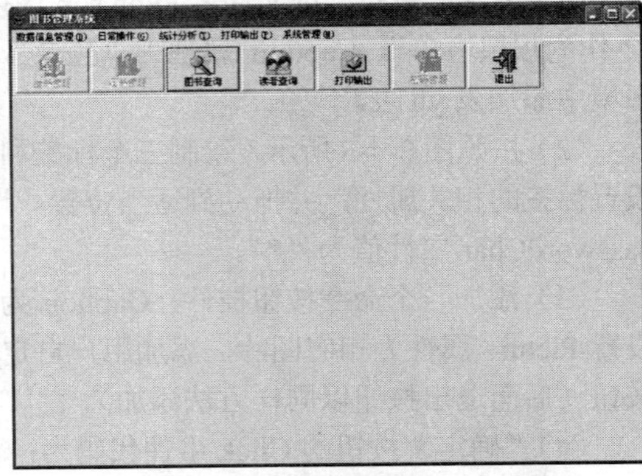

图 3-4-7 一般管理员登录后界面

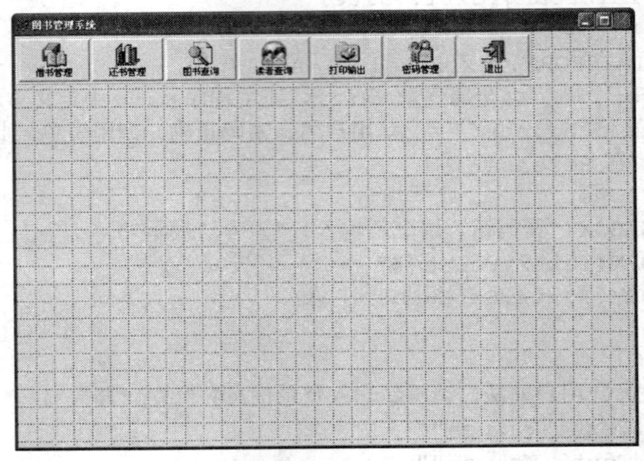

图 3-4-8 系统主界面表单设计界面

（2）在命令按钮组的各个按钮的 Click 事件中编写相应的代码。“借书管理”按钮的 Click 事件代码为：DO FORM jsgl；“还书管理”按钮的 Click 事件代码为：DO FORM hsgl；“图书查询”按钮的 Click 事件代码为：DO FORM tscx；“读者查询”按钮的 Click 事件代码为：DO FORM dzcx；“打印输出”按钮的 Click 事件代码为：DO FORM poutput；“密码管理”按钮的 Click 事件代码为：DO FORM mmsz；“退出”命令按钮 Click 事件代码为：THISFORM.Release。

（3）表单的 Destroy 事件代码为：CLEAR EVENTS。

4. 图书信息管理界面（tsgl.scx）

图书信息管理界面主要用于对 ts 中图书记录信息进行浏览、添加、修改以及删除操作，如图 3-4-9 所示。设计步骤如下。

（1）新建一表单并保存为 tsgl.scx。表单的标题为“图书信息管理”，居中显示，表单的 Height 为 400，Width 为 600。表单的 ShowWindow 属性为“1-在顶层表单中”（以下所有设计的表单 ShowWindow 属性均为此设置），在表单数据环境中添加 ts 表。

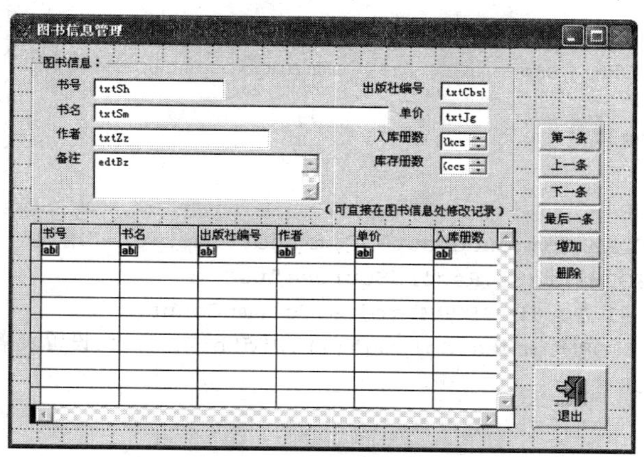

图 3-4-9　“图书信息管理”表单设计界面

（2）从数据环境中将 ts 表中字段拖动到表单形成相应控件，适当调整位置，形成图 3-4-9 所示格局，将 ts 表从数据环境中拖动到表单形成一个表格控件 grdts，设置表格的 DeleteMark 属性为.F.，ReadOnly 属性为.T.，Height 属性为 200，Width 属性为 470。

（3）参考图 3-4-9，在表单上添加一形状控件，绘制一个矩形框，并设置 SpecialEffect 属性为“0-3 维”，并至于其他控件的下层，再添加两个标签，Caption 分别为“图书信息：”和“(可直接在图书信息处修改记录)”，按照图示拖放到适当位置。

（4）新建一个命令按钮组，利用生成器产生 6 个命令按钮，标题分别为“第一条”、“上一条”、“下一条”、“最后一条”、“增加”和“删除”，垂直放置在适当位置。

（5）命令按钮组的 Click 事件代码为：

```
THISFORM.grdts.Column1.Text1.SetFocus  &&焦点设置在表格的当前记录的第一列上
DO CASE
CASE THIS.Value=1
  GO TOP
CASE THIS.Value=2
  IF NOT BOF()
    SKIP -1
  ENDIF
CASE THIS.Value=3
  IF NOT EOF()
    SKIP
  ENDIF
CASE THIS.Value=4
  GO BOTTOM
CASE THIS.Value=5
  IF THIS.Command5.Caption="增加"
    SELECT ts
    APPEND BLANK
    THISFORM.Refresh
    THISFORM.txtsh.SetFocus
    THISFORM.CommandGroup1.Command5.Caption="保存"
        &&单击“增加”按钮后该按钮标题即为“保存”，提示添加的记录需要保存
  ELSE
    x=MESSAGEBOX("确定增加该记录吗？",1+32,"提示")
    IF x=1
```

```
      MESSAGEBOX("记录被保存！")
      THISFORM.CommandGroup1.Command5.Caption="增加"
    ELSE
      DELETE
      PACK
      GO TOP
      THISFORM.CommandGroup1.Command5.Caption="增加"
      THISFORM.grdts.RecordSource="ts"
      FOR i=1 TO THISFORM.grdts.ColumnCount
        THISFORM.grdts.Columns(i).Width=62    &&设置表格各个列的宽度
      ENDFOR
    ENDIF
  ENDIF
CASE THIS.Value=6
  y=MESSAGEBOX("确定删除该记录吗？",1+48,"提示")
  IF y=1
   r=RECNO()
    DELETE
    PACK
    GO  r-1      &&跳转到上一条记录
    THISFORM.grdts.RecordSource="ts"
    FOR i=1 TO THISFORM.grdts.ColumnCount
      THISFORM.grdts.Columns(i).Width=62       &&设置每一列等宽
    ENDFOR
  ENDIF
ENDCASE
THISFORM.Refresh
```

（6）在表格控件的 AfterRowColChange 事件中添加如下代码：

```
SELECT ts
THIS.SETALL("DynamicForeColor","IIF(THIS.Column1.Text1.Value=;
              ts.sh,RGB(255,0,0),RGB(0,0,0))","Column")
                              &&设置表格的当前选定记录为红色显示
THISFORM.Refresh
```

（7）图 3-4-10 为完成后运行的效果图。

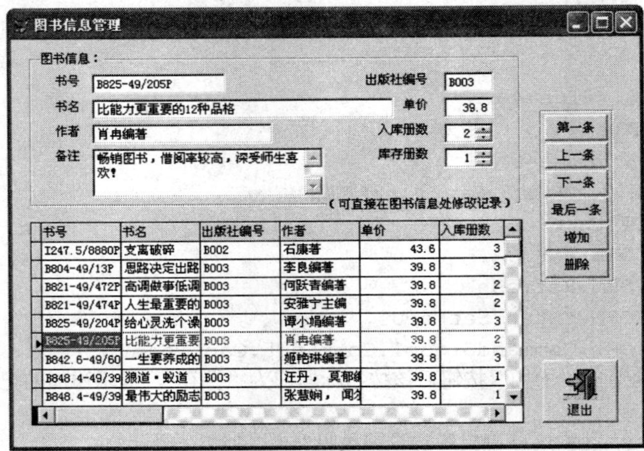

图 3-4-10　图书信息管理表单运行效果图

5. 读者信息管理界面（dzgl.scx）

仿照“图书信息管理”表单界面建立“读者信息管理”表单界面，运行效果如图 3-4-11 所示。在表单的数据环境中添加 dz 表，拖动数据环境中 dz 表的相应部分形成控件，并添加其他控件和设置相应属性。将出生日期文本框的 Dateformat 属性设置为“14-汉语”，将照片的图像控件的 Stretch 属性设置为“4-变比填充”。命令按钮组的 Click 事件以及表格控件的 AfterRowColChange 事件代码参照“图书信息管理”表单完成。

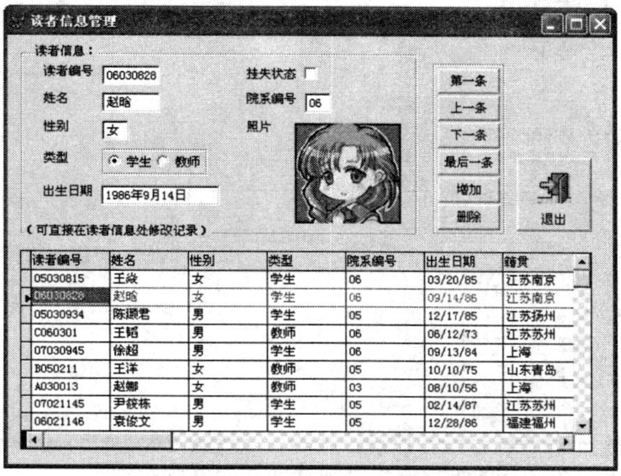

图 3-4-11　“读者信息管理”表单运行效果图

6. 出版社信息管理界面（cbsgl.scx）

参考上两例建立“出版社信息管理”表单界面。在表单的数据环境中添加 cbs 表，按照上例步骤拖动相应数据环境中 cbs 的相应部分形成控件，添加其他控件和设置相应属性。命令按钮组的 Click 事件以及表格控件的 AfterRowColChange 事件代码参照上两例完成。图 3-4-12 为完成后运行效果图。

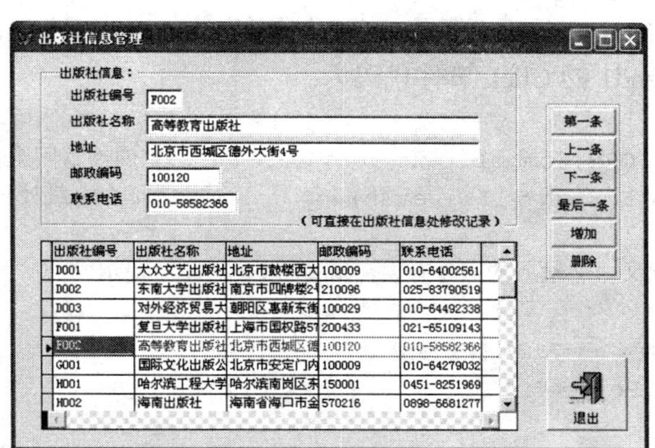

图 3-4-12　“出版社信息管理”表单运行效果图

7. 借阅管理界面（jygl.scx）

“借阅管理”表单的功能是将选定的图书和读者信息记录到 jy 表中，如果库存册数不为

0 且读者没有挂失，则可以借出该书，否则就不允许借出。表单的设计界面如图 3-4-13 所示，具体操作步骤如下。

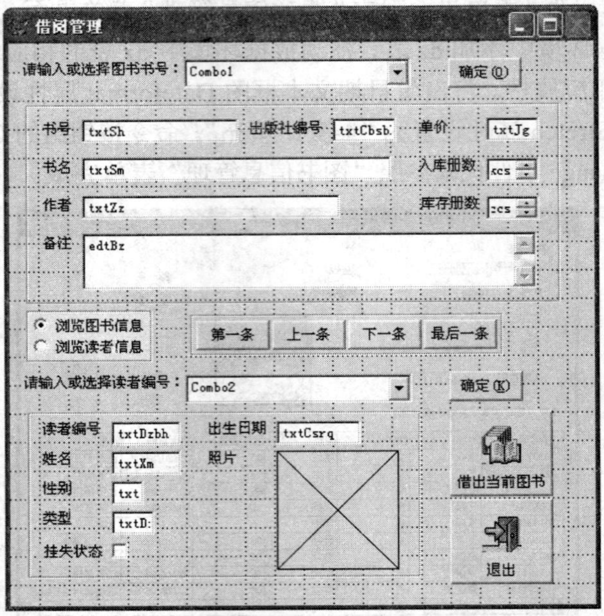

图 3-4-13　“借阅管理”表单设计界面

（1）新建一表单文件 jygl.scx，参考图 3-4-13，设置表单的标题为“借阅管理”，表单居中显示，在表单的数据环境中添加 ts、jy 和 dz 三张数据表。

（2）添加一标签控件， Caption 属性为“请输入或选择图书书号：”，添加一组合框控件 Combo1，ColoumCount 属性为 2，设置 RowSourceType 为“6-字段”，RowSource 为“ts.sh,sm”。

（3）设置 Combo1 的 InteractiveChange 事件代码为：

```
SELECT ts
THISFORM.Refresh
```

（4） 在组合框 Combo1 的后面添加一命令按钮 Command1，设置 Caption 为“确定（\<O）”，Default 为.T.，Command1 的 Click 事件代码为：

```
SELECT ts
varsh=THISFORM.Combo1.Text              &&Text 属性返回组合框中的值
COUNT TO m FOR sh=ALLT(varsh)           &&COUNT 命令统计记录数
IF m=0
  MESSAGEBOX("您输入的书号有误，请重输！",64,"提示")
ELSE
  LOCATE FOR sh=ALLT(varsh)
  THISFORM.Refresh
ENDIF
```

（5）从数据环境中将 ts 表中字段拖动到表单形成相应的控件，按照图 3-4-13 所示放置到适当的位置，再添加一形状控件，设置 SpecialEffect 属性为“0-3 维”，并设置该形状控件覆盖在 ts 表各字段控件的上面（避免运行的时候通过鼠标获得文本框焦点，修改 ts 表中记录值）。

（6）添加一选项按钮组控件 Optiongroup1，具有两个选项，标题分别为“浏览图书信息”和“浏览读者信息”，设置选项按钮组的背景色为淡蓝色。

（7）设置 Optiongroup1 的 Click 事件代码为：

```
DO CASE
CASE THIS.Value=1
  SELECT ts
CASE THIS.Value=2
  SELECT dz
ENDCASE
```

（8）添加一个具有四个命令按钮的命令按钮组用来浏览当前工作区中表中的记录。参考“图书信息管理”表单，编写命令按钮组的 Click 事件。

（9）添加另一个标签控件，Caption 属性为“请输入或选择读者编号:”，添加组合框控件 Combo2，ColoumCount 属性为 2，设置 RowSourceType 为“6-字段”，RowSource 为“dz.dzbh,xm”。

（10）设置 Combo2 的 InteractiveChange 事件代码为：

```
SELECT dz
THISFORM.Refresh
```

（11） 在组合框 Combo2 的后面添加命令按钮 Command2，设置 Caption 为“确定（\<K）”，设置该按钮的 Click 事件代码，参照步骤 4 命令按钮 Command1 的 Click 代码完成。

（12）设置 Combo2 的 KeyPress 事件代码为：

```
IF nKeyCode=13
   THISFORM.Command2.Click     &&调用 Command2 的 Click 事件代码
ENDIF
```

（13）从数据环境中将 dz 表中相应字段拖动到表单形成相应的控件，按照图 3-4-12 所示放置到适当的位置，并设置照片的 olbzp 控件的 Stretch 属性为“4-变比填充”，再添加一形状控件，设置 SpecialEffect 属性为“0-3 维”，并设置该形状控件覆盖在 dz 表各字段控件的上面（避免运行的时候修改 dz 表中记录值）。

（14）添加一命令按钮控件，按照图 3-4-12 所示设置 Caption 为“借出当前图书”，Picture 属性设置为相应的图片文件，设置 Click 事件代码为：

```
SELECT ts
IF kccs>0                                        &&该图书库存不为 0，可以借出
  SELECT dz
  IF gszt=.T.                                    &&处于挂失状态的读者无法借书
    MESSAGEBOX("该读者已经挂失，无法借书！")
  ELSE
    varsh=ALLT(THISFORM.txtsh.Value)             &&取出当前图书号
    vardzbh=ALLT(THISFORM.txtdzbh.Value)         &&取出当前读者编号
    INSERT INTO jy(dzbh,sh,jsrq) Values(vardzbh,varsh,DATE())
                                                 &&将借阅信息追加到借阅表
    SELECT ts
    REPLACE kccs WITH kccs-1                     &&图书表相应图书 kccs 减 1
    THISFORM.Refresh
  ENDIF
ELSE
  MESSAGEBOX("库存数为零，借书失败！")
ENDIF
```

（15）图 3-4-14 为“借阅管理”表单完成后的运行效果图。

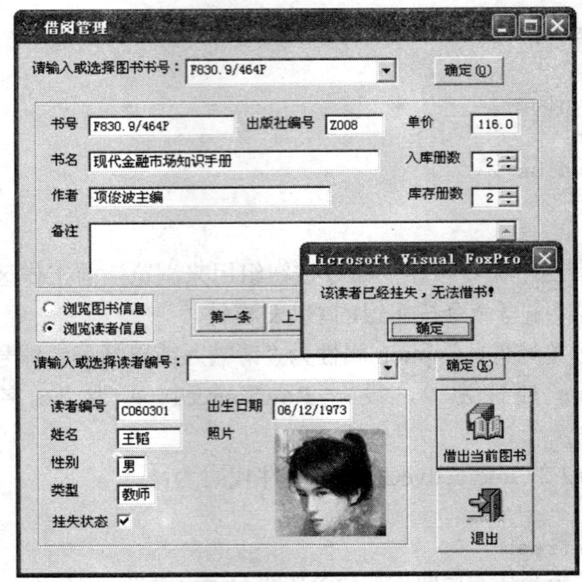

图 3-4-14 “借阅管理”表单运行效果图

8. 还书管理界面（hsgl.scx）

“还书管理”表单用于实现读者的还书功能。选定或者输入读者的信息，表格中显示该读者的所有借阅信息；选定表格中还没有归还的图书，实现还书的功能。具体操作步骤如下。

（1）新建一表单文件 hsgl.scx，参考图 3-4-15，设置表单的标题为“还书管理”，表单居中显示，宽度为 570，高度为 430，在表单的数据环境中添加 ts、jy 和 dz 三张数据表，表单的 Init 事件代码为：

```
SET DATE TO LONG      &&设置日期格式为长格式
```

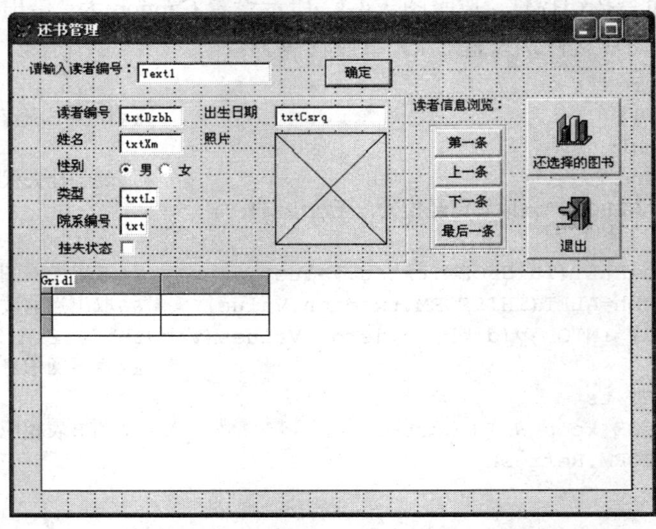

图 3-4-15　“还书管理”表单设计界面

（2）添加一标签控件，Caption 为“请输入读者编号：”，添加文本框 Text1，在 Text1 后添加一命令按钮，Caption 为“确定”，Default 属性为.T.，设置该命令按钮的 Click 事件代码为：

```
SELECT dz
SET ORDER TO dzbh  &&设置索引 dzbh 为主控索引
SEEK ALLT(THISFORM.Text1.Value)
IF NOT FOUND()    &&没有找到相应读者信息
  MESSAGEBOX("读者编号错误，请重输！",0,"提示")
  THISFORM.Text1.Value=""
  THISFORM.Text1.SetFocus
ELSE          &&找到该读者，再查看 jy 表，看是否有借书记录
  THISFORM.Refresh
  SELECT jy
  LOCATE FOR dzbh=ALLT(THISFORM.Text1.Value)
  IF EOF()
    MESSAGEBOX("没有借书记录！")
  ELSE
    THISFORM.Grid1.RecordSourceType=4
    THISFORM.Grid1.RecordSource="SELECT ts.sh AS 书号,ts.sm AS 书名, ;
      jy.jsrq AS 借书日期,hsrq AS 还书日期 FROM ts,jy ;
      WHERE jy.sh=ts.sh AND jy.dzbh=ALLT(THISFORM.Text1.Value) ;
      INTO CURSOR jytmp"          &&分号前都有空格
    THISFORM.Grid1.Column1.Width=90
    THISFORM.Grid1.Column2.Width=200
    THISFORM.Grid1.Column3.Width=100
    THISFORM.Refresh
  ENDIF
ENDIF
SELECT dz
SET ORDER TO  &&取消主控索引
```

（3）按照读者信息管理界面的设置方法，从数据环境中将 dz 表的字段拖动到表单形成相应控件，将“性别”文本框改成一个具有两个选项的选项按钮组，并水平放置，设置 ControlSource 属性为 dz.xb 字段，再添加一个形状控件，设置为三维效果，覆盖在读者信息各个控件的上面。

（4）添加一个标签控件，设置 Caption 属性为“读者信息浏览:”，并在该标签的下面绘制一个具有四个按钮的命令按钮组，用于浏览表中记录设置命令按钮组的 Click 事件代码为:

```
SELECT dz
DO CASE
CASE THIS.Value=1
  GO TOP
CASE THIS.Value=2
  IF NOT BOF()
     SKIP -1
  ENDIF
CASE THIS.Value=3
  IF NOT EOF()
     SKIP
  ENDIF
CASE THIS.Value=4
  GO BOTTOM
ENDCASE
```

```
THISFORM.Refresh
THISFORM.Text1.Value=THISFORM.txtdzbh.Value
THISFORM.Grid1.RecordSourceType=4
THISFORM.Grid1.RecordSource="SELECT ts.sh AS 书号,ts.sm AS 书名,jy.jsrq AS ;
    借书日期, jy.hsrq AS 还书日期 FROM ts,jy ;
    WHERE jy.sh=ts.sh AND ;                         &&分号前都有空格
    jy.dzbh=ALLT(THISFORM.Text1.Value) INTO CURSOR jytmp"
THISFORM.Grid1.Column1.Width=90
THISFORM.Grid1.Column2.Width=200
THISFORM.Grid1.Column3.Width=100
THISFORM.Refresh
```

（5）添加一个表格控件 Grid1，设置表格控件的 ReadOnly 属性为.T.，DeleteMark 属性为.F.，表格的宽度为 528，设置表格控件的 Init 事件代码为：

```
THIS.RecordSourceType=4
THIS.RecordSource="SELECT jy.dzbh AS 读者编号,ts.sh AS 书号,ts.sm AS ;
书名,jy.jsrq AS 借书日期 FROM ts,jy WHERE ts.sh=jy.sh INTO CURSOR jytmp"
                    &&表格初始数据显示所有借阅信息，分号前有空格
THIS.Column1.Width=60
THIS.Column2.Width=90
THIS.Column3.Width=155
```

（6）添加一命令按钮，Caption 属性为“还选择的图书”，Picturce 属性设置为相应的图片文件，设置还书命令按钮的 Click 事件代码为：

```
vardzbh=ALLT(THISFORM.txtdzbh.Value)
varsh=jytmp.书号                        &&jytmp 为表格的数据源
SELECT jy
LOCATE FOR dzbh=vardzbh AND sh=varsh
IF NOT EOF()
  IF hsrq<>{}
    MESSAGEBOX("该书已归还！",0,"提示")
    RETURN .T.
  ELSE
    REPLACE hsrq WITH DATE()             &&设置还书日期为当前日期
    SELECT ts
    SET ORDER TO sh
    SEEK varsh
    REPLACE kccs WITH kccs+1      &&还书成功，库存册数加 1
    THISFORM.Grid1.RecordSourceType=4
    THISFORM.Grid1.RecordSource="SELECT ts.sh AS 书号,ts.sm AS 书名,;
      jy.jsrq AS 借书日期,jy.hsrq AS 还书日期 FROM ts,jy ;
      WHERE jy.sh=ts.sh AND jy.dzbh=vardzbh ;
      INTO CURSOR jytmp"              &&分号前注意有空格
    THISFORM.Grid1.Column1.Width=90
    THISFORM.Grid1.Column2.Width=200
    THISFORM.Grid1.Column3.Width=100
    THISFORM.Refresh
  ENDIF
ELSE
  MESSAGEBOX("没有找到相应的借书记录！",0,"提示")
ENDIF
```

（7）图 3-4-16 所示为运行还书表单后的效果图。

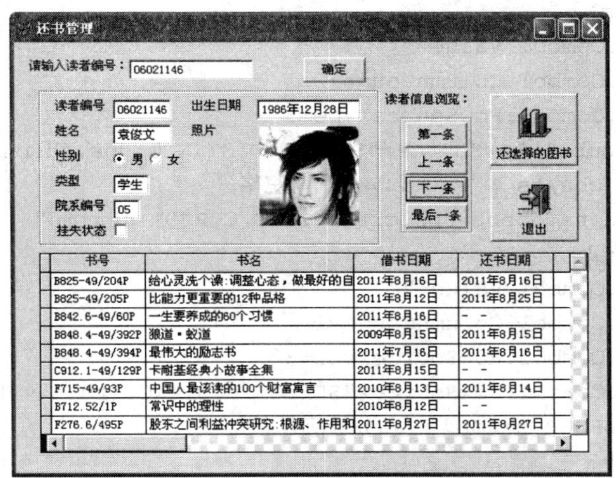

图 3-4-16　“还书管理”表单运行效果图

（8）表单的 Destroy 事件代码为：

```
SET DATE TO AMERICAN    &&恢复系统日期格式设置为美国格式
```

9. 图书信息查询设计界面（tscx.scx）

通过选择查询项目，实现出版社、作者、单价、分类号和库存量的图书查询功能。表格显示相应选项下满足条件的图书信息。设计后的界面如图 3-4-17 所示，具体设计步骤如下。

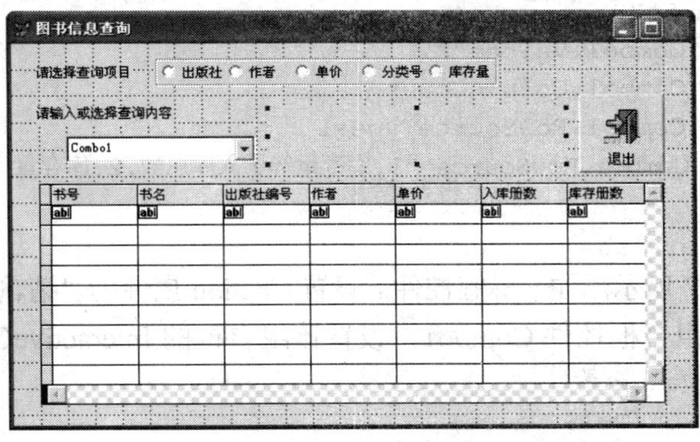

图 3-4-17　“图书信息查询”表单设计界面

（1）新建一表单保存为 tscx.scx，标题为“图书信息查询”，表单居中显示，在表单的数据环境中添加 ts、cbs 和 tsfl 表。

（2）添加一标签控件，Caption 为“请选择查询项目”，AutoSize 为.T.，按图 3-4-17 所示，创建一个水平放置的选项按钮组 Optiongroup1，包括五个选项按钮，Caption 分别设置为“出版社”、“作者”、“单价”、“分类号”和“库存量”，设置 Optiongroup1 的 Click 事件代码为：

```
PUBLIC varxm
varxm=THIS.Value
THISFORM.Combo1.RowSourceType=0
THISFORM.Combo1.RowSource=""
                        &&上两句命令代码加上主要防止后面做了设置后影响下一步操作
```

```
DO CASE
CASE varxm=1
  THISFORM.Combo1.Value=""
  THISFORM.Combo1.ColumnCount=2
  THISFORM.Combo1.RowSourceType=3
THISFORM.Combo1.RowSource="SELECT DISTINCT cbs.cbsbh,cbs.cbsmc ;
       FROM cbs,ts ;      &&分号前有空格
       WHERE ts.cbsbh=cbs.cbsbh INTO CURSOR cbstmp"
CASE varxm=2
  THISFORM.Combo1.Value=""
  THISFORM.Combo1.ColumnCount=1
  THISFORM.Combo1.RowSourceType=3
  THISFORM.Combo1.RowSource="SELECT DISTINCT ts.zz FROM ts ;
    INTO CURSOR zztmp"   &&分号前有空格
CASE varxm=3
  THISFORM.Combo1.Value=""
  THISFORM.Combo1.ColumnCount=1
  THISFORM.Combo1.RowSourceType=1
  THISFORM.Combo1.RowSource="1.50 元以下,2.50～100 元,3.100 元以上"
CASE varxm=4
  THISFORM.Combo1.Value=""
  THISFORM.Combo1.ColumnCount=2
  THISFORM.Combo1.RowSourceType=2
  THISFORM.Combo1.RowSource="tslb"
CASE varxm=5
  THISFORM.Combo1.Value=""
  THISFORM.Combo1.ColumnCount=1
  THISFORM.Combo1.RowSourceType=1
  THISFORM.Combo1.RowSource="1.库存量等于入库总数,2.库存量尚可,3.库存为零"
ENDCASE
THISFORM.Refresh
```

（3）按照图 3-4-17 所示添加一标签控件，设置 Caption 属性为“请输入或选择查询内容”，在该标签下面创建一组合框控件 Combo1，设置该组合框的 InteractiveChange 事件代码为：

```
PUBLIC varValue
varValue=ALLT(THIS.Value)
DO CASE
CASE varxm=1
  SET FILTER TO ts.cbsbh=varValue
CASE varxm=2
  SET FILTER TO ts.zz=varValue
CASE varxm=3
  DO CASE
  CASE THIS.ListIndex=1
    SET FILTER TO ts.dj<50
  CASE THIS.ListIndex=2
    SET FILTER TO ts.dj<=100 AND ts.dj>=50
  CASE THIS.ListIndex=3
    SET FILTER TO ts.dj>100
```

```
  ENDCASE
CASE varxm=4
  SET FILTER TO ts.sh=varValue
CASE varxm=5
  DO CASE
  CASE THIS.ListIndex=1
    SET FILTER TO ts.rkcs=kccs
  CASE THIS.ListIndex=2
    SET FILTER TO kccs<rkcs AND kccs<>0
  CASE THIS.ListIndex=3
    SET FILTER TO kccs=0
  ENDCASE
ENDCASE
THISFORM.Refresh
THISFORM.grdts.Column1.Text1.SetFocus  &&grdts 为表格控件
```

（4）在 Combo1 的右侧添加一标签 Label3 用来动态显示表格中选中记录的书号、书名及作者信息，Caption 设置为空，拖动调整大小，如图 3-4-17 所示。

（5）从数据环境中将 ts 表拖放至表单形成表格控件 grdts，没有删除标记列，ReadOnly 属性为.T.。

（6）设置 grdts 表格控件的 AfterRowColChange 事件代码为：

```
THISFORM.Label3.Caption="书号："+ts.sh+CHR(13)+"书名："+ts.sm+CHR(13)+;
   "作者："+ts.zz     && 用文本框来显示当前图书的书号、书名和作者信息
    THISFORM.Refresh
```

（7）图 3-4-18 所示为“图书信息查询”表单运行效果图。

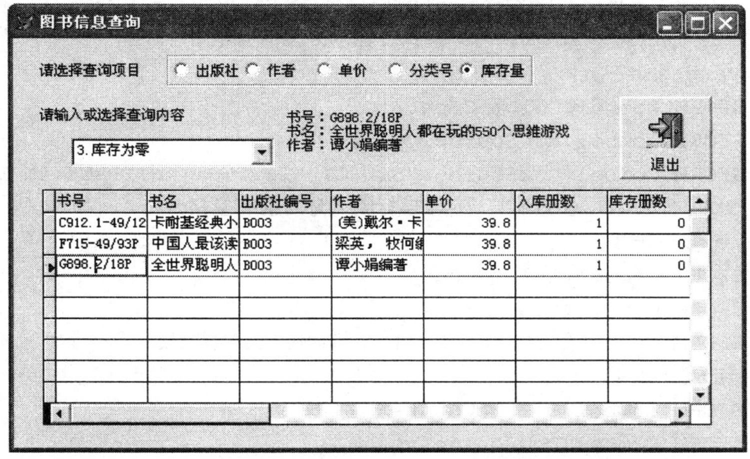

图 3-4-18 “图书信息查询”表单运行效果图

10. 读者信息查询界面设计（dzcx.scx）

通过选择查询项目，可以实现按照类别、籍贯、挂失状态和院系查询读者信息的功能。设计好的界面如图 3-4-19 所示。具体操作步骤如下。

（1）新建一表单，保存为 dzcx.scx，参照图 3-4-19，设置标题为“读者信息查询”，在数据环境中添加 dz、yx 两张表。

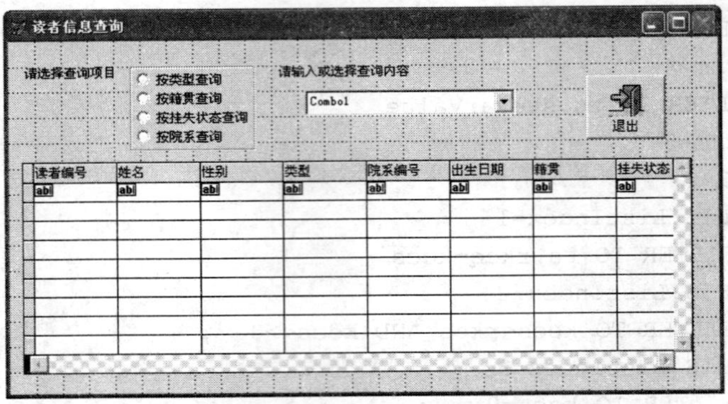

图 3-4-19　“读者信息查询”表单设计界面

（2）在表单上添加一标签控件，设置标题为“请选择查询项目”，AutoSize 为.T.，按照图 3-4-19 所示，在标签右侧添加一选项按钮组 Optiongroup1，包括四个选项按钮，标题分别为“按类型查询”、“按籍贯查询”、“按挂失状态查询”和“按院系查询”。

（3）设置选项按钮组 Optiongroup1 的 Click 事件代码为：

```
PUBLIC vardzxm
vardzxm=THIS.Value
THISFORM.Combo1.RowSourceType=0
THISFORM.Combo1.RowSource=""
DO CASE
CASE vardzxm=1
  THISFORM.Combo1.ColumnCount=1
  THISFORM.Combo1.RowSourceType=3
  THISFORM.Combo1.RowSource="SELECT DISTINCT lx+SPACE(4) FROM dz ;
     INTO CURSOR lbtmp"    &&换行输入分号前有空格
CASE vardzxm=2
  THISFORM.Combo1.ColumnCount=1
  THISFORM.Combo1.RowSourceType=3
  THISFORM.Combo1.RowSource="SELECT DISTINCT jg+SPACE(4) FROM dz ;
     INTO CURSOR jgtmp"    &&换行输入分号前有空格
CASE vardzxm=3
  THISFORM.Combo1.ColumnCount=1
  THISFORM.Combo1.RowSourceType=1
  THISFORM.Combo1.RowSource="1.正常使用,2.挂失状态"
CASE vardzxm=4
  THISFORM.Combo1.ColumnCount=2
  THISFORM.Combo1.RowSourceType=2
  THISFORM.Combo1.RowSource="yx"
ENDCASE
```

（4）添加一标签控件，设置 Caption 属性为“请输入或选择查询内容”，AutoSize 属性为.T.；在该标签控件的下方添加一组合框 Combo1，设置 Combo1 的 Style 属性为“4-下拉列表框”，InteractiveChange 事件代码为：

```
PUBLIC vardzValue
vardzValue=ALLT(THIS.Value)
DO CASE
```

```
CASE vardzxm=1
  SET FILTER TO dzlb=vardzValue
CASE vardzxm=2
  SET FILTER TO jg=vardzValue
CASE vardzxm=3
  IF THIS.ListIndex=1
    SET FILTER TO gszt=.F.
  ELSE
    SET FILTER TO gszt=.T.
  ENDIF
CASE vardzxm=4
  SET FILTER TO yxbh=vardzValue
ENDCASE
GO TOP
THISFORM.Refresh
```

（5）按照图 3-4-19 所示从数据环境中将 dz 拖动到表单形成表格控件 grddz，设置没有删除标记列，ReadOnly 为.T.。

（6）在表单的 Destroy 事件中设置代码：

```
SELECT dz
SET FILTER TO              &&取消记录的筛选，显示所有记录
```

（7）图 3-4-20 所示为“读者信息查询”表单运行效果图。

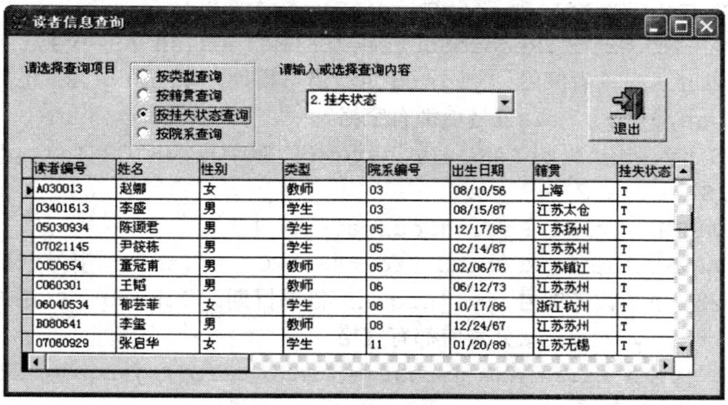

图 3-4-20　“读者信息查询”表单运行效果图

11．借阅记录统计界面（jytj.scx）

该表单可以实现统计“图书借阅信息”和“读者借阅信息”的功能，通过页框控件的两个页面来查看相应内容。其中，图书借阅统计主要实现：已经借出图书统计、过期未还图书统计、以及根据图书的被借阅次数来查看最受欢迎图书；读者借阅统计用表格来显示选中读者的借阅情况，并用红色记录表示过期的图书，如果有罚款额，则显示罚款金额。

具体设计步骤如下。

（1）新建一表单并保存为 jytj.scx，设置标题为“借阅记录统计”，表格居中显示，在表单的数据环境中添加 ts、dz 和 jy 表；

（2）新建一个具有两个页面的页框控件 PageFrame1，参考图 3-4-21，在第一个页面 Page1 上进行如下设置。

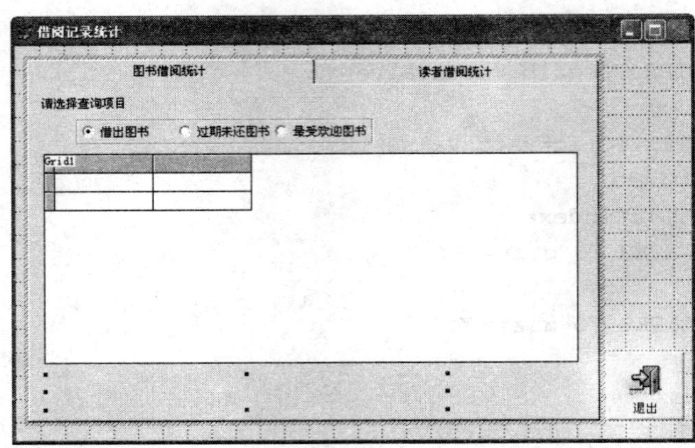

图 3-4-21　借阅统计表单设计界面 1

① 设置 Page1 的 Caption 属性为“图书借阅统计”，添加一标签控件，设置 Caption 属性为“请选择查询项目”，在该标签的下方添加一个具有三个选项的选项按钮组 Optiongroup1，利用选项按钮组的生成器设置三个按钮的标题分别为“借出图书”、“过期未还图书”和“最受欢迎图书”，三个按钮水平显示。

② 对 Page1 上的 Optiongroup1 的 Click 事件进行编码如下：

```
DO CASE
CASE THIS.Value=1
  THIS.PARENT.Grid1.RecordSourceType=4
  THIS.PARENT.Grid1.RecordSource="SELECT ts.sh AS 书号,ts.sm AS 书名, ;
    jy.dzbh AS 读者编号,jy.jsrq AS 借书日期,jy.hsrq AS 还书时间 ;
    FROM ts,jy ;    &&分号前都有空格
    WHERE jy.sh=ts.sh AND jy.hsrq={} INTO CURSOR tstmp"
CASE THIS.Value=2
  THIS.PARENT.Grid1.RecordSourceType=4
  THIS.PARENT.Grid1.RecordSource="SELECT ts.sh AS 书号,ts.sm AS 书名, ;
    jy.dzbh AS 读者编号,jy.jsrq AS 借书日期,jy.hsrq AS 还书日期 ;
    FROM ts,jy ;    &&分号前都有空格
    WHERE jy.sh=ts.sh AND jy.hsrq={} AND DATE()-jsrq>30 INTO CURSOR tstmp"
CASE THIS.Value=3
  THIS.PARENT.Grid1.RecordSourceType=4
  THIS.PARENT.Grid1.RecordSource="SELECT ts.sh AS 书号,ts.sm AS 书名, ;
    ts.zz AS 作者,ts.dj AS 单价,COUNT(*) 借阅次数 FROM ts,jy  ;
    WHERE ts.sh=jy.sh ; &&分号前都有空格
    GROUP BY ts.sh  ORDER BY 5 desc INTO CURSOR tstmp"
ENDCASE
FOR i=1 TO THIS.PARENT.Grid1.ColumnCount
  THIS.PARENT.Grid1.Columns(i).Width=;
    THIS.PARENT.Grid1.Width/(THIS.PARENT.Grid1.ColumnCount-3)
ENDFOR
THISFORM.Refresh
```

③ 添加一个表格控件 Grid1，在表格的下方绘制一个标签控件 Label2，用来动态显示书号和书名，Label2 的 Caption 属性值为空。

④ 在表格控件 Gridl 的 AfterRowColChange 事件中设置代码：

```
THIS.PARENT.Label2.Caption="书号："+tstmp.书号+CHR(13)+CHR(10)+;
   "书名："+tstmp.书名          && 用 Label2 标签来显示选中书的书号和书名
THISFORM.Refresh
```

（3）参考图 3-4-22，对页框控件进行编辑，对 Page2 进行如下设置。

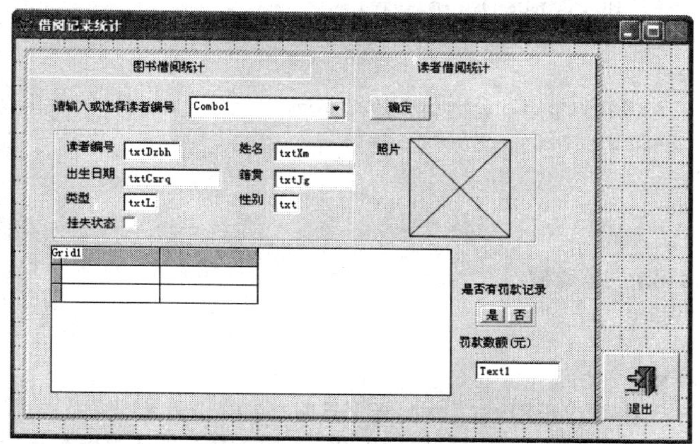

图 3-4-22　借阅记录统计表单设计界面 2

① 设置 Page2 的 Caption 属性为“读者借阅统计”，添加一标签控件，设置 Caption 属性为“请输入或选择读者编号”，在该标签按钮的右侧添加一个组合框 Combo1，设置 ColumnCount 属性为 2，RowSourceType 为“6-字段”，RowSource 为“dz.dzbh,xm”。在 Combo1 的后面添加一命令按钮 Command1，设置 Caption 属性为“确定”，Default 为.T.；

② 仿照“借阅管理”表单设计方法，从数据环境中将 dz 表字段拖动到表单形成相应控件，并按照图 3-4-22 所示进行排列，再添加一形状控件，设置为三维效果，覆盖在 dz 表字段形成的控件上面（防止数据被更改）。

③ 添加一表格控件 Grid1，设置 DeleteMark 属性为.F.。

④ 在表格右侧添加两个标签控件，一个的 Caption 属性设置为“是否有罚款记录”，另一个的 Caption 属性设置为“罚款数额（元）”，AutoSize 均为.T.，在“是否有罚款记录”标签下方建立一个选项按钮组 Optiongroup1，包含两个选项，利用生成器生成一个水平、以图像方式显示的选项按钮组，各个选项的 Caption 属性分别设置为“是”和“否”，Optiongroup1 的 Value 属性值设为 0，在“罚款数额（元）”标签的下方绘制一个文本框 Text1。

⑤ 在 Combo1 的 InteractiveChange 事件中编写代码：

```
varbh=ALLT(THIS.Value)
SELECT dz
LOCATE FOR dzbh=varbh
THIS.PARENT.Grid1.RecordSourceType=4
THIS.PARENT.Grid1.RecordSource="SELECT ts.sh AS 书号,ts.sm AS 书名, ;
   jy.jsrq AS 借书日期,jy.hsrq AS 还书日期 FROM ts,jy ;  &&分号前有空格
   WHERE ts.sh=jy.sh AND dz.dzbh=jy.dzbh INTO CURSOR jytmp"
FOR i=1 TO THIS.PARENT.Grid1.ColumnCount
   THIS.PARENT.Grid1.Columns(i).Width=;
      THIS.PARENT.Grid1.Width/(THIS.PARENT.Grid1.ColumnCount-4)
ENDFOR
THIS.PARENT.Grid1.SetFocus
THISFORM.Refresh
```

```
SELECT jytmp
SCAN
  IF 还书日期-借书日期>30    &&超过 30 天认为过期
    THIS.PARENT.Optiongroup1.Value=1
    THIS.PARENT.Text1.Enabled=.T.
    EXIT
  ELSE
    THIS.PARENT.Optiongroup1.Value=2
    THIS.PARENT.Text1.Enabled=.F.
    LOOP
  ENDIF
ENDSCAN
fk=0  &&记录罚款数额
SELECT jytmp
GO TOP
DO WHILE NOT EOF()
   IF 还书日期-借书日期>30 AND 还书日期<>{}
     fk=fk+(还书日期-借书日期)*0.02    &&罚款数额按照每本书每天两分计算
   ENDIF
   SKIP
ENDDO
THIS.PARENT.Text1.Value=fk
```

⑥ 参考 Combo1 的 InteractiveChange 事件代码，完成“确定”按钮的 Click 事件代码。

⑦ 在 Grid1 的 Refresh 事件中编写代码：

```
SELECT jytmp
THIS.SETALL("DynamicForeColor","IIF(还书日期-借书日期>30,;
    RGB(255,0,0),RGB(0,0,0))","Column")    &&超期图书记录红色显示
```

（4）图 3-4-23 和图 3-4-24 所示分别为图书借阅统计和读者借阅统计运行后的效果图。

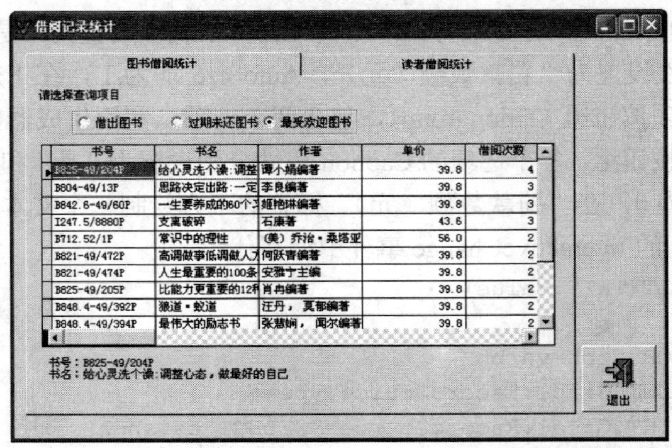

图 3-4-23 “借阅记录统计”表单中图书借阅统计运行效果图

12. 院系借阅统计（yxtj.qpr）

利用查询设计器创建 yxtj.qpr 查询文件。查询的数据源为 yx、dz 和 jy 三张表；输出字段为“yx.yxbh AS 院系编号，yx.yxmc AS 院系名称，COUNT(*) AS 借书总数”；排序依据按照借书总数降序排，分组依据为 yx.yxbh。

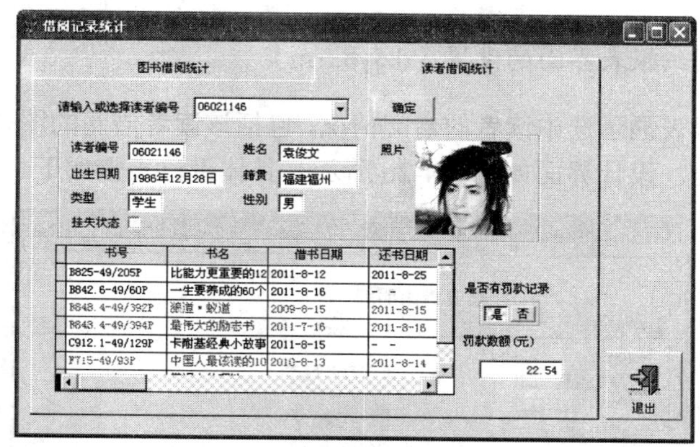

图 3-4-24　“借阅记录统计”表单中读者借阅统计运行效果图

13. 打印输出界面（poutput.scx）

打印输出表单可以实现通过选择打印输出项目来实现打印读者或者图书的借阅情况。具体设计步骤如下。

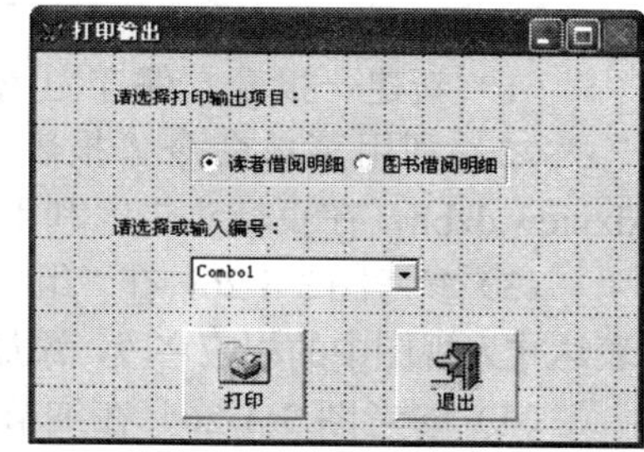

图 3-4-25　打印输出设计界面

（1）新建一表单，保存为 poutput.scx。设置 Caption 属性为“打印输出”，居中显示，数据环境中添加 ts、dz 表。

（2）参照图 3-4-25，在表单上添加一标签控件，Caption 属性为“请选择打印输出项目：”，AutoSize 为.T.，添加一选项按钮组 Optiongroup1，设置每个选项按钮的标题分别为“读者借阅明细”和“图书借阅明细”，水平显示。

（3）在 Optiongroup1 的 Click 事件中编写代码：

```
DO CASE
CASE THIS.Value=1
   THISFORM.Combo1.RowSource="dz.dzbh,xm"
CASE THIS.Value=2
   THISFORM.Combo1.RowSource="ts.sh,sm"
ENDCASE
THISFORM.Refresh
```

（4）再在表单上添加一标签控件，设置 Caption 属性为“请选择或输入编号：”，AutoSize 为.T.，在该标签下方添加一组合框 Combo1，设置 RowSourceType=6，RowSource 属性为“dz.dzbh,xm”。

（5）参考图 3-4-25，在表单上添加一个命令按钮，Caption 属性设置为“打印”，Picturce 属性设置为相应的图片文件，Default 属性为.T.，在命令按钮的 Click 事件中编写代码：

```
PUBLIC vardzbh,varsh
IF THISFORM.Optiongroup1.Value=1
  vardzbh=THISFORM.Combo1.Value
  REPORT FORM dzjyb PREVIEW   &&运行报表
ELSE
  varsh=THISFORM.Combo1.Value
  REPORT FORM tsjyb PREVIEW
ENDIF
```

（6）添加“退出”命令按钮。

14. 读者借阅明细报表界面的设置（dzjyb.frm）

读者借阅明细报表显示选中读者的借阅情况，包括该读者借阅的图书书号、书名和作者，以及该图书是否归还。设计界面如图 3-4-26 所示，具体设计步骤如下。

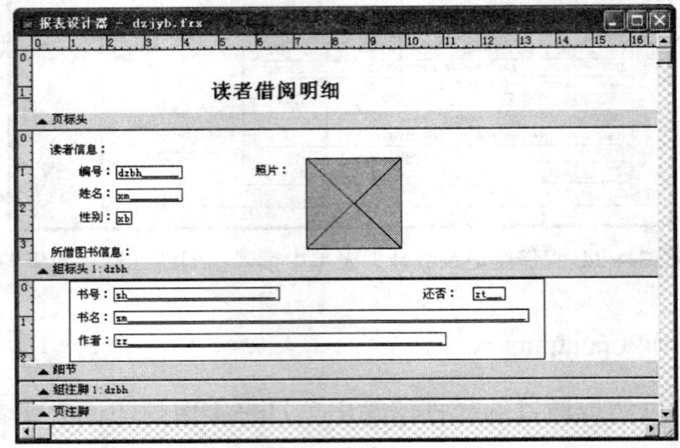

图 3-4-26　读者借阅报表设计界面

（1）新建一报表，保存为 dzjyb.frm。在报表的数据环境中添加视图 dzview。

（2）利用菜单命令“报表”→“数据分组”功能，添加数据分组，分组表达式设为 dzview.dzbh，在页标头带区利用报表控件工具栏添加一标签，内容为“读者借阅明细”。

（3）参考图 3-4-26，在“组标头 1:dzbh”带区添加相应的标签和文本域控件，文本域控件的表达式为视图中的相应字段，添加一个“图片/ActiveX”控件，图片来源设置为字段：dzview.zp。

（4）参考图 3-4-26，在细节带区添加相应的标签和文本域控件，并绘制一矩形框将细节带区的内容框住。

（5）做相应的字体设置，美化报表，保存设置。图 3-4-27 所示为报表预览效果图。

读者借阅明细

读者信息：
编号：B050211　　照片：
姓名：王洋
性别：女

所借图书信息：

书号：B821-49/472P　　还否：　已还
书名：高调做事低调做人方法全集
作者：何跃青编著

书号：B842.6-49/60P　　还否：　未还
书名：一生要养成的60个习惯
作者：姬艳琳编著

书号：B821-49/474P　　还否：　已还
书名：人生最重要的100条黄金法则
作者：安雅宁主编

书号：B712.52/1P　　还否：　已还
书名：常识中的理性
作者：(美) 乔治·桑塔亚纳著

书号：B825-49/204P　　还否：　已还
书名：给心灵洗个澡:调整心态，做最好的自己
作者：谭小娟编著

图 3-4-27　读者借阅明细报表预览效果图

15. 图书借阅明细报表界面的设置（tsjyb.frm）

参照图 3-4-28 所示的设计界面内容，仿照读者借阅明细报表的设计步骤，完成读者借阅报表的设计。图 3-4-29 所示为图书借阅明细报表预览效果图。

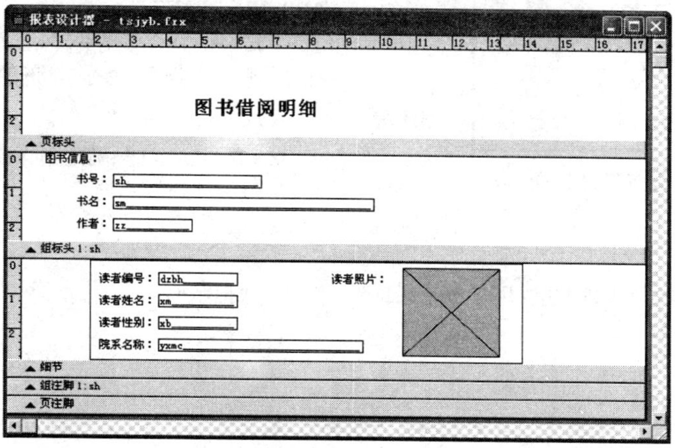

图 3-4-28　读者借阅报表设计界面

图书借阅明细

图书信息：

书号：B842.6-49/60P

书名：一生要养成的60个习惯

作者：姬艳琳编著

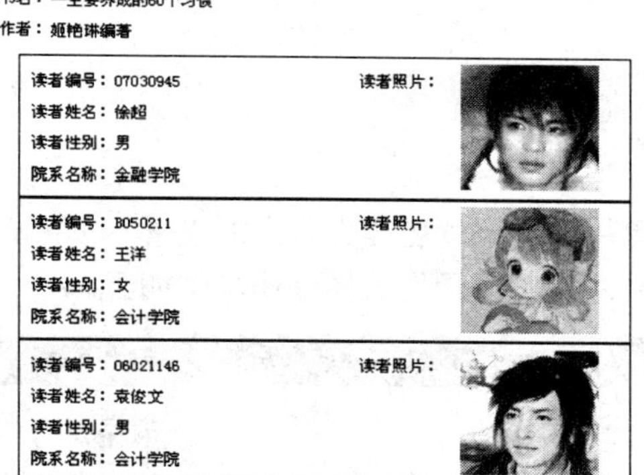

图 3-4-29　图书借阅明细报表预览效果图

16. 用户设置界面（yhsz.scx）

“用户设置”表单可以添加新的用户、删除已有用户。通过表格的界面直接修改、增加或删除 yh 表中的相关信息。具体操作步骤如下。

（1）新建一表单，保存为 yhsz.scx。设置表单的 Caption 属性为“用户设置”，Icon 属性为相应的图片文件，居中显示，在数据环境中添加 yh 表，并设置 Exclusive 属性为.T.。

（2）将 yh 表从数据环境中拖动到表单形成表格控件 grdyh，在表单的 Init 事件中添加代码：

```
THISFORM.grdyh.Column1.Text1.SetFocus
```

（3）参考图 3-4-30，在表单上添加两个命令按钮，一个 Caption 属性为“添加用户”，

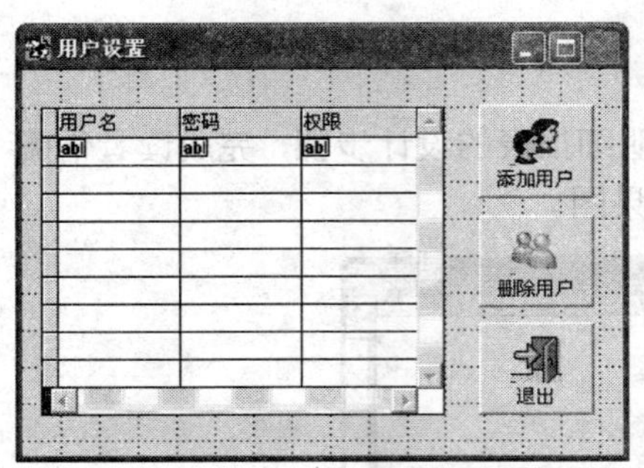

图 3-4-30　用户设置设计界面

一个 Caption 属性为“删除用户”，Picturce 属性分别设置为相应的图片文件。然后添加“退出”按钮。

（4）在“添加用户”命令按钮的 Click 事件中添加代码：

```
APPEND BLANK
THISFORM.grdyh.SetFocus
```

（5）在“删除用户”命令按钮的 Click 事件中添加代码：

```
x=MESSAGEBOX(" 确定删除该用户记录吗？", ;
        1+64,"提示")
IF x==1
  IF qx=1
    MESSAGEBOX("超级用户不允许删除！",64,"提示")
    RETURN
  ENDIF
  DELETE
  PACK
  GO TOP
  THISFORM.grdyh.RecordSource="yh"
  FOR i=1 TO THISFORM.grdyh.ColumnCount
    THISFORM.grdyh.Columns(i).Width=THISFORM.grdyh.Width/3
  ENDFOR
ENDIF
THISFORM.Refresh
```

17. 读者挂失界面（gssz.scx）

“读者挂失操作”表单用于实现读者挂失状态的设置，可以设置为挂失状态也可以取消挂失。表单的设计界面如图 3-4-31 所示，具体操作步骤如下。

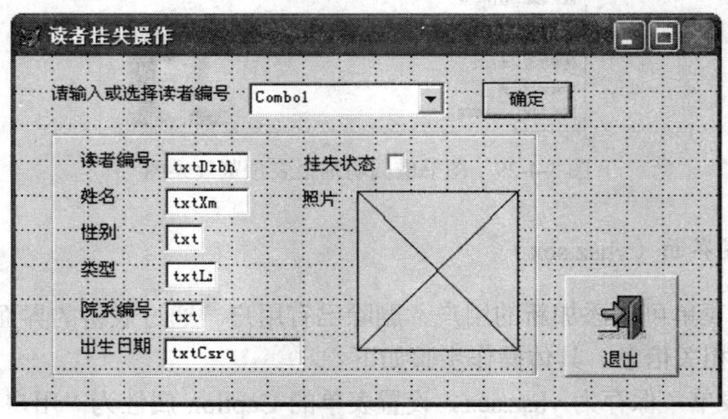

图 3-4-31　“读者挂失操作”表单设计界面

（1）新建一表单，保存为 gssz.scx。设置表单的 Caption 属性为“读者挂失操作”，AutoCenter 属性为.T.，表单数据环境中添加 dz 表。

（2）在表单上添加一个标签控件，设置 Caption 属性为“请输入或选择读者编号”，AutoSize 属性为.T.，在该标签的后面按照图 3-4-31 所示添加一组合框 Combo1，设置 RowSourceType

属性为“6-字段”，RowSource为“dz.dzbh,xm”。

（3）按照图3-4-31所示，添加一个命令按钮，设置Caption属性为“确定”，Default属性为.T.。

（4）将表单数据环境中dz表的字段拖动到表单上形成相应的控件，按照图3-4-31所示排列。

（5）按照图3-4-31所示绘制一个矩形控件，设置SpecialEffect属性为“0-3维”，BackStyle为“0-透明”，利用“布局”工具栏设置矩形控件置于上层。

（6）利用属性对话框的名称框，选择ChkGszt复选框，设置该控件置于上层，这样从数据环境中拖动到表单形成的其他控件均无法利用鼠标直接更改。

（7）在Combo1的InteractiveChange事件中添加如下代码：

```
vardzbh=ALLT(THIS.Value)
LOCATE FOR dzbh=vardzbh
THISFORM.Refresh
```

（8）在“确定”按钮的Click事件中添加如下代码：

```
vardzbh=ALLT(THISFORM.Combo1.Text)       &&Text 属性返回组合框中的值
COUNT TO n FOR dzbh=ALLT(vardzbh)        &&COUNT 命令用于统计记录数
IF n=0
  MESSAGEBOX("没有该编号的读者！",0+48,"提示")
  THISFORM.Combo1.Value=""
  RETURN
ENDIF
SET FILTER TO dzbh=vardzbh
GO TOP
THISFORM.Refresh
SET FILTER TO
```

（9）添加自定义类“退出”按钮。

（10）图3-4-32所示为“读者挂失操作”表单运行后的效果图。

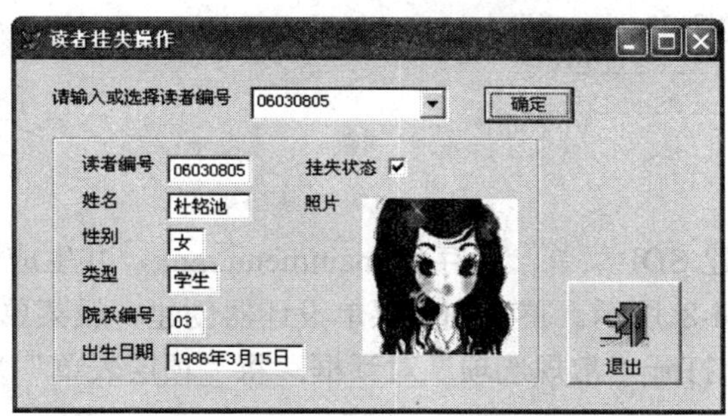

图3-4-32 读者挂失操作运行效果图

18. 密码设置界面（mmsz.scx）

“密码设置”表单的功能是通过验证输入的用户名，如果是正确的用户，则可以进行密码的修改设置。具体操作步骤如下。

（1）新建一表单，保存为mmsz.scx，设置表单的Caption属性为“密码设置”，Icon属性为相应的图片文件，居中显示，在表单的数据环境中添加yh表。

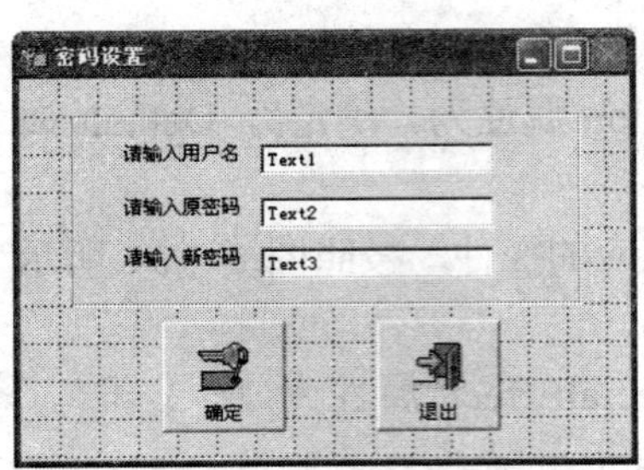

图 3-4-33　密码设置表单设计界面

（2）在表单上添加三个标签，Caption 属性分别设置为“请输入用户名”、“请输入原密码”、“请输入新密码”，AutoSize 属性为.T.。

（3）参照图 3-4-33，添加三个文本框，将 Text2 和 Text3 的 PasswordChar 属性设置为 “*”。

（4）按照图 3-4-33 所示，添加一个命令按钮，设置 Caption 属性为“确定”，Picturce 属性为相应的图片文件。

（5）在 Text2 的 GotFocus 事件中添加如下代码。

```
PUBLIC varyhm
varyhm=ALLT(THISFORM.Text1.Value)
LOCATE FOR yhm=varyhm
IF EOF()
  MESSAGEBOX("用户名错，请重输！",48,"提示")
  THISFORM.Text1.Value=""
  THISFORM.Text1.SetFocus
ENDIF
```

（6）在 Text3 的 Gotfocus 事件中添加如下代码。

```
PUBLIC varpw
varpw=ALLT(THISFORM.Text2.Value)
LOCATE FOR yhm=varyhm AND pw=varpw
IF EOF()
  MESSAGEBOX("密码输入有误，请重输！",48,"提示")
  THISFORM.Text2.Value=""
  THISFORM.Text2.SetFocus
ENDIF
```

（7）在“确定”按钮的 Click 事件中添加如下代码。

```
varnpw=ALLT(THISFORM.Text3.Value)
UPDATE yh SET pw=varnpw WHERE yhm=varyhm
MESSAGEBOX("新密码设置成功！",64,"提示")
THISFORM.Text1.Value=""
THISFORM.Text2.Value=""
THISFORM.Text3.Value=""
THISFORM.Text1.SetFocus
```

六、主菜单设置

在项目管理器中创建 SDI 菜单，保存为 mainmenu.mnx，并生成同名的.mpr 菜单程序文件。菜单的结构如表 3-4-8 所示。首先利用菜单设计器创建一般菜单，然后将利用菜单命令“显示”→“常规选项”打开“常规选项”对话框，将“顶层表单”复选框选中。

表 3-4-8　菜单结构表

主菜单	菜单项	子菜单	执行命令或过程	选项设置
数据信息管理（\<D）	图书信息管理		DO FORM tsgl	
	\-			
	读者信息管理		DO FORM dzgl	
	\-			
	出版社信息管理		DO FORM cbsgl	

续表

主菜单	菜单项	子菜单	执行命令或过程	选项设置
日常操作（\<G）	借阅管理	借书管理	DO FORM jsgl	快捷键：Ctrl+D 跳过：varqx=0
		\-		
		还书管理	DO FORM hsgl	快捷键：Ctrl+H 跳过：varqx=0
	\-			
	信息查询	图书查询	DO FORM tscx	
日常操作（\<G）	信息查询	\-		
		读者查询	DO FORM dzcx	
统计分析（\<T）	图书借阅统计		DO FORM jytj _Screen.ActiveForm.PageFrame1.; ActivePage=1	
	\-			
	读者借阅统计		DO FORM jytj _Screen.ActiveForm.PageFrame1.; ActivePage=2	
	\-			
	院系借阅统计		DO yxtj.qpr	
打印输出（\<P）			DO FORM poutput	
系统管理（\<M）	用户管理		DO FORM yhsz	跳过：varqx=0
	\-			
	读者挂失		DO FORM gssz	跳过：varqx=0
	\-			
	密码管理		DO FORM mmsz	跳过：varqx=0
	\-			
	退出系统		CLEAR EVENTS SET SYSMENU TO DEFAULT	快捷键：Ctrl+Q

七、创建主程序

主程序文件是程序的起始执行点，可以是项目中的一个程序文件，也可以是一个表单或者一个菜单。一个项目只可以设置一个主文件，且用粗体显示。

创建一个主程序 main.prg，并设置为主文件，程序代码如下。

```
CLEAR ALL
_SCREEN.Visible=.f.
PUBLIC varqx
DO FORM start.scx
READ EVENTS
```

八、应用程序的连编及运行

设置好主文件后，可以对项目进行连编，生成 tsgl.exe 应用程序文件，具体步骤参照第 3 章中的案例完成。

复习自测题及综合练习题答案

第 1 章

一、选择题

1. B　2. C　3. C　4. D　5. B　6. D　7. C　8. C　9. A
10. D　11. D　12. A　13. B　14. C　15. D　16. C

二、填空题

1. 数据库系统　2. 数据模型、易扩展性　3. 元数据、数据字典　4. 应用程序
5. 概念层　6. 关系模型　7. 合成关键字　8. 候选关键字　9. SELECT
10. Structured Query Language　11. 一对一、一对多、多对多

第 2 章

一、选择题

1. A　2. A　3. D　4. B　5. D　6. D　7. A　8. B　9. C
10. D　11. A　12. D　13. A　14. D　15. B　16. B　17. D　18. C

二、填空题

1. QUIT　2. 10　3. {^2011/08/30}　4. LIKE　5. 30.5　6. ****　7. 字符型　8. –2
9. 0　10. .T.　11. 299　12. L(逻辑型)　13. SET CENTURY ON　14. .T.　15. 16

第 3 章

一、选择题

1. B　2. C　3. A　4. A　5. B　6. C　7. C　8. A　9. C
10. B　11. C　12. D　13. A　14. B　15. C　16. D　17. C　18. B
19. D　20. A　21. B　22. B　23. A　24. C　25. B　26. A　27. D
28. A　29. A　30. D

二、填空题

1. TRIGGER　2. STR(nl，3)　3.AGAIN　4. APPEND FROM　5. 文本、EXCEL

6. 参照完整性规则 7. RECOVER 8. FORMAT、T! 9. 3、2 10. PACK 11. FIELD
12. 远程视图 13. VALIDATE 14. 触发器 15. A～J 16. SET 17. XLS
18. NULL 19. ALIAS 20. FIELD 21. ORDER 22. DELETED 23. 共享、独占
24. 删除 25. 触发器失败 26. USE cj IN 0 27. SET ORDER TO abcd
28. FCOUNT() 29. ALLTRIM(zz)+"等" 30. 本地视图 31. 结构复合
32. 记录、YEAR(rxrq)-YEAR(csrq)>=18 33. 插入、限制 34. 逻辑、.F.
35. RECALL ALL FOR YEAR(csrq)<1986 36. 255、254
37. STRTRAN(xm,SPACE(1),SPACE(0))
38. ISNULL(cbrq) 39. .T.、.T.、1、.F.、.F.、1
40.（1）ck(zh C(15) NULL,crrq D,cq N(2,0),je Y)
（2）VALUES ("10789337",{^2008/01/11},24,20000)
（3）ALTER TABLE、ckbz M （4）DELETE FROM、(DATE()-crrq)/30>cq
（5）PACK、独占 （6）ck、ckbz="大额资金存款"，je>=100000
（7）DTOC(crrq,1)+STR(cq,2)

第 4 章

一、选择题

1. B 2. D 3. A 4. D 5. B 6. C 7. C 8. A 9. B 10. D
11. C 12. B 13. C 14. C 15.（1）B（2）A （3）C、A（4）B（5）A（6）B（7）C（8）B（9）B（10）C

二、填空题

1．SELECT-SQL 语句 2．表、查询 3．USE 4．GROUP BY、ORDER BY
5．SUM、AVG 6．左 7．浏览窗口 8．TO SCREEN 9．SOME 10．EXISTS
11. 开放式数据库互连 12. 远程视图、远程视图 13. 联接
14.（1）3 （2）2 （3）2 （4）1
15.（1）TOP 3、工龄 DESC、TABLE
（2）工龄>(SELECT 工龄 FROM js WHERE xm="李立")
（3）DISTINCT 系名、bb
（4）STR(MAX(工龄)-MIN(工龄),2)
（5）GROUP BY 系名、ABS(a(1)-a(2))
16. MONTH(上网时间),SUM(下网时间-上网时间)/60、YEAR(上网时间)=2011、GROUP BY、2
17.（1）*、WHERE （2）TOP 10 （3）DISTINCT sccj、TO FILE
（4）SUM(dj*sl)、GROUP BY 1 （5）sccj,dj DESC （6）spbh NOT IN
（7）gkb INNER JOIN gwb INNER JOIN spb ON spb.spbh=gwb.spbh ON gkb.gkbh=gwb.gkbh （8）HAVING （9）ANY 或者 SOME
（10）gkb LEFT JOIN gwb、IS NULL （11）STR(SUM(IIF(xb="男",1,0))/COUNT(*)*100 ,5 ,2)

（12）SPACE(6)、UNION

18. k1.xxkh=k2.kch

三、写 SQL 命令

1. SELECT 学号,姓名,系名;
```
FROM xs;
WHERE 性别="男" AND 系名 IN ("中文系","法律系","外语系")
```
2. SELECT 学号,课程号,成绩;
```
FROM cj ;
WHERE 课程号="02" AND (成绩>=90 OR 成绩<60)
```
3. SELECT 系名,课程号,姓名,成绩;
```
FROM xs INNER JOIN cj ON cj.学号=xs.学号;
WHERE 系名="法律系";
ORDER BY 2,4 DESC
```
4. SELECT 课程号,AVG(成绩) AS 平均成绩,COUNT(*) AS 选修人数;
```
FROM  cj;
GROUP BY 1
```
5. SELECT 系名,性别,COUNT(*) AS 人数;
```
FROM xs;
GROUP BY 1,2;
ORDER BY 1,2
```
6. SELECT TOP 5 课程名,cj.课程号,姓名,成绩 ;
```
FROM xs INNER JOIN cj INNER JOIN kc ;
ON kc.课程号=cj.课程号 ON cj.学号=xs.学号;
WHERE 系名="法律系" AND 课程名="英语";
ORDER BY 成绩
```
7. SELECT DISTINCT 系名;
```
FROM xs;
INTO CURSOR aa
```
8. SELECT 学号,姓名,YEAR(DATE())-YEAR(出生日期) AS 年龄;
```
FROM xs ;
WHERE  YEAR(DATE())-YEAR(出生日期)<;
(SELECT AVG( YEAR(DATE())-YEAR(出生日期) ) FROM xs)
```
9. SELECT STR(SUM(IIF(必修课,1,0)),3)+":"+ ;
```
STR(SUM(IIF(!必修课,1,0)),3) AS 必修课:选修课;
FROM kc
```
10. SELECT 系名,COUNT(*) AS 人数 FROM xs GROUP BY 1;
```
UNION;
SELECT "学生总数" AS 系名,COUNT(*) AS 人数 FROM xs;
ORDER BY 2
```
11. SELECT 姓名,课程名,成绩;
```
FROM xs INNER JOIN cj INNER JOIN kc ;
ON kc.课程号=cj.课程号 ON cj.学号=xs.学号;
WHERE 姓名="王伟";
UNION;
```

```
SELECT 姓名, SPACE(10)+"平均成绩" AS 课程名,AVG(成绩) AS 成绩 ;
 FROM xs INNER JOIN cj INNER JOIN kc ;
 ON kc.课程号=cj.课程号 ON cj.学号=xs.学号
 WHERE 姓名="王伟";
 ORDER BY 2 DESC
```

12. SELECT 姓名,课程名,cj.课程号,成绩,;

```
 IIF(成绩>=90,"优秀",IIF(成绩<60,"不合格","合格")) AS 等级;
 FROM xs INNER JOIN cj INNER JOIN kc ;
 ON kc.课程号=cj.课程号 ON cj.学号=xs.学号;
 WHERE 姓名="王伟";
 ORDER BY cj.课程号
```

或者：

```
SELECT 姓名,课程名,cj.课程号,成绩,"优秀"AS 等级;
  FROM xs INNER JOIN cj INNER JOIN kc ;
  ON kc.课程号=cj.课程号 ON cj.学号=xs.学号;
  WHERE 姓名="王伟"AND 成绩>=90;
  UNION;
  SELECT 姓名,课程名,cj.课程号,成绩,"合格" AS 等级;
  FROM xs INNER JOIN cj INNER JOIN kc ;
  ON kc.课程号=cj.课程号 ON cj.学号=xs.学号;
  WHERE 姓名="王伟" AND (成绩<90 AND 成绩>=60);
UNION;
SELECT 姓名,课程名,cj.课程号,成绩,"不合格", AS 等级;
  FROM xs INNER JOIN cj INNER JOIN kc ;
  ON kc.课程号=cj.课程号 ON cj.学号=xs.学号;
  WHERE 姓名="王伟"AND 成绩<60;
  ORDER BY cj.课程号
```

13. SELECT x.学号,姓名,SUM(学分) AS 总学分;

```
  FROM xs x INNER JOIN cj c INNER JOIN kc k;
  ON c.课程号=k.课程号 ON c.学号=x.学号;
  WHERE cj>=60;
  GROUP BY 1 HAVING 总学分<120
```

14. SELECT TOP 10 xs.学号,姓名,SUM(成绩) as 总成绩,MIN(成绩) as 最低成绩;

```
  FROM xs  INNER JOIN cj ON cj.学号=xs.学号;
  GROUP BY 1;
  HAVING 最低成绩>=60;
  ORDER BY 3 DESC
```

15. 使用左联接完成：

```
SELECT DISTINCT cj.学号;
  FROM cj LEFT JOIN xs ON cj.学号=xs.学号;
  HAVING xs.学号 IS NULL
```

使用 IN 子查询完成：

```
SELECT DISTINCT 学号;
  FROM cj;
  WHERE 学号 NOT IN(SELECT 学号 FROM xs)
```

使用 EXISTS 子查询完成：

```
SELECT DISTINCT 学号;
  FROM cj;
  WHERE NOT EXISTS (SELECT * FROM xs WHERE cj.学号=xs.学号)
```

16. DELECT FROM xs WHERE xh IN;

```
  (SELECT xh FROM cj GROUP BY xh HAVING SUM(cj)<480)
```

第 5 章

一、选择题

1. C　2. C　3. D　4. C　5. C　6. D、A、C、B　7. A　8. A
9. A、D　10. C　11. A　12. B

二、填空题

1．FOR…ENDFOR、DO WHILE…ENDDO、SCAN…ENDSCAN　2．.fxp、DO a
3．EXIT、LOOP　4．1,1、2,1　5．1/(i*(i+1))-1/((i+1)*(i+2))　6．720、7、死循环、ESC
7．0,CHR(k),EXIT　8．i=2、i+1　9．Fpsaiv　10．flag=.T.　11．2,4,6
12．LEFT(c,1)、c,2、RETURN p
13．显示所有 JBGZ 超过平均 JBGZ 的人的工号和姓名
14．STR(n,1)+cOct　15．s+f1+f2、s+f1
16．i*i%10 =i or i*i%100 =i or i*i%1000 =i　17．大学生篮球赛
18．DECLARE、DIMENSION、私有　19．引用（传址）　20．8,13、3,5、3,13、3,5

第 6 章

一、选择题

1. C　2. B　3. A　4. D　5. A　6. D　7. B　8. A　9. C
10. A　11. C　12. C　13. B　14. B　15. C　16. D　17. D　18. D
19. B　20. C

二、填空题

1．面向对象的程序设计　2．CLEAR EVENTS　3．继承性、多态性、封装性
4．WITH、ENDWITH　5．绝对引用、相对引用　6．只读的　7．SetFocus、GetFocus
8．READ EVENTS　9．THISFORMSET　10．ORDER、FILTER
11．Grid （表格）、Checkbox （复选框）　12．_SCREEN.Caption　13．表单备注
14．顶层表单　15．集合　16．Do form frma、Modify Form　frma　17．子表
18．BorderStyle、Width、Left　19．AutoCenter、MaxButton、MinButton　20．.F.
21．单文档界面、多文档界面　22．DeskTop、.F.　23．.scx、.sct、Name、Caption
24．临时关系、临时表（或 Cursor）

第 7 章

一、选择题

1. B　2. D　3. C　4. A　5. C　6. C　7. D　8. B　9. B
10. C　11. C　12. A　13. A　14. D　15. A　16. D　17. A　18. D
19. B　20. C　21. A　22. B　23. A　24. B　25. A　26. B　27. A
28. C　29. B　30. D　31. A　32. D　33. C　34. D　35. C　36. D
37. B　38. D　39. C　40. B

二、填空题

1．单、多　2．数据绑定型控件、非数据绑定型控件　3．PasswordChar
4．Requery　5．RowSourceType、RowSource、ColumnCount、BoundColumn
6．Parent、Caption　7．Default、Cancel　8．命令按钮组、该命令按钮
9．确定\<OK　10．2、B　11．36、84*120/2　12．DeleteMark、RecordMark
13．ActivePage　14．Timer　15．ShowTips　16．.F.、.T.、SetAll、Label
17．（1）ReadOnly（2）InteractiveChange、THISFORM.Text3.Value= THISFORM.Text1. Value+ THISFORM.Text2.Value（3）GotFocus、THIS.Value=0
18．（1）10000　（2）逻辑型、.T.　（3）Enabled、51
19．（1）Caption、ControlSource　（2）ButtonCount　（3）SKIP 、GO BOTTOM、THISFORM.Release
20．（1）xs.xh　（2）cj.xh=varxh　（3）SetAll、Column
21．（1）xs.xh,xm,xb（2）This.Value（或 xs.xh）、text1、text2
22．（1）4、examine.User_Ans　（2）1200000、THISFORM.Release（3）Answer、x1/x2
23．ICON、TIMER、Parent
24．（1）FontName、PICTURE、Enabled、300（2）'Tel'、 Additem、EOF()、yn=.T.
25．x<10 or x>100 或 NOT Between(x,10,100)、3.14159*x^2
26．"js.xb='男' "、" WHERE "+cCondition　&&WHERE 前后有空格
27．子类、父类　28．查看类　29．保护　30．注册、工具、控件　31．b
32．黄色、青绿色

第 8 章

一、选择题

1. C　2. C　3. D　4. D　5. A　6. B　7. D　8. C

二、填空题

1．细节　2．每行　3．字段或域　4．Order　5．小于　6．_PAGENO

第9章

一、选择题

1. C　2. C　3. D　4. B　5. C　6. D　7. D

二、填空题

1．mymenu.mnx、mymenu.mnt、mymenu.mpr、do mymenu.mpr　2．跳过、NOT tj
3．SET SYSMENU TO DEFAULT　4．命令、DO chaxun.qpr　5．RightClick
6．DO Menu1.mpr WITH This,.T.　7．分隔符或 Separator、表格或 Grid

第10章

一、选择题

1. B　2. A　3. D　4. C　5. C　6. B　7. D　8. C　9. A

二、填空题

1．表单、菜单　2．数据库的规模　3．测试、调试　4．READ EVENTS　5．主程序
6．系统测试

笔试综合练习1

一、单项选择题

1. C　2. D　3. A　4. D　5. D　6. C　7. D　8. B　9. D　10. C

二、填空题

1. 数据模型　2. SUBSTR(str1,11,4)　3. 打开　4. .T.　5. TABLE
6. RECALL ALL FOR YEAR(csrq)>=1992 AND xb="男"　7. ISNULL(jg)　8. 追加方式
9. IIF(课时数<20,学分<=1,.T.)　10. 只读的　11. SETALL、COLUMN　12. 通用、FPT
13. 删除、限制　14. 9、ALLT(STR(i+1))　15. j-7 TO j-1、EXIT　16. 集合、数组
17. ReadOnly、逻辑　18. SUM(IIF(涨跌幅>0,1,0))、WHERE
19. gp JOIN jy JOIN kh、ORDER BY jy.客户代码,jy.股票代码　20. INTO 、"gptmp"

笔试综合练习2

一、单项选择题

1. C　2. B　3. D　4. A　5. B　6. B　7. B　8. D　9. A
10. D　11. A　12. A　13. C　14. D　15. B　16. D　17. A　18. C
19. B　20. D　21. C　22. D　23. C　24. B　25. A

二、填空题

1. 一对多　2. .T.　3. 12/3=4　4. 逻辑　5. 表　6. 字段名　7. 当前
8. CHECK　9. 视图　10.TO

笔试综合练习3

一、单项选择题

1. B　2. A　3. D　4. B　5. A　6. D　7. B　8. C　9. D
10. D　11. B　12. B　13. D　14. D　15. C　16. A

二、判断题

1. ×　2. ×　3. √　4. √　5. ×　6. ×

三、填空题

1. 数据库管理系统　2. GO 5、LOCATE FOR　3. OptionGroup　4. 打开
5. READ EVENTS、READ EVENTS　6. 相对　7. 数据库　8. "审计系","会计系","外语系"、ControlSource　9. 自由表、.dbf　10. .F.、5　11. 11　12. 列　13. 类设计器
14. 二维表　15. "Enabled",.F.　16. 自由表　17. 数据库文件　18. 字段
19. PageCount、Caption　20. 顾客姓名+商品名+供应商姓名
21. （1）CREATE TABLE、KSS N(2,0)　（2）INTO、VALUES　（3）KCDH+STR(CJ)
（4）LEFT(XH,2)="01"　（5）MAX(CJ)、1　（6）KC.KCDH=CJ.KCDH、CJ<60
（7）TOP 3、DESC　（8）UNION、TO FILE

四、程序题

1. 8　2. 9　3. XB="男"、SKIP　4. ELSE、N=N+1

五、表单设计题

1. （1）AlwaysOnTop　（2）.T.　（3）300000　（4）ToolTipText　（5）SetFocus
2. （1）99、Increment 、InteractiveChange
（2）ButtonCount、THISFORM.SHAPE1.BackColor=RGB(0,0,255)

六、综合题

1. xsda　2. 999999、FIELD　3. 记录、IIF(KCM="英语",CJ<=90,.T.)　4. 2
5. 方法1：

```
SELECT AVG(CJ) AS 数学课平均分 FROM XSCJ WHERE kcm="数学"
```

方法 2：

```
CLOSE TABLES ALL
USE xscj
zf=0
```

```
n=0
SCAN FOR kcm="数学"
   zf=zf+cj
   n=n+1
ENDSCAN
?zf/n
USE
```

上机综合练习1

一、项目、数据库和表操作

1.（1）略（2）略（3）DJ 字段的显示类：spinner （4）略（5）索引表达为：DTOC(RQ,1)+STR(DJ,5,1)

2．略

3. 选择菜单命令“项目”→“项目信息”，在打开的“项目信息”对话框中，选中“附加图标”复选框，然后单击“图标”按钮，选择 PC.ICO 文件。

4．UPDATE GZB SETgrsds=;

```
IIF(jbgz>2000.0,jbgz*0.08,iif(jbgz>=1000.0,jbgz*0.06,jbgz*0.03))
```

5．略

二、设计查询

```
SELECT LEFT(Tsb.flh,AT(".",Tsb.flh)-1) as 图书类别,;
SUM(Tsb.cs) AS 藏书册数, AVG(Tsb.jg) as 平均单价;
FROM tsb GROUP BY 1 ORDER BY 2 DESC, 3 TO FILE abc.txt
```

三、设计菜单

略

四、设计表单

表单、控制的属性设置如下表所示。

对象	属性/事件	值/代码
Form1	AutoCenter	.T.
	Caption	数据浏览
	MaxButton	.F.
	MinButton	.F.
Grdkc	DeleteMark	.F.
	GridLines	2-垂直
Label1	AutoSiz	.T.
CommandGroup1	各个命令按钮的 Caption	分别为“第一条”,“上一条”, “下一条”,“最后一条”,“退出”
	Click 事件	Thisform.yyy thisform.grdkc.setfocus thisform.label1.caption=kc.kcm

五、程序改错

第 4 行改为：FOR i=1 TO len(cStr1)，第 13 行改为：RETURN cResult

上机综合练习2

一、基本操作题

1．CREATE DATABASE 成绩管理
   Add table xs
   Add table kc
   Add table cj
2．USE cj
   INDEX ON cj TAG xscj
3．略
4．略

二、简单应用题

1．CREATE VIEW cj_view AS SELECT * FROM cj WHERE cj.cj<80
   SELECT * FROM cj_view ORDER BY xh INTO TABLE t1
2．略

三、综合应用

“计算”按钮的 Click 事件代码：

```
UPDATE score SET 学分= IIF(计算机=>60,4,0)+IIF(高数=>60,3,0)+IIF(英语=>60,2,0);
SELECT * FROM score ORDER BY 学分,学号 DESC INTO TABLE XF
```

参考文献

崔建忠，单启成．2009．Visual FoxPro 实验指导书（2008 年版）[M]．苏州：苏州大学出版社．

江苏省教育厅．2009．江苏省高等学校非计算机专业学生计算机基础知识和应用能力等级考试大纲[M]．苏州：苏州大学出版社．

教育部考试中心．2010．全国计算机等级考试二级教程——Visual FoxPro 数据库程序设计（2010 年版）[M]．北京：高等教育出版社．

教育部考试中心．2011．全国计算机等级考试二级教程——Visual FoxPro 数据库程序设计（2011 年版）[M]．北京：高等教育出版社．

卢湘鸿．2011．Visual FoxPro 6.0 数据库与程序设计[M]．3 版．北京：电子工业出版社．

王能斌．2008．数据库系统教程[M]．2 版．北京：电子工业出版社．

严明，单启成．2010．Visual FoxPro 教程（2010 年版）[M]．苏州：苏州大学出版社．

赵淑芬．2011．二级 Visual FoxPro 数据库程序设计[M]．北京：清华大学出版社．